Kontinuierliche und zeitdiskrete Regelungen

Von Prof. Dr.-Ing. Manfred Günther
Technische Universität Ilmenau

Mit 162 Bildern

B. G. Teubner Stuttgart 1997

Die Deutsche Bibliothek – CIP-Einheitsaufnahme

Günther, Manfred:
Kontinuierliche und zeitdiskrete Regelungen /
von Manfred Günther. – Stuttgart : Teubner, 1997
   ISBN 978-3-519-06186-1   ISBN 978-3-322-96726-8 (eBook)
   DOI 10.1007/978-3-322-96726-8

Gesamtherstellung: Präzis-Druck GmbH, Karlsruhe
Einbandgestaltung: Peter Pfitz, Stuttgart

Vorwort

Im breiten Anwendungsspektrum der Basisautomatisierung treten regelungstechnische Problemstellungen in großer Vielfalt auf. Durch die systemtechnische und kybernetische Betrachtungsweise gelingt es, generelle Aspekte der Regelungstechnik herauszulösen. In diesem Sinne wird mit dem vorliegenden Buch das Ziel verfolgt - unabhängig von konkreten Anwendungsfällen - die Fachgrundlagen für die Behandlung sowohl linearer zeitinvarianter kontinuierlicher als auch zeitdiskreter Regelungen aufzubereiten und darzustellen. Die Basis für den methodisch und inhaltlich abgestimmten einheitlichen Zugang zu beiden Teilgebieten bilden kontinuierliche und zeitdiskrete Signalmodelle sowie entsprechende Übertragungs- und Zustandsmodelle zur mathematischen Beschreibung des statischen und dynamischen Verhaltens der Komponenten. Darauf aufbauend werden ausgewählte Analyse- und Entwurfsmethoden für Standardstrukturen kontinuierlicher und zeitdiskreter Ausgangs- und Zustandsregelungen sowie für erweiterte Strukturen mit hoher anwendungstechnischer Relevanz vorgestellt.

Bei der Umsetzung dieses Konzeptes konnte auf langjährige Lehrtätigkeit und -erfahrung in den Lehrveranstaltungen "Grundlagen der Automatisierungstechnik", "Regelungstechnik" und "Zeitdiskrete Systeme/Digitale Regelungen" für die Studiengänge Elektrotechnik und Informatik an der Technischen Universität Ilmenau zurückgegriffen werden.

Das Buch eignet sich auf Grund seines einführenden Charakters als Studienhilfe für Studierende solcher Studiengänge, in deren Ausbildungsprofil das Fach "Regelungstechnik" verankert ist. Es kann gleichermaßen der Weiterbildung auf diesem Gebiet dienen. Als Voraussetzungen werden lediglich Grundkenntnisse über lineare Differentialgleichungen, Matrizenrechnung und Laplace-Transformation erwartet. Insbesondere durch die Ausführungen über zeitdiskrete/digitale Ausgangsregelungen sowie über verschiedene kontinuierliche und zeitdiskrete erweiterte Regelungsstrukturen und Zustandsregelungen wird auch der an einem tieferen Eindringen in moderne Regelungsprobleme interessierte Leser unterstützt.

Danken möchte ich Herrn Dr.-Ing. M. Radtke sowie Frau Dr.-Ing. U. Winkler für die kritische Durchsicht des Manuskriptes sowie für inhaltliche und methodische Anregungen. Für die ständige Unterstützung bei meiner Lehrtätigkeit und damit für die indirekte Förderung des Buchprojektes bedanke ich mich an dieser Stelle bei allen Mitarbeitern meines Fachgebietes "Regelungstechnik/Prozeßautomatisierung", insbesondere bei den Herren Dr.-Ing. J. Krause und Dr.-Ing. F. Moldenhauer.
Dank und Anerkennung möchte ich auch Frau G. Puta für das Schreiben des Manuskriptes und Frau E. Sachs für das Erstellen der Bilder aussprechen. Beide haben mit hohem Einsatz, Können und Umsicht wesentlich zur Realisierung des Buches beigetragen.
Dem B.G. Teubner Verlag und speziell Herrn Dr. Schlembach sei für das fördernde Interesse und die konstruktive Zusammenarbeit gedankt.

Ilmenau, im Juni 1997   M. Günther

INHALTSVERZEICHNIS

1 Regelungstechnik und Prozeßautomatisierung

1.1 Automatisierungsziele

Generelles Anliegen der Automatisierung ist es, meist technologische Prozesse mit weitgehend selbständig arbeitenden Einrichtungen so zu beeinflussen, daß spezifische Automatisierungszielstellungen erfüllt werden.

Solche Automatisierungsziele können sein:

- *Verbesserung ökonomischer Ergebnisse,*
  zum Beispiel durch Einsparung von Material, Energie, Zeit usw.; durch Marktanpassung; durch Steigerung der Quantität und Qualität von Erzeugnissen;

- *Beherrschung komplizierter Aufgaben,*
  zum Beispiel bei komplexen, schnellen, räumlich verteilten Prozessen;

- *Erhöhung der Sicherheit,*
  zum Beispiel durch gleichmäßige Betriebsweise; durch Vermeidung kritischer Prozeßzustände und von Fehlhandlungen;

- *Verbesserung der Arbeitsbedingungen,*
  zum Beispiel durch Vermeidung oder Verminderung anstrengender, gesundheitsschädigender und monotoner Arbeit;

- *Verbesserung der Umweltbedingungen,*
  zum Beispiel durch Überwachung ökologischer Grenzwerte; durch Realisierung von Maßnahmen zur Behebung ökologischer Störsituationen;

- *Erhöhung des Erkenntnisgewinns,*
  zum Beispiel durch Auswertung von Prozeßzuständen zur Bestimmung von Prozeßeigenschaften.

1.2 Automatisierungsgrundstruktur

Die Erfüllung von Automatisierungszielstellungen nach Abschn. 1.1 in den unterschiedlichsten Automatisierungsvorhaben setzt zwangsläufig ein sehr breites Spektrum von Realisierungsformen voraus. Verallgemeinernd läßt sich dafür die Grundstruktur nach Bild 1.1 angeben.

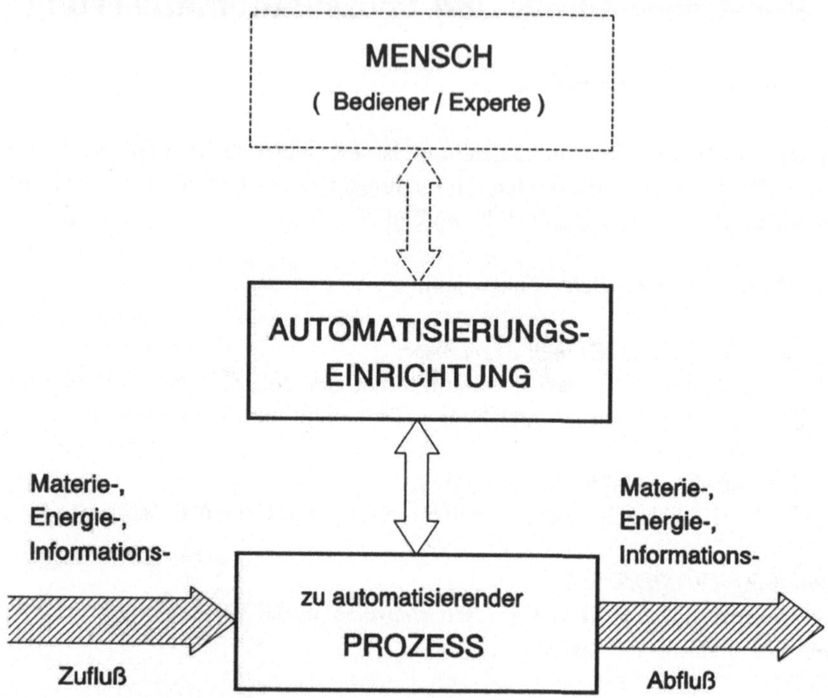

Bild 1.1: Grundstruktur der Prozeßautomatisierung

Die *Automatisierungseinrichtung* umfaßt geräte- und programmtechnische Komponenten in vielfältiger Art. Relais können ebenso wie Prozeßcomputer zur Realisierung von Automatisierungsfunktionen dienen.

Der zu *automatisierende Prozeß* ist gemäß der Definition des Begriffs "Prozeß" nach DIN 19226 Teil 1 als Gesamtheit von aufeinander einwirkenden Vorgängen aufzufassen, durch die Materie, Energie oder Information umgeformt, transportiert oder gespeichert wird. Somit kann man unterscheiden in die

- Automatisierung stofflicher und energetischer Prozesse,
  zum Beispiel Energieprozesse in Heizkraftwerken, thermische Prozesse in Industrieöfen, Trockenprozesse bei der Papierherstellung, Prozesse der Abwasseraufbereitung in Kläranlagen und

- Automatisierung von Informationsprozessen,
  zum Beispiel Entwurfsprozesse in der Mikroelektronik, im Maschinenbau usw., Informationsprozesse in der Unternehmensführung.

In sehr unterschiedlicher Weise kann der Mensch in die Automatisierungsstruktur eingebunden sein. Abgesehen von seiner Tätigkeit in den Entwurfs- und Inbetriebnahmephasen sind in Abhängigkeit von Ziel- und Aufgabenstellungen vielfach Eingriffe als Bediener oder Anlagenfahrer in die Automatisierungsvorgänge erforderlich. Häufig ist ein Automatisierungsproblem überhaupt nur auf Grundlage der Erfahrungen und der ständigen Einflußnahme von Prozeßspezialisten (Experten) lösbar.

1.3 Automatisierungsaufgaben

1.3.1 Aufgabenspektrum

Auf Basis der im Abschn. 1.2 dargestellten Automatisierungsgrundstruktur sind zur Erfüllung von Zielstellungen nach Abschn. 1.1 die unterschiedlichsten Automatisierungsaufgaben zu lösen. Sie lassen sich in folgenden Klassen zusammenfassen:

- *Prozeßstabilisierung*
    - Gewährleistung vorgegebener Betriebsregime,
      zum Beispiel konstanter Raumtemperaturen;
    - Beseitigung bzw. Verringerung von Störeinwirkungen,
      zum Beispiel von Betriebsspannungsschwankungen oder Qualitätsveränderungen bei Rohstoffen;
    - Beseitigung bzw. Verringerung der Wechselwirkung zwischen Prozeßkomponenten, zum Beispiel gegenseitige Beeinflussung von Roboterachsen.

- *Prozeßführung*
    - Einhaltung der funktionellen und zeitlichen Abfolge von Betriebsregimen,
      zum Beispiel beim An- und Abfahren verfahrenstechnischer Prozesse oder bei veränderter Marktsituation;
    - Koordinierung mehrerer Teilprozesse,
      zum Beispiel unterschiedlicher Prozeßstufen in einem Fertigungsprozeß;
    - Einbindung von Expertenwissen, Entscheidungshilfen u.a. in die Prozeßautomatisierung,
      zum Beispiel beim Betrieb komplizierter Anlagen mit geringen Prozeßinformationen auf Grundlage der Erfahrung von Prozeßspezialisten.

- *Prozeßoptimierung*
    - Bestimmung und Einhaltung optimaler stationärer Betriebsregime und Prozeßzustände,
      zum Beispiel zur Optimierung der Ausbeute in einem verfahrenstechnischen Prozeß unter Berücksichtigung des Energieeinsatzes, des Rohstoffverbrauches, des Anlagenverschleißes und der Marktsituation;

- Realisierung von optimalen Übergangsvorgängen (dynamische Optimierung),
  zum Beispiel beim Umsteuern von Anlagen.

- **Prozeßüberwachung und -sicherung**
  - Erfassen und Auswerten aktueller Informationen über Prozeßzustände,
    zum Beispiel kritischer Drücke und Temperaturen in Reaktoren;
  - Durchführung von Maßnahmen zur Vermeidung von gefährlichen Prozeßzuständen
    und von Prozeßausfällen, zum Beispiel Auslösen von Alarmen, Notabschaltungen
    sowie gezieltem Abfahren einer Anlage.

Die angedeutete Breite der Automatisierungsaufgabenstellungen, der Automatisierungszielstellungen sowie des Prozeßspektrums macht es erforderlich, beim Entwurf von
Automatisierungslösungen eine

  o Abstraktion von konkreten Prozessen bzw. Realisierungsformen
    und damit eine
  o Vereinheitlichung von Beschreibungsformen und Untersuchungsmethoden
    sowie eine
  o Einschränkung auf bestimmte Aufgaben- bzw. Zielstellungen

anzustreben.

Der Zugang zu den beiden ersten Anliegen wird durch die **systemtechnische Sicht** der
Probleme ermöglicht. Gleichzeitig eröffnet eine solche Sicht auch die Ausweitung der
eingeführten Problem- und Aufgabenstellungen, über das eigentliche Gebiet der Automatisierungstechnik hinaus auf zu beeinflussende biologische, ökologische, ökonomische und
andere Prozesse.

Einschränkungen im Aufgabenumfang ergeben sich aufbauend auf der systemtechnischen
Betrachtungsweise durch eine **kybernetische Sicht**, d.h. durch die Orientierung auf die
zielgerichtete steuernde Prozeßbeeinflussung im Sinne einer sogenannten Steuerungs-
systemtechnik.

1.3.2 Systemtechnischer Aspekt

Die systemtechnische Betrachtungsweise dient der vereinheitlichten Beschreibung und
Behandlung von Automatisierungsproblemen und der Ausdehnung vergleichbarer Problemstellungen auch auf nichttechnologische Prozeßklassen. Dazu ist die Vereinbarung
einiger typischer Begriffe in Anlehnung an DIN 19226 Teil 1 erforderlich.

- **System**

Anordnung von *Gebilden*, die hinsichtlich bestimmter Zielstellungen miteinander in *Beziehung* stehen.

Unter *Gebilden* sind Systemelemente bzw. Systemglieder zu verstehen, die meist gegenständlichen Charakter aufweisen, aber auch Abbilder und Ergebnisse von Rechenoperationen sein können.

Die *Anordnung* von Systemelementen, d.h. ihr Beziehungsgeflecht wird durch eine gedachte Hüllfläche von der Umgebung abgegrenzt. Wo diese Grenze zu ziehen ist, hängt entscheidend von der Aufgabenstellung ab. So muß ein automatisierter Antrieb einer Roboterachse gegenüber der Umgebung anders und enger abgegrenzt sein als der gesamte Roboter mit mehreren Gelenkantrieben in einer Fertigungszelle.

Beziehungen sind wirkungsmäßige Zusammenhänge von Gebilden in einem System, d.h. die Struktur des Systems. Wirkungszusammenhänge entsprechen hier Informationszusammenhängen, dargestellt durch Signale. Der Informationsfluß erfolgt in der Kette "Informationserfassung, -verarbeitung und -nutzung bzw. -ausgabe".

- **Modell**

Unter einem Modell versteht man die Abbildung von Eigenschaften eines Originals auf ein begriffliches oder gegenständliches Objekt.

Modelle sollten die bezüglich bestimmter Fragestellungen relevanten Eigenschaften hinreichend genau und widerspruchsfrei abbilden.

Eine Form begrifflicher Modelle stellen mathematische Modelle dar. Sie sind entscheidend für die Beschreibung des Verhaltens von Systemen bzw. Systemelementen in *Systemmodellen* und die Beschreibung der Eigenschaften von Signalen in *Signalmodellen*. Es ist weit verbreitet, die Gesamtheit zusammengehöriger System- und Signalmodelle als *Prozeßmodelle* zu bezeichnen.

1.3.3 Kybernetischer Aspekt

Die nach Abschn. 1.3.2. vorgenommene Systembeschreibung und -abgrenzung kann mit unterschiedlichen Zielstellungen erfolgen. Eine für die Automatisierungsproblematik bedeutsame Systemspezifizierung stellt das *kybernetische System* dar. Zur Erläuterung der Spezifik seien folgende Begriffsbestimmungen eingeführt.

- **Kybernetik**

Kybernetik ist eine Wissenschaftsdisziplin, die Wirkungszusammenhänge bzw. Informationszusammenhänge in solchen Systemen behandelt, in denen zielgerichtete Beeinflussungen im Sinne einer allgemeinen Steuerung erfolgen. Das griechische Wort $\kappa\upsilon\beta\epsilon\rho\nu\acute{\eta}\tau\iota\kappa\acute{\eta}$ für Steuerungskunst hat zur Einführung des Begriffs "Kybernetik" und zur gleichberechtigten Verwendung des Begriffs "Steuerungswissenschaft" geführt.

- **Kybernetisches System**

Kybernetische Systeme sind somit Systeme, deren Zustände (zunächst in umgangssprachlicher Deutung des Begriffs) steuerbar, d.h. in einer beabsichtigten Weise (zielgerichtet) beeinflußbar sind. Das setzt voraus, daß sich die Zustände überhaupt beeinflussen lassen und sich ändern können.

Mit einer solchen allgemeinen Formulierung des kybernetischen Grundgedankens wird die Ausdehnung des Steuerungsaspektes über technologische hinaus auch auf biologische u.a. Systeme möglich. *Norbert Wiener* hat mit seinem 1948 erschienenen Buch "Cybernetics, or control and communication in the animal and the machine" in dieser Hinsicht ganz wesentliche Zeichen gesetzt.

Durch Modifikation von Bild 1.1 kann nunmehr für ein allgemeines kybernetisches System die Grundstruktur in Bild 1.2 angegeben werden. Die besondere Hervorhebung der Informationszusammenhänge im Bild 1.3 weist das kybernetische System als Informationssystem aus.

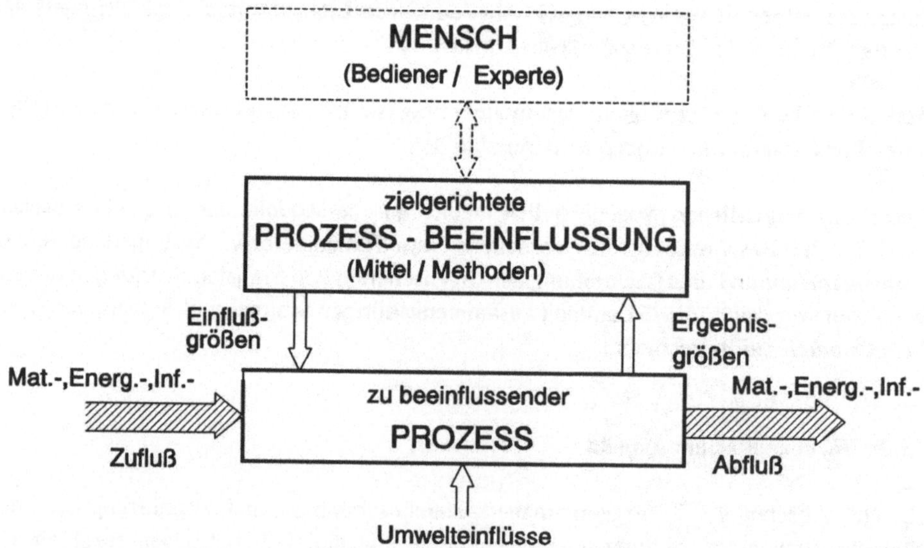

Bild 1.2: Grundstruktur eines kybernetischen Systems

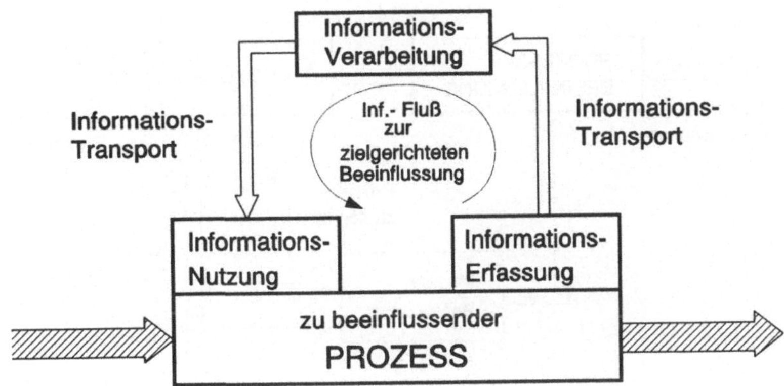

Bild 1.3: Kybernetisches System als Informationssystem

1.4 Grundstrukturen der allgemeinen Steuerung

Unabhängig von Aufgabenklassen in der Prozeßautomatisierung (Abschn. 1.3.1) leiten sich aus der kybernetischen Grundstruktur nach Bild 1.2 zwei Grundstrukturen der allgemeinen Steuerung (control) ab, nämlich die offene und die geschlossene Steuerung.

- *Offene Steuerung*

Die Grundstruktur der offenen Steuerung ist in ihrer allgemeinsten Form im Bild 1.4 dargestellt. Die Prozeßbeeinflussung erfolgt im *offenen Wirkungsablauf*, häufig verwendete Bezeichnungen sind *Vorwärtssteuerung* bzw. *open-loop control* oder *feedforward control*.

Die Erzielung eines gewünschten Prozeßverhaltens setzt gute Kenntnisse über das Prozeßmodell voraus. Durch direkte Berücksichtigung von Störinformationen bei der Prozeßbeeinflussung kann die Auswirkung von Störungen auf das Prozeßverhalten reduziert oder gar beseitigt werden. Voraussetzung dafür ist neben der Kenntnis des Störortes die Meß- bzw. Bestimmbarkeit der Störeinflüsse. Die Messung von Zielgrößen kann bei der offenen Steuerung entfallen, wodurch allerdings auch die ständige Rückmeldung über den Erfolg der Prozeßbeeinflussung fehlt.

- *Geschlossene Steuerung*

Die Grundstruktur der geschlossenen Steuerung (Bild 1.5) weist einen *geschlossenen Wirkungsablauf* auf. Es handelt sich um eine *Steuerung mit Rückführung* bzw. *closed-loop control* oder *feedback control*.

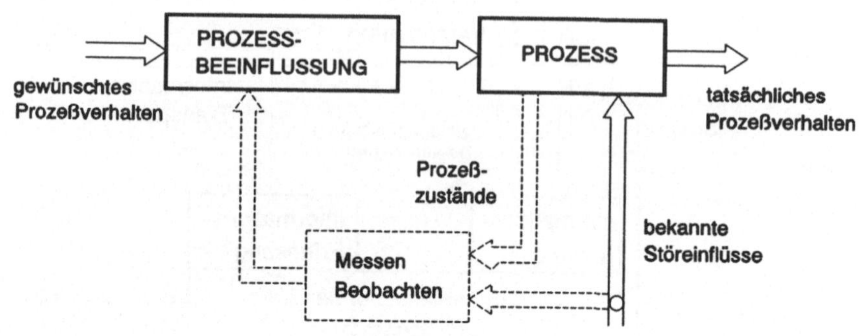

Bild 1.4: Offene Steuerung

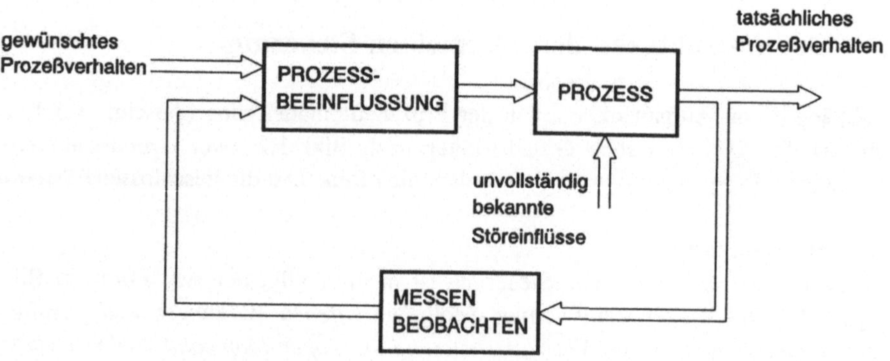

Bild 1.5: Geschlossene Steuerung

Diese Steuerung arbeitet zwar mit einer aufwendigeren und schwieriger überschaubaren Struktur als die offene Steuerung, besitzt aber ihr gegenüber wesentliche Vorteile. Es erfolgt eine ständige Rückmeldung über das erzielte Prozeßverhalten. Das Prozeßmodell kann daher ungenauer bestimmt sein. Störungen müssen nicht direkt meßbar sein, ihre Wirkung wird gegebenenfalls durch die Messung der Zielgrößen erfaßt und durch die Rückführung bei der Prozeßbeeinflussung berücksichtigt. Unabhängig von der Störbekämpfung ergeben sich durch die Rückführung insgesamt Verbesserungen im Prozeßverhalten.

1.5   Charakterisierung und Einordnung der Regelungstechnik

Die im Abschn. 1.4 dargestellten zwei Grundformen der allgemeinen Steuerung treten in allen Automatisierungsaufgaben (Abschn. 1.3.1.) auf, in denen eine zielgerichtete Prozeßbeeinflussung im weitesten Sinne erfolgt. Vorwärtsoptimierung bei der Prozeßoptimierung oder Verriegelungssteuerungen bei der Prozeßsicherung sind Beispiele für offene Steuerungen. Die Suche des Optimums am Prozeß oder Ablaufsteuerungen sind in den gleichen Aufgabengruppen andererseits Beispiele für geschlossene Steuerungen.

In der Kategorie "Prozeßstabilisierung" ist der allgemeine Steuerungsbegriff besonders markant vertreten. Offene Strukturen, wie bei der Störgrößenaufschaltung oder bei Zeitplansteuerungen, werden hier speziell als *(Vorwärts-)Steuerung* bezeichnet, was zu Verwechslungen mit dem Oberbegriff "Steuerung" führen kann.

Für die geschlossene Steuerung dominiert im Rahmen der Automatisierungsaufgabe "Prozeßstabilisierung" der Begriff *"Regelung"*. Der zu beeinflussende Prozeß wird mit *Regelstrecke* bezeichnet; die Prozeßbeeinflussung übernimmt die *Regeleinrichtung*. Die aufgabengemäße Beeinflussung auf Basis von *Führungsgrößen* bewirkt unter Berücksichtigung von *Störgrößen* das tatsächliche Prozeßverhalten, das sich in den *Regelgrößen* und gegebenenfalls in inneren *Zustandsgrößen* abbildet. Für eine solche geschlossene Steuerung ist die Grundstruktur der Regelungstechnik im Bild 1.6 dargestellt. Sie gilt unter dem kybernetischen Aspekt (Abschn. 1.3.3) auch für die regelungstechnischen Aufabenstellungen, die sich nicht in den stark technologisch geprägten Begriff der Prozeßstabilisierung einordnen lassen.

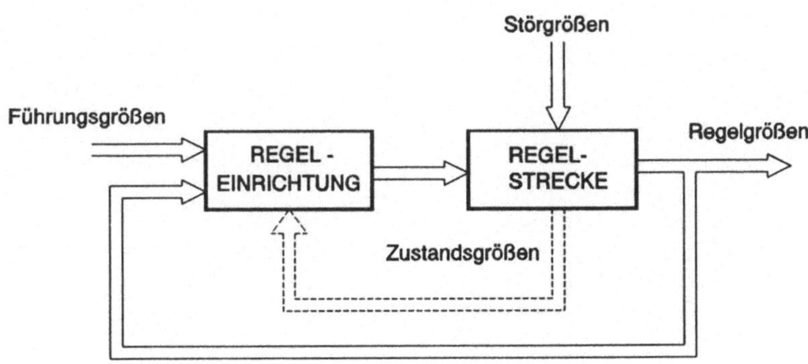

Bild 1.6: Grundstruktur der Regelung

Die nachfolgenden Abschnitte dieses Buches sind auf eine solche allgemeine Sicht des Begriffes "Regelungstechnik" orientiert. Für die weitere Behandlung regelungstechnischer Aufgabenstellungen in unterschiedlichen Strukturen müssen zunächst als Grundlage für die mathematische Beschreibung die erforderlichen Signal- und Systemmodelle bereitgestellt werden. Dies soll in den Abschnitten 2 und 3 erfolgen, während verschiedene wichtige Klassen von Regelungsaufgaben dann in den Folgeabschnitten eingeführt werden.

2 Signalmodelle

Durch Signale erfolgt die Darstellung von Informationen und damit von Wirkungszusammenhängen in Systemen. Die Art der Signale und ihre mathematische Beschreibung bestimmen den Charakter des Systems, d.h. die Lösung regelungstechnischer Aufgabenstellungen ist mit Signal- und Systemmodellen auf gleicher Beschreibungsgrundlage vorzunehmen. Dafür stehen sowohl der Zeitbereich (Originalbereich) als auch Transformationsbereiche (Bildbereiche) zur Verfügung.

2.1 Klassifizierung von Signalen

Klassifizierung nach der Quantisierung von Informationsparameter und Zeitverlauf

Informationsparameter (zum Beispiel Amplitude, Impulsbreite, Frequenz) charakterisieren Werte oder Werteverläufe von Signalen zeit- und/oder ortsabhängig. Ortsabhängige Signale seien im weiteren ausgeschlossen. Damit ergibt sich in Abhängigkeit von der

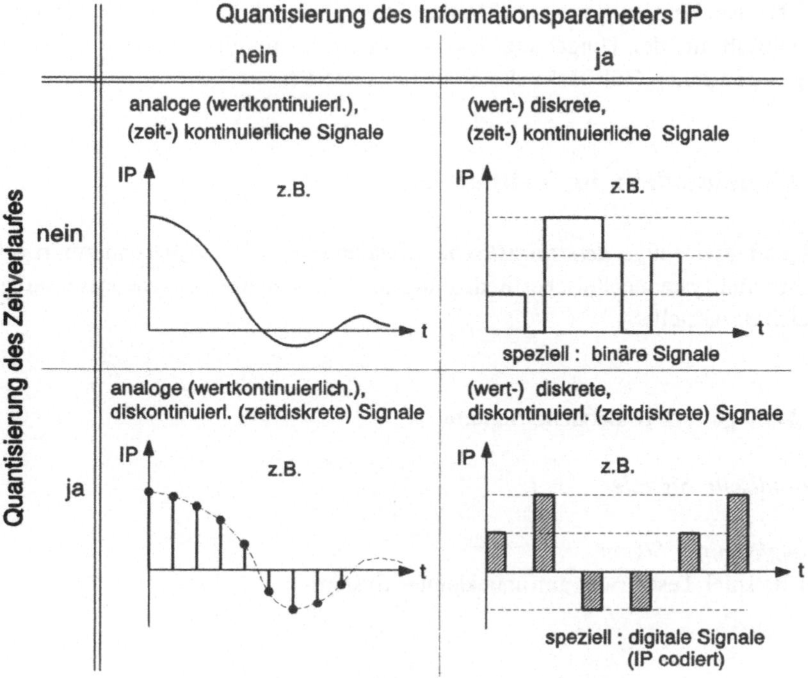

Bild 2.1:   Klassifizierung von Signalen

Quantisierung des Informationsparameters IP (hier am Beispiel der Amplitude) und des Zeitverlaufes die Grobeinteilung von Signalen in Bild 2.1.

Mit Blick auf die in diesem Buch behandelten Klassen von Regelungen werden nur analoge Signalmodelle eingeführt, d.h. die Informationsparameter können jeden Wert im zugelassenen Wertebereich einnehmen. Möglich sei jedoch die Quantisierung nach der Zeit, so daß nachfolgend *analoge kontinuierliche* und *analoge diskontinuierliche (analoge zeitdiskrete)* Signale behandelt werden.

Klassifizierung nach anderen Merkmalen

- In Abhängigkeit davon, ob der Zeitverlauf des Signals eindeutig im voraus bestimmbar ist oder durch Zufallsfunktionen bzw. statistische Kenngrößen beschrieben wird, unterscheidet man *deterministische* oder *stochastische* Signale. Auf Grund der Einschränkung im Typ der Regelungsaufgaben erfolgt hier lediglich die Behandlung deterministischer Signale.

- Aus anwendungstechnischer Sicht kann auch eine Einteilung in *Nutzsignale* und *Störsignale* vorgenommen werden. Nutzsignale sind die bei der Erfüllung einer Aufgabenstellung wirksamen Signale; Störsignale charakterisieren hingegen den Störeinfluß aus der Umgebung des Systems, d.h. aus dem Bereich außerhalb der jeweils gewählten Hüllfläche des Systems (s. Abschn. 1.3.2).

2.2   Signalmodelle im Zeitbereich

Nachfolgend sind einige *deterministische Elementarsignale* mit besonderer regelungstechnischer und systemtechnischer Bedeutung sowie ihre mathematische Beschreibung im Zeitbereich dargestellt.

2.2.1   Analoge kontinuierliche Signale

Nichtperiodische Signale

- *Sprungförmiges Signal,*
  zum Beispiel Testsprung auf unbekanntes System;

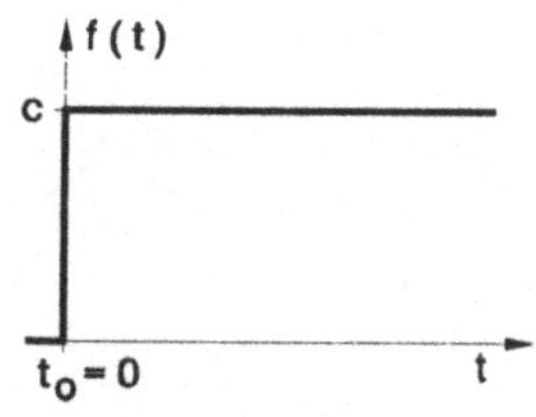

$$f(t) = c\ \sigma(t) \quad , \qquad (2.1)$$

mit Einheitssprungfunktion

$$\sigma(t) = \begin{cases} 0 \ \textit{für } t < 0 \\ 1 \ \textit{für } t \ge 0 \ , \end{cases} \qquad (2.2)$$

c reelle Konstante   .

Bild 2.2: Sprungförmiges Signal

- *Exponentielles Signal*,
  zum Beispiel als Charakteristik für das Abklingen von Störauswirkungen;

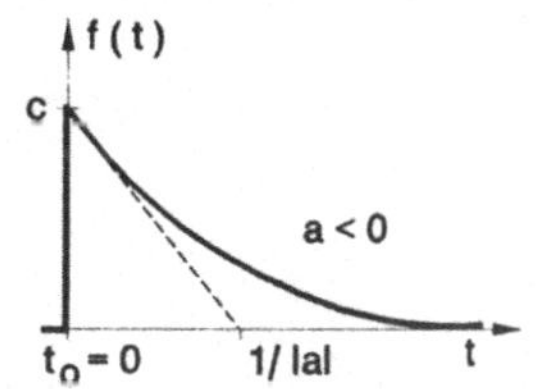

$$f(t) = c\ e^{at}\ \sigma(t) \quad , \qquad (2.3)$$

mit

$$\sigma(t) \quad \textit{nach } (2.2) \quad ,$$

c, a reelle Konstanten   .

Bild 2.3:   Exponentielles Signal

- *Rampenförmiges Signal*,
  zum Beispiel Ausgangssignal eines idealen Integrators bei Einwirkung eines sprungförmigen Eingangssignals;

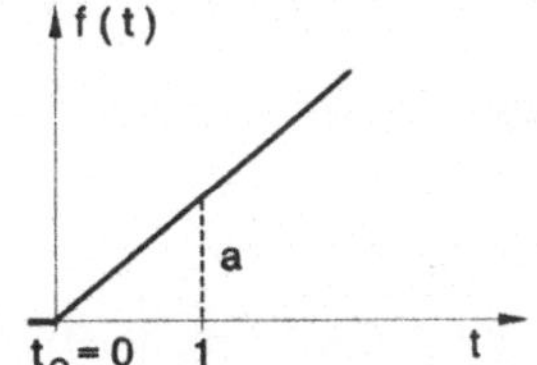

$$f(t) = at\ \sigma(t) \quad , \qquad (2.4)$$

mit

$$\sigma(t) \quad \textit{nach } (2.2) \quad ,$$

a reelle Konstante   .

Bild 2.4: Rampenförmiges Signal

- *Impulsförmiges Signal*,
  zum Beispiel Testsignal für unbekanntes System (Zwei-Richtungs-Test);

$$f(t) = \begin{cases} c \ \textit{für } 0 \le t < T_i \\ 0 \quad \textit{sonst} \end{cases} \qquad (2.5)$$

Bild 2.5: Impulsförmiges Signal

- δ-*Signal (Dirac-Impuls, Einheitsimpuls)*,
  zum Beispiel als spezielles Eingangssignal mit systemtechnischer Bedeutung;

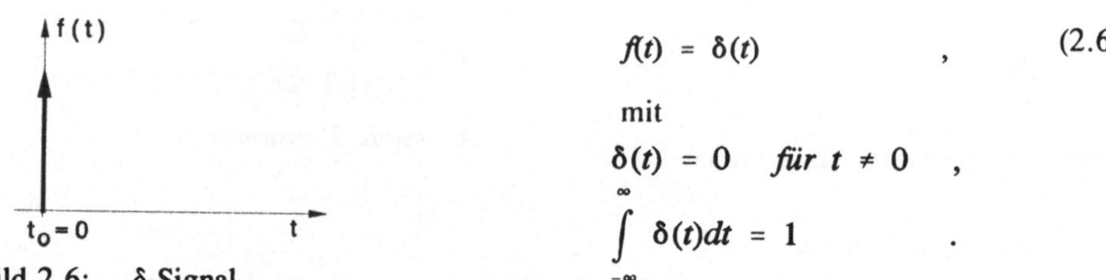

$$f(t) = \delta(t) \qquad , \qquad (2.6)$$

mit

$$\delta(t) = 0 \quad \textit{für } t \neq 0 \quad ,$$

$$\int_{-\infty}^{\infty} \delta(t)dt = 1 \quad .$$

Bild 2.6: δ-Signal

Im Bild 2.7 ist eine technische Interpretation des δ-Signals als Ergebnis der Differentiation einer realen Einheitssprungfunktion aufgezeigt.

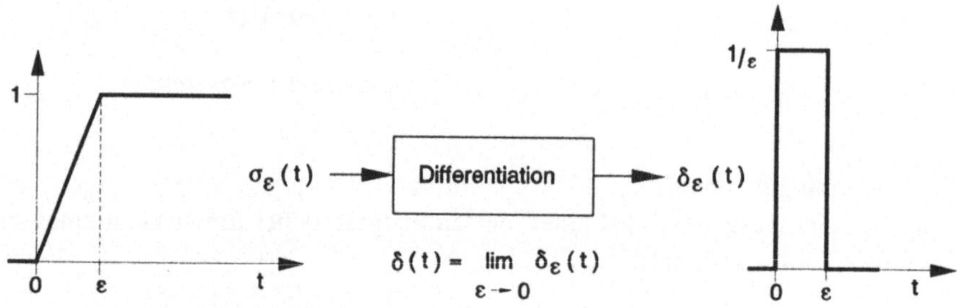

Bild 2.7:   Interpretation des δ-Signals

Periodische Signale

- *Harmonisches Signal*,
  zum Beispiel als Eingangssignal für Frequenzgänguntersuchungen;

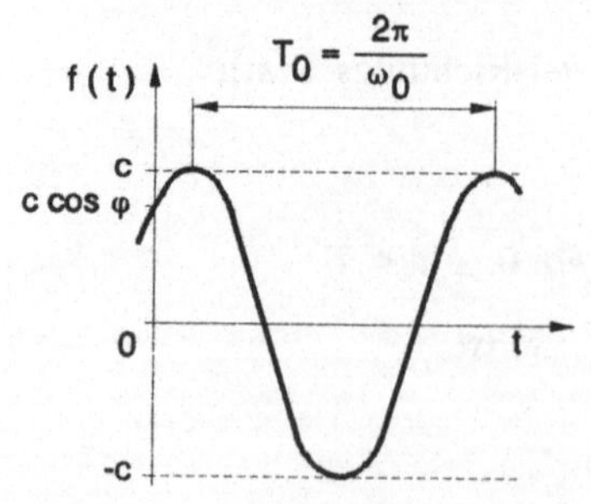

$$f(t) = c \, \cos(\omega_0 t + \varphi) \quad , \qquad (2.7)$$

mit

c *reelle Konstante*   ,
ω_0 *Kreisfrequenz*   ,
T_0 *Periodendauer*   ,
φ *Phasenwinkel*   .

Bild 2.8:   Harmonisches Signal

- *Rechteckimpulsfolgesignal,*
   zum Beispiel als Testsignal für unbekanntes System;

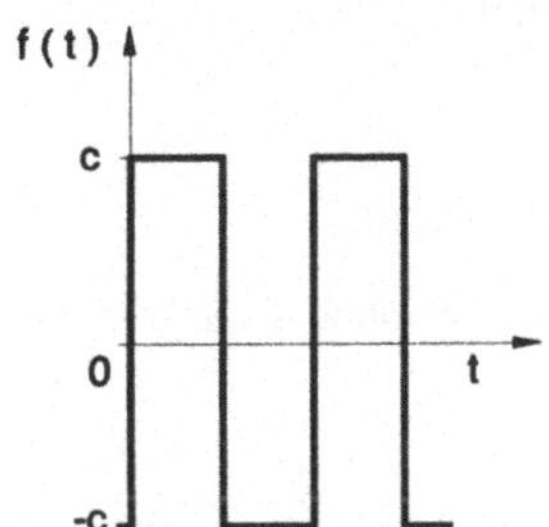

$$f(t) = \frac{4\,c}{\pi} \left(\sin\ \omega_0 t + \frac{1}{3}\ \sin\ 3\omega_0 t + ... \right).\quad (2.8)$$

Bild 2.9: Rechteckimpulsfolgesignal

Allgemeines exponentielles Signalmodell

Außer nichtperiodischen Signalen exponentiellen Typs lassen sich auch periodische
Signale durch eine Linearkombination des Elementarsignals

$$f_i(t) \,-\, b_i\ e^{a_i t} \qquad\qquad (2.9)$$

beschreiben. Diese Darstellung hat eine wesentliche Bedeutung für systemtechnische
Untersuchungen. Für das Signal nach (2.7) ist

$$b_1 = \frac{c}{2}\ e^{j\varphi}\ ,\quad b_2 = \frac{c}{2}\ e^{-j\varphi}\ ,\quad a_1 = j\omega_o\ ,\quad a_2 = -j\omega_o\ .$$

Es gilt

$$a_1 = \delta + j\omega_0$$

und $\quad a_2 = \delta - j\omega_0 \quad$ für gedämpfte ($\delta < 0$) und aufklingende ($\delta > 0$)

periodische Signale.

2.2.2 Analoge zeitdiskrete Signale

Zeitdiskrete Signale sind im Unterschied zu kontinuierlichen Signalen nur durch Informationsparameter in diskreten Zeitpunkten oder Zeitbereichen charakterisiert. Für viele
technische Anwendungen (siehe Abschn. 6) kann davon ausgegangen werden, daß das
Signal aus einer Folge von Werten f_k, $k=0,1,2,..$, in diskreten Zeitpunkten t_k besteht.
Häufig liegen diese Zeitpunkte in äquidistanten Abständen $t_k - t_{k-1} = T$. Es gilt dann für
die

- *Wertefolge* $[f_k]$

  mit den Gliedern f_k, $k=0,1,2,...$ die Signaldarstellung im Bild 2.10a.
  Folgende Schreibweisen für die Wertefolgen sind üblich:

$$[f_k] \quad = (f_0\,,f_1\,,f_2\,,\,...)$$
$$[f(k)] \quad = (f(0),\,f(1),\,f(2),...)$$
$$[f(kT)] \;= (f(0),\,f(T),\,f(2T),...)$$
(2.10)

Durch Modulation einer δ-Impulsfolge mit den Werten f_k nach (2.10) entsteht die kontinuierliche

- *Impulsfolgefunktion* $f^*(t)$

$$f^*(t) = \sum_{k=0}^{\infty} f_k\,\delta(t - kT) \tag{2.11}$$

gemäß Bild 2.10b.

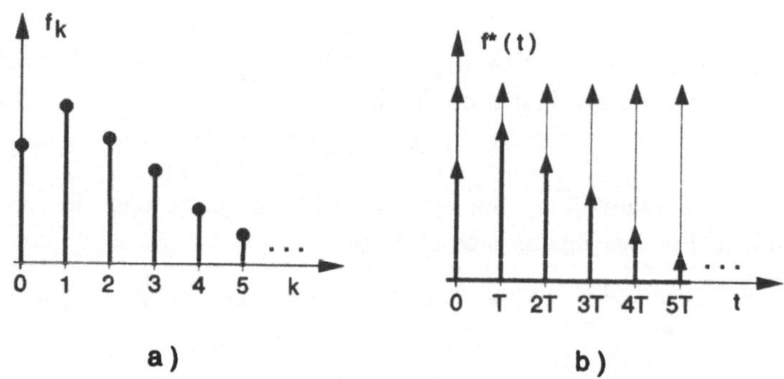

Bild 2.10: Wertefolge und Impulsfolgefunktion

Zeitdiskrete Signale nach (2.10) können sowohl Ergebnisse von digitalen Rechenoperationen als auch ideal abgetastete kontinuierliche Signale bei der Analog-Digital-Umsetzung sein (s. Abschn. 6). Es handelt sich um analoge zeitdiskrete Signale, wenn infolge hoher Genauigkeit bei der digitalen Informationserfassung und -verarbeitung die Quantisierung der Informationsparameter keine Rolle spielt.

BEISPIEL 2.1: *Zeitdiskrete nichtperiodische Signale im Zeitbereich*

Für den Fall der Abtastung der im Abschn. 2.2.1 eingeführten nichtperiodischen Signale erhält man beispielsweise die in Tafel 2.1 dargestellten zeitdiskreten Signale und ihre Beschreibung für $k \geq 0$.

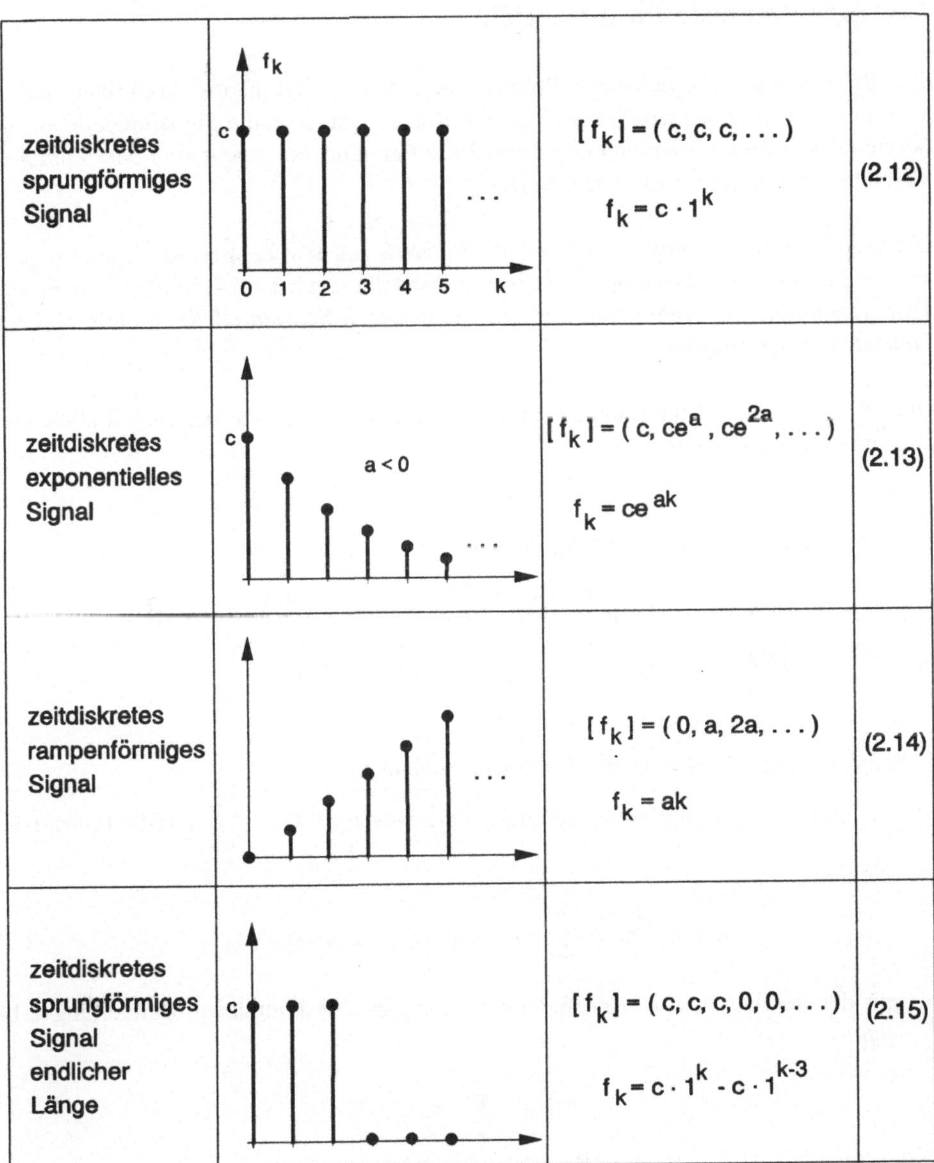

Tafel 2.1: Zeitdiskrete Elementarsignale

2.3 Signalmodelle im ω-Bereich

Die Behandlung kybernetischer Problemstellungen erfolgt häufig effektiver und mit höherer Ingenieurakzeptanz im Bildbereich, d.h. es sind auch die Signalmodelle aus dem Bereich der reellen Variablen t (Zeitbereich) in Bereiche von imaginären oder komplexen Variablen (Bildbereich) zu transformieren.

Die Transformation *kontinuierlicher Signalmodelle* aus dem Zeitbereich in den Frequenzbereich (ω-Bereich) und damit ihre spektrale Darstellung wird auf Grundlage der *Fourier-Transformation* vorgenommen, die der *zeitdiskreten Signalmodelle* mittels *diskreter Fourier-Transformation*.

Die nachfolgenden Anmerkungen zu diesen Transformationen stellen lediglich kurze Zusammenfassungen dar.

2.3.1 Analoge kontinuierliche Signale

Fourier-Transformation / Inverse Fourier-Transformation

$$\mathscr{F}\{f(t)\} = F(j\omega) \;\bullet\!-\!-\!\circ\; f(t) = \mathscr{F}^{-1}\{F(j\omega)\} \tag{2.16}$$

- *Fourier-Entwicklung periodischer Signalmodelle f(t)*

  Für periodische Funktionen $f(t)$ mit der Periodendauer $T_0 = \dfrac{2\pi}{\omega_0}$ gilt die Fourier-Entwicklung

$$f(t) = \frac{a_o}{2} + \sum_{\nu=1}^{\infty} (a_\nu \cos \nu\,\omega_0 t + b_\nu \sin \nu\,\omega_0 t) \tag{2.17}$$

mit den reellen Fourier-Koeffizienten a_0, a_ν, b_ν. In komplexer Darstellung erhält man

$$f(t) = \sum_{\nu=-\infty}^{\infty} c_\nu\, e^{j\nu\,\omega_0 t} \tag{2.18}$$

mit den komplexen Fourier-Koeffizienten (Spektralkoeffizienten)

$$c_\nu = \frac{1}{T_o} \int_{t_o}^{t_o+T_o} f(t)\, e^{-j\nu\,\omega_0 t} dt \;,\; \nu = 0, \pm 1, \pm 2, \dots \tag{2.19}$$

- *Fourier-Transformation periodischer Signalmodelle f(t)*
  Aus der komplexen Fourier-Entwicklung nach (2.18) folgt unter Verwendung der Korrespondenzen

$$1 \circ\!-\!-\!\bullet\ 2\pi\,\delta(\omega) \quad und \tag{2.20}$$

$$e^{j\omega_0 t} \circ\!-\!-\!\bullet\ 2\pi\,\delta(\omega - \omega_0) \tag{2.21}$$

$$F(j\omega) = \sum_{\nu = -\infty}^{\infty} 2\pi\,c_\nu\,\delta(\omega - \nu\,\omega_0) \quad . \tag{2.22}$$

Aus (2.22) ist ersichtlich, daß periodische Signale ein diskontinuierliches Spektrum aufweisen, das durch δ-Impulse unterschiedlicher Wichtung und Anordnung im Frequenzbereich geprägt ist.

- *Fourier-Transformation nichtperiodischer Signalmodelle f(t)*
  Aus dem Grenzverhalten der Fourier-Entwicklung für $T_0 \to \infty$ ergibt sich das *Fourier-Integral*

$$F(j\omega) = \int_{-\infty}^{\infty} f(t)e^{-j\omega t}\,dt \quad . \tag{2.23}$$

(2.23) zeigt, daß für nichtperiodische Signale ein kontinuierliches Spektrum typisch ist, d.h. daß sämtliche Frequenzanteile mit unterschiedlichem Gewicht vertreten sind.

- *Darstellungsarten von F(jω)*
  Die Fourier-Transformierte (Spektralfunktion, Spektraldichte, Frequenzfunktion) von *f(t)* wird im allgemeinen wie folgt dargestellt:

$$F(j\omega) = U(\omega) + j\,V(\omega) \quad , \tag{2.24}$$

$$F(j\omega) = |F(j\omega)|e^{j\varphi(\omega)} \tag{2.25}$$

mit dem Amplitudenspektrum

$$|F(j\omega)| = \sqrt{U^2(\omega) + V^2(\omega)} \tag{2.26}$$

und dem Phasenspektrum

$$\varphi(\omega) = \arctan\frac{V(\omega)}{U(\omega)} \quad . \tag{2.27}$$

- *Voraussetzungen für die Existenz von F(jω)*
  Maßgeblich für die Existenz von *F(jω)* ist die Konvergenz der Fourier-Reihe bzw.

des Fourier-Integrals. Verbunden damit ist die Erfüllung der Dirichletschen Bedingungen. Danach kann die absolute Integrierbarkeit von $f(t)$ gemäß (2.28) als hinreichend für die Existenz von $F(j\omega)$ angesehen werden.

Bei aufklingenden Verläufen von $f(t)$ ist (2.28) zum Beispiel nicht erfüllt. Man kann jedoch die Konvergenz beeinflussen, wenn die ursprüngliche Zeitfunktion durch einen Dämpfungsterm $e^{-\delta|t|}$, $\delta > 0$, zu

$$\hat{f}(t) = f(t)\, e^{-\delta|t|} \tag{2.29}$$

ergänzt wird. Die Fourier-Transformierte nach (2.23) lautet dann mit (2.29)

$$\hat{F}(j\omega) = \int_{-\infty}^{\infty} f(t)e^{-(\delta+j\omega)|t|}dt \quad . \tag{2.30}$$

An die Stelle der Frequenz tritt nunmehr die komplexe Frequenz $p = \delta + j\omega$ (siehe Abschn. 2.4.1).

- *Inverse Fourier-Transformation*

  Die Rücktransformation einer Fourier-Transformierten $F(j\omega)$ in den Zeitbereich basiert auf der Lösung des *Fourier-Umkehrintegrals*

$$f(t) = \frac{1}{2\pi} \int_{-\infty}^{\infty} F(j\omega)e^{j\omega t}\, d\omega \quad . \tag{2.31}$$

Die aufwendige Lösung des Integrals kann man ebenso wie die Fourier-Transformation selbst umgehen, wenn Korrespondenzen und Rechenregeln dieser Transformation genutzt werden.

BEISPIEL 2.2:   *Fourier-Transformation ausgewählter analoger kontinuierlicher Signalmodelle*

- *Rechteckimpuls- und δ-Funktion*

  Für ein impulsförmiges Signalmodell nach Bild 2.5 gilt mit $c = \dfrac{1}{T_i}$

  in (2.5) und dem eingeschränkten Integrationsintervall $[0, T_i]$ die Fourier-Transformation nach (2.23)

$$F(j\omega) = \int_{0^-}^{T_i} \frac{1}{T_i}\, e^{-j\omega t}\, dt \quad .$$

Daraus folgt

$$F j\omega) = \frac{\sin\dfrac{\omega T_i}{2}}{\dfrac{\omega T_i}{2}}\; e^{-j\frac{\omega T_i}{2}}$$

und hieraus das Amplitudenspektrum

$$|F(j\omega)| = \left|\frac{2}{\omega T_i}\,\sin\,\frac{\omega T_i}{2}\right|$$

sowie das Phasenspektrum

$$\varphi(\omega) = arg\;\frac{\sin\dfrac{\omega T_i}{2}}{\dfrac{\omega T_i}{2}} - j\frac{\omega T_i}{2} = \varphi_1(\omega) - \varphi_2(\omega)\quad,$$

wie im Bild 2.11 gezeigt.
Der Grenzübergang für $T_i \rightarrow 0$ zur δ-Funktion bewirkt die ebenfalls im Bild 2.11
dargestellte Spektralfunktion

$$\mathscr{F}\{\delta(t)\} = 1$$

bzw. die Korrespondenz

$$\delta(t) \circ\!-\!-\!\bullet\; 1 \quad. \tag{2.32}$$

Auf Grund der Symmetrieeigenschaft der Fourier-Transformation folgt aus (2.32) die
Korrespondenz (2.20).

- *Harmonische Funktionen*
  Aus

$$f(t) = \cos\,\omega_o t = \frac{1}{2}\,e^{j\omega_o t} + \frac{1}{2}\,e^{-j\omega_o t} \tag{2.33}$$

lassen sich unmittelbar die von Null verschiedenen komplexen Fourier-Koeffizienten
gemäß (2.18) $c_1 = c_{-1} = 0{,}5$ ablesen. Die Fourier-Transformierte von (2.33) lautet
somit nach (2.22) und (2.24)

$$F(j\omega) = \pi\,\delta(\omega - \omega_o) + \pi\,\delta(\omega + \omega_o) = U(\omega)\quad. \tag{2.34}$$

Für

$$f(t) = \sin\,\omega_o t = \frac{1}{2j}\,e^{j\omega_o t} - \frac{1}{2j}\,e^{-j\omega_o t} \tag{2.35}$$

erhält man $c_1 = -\dfrac{1}{2}j$ und $c_{-1} = \dfrac{1}{2}j$. Mit (2.22) und (2.24) ergibt sich

$$F(j\omega) = -j\,\pi\,\delta(\omega - \omega_o) + j\,\pi\,\delta(\omega + \omega_o) = j\,V(\omega) \quad . \qquad (2.36)$$

*Die spektrale Darstellung beider harmonischer Funktionen auf der Basis von (2.34)
und (2.36) ist im Bild 2.12 vorgenommen. Die Spektren von f(t) = σ(t) cos ω$_o$t
bzw. f(t) = σ(t) sin ω$_o$t sind mit diesen nicht identisch.*

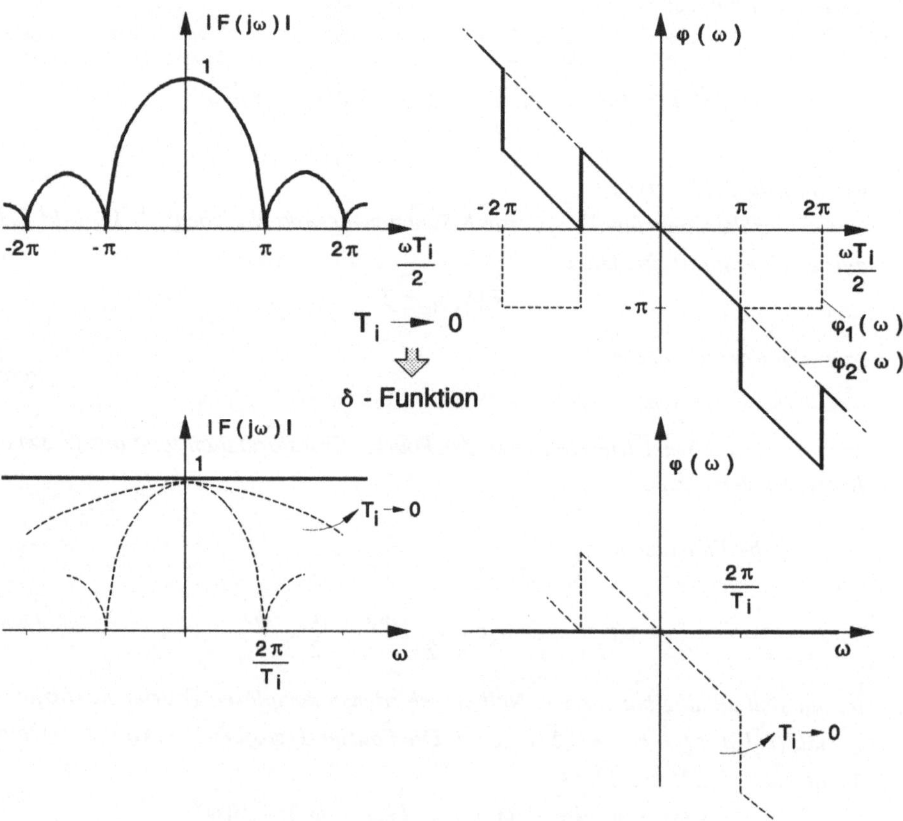

Bild 2.11: Spektrale Darstellung von Reckteckimpuls- und δ-Funktion

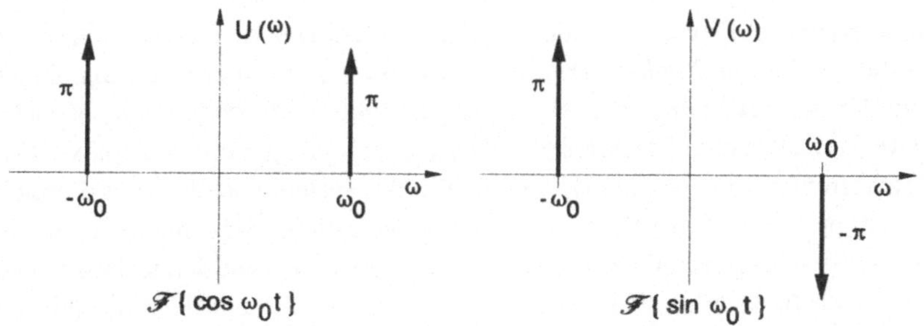

Bild 2.12: Spektrale Darstellung harmonischer Funktionen

2.3.2 Analoge zeitdiskrete Signale

Diskrete Fourier-Transformation / Inverse diskrete Fourier-Transformation

$$\mathscr{F}^*\{f_k\} = F^*(j\omega T) - F^*(j\Omega) \; \bullet\!-\!-\!\circ \; f_k = \mathscr{F}^{*-1}\left\{F^*(j\Omega)\right\} \tag{2.37}$$

Für Signalmodelle nach (2.11) ergibt die Fourier-Transformation

$$F^*(j\Omega) = \sum_{k=-\infty}^{\infty} f_k \, e^{-jk\Omega} \quad , \quad \Omega = \omega T \quad . \tag{2.38}$$

Neben der Konvergenz als Voraussetzung für die Existenz der Bildfunktion $F^*(j\Omega)$ ist deren Periodizität mit der Periode $\Omega = 2\pi$ bedeutsam, was sich auch in den periodischen Frequenzspektren dieser Signale widerspiegelt (s. auch Abschn. 6). Wie im kontinuierlichen Fall weisen periodische Impulsfolgefunktionen diskrete und nichtperiodische Impulsfolgefunktionen kontinuierliche Spektren auf.

Die Rücktransformation erfolgt mittels der Beziehung

$$f_k = \frac{1}{2\pi} \int\limits_{2\pi} F^*(j\Omega) \, e^{jk\Omega} \, d\Omega \tag{2.39}$$

in einem beliebigen Integrationsintervall 2π .

2.4 Signalmodelle im *p*- und *z*-Bereich

Durch die analytische Erweiterung der Fourier-Transformierten entsprechend (2.30) erhält man die *zweiseitige Laplace-Transformierte* eines kontinuierlichen Signalmodells mit der komplexen Variablen $p = \delta + j\omega$. Damit bleibt der Bildbereich nicht mehr auf die imaginäre Frequenzachse beschränkt, sondern es steht die gesamte komplexe *p*-Ebene für die Beschreibung zur Verfügung. Da sich auch Systemmodelle im *p*-Bereich als universell und praktikabel erweisen, spielen kontinuierliche Signalmodelle in diesem Bereich für die Regelungstechnik eine große Rolle. Dabei wird auf den technisch bedeutsamen Zeitbereich für $t \geq t_0$, meist mit $t_0 = 0$, orientiert. Es gilt dann die (einseitige) *Laplace-Transformation*.

Für die Beschreibung zeitdiskreter Signale in der Darstellung nach (2.11) kann prinzipiell auch die Laplace-Transformation eingeführt werden. Der dabei auftretende Verschiebeterm e^{pT} wird für die ingenieurtechnische Nutzung zweckmäßigerweise durch eine komplexe Variable z ersetzt. Die entsprechende Transformationsbeziehung ist als *z-Transformation* zur zeitdiskreten Signal- und Systembeschreibung gut geeignet.

2.4.1 Analoge kontinuierliche Signale

Laplace-Transformation / Inverse Laplace-Transformation

$$\mathscr{L}\{f(t)\} = F(p) \; \bullet\!-\!-\!\circ \; f(t) = \mathscr{L}^{-1}\{F(p)\} \tag{2.40}$$

Ausgehend von der Fourier-Transformierten $\hat{F}(j\omega)$ nach (2.30) erhält man nach Einführen der komplexen Frequenzvariablen

$$p = \delta + j\omega \tag{2.41}$$

und Beschränkung auf den Zeitbereich $t \geq 0$ das *Laplace-Integral* der Zeitfunktion *f(t)* zu

$$F(p) = \int\limits_{0^-}^{\infty} f(t) \, e^{-pt} \, dt \quad . \tag{2.42}$$

Die durch das Fourier-Integral ausgedrückte Zuordnung von *f(t)* zur komplexen Funktion *F(p)* wird als (einseitige) *Laplace-Transformation* bezeichnet und durch die Korrespondenz (2.40) gekennzeichnet.

Für die Existenz der Laplace-Transformierten muß in Erweiterung der entsprechenden Aussagen zur Fouriertransformation in Abschn. 2.3.1 gefordert werden, daß der

Ausdruck $f(t)e^{-\delta t}$ im Intervall $[0; \infty)$ absolut integrierbar ist, d.h. $Re\{p\} = \delta > \delta_{min}$. Durch δ_{min} wird somit eine rechte Halbebene der absoluten Konvergenz als Teil der p-Ebene abgegrenzt. Für regelungstechnisch wichtige Fälle kann $F(p)$ jedoch in der gesamten p-Ebene mit Ausnahme seiner Singularitäten analytisch fortgesetzt werden.

Aus der Sicht der Konvergenz kann auch nicht generell davon ausgegangen werden, daß sich $F(j\omega)$ formal aus $F(p)$ durch Einsetzen von $j\omega = p$ und umgekehrt bestimmten läßt. Beispiel für die Unzulässigkeit eines solchen Vorgehens ist:

$$f(t) = \sigma(t) \;\circ\!-\!-\!\bullet\; F(p) = \frac{1}{p}$$

$$\circ\!-\!-\!\bullet\; F(j\omega) = \frac{1}{j\omega} + \pi\,\delta(\omega) \quad .$$

Die Rücktransformation oder *inverse Laplace-Transformation* erfolgt auf der Basis des Umkehrintetrals

$$f(t) = \frac{1}{2\pi j} \int_{\delta-j\infty}^{\delta+j\infty} F(p)\, e^{pt}\, dp \quad . \tag{2.43}$$

Die relativ komplizierte Lösung von (2.43) wird meist umgangen, indem entweder direkt oder indirekt (z.B. nach Zerlegung von $F(p)$ in Partialbrüche) auf Korrespondenztabellen Zugriff genommen wird. Einige wichtige Korrespondenzen sowie Rechenregeln der Laplace-Transformation sind im Anhang A.1 und A.3 zusammengestellt.

BEISPIEL 2.3:   *Laplace-Transformierte ausgewählter analoger kontinuierlicher Signalmodelle*

- *Rechteckimpuls- und δ-Funktion*
  Unter Bezug auf Beispiel 2.2 und die Rechteckimpulsfunktion in Bild 2.5 ergibt sich für das Laplace-Integral nach (2.42):

$$F(p) = \int_{0^-}^{T_i} \frac{1}{T_i}\, e^{-pt}\, dt \quad .$$

Die Lösung lautet:

$$F(p) = -\frac{1}{pT_i}\,(e^{-pT_i} - 1) = \frac{1}{T_i}\,\frac{1 - e^{-pT_i}}{p} \quad . \tag{2.44}$$

Für $T_i \to 0$ erhält man nach Reihenentwicklung von e^{-pT_i} aus (2.44) die Laplace-Transformierte der δ-Funktion:

$$\mathcal{L}\{\delta(t)\} = \lim_{T_i \to 0} \frac{1}{pT_i}(1 - e^{-pT_i})$$

$$= \lim_{T_i \to 0} \frac{1}{pT_i}\left[1 - \left(1 - pT_i + \frac{(pT_i)^2}{2!} - \ldots\right)\right] \qquad (2.45)$$

$$= 1 \quad .$$

- *Exponentielle Funktion*

  Für die exponentielle Funktion (2.3) mit einer reellen Konstante a und $c = 1$ lautet das Laplace-Integral

$$F(p) = \int_{0^-}^{\infty} e^{at}\sigma(t)\, e^{-pt} dt \quad .$$

Die Lösung ergibt

$$F(p) = -\frac{1}{p-a}\left[e^{-(p-a)t}\right]_{t=0}^{t \to \infty} \quad .$$

Für die obere Integrationsgrenze gilt wegen

$$e^{-(p-a)t} = e^{-(\delta-a)t}\, e^{-j\omega t}$$

für $\delta > a$ der Wert Null. Im Konvergenzbereich lautet somit die Laplace-Transformierte

$$F(p) = \frac{1}{p-a} \quad . \qquad (2.46)$$

Diese Ableitung gilt auch für komplexe a im Konvergenzbereich $Re\{p\} > Re\{a\}$. Darüber hinaus ist die analytische Fortsetzung in der gesamten p-Ebene mit Ausnahme von $p = a$ möglich.

2.4.2 Analoge zeitdiskrete Signale

z-Transformation / Inverse z-Transformation

$$Z\{f_k\} = F(z) \bullet\!-\!-\!\circ f_k = Z^{-1}\{F(z)\} \qquad (2.47)$$

Auf die Impulsfolgefunktion $f^*(t)$ nach (2.11) als Beschreibungsform zeitdiskreter Signale kann die Laplace-Transformation angewendet werden. Unter Berücksichtigung des

Verschiebungssatzes (siehe Anhang A.1) ergibt sich die *diskrete Laplace-Transformierte*

$$F^*(p) = \sum_{k=0}^{\infty} f_k \, e^{-pkT} \quad , \quad k=0,1,2,\ldots \tag{2.48}$$

Die Existenz von $F^*(p)$ ist an die Konvergenz der Reihe in (2.48) geknüpft. Ferner läßt sich mit (2.48) leicht zeigen, daß $F^*(p)$ eine periodische Funktion mit der Periode

$\Omega = \omega T = 2\,\pi$ ist, d.h. sie ist vollständig in einem beliebigen Streifen der Breite $\omega = \dfrac{2\pi}{T}$

parallel zur reellen Achse in der p-Ebene beschrieben.

Durch die Variablentransformation

$$z = e^{pT} \tag{2.49}$$

erhält man aus (2.48) die *z-Transformierte*

$$F(z) = \sum_{k=0}^{\infty} f_k \, z^{-k} \quad , \quad k=0,1,2,\ldots \tag{2.50}$$

Dieses leichter handhabbare Signalmodell gilt generell als z-Transformierte der Wertefolge $[f_k]$. $F(z)$ existiert im Rahmen eines Konvergenzgebietes, das sich in der komplexen z-Ebene auf Basis von (2.49) als konzentrischer Kreis mit dem Radius $z_0 = e^{\delta_{min}T}$ darstellt. Wie bei der Laplace-Transformation gelten aber auch hier für viele praktische Fälle analytische Fortsetzungen in der gesamten z-Ebene mit Ausnahme der Singularitäten.

Die Rücktransformation oder *inverse z-Transformation*, d.h. die Gewinnung der Folgewerte des zeitdiskreten Signals bzw. eines allgemeinen Folgegliedes kann wie folgt geschehen:
- Reihenentwicklung von *F(z)* entsprechend der Transformationsbeziehung (2.50)

$$F(z) = f_o + f_1 \, z^{-1} + f_2 \, z^{-2} + \ldots \tag{2.51}$$

- Lösung des Umkehrintegrals der z-Transformation

$$f_k = \frac{1}{2\pi j} \oint_{K^+} F(z) \, z^{k+1} \, dz \quad , \quad k=0,1,2,\ldots \tag{2.52}$$

Die direkte oder indirekte Nutzung typischer Korrespondenzen ist häufig effektiver. Eine Auswahl solcher Korrespondenzen sowie einige Rechenregeln der z-Transformation sind im Anhang A.2 und A.3 angegeben.

BEISPIEL 2.4:   *z-Transformierte ausgewählter analoger zeitdiskreter Signalmodelle*

Für die in Tafel 2.1 dargestellten zeitdiskreten Signale ergeben sich folgende z-Transformierte:

- *Sprungförmige Folge*
  Mit

$$[f_k] = (c, c, c, \ldots)$$

gemäß (2.12) ergibt sich für F(z) nach (2.50):

$$F(z) = c\sum_{k=0}^{\infty} z^{-k} = c\sum_{k=0}^{\infty} (z^{-1})^k \quad .$$

Im Konvergenzbereich hat diese geometrische Reihe die Summe

$$F(z) = c\frac{1}{1-z^{-1}} \quad . \tag{2.53}$$

- *Exponentielle Folge*
  Nach (2.13) wird eine solche Folge durch das allgemeine Folgeglied

$$f_k = c\,e^{ak}$$

beschrieben. Für die z-Transformierte nach (2.50) folgt daraus

$$F(z) = c\sum_{k=0}^{\infty} e^{ak} z^{-k} = c\sum_{k=0}^{\infty} (e^a z^{-1})^k \quad .$$

Die Summe dieser geometrischen Reihe lautet im Konvergenzbereich

$$F(z) = c\frac{1}{1 - e^a z^{-1}} \quad . \tag{2.54}$$

- *Rampenförmige Folge*
  Nach (2.14) wird diese Folge durch die Folgeglieder $f_0 = 0, f_1 = a, f_2 = 2a$ usw. beschrieben. Für die z-Transformierte gilt nach (2.51)

$$F(z) = a\,z^{-1} + 2a\,z^{-2} + 3a\,z^{-3} + \ldots$$

Diese Reihe kann man als Produkt zweier geometrischer Reihen darstellen:

$$F(z) = a(1 + z^{-1} + z^{-2} + \ldots)\left[(1 + z^{-1} + z^{-2} + \ldots)z^{-1}\right] \quad .$$

Unter Berücksichtigung von (2.53) erhält man daraus in geschlossener Form

$$F(z) = a\frac{1}{1-z^{-1}} \cdot \frac{1}{1-z^{-1}} \cdot z^{-1}$$

$$= a\frac{z^{-1}}{(1-z^{-1})^2} \tag{2.55}$$

- *Sprungförmige Folge endlicher Länge*
  Für das zeitdiskrete Signal

$$[f_k] = (c, c, c, 0, 0, ...)$$

entsprechend (2.15) kann die z-Transformierte aus der Differenz zweier verschobener Sprungfolgen bestimmt werden. Es gilt in diesem Falle:

$$F(z) = c(1 + z^{-1} + z^{-2})$$

$$= c(1 + z^{-1} + z^{-2} + z^{-3}...) - c(1 + z^{-1} + z^{-2} + z^{-3} + ...)z^{-3}$$

$$= c\frac{1}{1 - z^{-1}} - c\frac{z^{-3}}{1 - z^{-1}}$$

$$= c\frac{1 - z^{-3}}{1 - z^{-1}} \quad . \tag{2.56}$$

2.5 Signalverzweigungen und - zusammenführungen

Für die Verzweigung eines Signals und die Zusammenführung mehrerer Signale gelten unabhängig vom Typ der hier behandelten Signalmodelle solche einfachen Grundbeziehungen und Signalflußdarstellungen, wie sie für analoge kontinuierliche Signale beispielhaft in Bild 2.13 angegeben sind.

Bei Multiplikations- und Divisionsstellen liegen nichtlineare Operationen vor; es gelten die Darstellungen nach Bild 2.14.

■ **VERZWEIGUNGSSTELLE**

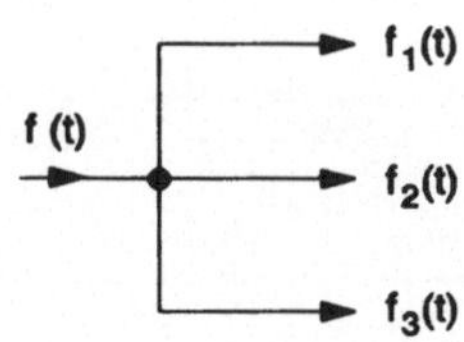

$f\,(t) = f_1(t) = f_2(t) = f_3(t)\ ;$

$F\,(p) = F_1\,(p) = F_2\,(p) = F_3\,(p)$

■ **MISCHSTELLE**

(Additions- / Subtrakt.- St.)

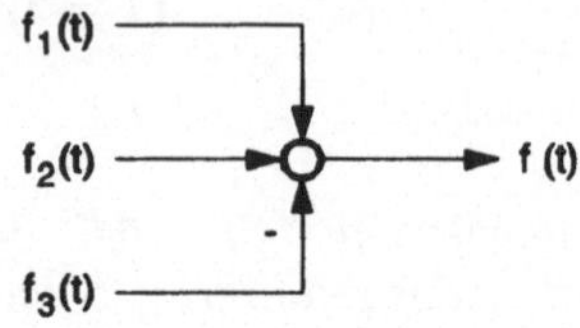

$f\,(t) = f_1(t) + f_2(t) - f_3(t)\ ;$

$F\,(p) = F_1\,(p) + F_2\,(p) - F_3\,(p)$

Bild 2.13:   Verzweigungs- und Mischstelle

■ **MULTIPLIKATIONSSTELLE**

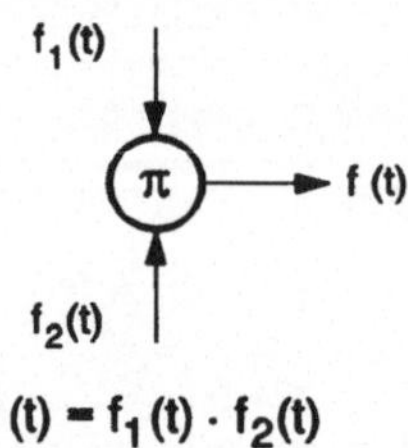

$f\,(t) = f_1(t) \cdot f_2(t)$

■ **DIVISIONSSTELLE**

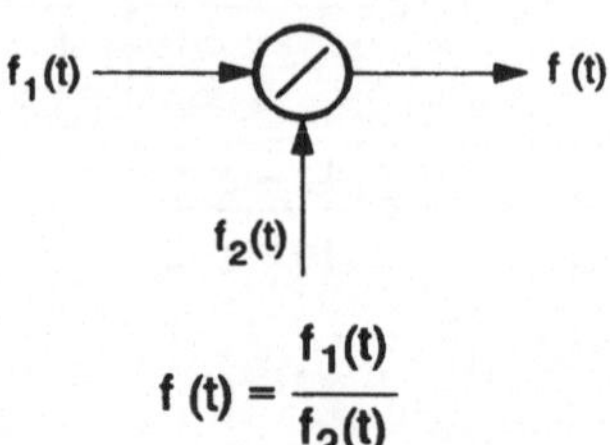

$$f\,(t) = \frac{f_1(t)}{f_2(t)}$$

Bild 2.14:   Multiplikations- und Divisionsstelle

3 Systemmodelle

Neben der Signalbeschreibung (Abschn. 2) ist die mathematische Beschreibung des Verhaltens von Systemen erforderlich, um das Prozeßverhalten insgesamt bewerten und gegebenenfalls beeinflussen zu können. Für den Fall regelungstechnischer Problemstellungen sind somit insbesondere ingenieurtechnisch relevante Modelle kybernetischer Systeme oder Systemelemente von Interesse. Letztere erhält man nach einer durch die Aufgabenstellung geprägten Zerlegung (Dekomposition) des Gesamtsystems in jeweils kleinste, sinnvolle Einheiten. Solche Systembausteine können *Übertragungsglieder* oder *Schaltglieder* sein. In beiden Fällen werden Ausgangsgrößen durch Eingangsgrößen in Abhängigkeit von den Eigenschaften des Systemelementes beeinflußt. Zur Charakterisierung des Verhaltens können auch innere Größen (Zustandsgrößen) herangezogen werden (Bild 3.1).

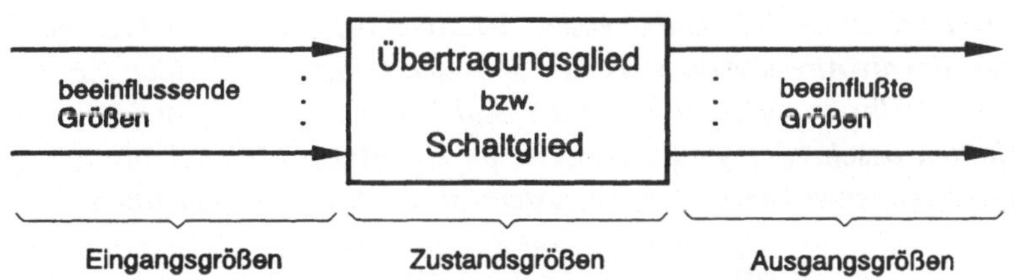

Bild 3.1: Systemelement

Schaltglieder verknüpfen ausschließlich Schaltgrößen, d.h. diskrete Signale mit einer endlichen Anzahl von Informationsparameterstufen. Im weiteren werden solche Systemelemente aus den Betrachtungen ausgeschlossen.

Für die Beschreibung der Eingangs-, Ausgangs- und Zustandsgrößen von Übertragungsgliedern kommen Signalmodelle in Betracht, die im Abschn. 2 eingeführt wurden. Durch den Signaltyp sind die Bezeichnungen *kontinuierliches Übertragungsglied* und *zeitdiskretes Übertragungsglied* geprägt.

Übertragungsglieder mit einer Ein- und einer Ausgangsgröße sind *Eingrößen-Übertragungsglieder* oder auch *SISO-Übertragungsglieder* (Single Input - Single Output). Solche mit mehreren Ein- und Ausgangsgrößen nennt man *Mehrgrößen-Übertragungsglieder* oder auch *MIMO-Übertragungsglieder* (Multi Input - Multi Output).

Übertragungsglieder sind stets durch *Rückwirkungsfreiheit* gekennzeichnet, d.h.
- Ausgangssignale haben keine Rückwirkung auf Eingangssignale und
- Ausgangssignale werden nicht durch nachfolgende Glieder beeinflußt (Bild 3.2).

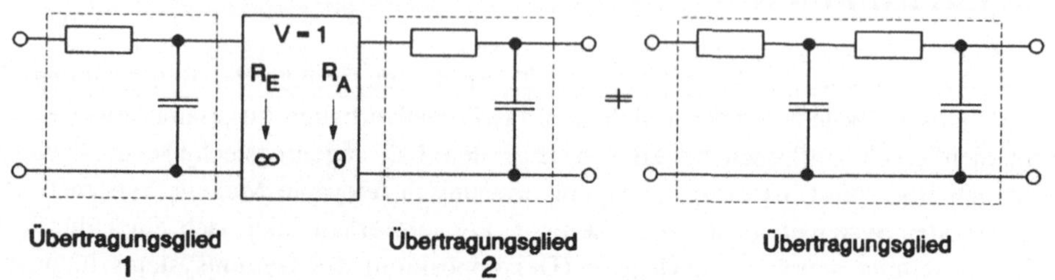

Übertragungsglied
1

Übertragungsglied
2

Übertragungsglied

Bild 3.2: Doppel-RC-Glied mit und ohne Rückwirkungsfreiheit

BEISPIEL 3.1:   *Zerlegung eines realen kybernetischen Systems*

Ein System zur Drehzahlbeeinflussung eines elektromotorischen Antriebes durch eine Steuerspannung, die die Abweichung zwischen Soll- und Ist-Drehzahl widerspiegelt, kann in Systemelemente (Übertragungsglieder nach Bild 3.1) zerlegt werden. Sie sind einer einfachen Verhaltensbeschreibung auf Grundlage physikalischer Ein- und Ausgangsgrößen zugängig. Ihr Zusammenwirken im Gesamtsystem ist aus Bild 3.3 ersichtlich.

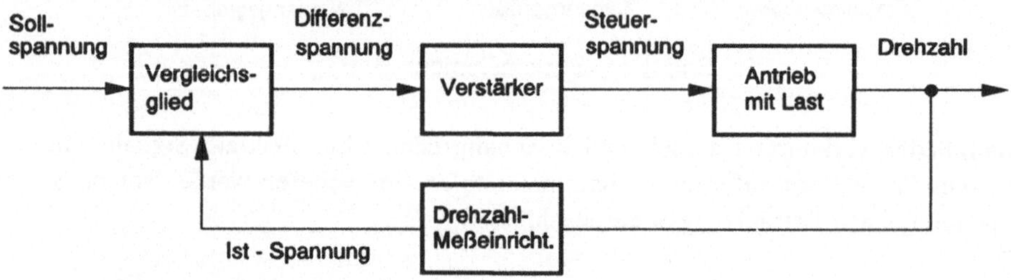

Bild 3.3: Wirkungsplan einer Drehzahlbeeinflussung

3.1 Übertragungsmodelle

3.1.1 Übertragungsverhalten von Übertragungsgliedern

Unter dem Übertragungsverhalten eines Übertragungsgliedes versteht man die eindeutige Zuordnung von Eingangs- zu Ausgangsgrößen. Zustandsgrößen werden nicht berücksichtigt. Für ein kontinuierliches MIMO-Übertragungsglied gilt gemäß Bild 3.4a in Anlehnung an DIN 19226

$$y(t) = \varphi\{u(t)\} \tag{3.1}$$

mit dem Eingangsvektor

$$u(t) = \begin{bmatrix} u_1(t) \\ \vdots \\ u_m(t) \end{bmatrix} \quad , \tag{3.2}$$

dem Ausgangsvektor

$$y(t) = \begin{bmatrix} y_1(t) \\ \vdots \\ y_r(t) \end{bmatrix} \tag{3.3}$$

und dem Vektor der Abbildungsvorschriften (Operatoren)

$$\varphi\{\cdot\} = \begin{bmatrix} \varphi_1\{\cdot\} \\ \vdots \\ \varphi_r\{\cdot\} \end{bmatrix} \tag{3.4}$$

als eine sehr universelle Darstellung der Zuordnungen.

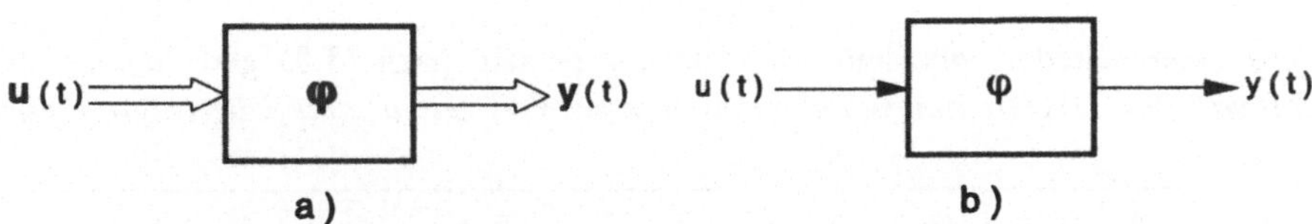

Bild 3.4: Kontinuierliches MIMO- und SISO-Übertragungsglied

Für kontinuierliche SISO-Übertragungsglieder gilt

$$y(t) = \varphi\{u(t)\} \tag{3.5}$$

entsprechend Bild 3.4b.

Bei zeitdiskreten Übertragungsgliedern ist das Übertragungsverhalten in vergleichbarer Weise durch die eindeutigen Zuordnungen zwischen den zeitdiskreten Ein- und Ausgangsgrößen definiert.

Die Klassifizierung des breiten Spektrums von Übertragungsgliedern kann anhand von *3 Klassifizierungsprinzipien* vorgenommen werden, die nachfolgend für kontinuierliche

MIMO-Übertragungsglieder dargestellt sind.

- Das *Überlagerungsprinzip* ist erfüllt, wenn für beliebige Ein-Ausgangsbeziehungen

$$y(t) = \varphi\{u(t)\} \quad und$$

$$\tilde{y}(t) = \varphi\{\tilde{u}(t)\}$$

eines Übertragungsgliedes gilt:

$$\varphi\{u(t) + \tilde{u}(t)\} = \varphi\{u(t)\} + \varphi\{\tilde{u}(t)\} \quad . \tag{3.6}$$

- Das *Verstärkungsprinzip* ist erfüllt, wenn mit einer beliebigen reellen Konstanten c gilt:

$$\varphi\{c\,u(t)\} = c\,\varphi\{u(t)\} \quad . \tag{3.7}$$

- Das *Verschiebungsprinzip* ist erfüllt, wenn für ein Übertragungsglied mit dem Übertragungsverhalten nach (3.1) für $t_1 \geq 0$ auch gilt:

$$y(t - t_1) = \varphi\{u(t - t_1)\} \quad . \tag{3.8}$$

Sind Überlagerungs- und Verstärkungsprinzip entsprechend

$$\varphi\{c\,u(t) + \tilde{c}\,\tilde{u}(t)\} = c\,\varphi\{u(t)\} + \tilde{c}\,\varphi\{\tilde{u}(t)\} \tag{3.9}$$

erfüllt, so liegt ein *lineares Übertragungsglied* vor, ansonsten handelt es sich um ein *nichtlineare Übertragungsglied*.

Übertragungsglieder, die dem Verschiebungsprinzip nach (3.8) gerecht werden, sind *zeitinvariante Übertragungsglieder*, im anderen Fall *zeitvariante Übertragungsglieder*.

Wenn nicht besonders vereinbart, werden sich die nachfolgenden Ausführungen in diesem Buch auf *lineare zeitinvariante (LZI-) Übertragungsglieder* bzw. Systeme beziehen.

3.1.2 Statisches Übertragungsverhalten

Das statische Übertragungsverhalten ist gekennzeichnet durch das Verhalten der Ausgangsgrößen bei konstanten Eingangsgrößen nach Abklingen aller Übergangsvorgänge.

Bei einem SISO-Übertragungsglied wird mit einer konstanten Eingangsgröße $\bar{u}_A$ und der sich im *Beharrungszustand* einstellenden Ausgangsgröße $\bar{y}_A$ ein Arbeitspuntk A festgelegt. In einem solchen Arbeitspunkt (Betriebspunkt) bewirkt im Rahmen einer kybernetischen Aufgabenstellung eine Aussteuerung u eine Ausgangsauslenkung y; insgesamt gelten die Beziehungen:

$$\bar{u} = \bar{u}_A + u \quad ,$$

$$\bar{y} = \bar{y}_A + y \quad . \tag{3.10}$$

3.1.2.1 Statische Kennlinien und Übertragungsgleichungen

Die grafische Darstellung der statischen Ein-Ausgangsbeziehungen erfolgt durch statische Kennlinien oder Kennlinienfelder. Im Bild 3.5 sind für ein lineares und ein nichtlineares SISO-Übertragungsglied die statischen Kennlinien angegeben.
Die zugehörigen statischen Übertragungsgleichungen lauten mit einer reellen Konstanten K für das lineare Glied:

$$\bar{y} = K\bar{u} \tag{3.11}$$

und für das nichtlineare Beispiel mit der reellen Konstanten c

$$\bar{y} = c\,\bar{u}^{\,3} = F(\bar{u}) \quad . \tag{3.12}$$

Nichtlineare Übertragungsglieder werden bei Blockdarstellungen zur besseren Hervorhebung häufig durch Fünfecke mit den statischen Kennlinien oder Übertragungsgleichungen charakterisiert. Die Überstreichungen der Ein- und Ausgangsgrößen sollen die Arbeitspunktabhängigkeit der Aussteuerungen *(u, y)* verdeutlichen. Bei linearen Übertragungsgliedern ist diese Abhängigkeit nicht gegeben. Es erfolgt die Darstellung in rechteckigen Blöcken ohne besondere Markierung des statischen Übertragungsverhaltens.

Das statische Verhalten nichtlinearer MISO-Übertragungsglieder (Multi Input - Single Output) kann in Erweiterung der Darstellung im Bild 3.5 durch Kennlinienfelder bzw. entsprechende Übertragungsgleichungen charakterisiert werden.

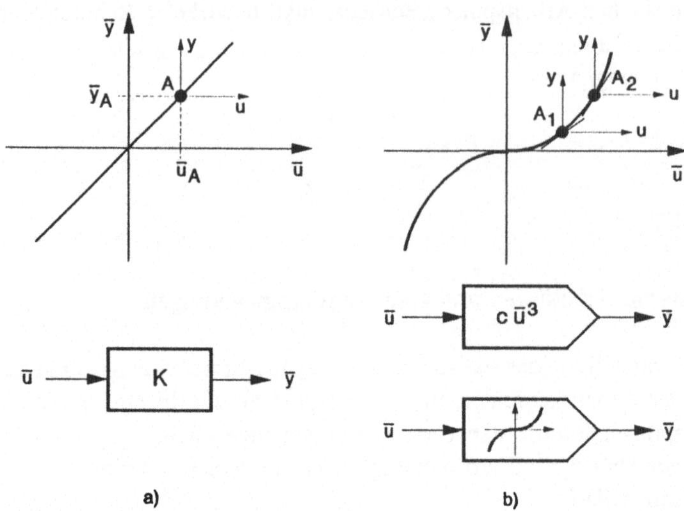

a)   b)

Bild 3.5: Lineare (a) und nichtlineare (b) Übertragungsglieder

BEISPIEL 3.2:   *Statisches Übertragungsverhalten*

Bei dem im Bild 3.6 dargestellten Schubkurbelgetriebe wird ein Drehwinkel $\bar{\alpha}$ in einen Weg $\bar{s}$ umgeformt. Aus den konstruktiven Parametern eines solchen Übertragungsgliedes folgt über die Beziehung

$$a + b = l + r - \bar{s}$$

die statische Übertragungsgleichung $\bar{s} = F(\bar{\alpha})$ in der Form

$$\bar{s} = l + r - r \cos\bar{\alpha} - \sqrt{l^2 - r^2 \sin^2 \bar{\alpha}} \quad . \tag{3.13}$$

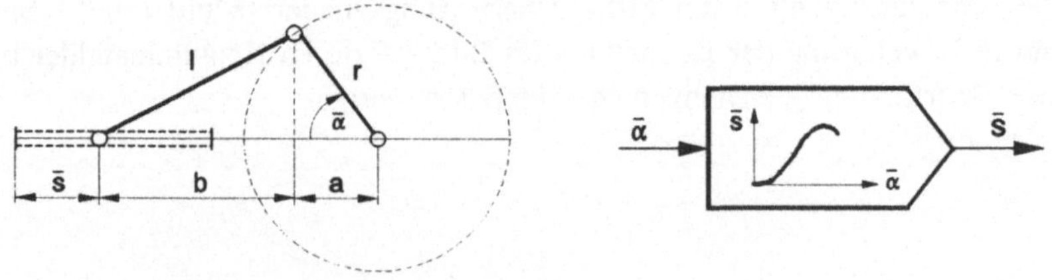

Bild 3.6: Nichtlineares mechanisches Übertragungsglied

3.1.2.2 Linearisierung

Die meisten realen Systeme bzw. Systemelemente weisen ein nichtlineares statisches Übertragungsverhalten auf. Vielfach ist es jedoch möglich - und auch wünschenswert - eine Linearisierung vorzunehmen. Das kann für relativ kleine Aussteuerungen in einem Arbeitspunkt (Tangentenlinearisierung) oder bei größeren Aussteuerungen in einem Arbeitsbereich mit größerem Fehler (Sekantenlinearisierung) erfolgen.

Die Linearisierung der statischen Übertragungsgleichung eines MISO-Übertragungsgliedes im Arbeitspunkt A läßt sich ausgehend von

$$\bar{y} = F(\bar{u}) = F(\bar{u}_1, \bar{u}_2, ..., \bar{u}_m) \tag{3.14}$$

und

$$\bar{y}_A = F(\bar{u}_A) = F(\bar{u}_{1A}, \bar{u}_{2A}, ..., \bar{u}_{mA}) \tag{3.15}$$

für

$$\bar{y} = \bar{y}_A + y = F(\bar{u}_{1A} + u_1, \bar{u}_{2A} + u_2, ..., \bar{u}_{mA} + \bar{u}_m) \tag{3.16}$$

bei kleinen Aussteuerungen durch eine Taylor-Entwicklung vornehmen, wenn die partiellen Ableitungen zulässig sind. Es erfolgt aus (3.16)

$$\bar{y}_A + y = F(\bar{u}_{1A}, \bar{u}_{2A}, ..., \bar{u}_{mA}) + \left.\frac{\partial F(\bar{u})}{\partial \bar{u}_1}\right|_A u_1 + ... + \left.\frac{\partial F(\bar{u})}{\partial \bar{u}_m}\right|_A u_m + R \quad .$$

Unter Vernachlässigung der Glieder höherer Ordnung im Term R ergibt sich mit (3.15) die lineare Näherungsbeziehung

$$y \approx \sum_{i=1}^{m} \left.\frac{\partial F(\bar{u})}{\partial \bar{u}_i}\right|_A u_i = \sum_{i=1}^{m} K_{iA} u_i \quad . \tag{3.17}$$

Das statische Übertragungsverhalten eines nichtlinearen SISO-Übertragungsgliedes kann somit für kleine Aussteuerungen um einen Arbeitspunkt charakterisiert durch $(\bar{u}_A, \bar{y}_A)$, als näherungsweise linear mit dem statischen Übertragungsfaktor

$$K_A = F'(\bar{u}_A) \tag{3.18}$$

angesehen werden.

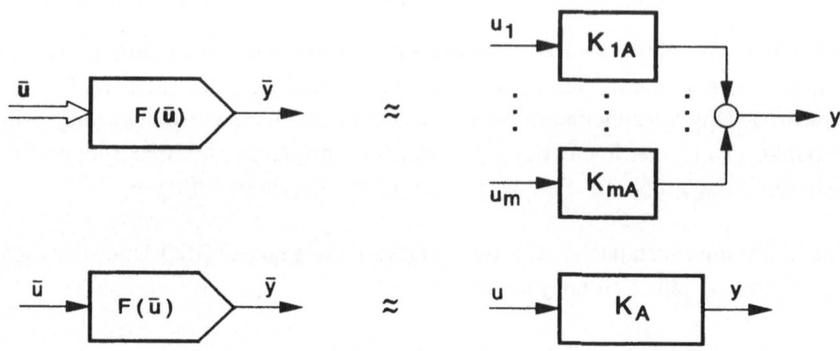

Bild 3.7: Linearisierung eines MISO- und SISO-Übertragungsgliedes

BEISPIEL 3.3: *Linearisierung statischen Übertragungsverhaltens*

Für das im Beispiel 3.2 beschriebene nichtlineare statische Übertragungsglied soll die Linearisierung im Arbeitspunkt $(\bar{\alpha}_A, \bar{s}_A)$ erfolgen. Nach (3.17) und (3.18) bzw. Bild 3.7 gilt für das vorliegende SISO-Glied bei kleinen Aussteuerungen

$$s \approx \left. \frac{d\bar{s}}{d\bar{\alpha}} \right|_{\bar{\alpha}_A} \cdot \alpha = K_A \cdot \alpha \tag{3.19}$$

und mit (3.13)

$$s = \left(r \sin \bar{\alpha}_A + \frac{r^2 \sin 2\bar{\alpha}_A}{2\sqrt{l^2 - r^2 \sin^2 \bar{\alpha}_A}} \right) \alpha \quad . \tag{3.20}$$

Der statische Übertragungsfaktor K_A des linearisierten Übertragungsgliedes ist, wie aus (3.20) ersichtlich, außer von den konstruktiven Parametern r und l vom Drehwinkel im gewählten Arbeitspunkt abhängig. Für

$$\bar{\alpha}_A = \frac{\pi}{2} \tag{3.21}$$

gilt mit (3.13)

$$\bar{s}_A = l + r - \sqrt{l^2 - r^2} \quad .$$

Mit (3.20) und (3.21) ergibt sich für den Übertragungsfaktor nach (3.19)

$$K_A = r \quad .$$

K_A entspricht dem Anstieg der Tangente im gewählten Arbeitspunkt auf der statischen Kennlinie (Bild 3.8).

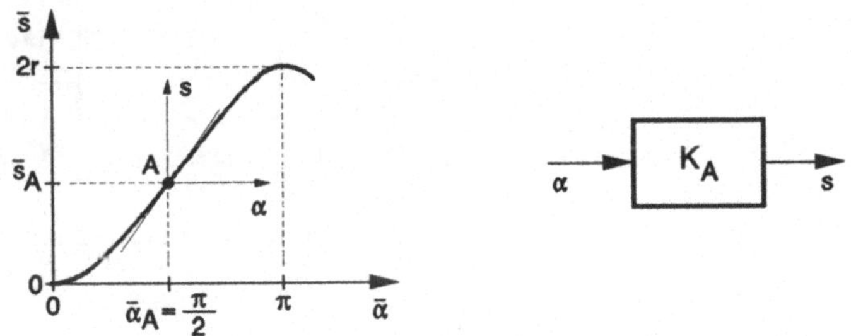

Bild 3.8: Linearisiertes mechanisches Übertragungsglied

3.1.3 Dynamisches Übertragungsverhalten

Das dynamische Übertragungsverhalten ist gekennzeichnet durch den zeitlichen Verlauf der Ausgangsgrößen während der Übergangsvorgänge zwischen Beharrungszuständen. Dynamische Übertragungsmodelle existieren in unterschiedlicher, ineinander überführbarer Form für den Originalbereich (Zeitbereich) und für Bildbereiche (Transformationsbereiche) jeweils für unterschiedliche Signaltypen. Die Auswahl wird wesentlich bestimmt durch die zu erfüllenden Aufgabenstellungen.
Für $t \to \infty$ können, gegebenenfalls mit Hilfe der Endwertsätze der Laplace- oder z-Transformation (siehe Anhang A.1 und A.2), aus den dynamischen Modellen Aussagen zum statischen Verhalten abgeleitet werden.

Bei der Darlegung verschiedener Beschreibungsformen soll nachfolgend neben zeitinvariantem auch lineares oder linearisiertes dynamisches Übertragungsverhalten vorausgesetzt werden. Die Übertragungsmodelle beziehen sich dann gemäß Bild 3.9 auf
- kontinuierliche Eingrößen-Übertragungsglieder (SISO-C)
- kontinuierliche Mehrgrößen-Übertragungsglieder (MIMO-C)
- zeitdiskrete Eingrößen-Übertragungsglieder (SISO-D)
- zeitdiskrete Mehrgrößen-Übertragungsglieder (MIMO-D).

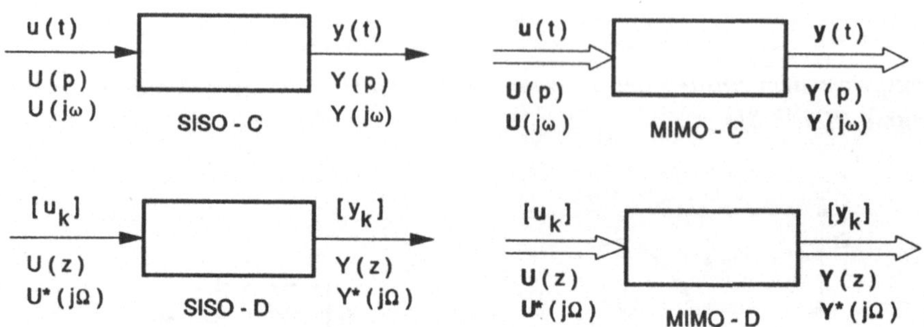

Bild 3.9: Blockdarstellung kontinuierlicher und zeitdiskreter Übertragungsmodelle

3.1.3.1 Beschreibung mittels Differential- und Differenzengleichungen

Mit Differential- und Differenzengleichungen in skalarer und vektorieller Form lassen sich die zeitlichen Verläufe der Ausgangsgrößen in Abhängigkeit von Eingangsgrößen ausgehend von Anfangsbedingungen, in denen sich die Vorgeschichte des Übertragungsverhaltens widerspiegelt, bestimmen. Es handelt sich somit um Übertragungsmodelle im Original-(Zeit-) Bereich, die für das jeweilige Übertragungsglied aus physikalisch-technischen Grundbeziehungen (Erhaltungssätze, Bilanzgleichungen) hergeleitet werden. Für die hier vorausgesetzten linearen zeitinvarianten (LZI-) Übertragungsglieder gelten gewöhnliche lineare Differential- bzw. Differenzengleichungen mit konstanten Koeffizienten.

SISO-C   *Differentialgleichung*

$$a_n \, y^{(n)}(t) \; + \; a_{n-1} \, y^{(n-1)}(t) \; + \; ... \; + \; a_1 \, \dot{y}(t) \; + \; a_0 \, y(t) \; =$$
$$b_0 \, u(t) \; + \; b_1 \, \dot{u}(t) \; + \; ... \; b_{m'} \, u^{(m')}(t) \tag{3.22}$$

Die Koeffizienten a_ν und b_μ charakterisieren das Übertragungsverhalten; $u(t)$ beschreibt das Eingangssignal, $y(t)$ das Ausgangssignal.

Lösung der Differentialgleichung

Die Lösung $y(t)$, die (3.22) erfüllt, besteht aus der
- homogenen Lösung $y_h(t)$ und der
- partikulären Lösung $y_p(t)$.

Für lineare Systeme gilt die Überlagerung beider Lösungen

$$y(t) = y_h(t) + y_p(t) \quad .$$

$$(3.23)$$

Die *homogene Lösung* ermittelt man durch Lösen der homogenen Differentialgleichung

$$a_n\, y^{(n)}(t) + a_{n-1}y^{(n-1)}(t) + \dots + a_1\, \dot{y}(t) + a_0\, y(t) = 0 \quad .$$

$$(3.24)$$

Diese Lösung ist nicht von der Eingangsgröße abhängig, sondern nur von den Anfangsbedingungen zum Zeitpunkt t_0. $y_h(t)$ charakterisiert die Eigenbewegungen des Systems auf Basis der n Eigenwerte λ_i bzw. der n Wurzeln der *charakteristischen Gleichung*

$$P(\lambda) = a_n\, \lambda^n + a_{n-1}\, \lambda^{n-1} + \dots + a_1\, \lambda + a_0 = 0 \quad ,$$

$$(3.25)$$

die man durch Einsetzen des exponentiellen Lösungsansatzes

$$y(t) = ke^{\lambda t}$$

$$(3.26)$$

in (3.24) erhält.

Die *partikuläre Lösung* ist von der Eingangsgröße abhängig und charakterisiert das eigentliche Übertragungsverhalten bei verschwindenden Anfangsbedingungen.

Die Lösung von Differentialgleichungen wird häufig in effektiver Weise mittels Laplace-Transformation vorgenommen (s. Abschn. 3.1.3.2).

Für die vollständige Lösung einer gewöhnlichen linearen *Differentialgleichung 1. Ordnung*

$$\dot{y}(t) - a\, y(t) = b\, u(t)$$

$$(3.27)$$

mit $a = -\dfrac{a_0}{a_1}$ und $b = \dfrac{b_0}{a_1}$

erhält man

$$y(t) = y_h(t) + y_p(t)$$
$$= e^{a(t-t_0)}\, y(t_0) + \int_{t_0}^{t} e^{a(t-\tau)}\, b\, u(\tau)d\tau \quad .$$

$$(3.28)$$

MIMO-C   *Vektordifferentialgleichung*

$$A_{n'}\, y^{(n')}(t) + \dots + A_1\, \dot{y}(t) + A_0\, y(t) =$$
$$B_0\, u(t) + B_1\, \dot{u}(t) + \dots + B_{m'}\, u^{(m')}(t) \tag{3.29}$$

Die Vektor-Differentialgleichung (3.29) verknüpft den Eingangsvektor *u(t)* nach (3.2) und seine zeitlichen Ableitungen mit dem Ausgangsvektor *y(t)* nach (3.3) und seinen Ableitungen über die Matrizen A_ν und B_μ, die aus den Eigenschaften des jeweiligen MIMO-Übertragungsgliedes bestimmt werden müssen.

Für die *vektorielle Differentialgleichung 1. Ordnung*

$$\dot{y}(t) - A\, y(t) = B\, u(t) \tag{3.30}$$

nach (3.29) mit A_1 regulär erhält man in Analogie zu (3.28) die vollständige Lösung

$$y(t) = e^{A(t-t_0)}\, y(t_0) + \int_{t_0}^{t} e^{A(t-\tau)}\, B\, u(\tau)d\tau \quad . \tag{3.31}$$

Der erste Summand, die homogene Lösung, ist ausschließlich von den Anfangsbedingungen aller Ausgangssignale zum Zeitpunkt t_0 abhängig. So wie im skalaren Fall werden mit einem exponentiellen Lösungsansatz

$$y(t) = k\, e^{\lambda t} \tag{3.32}$$

die Eigenwerte des Systems bzw. Systemelementes als die *n* Wurzeln der charakteristischen Gleichung

$$\det(\lambda I - A) = 0 \tag{3.33}$$

bestimmt.

Der zweite Summand in (3.31), die partikuläre Lösung, beschreibt allein das Übertragungsverhalten, wenn sich bei $t = t_0$ alle Ausgangsgrößen auf Nullposition befinden.

SISO-D   *Differenzengleichung*

$$a_n\, y_{k-n} + \dots + a_1\, y_{k-1} + a_0\, y_k = b_0\, u_k + b_1\, u_{k-1} + \dots + b_{m'}\, u_{k-m'} \tag{3.34}$$

Das Übertragungsverhalten wird durch die a_ν- und b_μ-Werte charakterisiert, die aktuelle sowie zeitlich zurückliegende zeitdiskrete Ein- und Ausgangssignalwerte einander zuordnen.

Lösung der Differenzengleichung

Zur Lösung wird häufig die z-Transformation (s. Abschn. 2.4.2.) verwendet. Im Originalbereich ist die schrittweise *rekursive Lösung* naheliegend. Für den k-ten Lösungsschritt erhält man die verallgemeinerte vollständige Lösung.

Die Lösung der *Differenzengleichung 1. Ordnung*

$$y_k \ - a\ y_{k-1} = b\ u_{k-1} \tag{3.35}$$

bzw.

$$y_{k+1} - a\ y_k \ = b\ u_k \tag{3.36}$$

führt bei Vorgabe des Anfangswertes y_0 für $k > 0$ über

$$y_1 = a\ y_0 + b\ u_0$$
$$y_2 = a\ y_1 + b\ u_1 = a^2\ y_0 + a\ b\ u_0 \ + b\ u_1$$
$$y_3 = a\ y_2 + b\ u_2 = a^3\ y_0 + a^2\ b\ u_0 + a\ b\ u_1 + b\ u_2$$
$$\vdots$$

zur Lösungsbeziehung

$$y_k = a^k\ y_0 + \sum_{i=0}^{k-1} a^{k-1-i}\ b\ u_i \quad , \tag{3.37}$$

die in ihrer Struktur mit (3.28) vergleichbar ist.

Der erste Summand, die homogene Lösung der Differenzengleichung, wird geprägt durch die Anfangsbedingung y_0, d.h. durch die vorhandene Auslenkung des Ausgangssignals zum Zeitpunkt der Ersteinwirkung eines zeitdiskreten Eingangssignals.

Der zweite Summand, die partikuläre Lösung, wird durch das zeitdiskrete Eingangssignal $[u_k] = (u_0, u_1, \ldots, u_{k-1})$ beeinflußt.

MIMO-D   *Vektordifferenzengleichung*

$$A_{n'}\ y_{k-n'} + \ldots + A_1\ y_{k-1} + A_0\ y_k =$$
$$B_0\ u_k + B_1\ u_{k-1} + \ldots + B_{m'}\ u_{k-m'} \tag{3.38}$$

Diese Vektordifferenzengleichung verknüpft über die Matrizen A_ν und B_μ aktuelle sowie zeitlich zurückliegende Werte von m zeitdiskreten Eingangssignalen und r zeitdiskreten Ausgangssignalen.

Für die *Vektordifferenzengleichung 1. Ordnung* kann in Anlehnung an die Vorgehensweise im skalaren Fall als vollständige Lösung

$$y_k = A^k\, y_0 + \sum_{i=0}^{k-1} A^{k-1-i}\, B\, u_i \qquad (3.39)$$

abgeleitet werden.

BEISPIEL 3.4: *Übertragungsmodell eines mechanischen Übertragungsgliedes (Differentialgleichung)*

Die Untersuchung dynamischer Vorgänge in mechanischen Systemen basiert häufig auf Modellen, deren Elemente Masse-Feder-Dämpfer-Übertragungsglieder sind. Für die im Bild 3.10 dargestellte Struktur mit konzentrierter Masse m [kg] soll das Übertragungsmodell in Form der Differentialgleichung aufgestellt werden. Der einwirkenden Kraft F(t) [N] als Eingangsgröße u(t) sowie der Massenkraft infolge Erdbeschleunigung g [m/s²] wirken die Trägheitskraft, die Dämpfungskraft und die Federkraft entgegen. Reibungskräfte werden nicht berücksichtigt. Alle Krafteinwirkungen beziehen sich auf den Masseschwerpunkt, dessen Auslenkung aus der Ruhelage s_0 die Ausgangsgröße darstellt. Für das dynamische Kräftegleichgewicht gilt

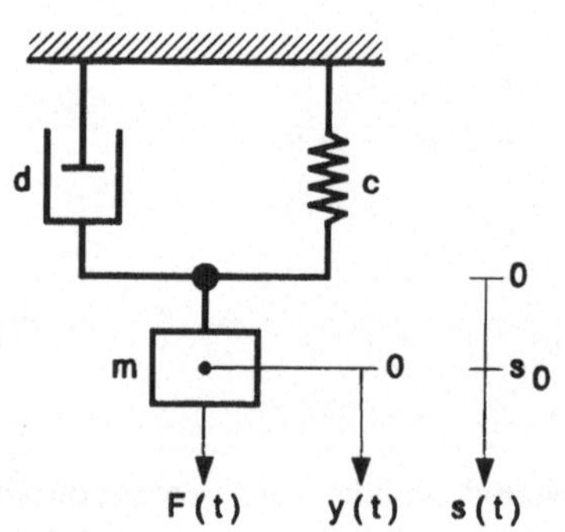

Bild 3.10:
Mechanisches Übertragungsglied

$$F(t) + F_M = F_T(t) + F_D(t) + F_F(t) \quad . \qquad (3.40)$$

In (3.40) bedeuten

$$
\begin{aligned}
F_M &= mg & &\text{Massenkraft [N]}\\
F_T(t) &= m\ddot{s}(t) & &\text{Trägheitskraft [N]}\\
F_D(t) &= d\dot{s}(t) & &\text{Dämpfungskraft [N]}\\
& & &d\ \text{Dämpfungskonstante}\ \left[\dfrac{Ns}{m}\right]\\
F_F(t) &= c\,s(t) & &\text{Federkraft [N]}\\
& & &c\ \text{Federkonstante}\ \left[\dfrac{N}{m}\right] \quad .
\end{aligned}
$$

(3.40) erhält damit die Form

$$m\ddot{s}(t) + d\dot{s}(t) + c\,s(t) = mg + F(t) \quad . \qquad (3.41)$$

Zum Zeitpunkt t_0 befindet sich das Systemelement im Beharrungszustand mit der Auslenkung s_0. Ohne externe Krafteinwirkung ergibt sich damit nach (3.41)

$$cs_0 = mg \quad .$$ (3.42)

Als Übertragungsmodell in Form der Differentialgleichung erhält man aus (3.41) und (3.42)

$$\frac{m}{c}\,\ddot{s}(t) + \frac{d}{c}\,\dot{s}(t) + s(t) = s_0 + \frac{1}{c}\,F(t)$$ (3.43)

oder mit einer Skalenverschiebung (Arbeitspunktverschiebung)

$$s(t) - s_0 = y(t)$$

$$\frac{m}{c}\,\ddot{y}(t) + \frac{d}{c}\,\dot{y}(t) + y(t) = \frac{1}{c}\,F(t) \quad .$$ (3.44)

Der zugehörige Wirkungsplan ist im Bild 3.11 dargestellt; auf Grund der Vereinbarungen ist $y_0 = \dot{y}_0 = 0$.

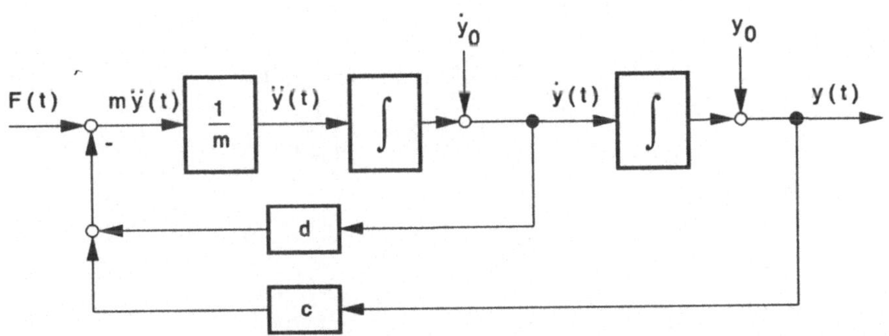

Bild 3.11: Wirkungsplan für mechanisches Übertragungsglied

BEISPIEL 3.5:   ***Übertragungsmodell eines hydraulischen Übertragungsgliedes (Vektordifferentialgleichung)***

Für einen zylindrischen Flüssigkeitsbehälter mit ventilgesteuertem Zu- und Abfluß gemäß Bild 3.12 soll ein linearisiertes Übertragungsmodell in Form einer Vektordifferential-gleichung aufgestellt werden. Ausgangsgrößen sind der Behälterstand h(t) [m] und der Abfluß $q_a(t)$ [m³/s], Eingangsgrößen seien die Ventilspindelhübe $u_1(t)$ [m] des Einlaßventils und $u_2(t)$ [m] des Auslaßventils. Mit A [m²] ist die Querschnittsfläche des Behälters bezeichnet. Für die drei Hauptbestandteile des Zweigrößen-Übertragungsgliedes gelten die folgenden mathematischen Beschreibungen.

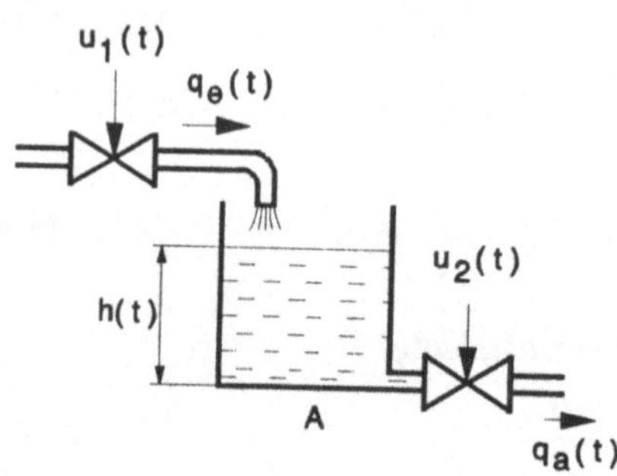

Bild 3.12:
Hydraulisches Übertragungsglied

Flüssigkeitsbehälter
Der zeitliche Zuwachs der im Behälter gespeicherten Masse dm(t) [kg] ist aufgrund der Massenbilanz abhängig von der Differenz der ein- und ausgangsseitigen Volumenströme,
d.h.

$$\frac{d\,m(t)}{dt} = \rho\left[q_e(t) - q_a(t)\right] = \rho\; q_d(t) \quad .$$

(3.45)

Ferner gilt

$$d\,m(t) = \rho\,d\,V(t) = \rho\,A\,d\,h(t)$$

(3.46)

mit

V *Flüssigkeitsvolumen* $[m^3]$

ρ *Flüssigkeitsdichte* $\left[\dfrac{kg}{m^3}\right]$.

Aus (3.45) und (3.46) folgt

$$\dot{h}(t) = \frac{1}{A}\; q_d(t)$$

(3.47)

bzw.

$$h(t) = h_0 + \frac{1}{A}\int_0^t q_d(\tau)\,d\tau \quad .$$

(3.48)

Ventile
Für die Beschreibung sei vorausgesetzt, daß die Flüssigkeit inkompressibel ($\dot{\rho} = 0$) ist sowie ohne Reibung und ohne Turbulenzen übertragen wird.
*Für das **Auslaßventil** gilt eine nichtlineare statische Übertragungsgleichung nach (3.14)*

$$\overline{q}_a = F_a\,(\overline{u}_2,\,\overline{h}) = \overline{a}\sqrt{2g\overline{h}} = c\;\overline{u}_2\;\sqrt{2g\overline{h}}$$

(3.49)

mit

$\overline{a}$ *wirksamer Ventilquerschnitt*

g *Erdbeschleunigung* .

Durch Linearisierung entsprechend (3.17) erhält man mit (3.49) und den arbeitspunktabhängigen Konstanten c_2 und c_3

$$q_a(t) = c_2\,u_2(t) + c_3\,h(t) \quad .$$

(3.50)

*Das **Einlaßventil** wird durch eine nichtlineare statische Übertragungsgleichung*

$$\bar{q}_e = F_e \, (\bar{u}_1, \bar{p}) \tag{3.51}$$

mit

$$\bar{p} \quad \textit{Druck in der Zuleitung}$$

beschrieben. Mit (3.17) kann für (3.51) die linearisierte Übertragungsgleichung

$$q_e(t) = c_1 \, u_1(t) + c_p \, p(t) \tag{3.52}$$

angegeben werden, worin c_1 und c_p arbeitspunktabhängige Konstanten darstellen. Unter der Voraussetzung konstanten Druckes im gewählten Arbeitspunkt gilt vereinfachend

$$q_e(t) = c_1 \, u_1(t) \quad . \tag{3.53}$$

Mit $q_d(t) = q_e(t) - q_a(t)$ sowie (3.47), (3.48), (3.50) und (3.53) ergeben sich die beiden Differentialgleichungen

$$\frac{A}{c_3} \, \dot{h}(t) + h(t) = \frac{c_1}{c_3} \, u_1(t) - \frac{c_2}{c_3} \, u_2(t) \quad , \tag{3.54}$$

$$\frac{A}{c_3} \, \dot{q}_a(t) + q_a(t) = c_1 \, u_1(t) + \frac{c_2}{c_3} \, A \, \dot{u}_2(t) \quad , \tag{3.55}$$

aus denen die Beeinflussung der zwei Ausgangsgrößen jeweils durch beide Eingangsgrößen deutlich wird. In Form der Vektordifferentialgleichung (3.29) bedeuten dann

$$y(t) = \begin{bmatrix} h(t) \\ q_a(t) \end{bmatrix} \quad , \quad u(t) = \begin{bmatrix} u_1(t) \\ u_2(t) \end{bmatrix} \quad ,$$

$$A_1 = \begin{bmatrix} \dfrac{A}{c_3} & 0 \\ 0 & \dfrac{A}{c_3} \end{bmatrix} , \; B_0 = \begin{bmatrix} \dfrac{c_1}{c_3} & -\dfrac{c_2}{c_3} \\ c_1 & 0 \end{bmatrix} , \; B_1 = \begin{bmatrix} 0 & 0 \\ 0 & \dfrac{c_2}{c_3} A \end{bmatrix} \quad . \tag{3.56}$$

Die Gleichungen, die zur Aufstellung von (3.54) und (3.55) herangezogen wurden, bilden auch die Grundlage für den Wirkungsplan im Zeitbereich in Bild 3.13.

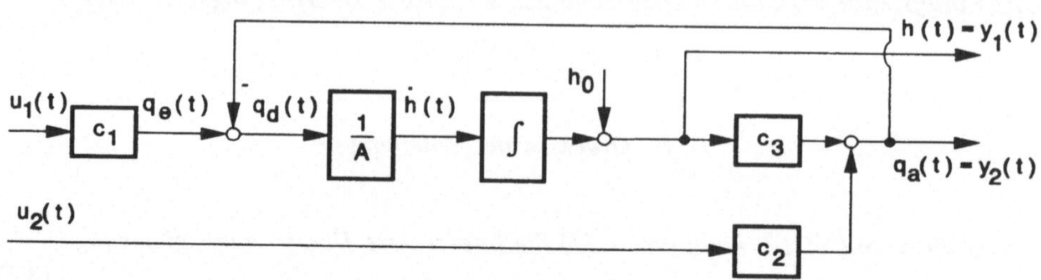

Bild 3.13: Wirkungsplan für hydraulisches Übertragungsglied

BEISPIEL 3.6:   *Übertragungsmodell eines zeitdiskreten Übertragungsgliedes (Differenzengleichung)*

Ein zeitdiskretes Übertragungsglied (digitales Filter) möge einen Algorithmus repräsentieren, durch den Werte der Ausgangssignalfolge aus den jeweils N aktuellsten Eingangssignalfolgewerten (endliches Gedächtnis) durch arithmetische Mittelwertbildung berechnet werden. Diese Aufgabenstellung wird durch die Differenzengleichung

$$y_k = \frac{1}{N} \sum_{i=0}^{N-1} u_{k-i} \quad , \quad k=0,1,2, \ldots \tag{3.57}$$

beschrieben. Mit

$$y_{k-1} = \frac{1}{N} \sum_{i=0}^{N-1} u_{k-1-i} \tag{3.58}$$

erhält man durch Differenzbildung von (3.57) und (3.58) die rekursive Beziehung in der Form von (3.34)

$$y_k - y_{k-1} = \frac{1}{N} (u_k - u_{k-N}) \quad . \tag{3.59}$$

Das Übertragungsmodell für diese gleitende Mittelwertbildung wird durch die beiden gleichwertigen Wirkungspläne nach (3.57) bzw. (3.59) im Bild 3.14 veranschaulicht.

Die Blöcke mit der Kennzeichnung T charakterisieren die Verschiebeoperationen (Speicherungen) im Zeitbereich.

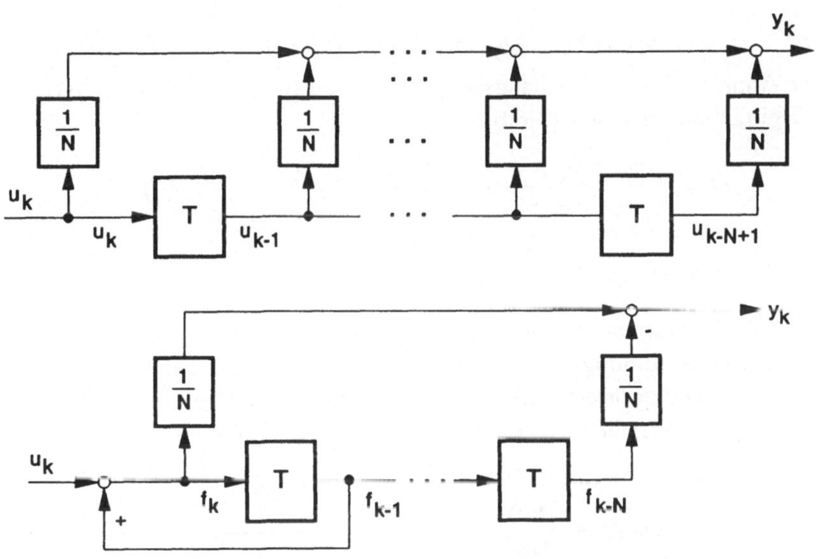

Bild 3.14: Wirkungspläne eines zeitdiskreten Übertragungsgliedes

3.1.3.2 Beschreibung mittels Übertragungsfunktionen und diskreten Übertragungsfunktionen

Übertragungsfunktionen und Übertragungsmatrizen sind Übertragungsmodelle im Bildbereich. Für kontinuierliche Übertragungsglieder sind sie im p-Bereich und für zeitdiskrete Übertragungsglieder als diskrete Variante im z-Bereich definiert. Der Zusammenhang mit der Beschreibung im Originalbereich (Abschn. 3.1.3.1) ergibt sich durch Lösung der Differentialgleichungen mittels Laplace-Transformation bzw. durch Lösung der Differenzengleichung mittels z-Transformation für jeweils verschwindende Anfangsbedingungen.

> **SISO-C**   *Übertragungsfunktion $G(p)$*
> in $Y(p) = G(p)\ U(p)$

Aus der Differentialgleichung (3.22) folgt bei Anwendung der Laplace-Transformation unter Beachtung des Linearitäts- und des Differentiationssatzes (siehe Anhang A.1)

$$(a_n \, p^n + a_{n-1} \, p^{n-1} + \ldots + a_1 \, p + a_0) \, Y(p) = (b_{m'} \, p^{m'} + \ldots + b_1 \, p + b_0) \, U(p)$$

$$+ (a_n \, p^{n-1} + \ldots + a_1) \, y(0^-) + (a_n \, p^{n-2} + \ldots + a_2) \, \dot{y}(0^-) + \ldots \qquad (3.60)$$

$$- (b_{m'} \, p^{m'-1} + \ldots + b_1) \, u(0^-) - (b_{m'} \, p^{m'-2} + \ldots + b_2) \, \dot{u}(0^-) - \ldots$$

Unter der Annahme, daß im Anfangszeitpunkt $t_0 = 0$ für die Signalwerte $u(0^-) = 0$ und $y(0^-) = 0$ gilt, erhält man aus (3.60)

$$Y(p) = \frac{b_0 + b_1 \, p + \ldots + b_{m'} \, p^{m'}}{a_0 + a_1 \, p + \ldots + a_n \, p^n} \, U(p) = \frac{B(p)}{A(p)} \, U(p) \quad , \qquad (3.61)$$

$$Y(p) = G(p) \, U(p) \qquad (3.62)$$

$G(p)$ wird als *Übertragungsfunktion* bezeichnet. In Wirkungsplänen bzw. Signalflußdiagrammen erfolgt die Eintragung von $G(p)$ entsprechend Bild 3.15. Das Pol-Nullstellen-Bild (P-N-Bild) charakterisiert in der komplexen p-Ebene die Übertragungsfunktion durch ihre Pole (x) und Nullstellen (o). Eine Übertragungsfunktion

$$G(p) = \frac{B(p)}{A(p)} = \frac{b_0 + b_1 p}{1 + a_1 \, p} = \frac{b_1 \, (p + \dfrac{b_0}{b_1})}{a_1 \, (p + \dfrac{1}{a_1})}$$

ist beispielsweise durch eine Pol- und eine Nullstelle gemäß Bild 3.15 darzustellen.

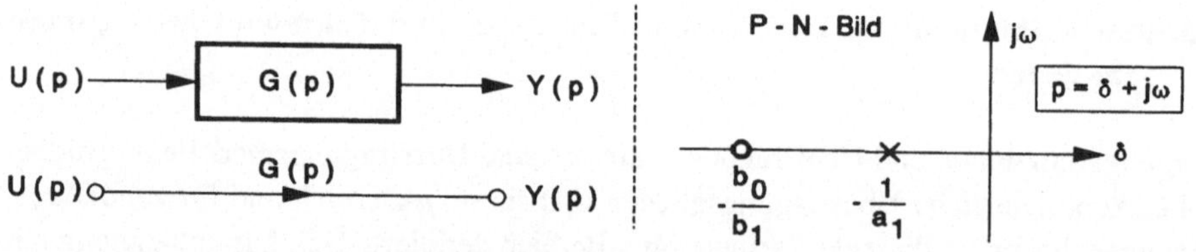

Bild 3.15: Grafische Darstellung von $G(p)$

MIMO-D   *Übertragungsfunktionsmatrix $G(p)$*

in $Y(p) = G(p) \, U(p)$

Durch Laplace-Transformation einer Vektordifferentialgleichung nach (3.29) erhält man für verschwindende Anfangsbedingungen entsprechend (3.62) die Matrizengleichung

$$Y(p) = G(p)\ U(p) \qquad . \tag{3.63}$$

$$G(p) = \begin{bmatrix} G_{11}(p) & G_{12}(p) & \ldots & G_{1m}(p) \\ G_{21}(p) & G_{22}(p) & \ldots & G_{2m}(p) \\ \vdots & \vdots & & \vdots \\ G_{r1}(p) & G_{r2}(p) & & G_{rm}(p) \end{bmatrix} \tag{3.64}$$

wird als Übertragungsfunktionsmatrix oder *Übertragungsmatrix* bezeichnet; sie verknüpft m Eingangssignale mit r Ausgangssignalen durch die Übertragungsfunktionen $G_{ji}(p)$.

Ein Zweigrößen-Übertragungsglied wird somit durch die Ein-Ausgangs-Beziehungen

$$\begin{aligned} Y_1(p) &= G_{11}(p)\ U_1(p) + G_{12}(p)\ U_2(p) \quad, \\ Y_2(p) &= G_{21}(p)\ U_1(p) + G_{22}(p)\ U_2(p) \end{aligned} \tag{3.65}$$

beschrieben, was auch der Wirkungsplan im Bild 3.16 zum Ausdruck bringt.

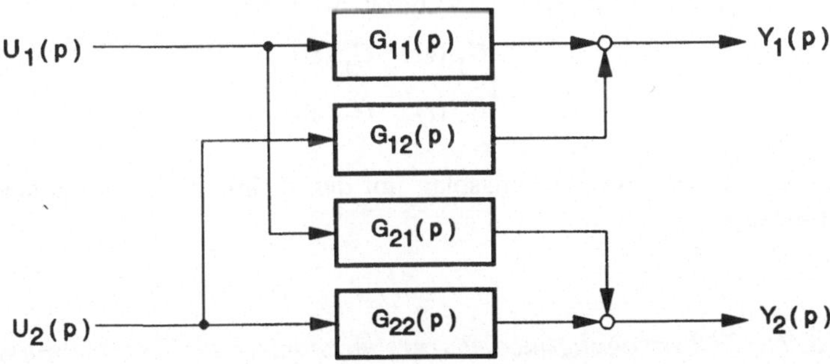

Bild 3.16: Wirkungsplan eines Zweigrößen-Übertragungsgliedes

SISO-D   *Diskrete Übertragungsfunktion $G(z)$*

in $\quad Y(z) = G(z)\ U(z)$

Durch z-Transformation der Differenzengleichung (3.34) erhält man unter Beachtung von Linearitäts- und Verschiebungssatz (siehe Anhang A.2)

$$Y(z) = G(z)\ U(z) \tag{3.66}$$

mit der *diskreten Übertragungsfunktion* (Pulsübertragungsfunktion)

$$G(z) = \frac{b_0 + b_1 z^{-1} + \dots + b_{m'} z^{-m'}}{a_0 + a_1 z^{-1} + \dots + a_n z^{-n}} = \frac{B(z^{-1})}{A(z^{-1})} \quad . \tag{3.67}$$

Die Darstellung der diskreten Übertragungsfunktion im Wirkungsplan bzw. im P-N-Bild der komplexen z-Ebene erfolgt entsprechend dem Vorgehen bei SISO-C-Übertragungsgliedern in der p-Ebene.

MIMO-D   *Diskrete Übertragungsfunktionsmatrix G(z)*
                           in   *Y(z) = G(z) U(z)*

In Analogie zu (3.66) gilt auf Basis von (3.38) für zeitdiskrete Mehrgrößen-Übertragungsglieder die Matrixgleichung

$$Y(z) = G(z)\ U(z) \quad . \tag{3.68}$$

Die *diskrete Übertragungsfunktionsmatrix G(z)*, kurz *diskrete Übertragungsmatrix* genannt, hat im Falle eines zeitdiskreten Zweigrößen-Übertragungsgliedes die Gestalt

$$G(z) = \begin{bmatrix} G_{11}(z) & G_{12}(z) \\ G_{21}(z) & G_{22}(z) \end{bmatrix} \quad . \tag{3.69}$$

Die grafische Darstellung im Wirkungsplan mit den diskreten Übertragungsfunktionen $G_{ji}(z)$ erfolgt entsprechend Bild 3.16.

BEISPIEL 3.7:   *Übertragungsmodell eines mechanischen Übertragungsgliedes (Übertragungsfunktion)*

Für das Masse-Feder-Dämpfer-Übertragungsglied nach Bild 3.10 aus Beispiel 3.4 kann mittels Laplace-Transformation von (3.44) das Übertragungsverhalten für verschwindende Anfangsbedingungen im Bildbereich durch

$$\frac{m}{c}\ p^2\ Y(p) + \frac{d}{c}\ p\ Y(p) + Y(p) = \frac{1}{c}\ F(p) \tag{3.70}$$

beschrieben werden. Es gilt der Wirkungsplan in Bild 3.11 mit dem Laplace-transformierten Signalfunktionen und der Integrator-Übertragungsfunktion $\frac{1}{p}$. Aus (3.70) ergibt sich gemäß (3.61) und (3.62) die Übertragungsfunktion zu

$$G(p) = \frac{Y(p)}{F(p)} = \frac{\dfrac{1}{c}}{1 + \dfrac{d}{c}\,p + \dfrac{m}{c}\,p^2} \quad . \tag{3.71}$$

Das dynamische Verhalten des Übertragungsgliedes wird durch zwei Pole, d.h. die Wurzeln des Nennerpolynoms von G(p), bestimmt. Ihre Lage in der p-Ebene ist von den Parametern m, c und d abhängig.

BEISPIEL 3.8: *Übertragungsmodell eines hydraulischen Übertragungsgliedes (Übertragungsmatrix)*

Es ist die Übertragungsmatrix zu bestimmen, die das Zweigrößen-Übertragungsglied nach Bild 3.12 beschreibt. Durch Laplace-Transformation von (3.54) und (3.55) erhält man für verschwindende Anfangsbedingungen

$$\frac{A}{c_3}\,p\,H(p) + H(p) = \frac{c_1}{c_3}\,U_1(p) - \frac{c_2}{c_3}\,U_2(p) \quad , \tag{3.72}$$

$$\frac{A}{c_3}\,p\,Q_a(p) + Q_a(p) = c_1\,U_1(p) + \frac{c_2}{c_3}\,A\,p\,U_2(p) \quad . \tag{3.73}$$

Für die allgemeine Ein-Ausgangs-Beziehung nach (3.63)

$$Y(p) = G(p)\,U(p)$$

gilt dann mit

$$Y(p) = \begin{bmatrix} H(p) \\ Q_a(p) \end{bmatrix} \quad und \quad U(p) = \begin{bmatrix} U_1(p) \\ U_2(p) \end{bmatrix}$$

die Übertragungsmatrix

$$G(p) = \begin{bmatrix} \dfrac{\dfrac{c_1}{c_3}}{1 + p\,\dfrac{A}{c_3}} & -\dfrac{\dfrac{c_2}{c_3}}{1 + p\,\dfrac{A}{c_3}} \\[4ex] \dfrac{c_1}{1 + p\,\dfrac{A}{c_3}} & \dfrac{\dfrac{c_2}{c_3}\,A\,p}{1 + p\,\dfrac{A}{c_3}} \end{bmatrix} \quad . \tag{3.74}$$

Die Teilübertragungsfunktionen können, wie im Bild 3.16 dargestellt, in den Wirkungsplan eingeordnet werden.

BEISPIEL 3.9: *Übertragungsmodell eines zeitdiskreten Übertragungsgliedes*
  (diskrete Übertragungsfunktion)

*Für das zeitdiskrete Filter im Beispiel 3.6 und die dort abgeleitete Differenzengleichung
(3.59) läßt sich durch Anwendung der z-Transformation einschließlich des 1. Verschiebungssatzes (siehe Anhang) die diskrete Übertragungsfunktion angeben. Es gelten prinzipiell die Wirkungspläne nach Bild 3.14, jedoch mit den z-Transformierten der Signale und
dem Verschiebeterm* $z^{-1} = e^{-pT}$. Man erhält mit (3.59)

$$Y(z) - z^{-1} Y(z) = \frac{1}{N} \left[U(z) - z^{-N} U(z) \right] \quad . \tag{3.75}$$

Gemäß (3.66) und (3.67) folgt daraus

$$G(z) = \frac{Y(z)}{U(z)} = \frac{\frac{1}{N}(1 - z^{-N})}{1 - z^{-1}} \tag{3.76}$$

$$= \frac{1}{N}(1 + z^{-1} + \dots + z^{-N+1})$$

$$= \frac{\frac{1}{N}(z^{N-1} + \dots + z + 1)}{z^{N-1}} \quad . \tag{3.77}$$

*Aus (3.77) ist ersichtlich, daß das dynamische Verhalten des beschriebenen zeitdiskreten
Übertragungsgliedes durch einen (N-1)fachen Pol im Ursprung der z-Ebene und durch
eine von N abhängige Anzahl von Nullstellen mit unterschiedlicher Lage beschrieben
wird.*

3.1.3.3 Beschreibung mittels Gewichtsfunktionen und Gewichtsfolgen

Die Gewichtsfunktion oder die Gewichtsfolge sowie die zugehörigen Matrizen stellen
weitere Beschreibungsformen des Übertragungsverhaltens von LZI-Übertragungsgliedern
im Zeitbereich dar. Diese Übertragungsmodelle erhält man durch inverse Laplace-Transformation der Übertragungsfunktion oder Übertragungsmatrix bzw. durch inverse z-
Transformation ihrer diskreten Formen, d.h. sie gelten damit auch nur für verschwindende Anfangsbedingungen.

SISO-C   *Gewichtsfunktion $g(t)$*

$$g(t) = \mathscr{L}^{-1}\{G(p)\} \quad in \quad y(t) = g(t) * u(t)$$

Die Rücktransformation der Beziehung

$$Y(p) = G(p)\, U(p)$$

führt mit dem Faltungssatz der Laplace-Transformation zum *Faltungsintegral*

$$y(t) = \int_{0^-}^{t} g(t - \tau)\, u(\tau)\, d\tau \tag{3.78}$$

$$= \int_{0^-}^{t} g(\tau)\, u(t - \tau)\, d\tau \tag{3.79}$$

oder kurz

$$y(t) = g(t) * u(t) \quad . \tag{3.80}$$

Aus dem Faltungsintegral ist ersichtlich, daß für die Berechnung des Ausgangssignals das Eingangssignal durch $g(t)$ in Abhängigkeit vom jeweiligen Übertragungsverhalten dynamisch "gewichtet" wird. Im Falle einer abklingenden Gewichtsfunktion bedeutet das eine schwächere Bewertung zeitlich zurückliegender Eingangswerte.

Ein Vergleich mit Abschn. 3.1.3.1 zeigt, daß das Faltungsintegral identisch mit der partikulären Lösung der Differentialgleichung ist. Für die Differentialgleichung 1. Ordnung ergibt sich aus (3.28) und (3.78)

$$g(t) = e^{at}\, b \tag{3.81}$$

für $y(t_0) = 0$.

MIMO-C   *Gewichtsfunktionsmatrix $G(t)$*

$$G(t) = \mathscr{L}^{-1}\{G(p)\} \quad in \quad y(t) = G(t) * u(t)$$

Die Elemente von $G(t)$ sind entsprechend (3.64) die Gewichtsfunktionen $g_{ji}(t)$, mit denen mittels Faltungsintegral die j-te Ausgangsgröße aus der i-ten Eingangsgröße berechnet werden kann. Für die Faltung mit dem kontinuierlichen Eingangsvektor $u(t)$ gilt

$$y(t) = \int_{0^-}^{t} G(t - \tau)\, u(\tau)\, d\tau \quad . \tag{3.82}$$

SISO-D   *Gewichtsfolge g(k)*

$$g(k) \;=\; g_k \;=\; Z^{-1}\,\{G(z)\} \quad in \quad y_k \;=\; g_k \,*\, u_k$$

Aus

$$Y(z) \;=\; G(z)\,U(z)$$

gemäß (3.66) erhält man durch Rücktransformation unter Berücksichtigung des Faltungssatzes der z-Transformation (siehe Anhang) die *Faltungssumme*

$$y_k \;=\; \sum_{i=0}^{k} g_{k-i}\,u_i \;=\; \sum_{i=0}^{k} g_i\,u_{k-i} \quad . \tag{3.83}$$

Der Zusammenhang zwischen (3.83) und der Lösung der Differenzengleichung (3.37) ist
offensichtlich.

MIMO-D   *Gewichtsfolgematrix G(k)*

$$\boldsymbol{G}(k) \;=\; Z^{-1}\,\{\boldsymbol{G}(z)\} \quad in \quad \boldsymbol{y}(k) \;=\; \boldsymbol{G}(k) \,*\, \boldsymbol{u}(k)$$

Die Elemente der Gewichtsfolgematrix, d.h. die Gewichtsfolgen $g_{ji}(k)$ verknüpfen jeweils
das i-te zeitdiskrete Eingangssignal mit dem j-ten zeitdiskreten Ausgangssignal durch die
Faltungssumme nach (3.83). Insgesamt wird das Übertragungsverhalten durch die
Faltungsbeziehungen

$$\boldsymbol{y}(k) \;=\; \sum_{i=0}^{k} \boldsymbol{G}(k-i)\,\boldsymbol{u}(i) \tag{3.84}$$

$$=\; \sum_{i=0}^{k} \boldsymbol{G}(i)\,\boldsymbol{u}(k-i) \tag{3.85}$$

beschrieben.

3.1.4 Übertragungsverhalten bei speziellen Eingangssignalen

Die im Abschn. 3.1.3 eingeführten Beschreibungsformen für das dynamische Übertragungsverhalten linearer zeitinvarianter Übertragungsglieder gelten für beliebige
deterministische kontinuierliche und zeitdiskrete Eingangssignale. Häufig werden aber
LZI-Übertragungsglieder danach beurteilt, wie sie spezielle Eingangssignale übertragen.

Eine besondere Rolle spielen aus systemtechnischen und ingenieurtechnischen Erwägungen die *Impulsantwort*, die *Sprungantwort* und die *Sinusantwort*, letztere als Basis für die Frequenzgangbeschreibung.

Für Eingrößen-Übertragungsglieder sollen nachfolgend diese Antwortfunktionen behandelt werden.

3.1.4.1 Impulsantwort

SISO-C

Die *Impulsantwort y(t)* eines kontinuierlichen Übertragungsgliedes erhält man für das Eingangssignal

$$u(t) = A\ \delta(t) \quad . \tag{3.86}$$

Die *bezogene Impulsantwort* für $A = 1$ in (3.86) ergibt sich durch Faltung gemäß (3.80) zu

$$y(t) = g(t) * \delta(t) = g(t) \tag{3.87}$$

und ist somit identisch mit der Gewichtsfunktion des entsprechenden LZI-Übertragungsgliedes. Daraus ist die wesentliche systemtechnische Bedeutung der bezogenen Impulsantwort zu erkennen.

Für $U(p) = \mathcal{L}\{\delta(t)\} = 1$ gilt mit (3.62) $Y(p) = G(p)$, wodurch (3.87) bestätigt wird.

SISO-D

Als *bezogene Impulsantwort* zeitdiskreter Übertragungsglieder wird die Ausgangswertefolge $[y_k]$ bei einem zeitdiskreten Eingangssignal

$$[u_k] = (1, 0, 0, \ldots)$$

angesehen. Es gilt mit der Faltungssumme (3.83)

$$y_k = \sum_{i=0}^{k} g_{k-i}\, u_i = g_k \cdot 1 + g_{k-1} \cdot 0 + \ldots = g_k \quad . \tag{3.88}$$

Die Ausgangswertefolge ist in Analogie zu (3.87) identisch mit der Gewichtsfolge des zeitdiskreten Übertragungsgliedes.

Im z-Bereich gilt mit $U(z) = 1$ nach (3.66) $Y(z) = G(z)$. Damit ist auch im Bildbereich das Ergebnis (3.88) bestätigt.

3.1.4.2 Sprungantwort

SISO-C

Die *Sprungantwort* eines Übertragungsgliedes ist durch das Eingangssignal

$$u(t) = A \ \sigma(t) \tag{3.89}$$

festgelegt. Für $A = 1$ erhält man die *bezogene Sprungantwort* oder *Übergangsfunktion $h(t)$*. Sie ergibt sich durch Faltung nach (3.79) zu

$$y(t) = h(t) = \int_{0^-}^{t} g(\tau) \ d(\tau) \quad . \tag{3.90}$$

Aus (3.90) folgt

$$\dot{h}(t) = g(t) \quad . \tag{3.91}$$

Die Übergangsfunktion ist eine ingenieurtechnisch besonders bedeutsame Kennfunktion für das Übertragungsverhalten kontinuierlicher LZI-Übertragungsglieder bzw. -systeme, da sich sprungförmige Veränderungen des Eingangssignals häufig einfach realisieren lassen und Sprungantworten einen anschaulichen Einblick in das dynamische und statische Übertragungsverhalten gestatten.

Im p-Bereich erhält man mit $U(p) = \dfrac{1}{p}$ nach (3.62) die mit (3.91) korrespondierende Beziehung

$$Y(p) = H(p) = \frac{1}{p} \ G(p) \quad . \tag{3.92}$$

SISO-D

Die bezogene Sprungantwort bzw. die *Übergangsfolge* stellt die Antwort eines zeitdiskreten Übertragungsgliedes auf eine sprungförmige Eingangssignalfolge

$$[u_k] = (1, \ 1, \ 1, \ ...)$$

dar und wird nach (3.83) zu

$$h_k = \sum_{i=0}^{k} g_i \cdot 1 = g_0 + g_1 \cdots + g_k \qquad (3.93)$$

in Analogie zum Integral nach (3.90) bestimmt.

Im z-Bereich gilt mit $U(z) = \dfrac{z}{z-1}$ nach (3.66)

$$Y(z) = H(z) = \frac{z}{z-1}\, G(z) \quad . \qquad (3.94)$$

Die daraus gewonnene Beziehung

$$G(z) = (1 - z^{-1})\, H(z)$$

verkörpert einen Differenzbildungsvorgang und ist vergleichbar mit (3.91).

3.1.4.3   Sinusantwort

SISO-C

Die *Sinusantwort* eines kontinuierlichen LZI-Übertragungsgliedes erhält man für das Eingangssignal

$$u(t) = A \sin \omega_0 t = A\, Im\left\{ e^{j\omega_0 t} \right\} \qquad (3.95)$$

im eingeschwungenen Zustand. In komplexer Darstellung gilt

$$\tilde{u}(t) = A\, e^{j\omega_0 t}$$

bzw.

$$\tilde{u}(t - \vartheta) = A\, e^{j\omega_0 t}\, e^{-j\omega_0 \vartheta} \quad . \qquad (3.96)$$

Das komplexe Ausgangssignal errechnet sich mit dem erweiterten Faltungsintegral (im erweiterten Zeitbereich) unter Berücksichtigung von (3.79) zu

$$\tilde{y}(t) = A\, e^{j\omega_0 t} \int_{-\infty}^{\infty} g(\vartheta) e^{-j\omega_0 \vartheta}\, d\vartheta \quad . \qquad (3.97)$$

Das Integral in (3.97) ist gemäß (2.23) identisch mit dem Fourier-Integral, das für die Fourier-Transformierte

$$G(j\omega_0) = \left| G(j\omega_0) \right|\, e^{j\varphi(\omega_0)} \qquad (3.98)$$

gilt.

Die eigentliche Sinusantwort erhält man aus (3.97) mit (3.98) zu

$$y(t) = Im\ \{\bar{y}(t)\}$$

$$= A|G(j\omega_0)|\ \sin\ (\omega_0 t + \varphi(\omega_0))\quad ;$$

(3.99)

die *bezogene Sinusantwort* liegt für $A = 1$ vor. Aus (3.99) ist ersichtlich, daß durch ein LZI-Übertragungsglied das sinusförmige Eingangssignal nicht in seiner Frequenz, wohl aber durch den komplexen Kennwert $G(j\omega_0)$ nach (3.98) in Amplitude und Phase beeinflußt wird. Alle zur Charakterisierung des Übertragungsverhaltens erforderlichen $G(j\omega_0)$ bilden die *Frequenzgangfunktion* oder kurz den *Frequenzgang $G(j\omega)$*.

Die analytische Bestimmung des Frequenzganges

$$G(j\omega) = |G(j\omega)|\ e^{j\varphi(\omega)}$$

(3.100)

mit dem *Amplituden(frequenz)gang $|G(j\omega)|$*
und dem *Phasen(frequenz)gang $\varphi(\omega)$*

setzt die Existenz der Fourier-Transformierten der Gewichtsfunktion voraus.
Die experimentelle Bestimmung insbesondere des Amplitudenganges im interessierenden Frequenzbereich kann für Analyse und Entwurf ausreichend und zweckmäßig sein.

Ableitung der Frequenzgangfunktion aus der Differentialgleichung

Die gliedweise Fourier-Transformation der Differentialgleichung (3.22) unter Berücksichtigung der Differentiationseigenschaften dieser Transformation führt zu

$$\left[a_0 + a_1(j\omega) + ... + a_n\,(j\omega)^n\right] Y(j\omega) = \left[b_0 + b_1(j\omega) + ... + b_{m'}(j\omega)^{m'}\right] U(j\omega)$$

und bietet einen weiteren Zugang zur komplexen Frequenzgangfunktion. Sie ergibt sich aus dem Verhältnis der Fourier-Transformierten des Ausgangssignals zu der des Eingangssignals in der Form

$$G(j\omega) = \frac{Y(j\omega)}{U(j\omega)} = \frac{b_0 + b_1(j\omega) + ... + b_{m'}(j\omega)^{m'}}{a_0 + a_1(j\omega) + ... + a_n(j\omega)^n}\quad .$$

(3.101)

Der Vergleich der Frequenzgangfunktion (3.101) mit der Übertragungsfunktion (3.61) zeigt, daß man die Frequenzgangfunktion als Übertragungsfunktion auf der imaginären Achse der p-Ebene, d.h. für $p = j\omega$ ($\delta = 0$) ansehen kann, wenn die imaginäre Achse im Konvergenzbereich der Übertragungsfunktion liegt. Aus dieser Sicht ist auch die Blockdarstellung entsprechend Bild 3.15 mit den Signalen $U(j\omega)$ und $Y(j\omega)$ sowie der Eintragung von $G(j\omega)$ zulässig und üblich.

Grafische Darstellung des Frequenzganges

Für die Nutzung im Rahmen regelungstechnischer Anwendungen sind zwei Formen der grafischen Darstellung gut eingeführt.

• Ortskurve des Frequenzganges

Sie entsteht als geometrischer Ort aller Endpunkte der durch

$$G(j\omega) = |G(j\omega)|\; e^{j\varphi(\omega)}$$

festgelegten Zeiger in der komplexen Ebene mit ω als Parameter entsprechend Bild 3.17.

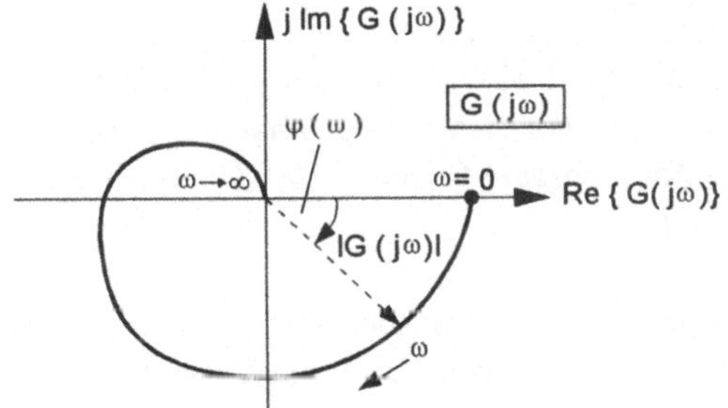

Bild 3.17:
Ortskurve des Frequenzganges

• Frequenzkennlinien-Diagramm (Bode-Diagramm)

Die getrennte Darstellung von Betrag und Phase des Frequenzganges in Abhängigkeit von ω erfolgt in der *Amplituden(frequenz)kennlinie* und der *Phasen(frequenz)kennlinie* entsprechend Bild 3.18.

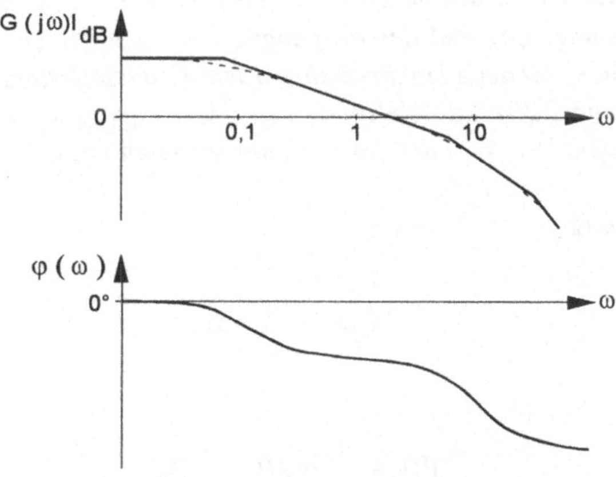

Bild 3.18: Frequenzkennlinien-Diagramm

Bei der Amplitudenkennlinie wird meist der Betrag des Frequenzganges mit
20 $lg\,|G(j\omega)|$, d.h. in Dezibel, als Funktion von ω in logarithmischer Darstellung aufgetragen. Eine solche Darstellung bietet die Voraussetzung für die Geradenapproximation
von Amplitudenkennlinien. Die Phasenverläufe beziehen sich ebenfalls auf die logarithmische Darstellung von ω.

SISO-D

Für eine sinusförmige Eingangsfolge

$$u_k = A\,\sin\omega_0 kT$$

kann unter Verwendung der Faltungsoperation nach (3.83) die Sinusantwort eines zeitdiskreten Übertragungsgliedes bestimmt werden, aus der sich vergleichbar mit dem Vorgehen im kontinuierlichen Fall eine *diskrete Frequenzgangfunktion* $G(e^{j\omega T})$ zur Beschreibung des Übertragungsverhaltens ableiten läßt.

Unter Beachtung der Konvergenzeigenschaften kann $G(e^{j\omega T})$ auch formal aus $G(z)$ bestimmt werden, wenn anstelle von $z = e^{pT} = e^{\delta T}e^{j\omega T}$ wegen $\delta = 0$ die Variable
$z = e^{j\omega T}$ eingesetzt wird. Der diskrete Frequenzgang und damit seine Betrags- und
Phasendarstellung sind infolge der Abhängigkeit von $e^{j\omega T} = cos\,\omega T + j\,sin\,\omega T$ periodisch
mit $\Omega = \omega T$.

BEISPIEL 3.10: *Übertragungsverhalten eines RC-Übertragungsgliedes*

*Das Übertragungsverhalten des im Bild 3.19 dargestellten RC-Übertragungsgliedes mit
der Eingangsspannung $u_e(t)$ und der Ausgangsspannung $u_a(t)$ soll durch die in diesem
Abschnitt eingeführten Modelle beschrieben werden. Grundlage dafür sind die generellen
Übertragungsmodelle Differentialgleichung und Übertragungsfunktion. Es sei vorausgesetzt, daß zum Zeitpunkt $t_0 = 0$ der Kondensator entladen ist, d.h. $u_a(t_0) = 0$ gilt.*

Differentialgleichung
Mit

$$\dot{u}_a(t) = \frac{1}{C}\,i(t) \tag{3.102}$$

und

$$i(t) = \frac{1}{R}\,[u_e(t) - u_a(t)] \tag{3.103}$$

folgt

$$RC\, \dot{u}_a(t) + u_a(t) = u_e(t) \quad . \tag{3.104}$$

Aus (3.102) und (3.103) erhält man schrittweise den Wirkungsplan im p-Bereich, der die Gegenkopplung des Integrationsvorganges demonstriert (Bild 3.19).

Übertragungsfunktion

Die Laplace-Transformation von (3.104) ergibt

$$RCp\, U_a(p) + U_a(p) = U_e(p) \quad ,$$

woraus nach (3.62)

$$G(p) = \frac{U_a(p)}{U_e(p)} = \frac{1}{1 + pT_1} \quad , \quad T_1 = RC \quad , \tag{3.105}$$

mit einem Pol $p_1 = -\dfrac{1}{T_1}$ *folgt.*

Gewichtsfunktion

Entsprechend (3.87) und Abschn. 3.1.3.3. erhält man die bezogene Impulsantwort zu

$$g(t) = \mathcal{L}^{-1}\{G(p)\} = \frac{1}{T_1}\, e^{-t/T_1}\, \sigma(t) \quad . \tag{3.106}$$

Übergangsfunktion

Mit (3.92) ergibt sich für die bezogene Sprungantwort

$$h(t) = \mathcal{L}^{-1}\left\{\frac{1}{p}\, G(p)\right\} = \mathcal{L}^{-1}\left\{\frac{1}{p} - \frac{T_1}{1 + pT_1}\right\} \tag{3.107}$$

$$= (1 - e^{-t/T_1})\, \sigma(t) \quad .$$

Frequenzgang

Aus (3.105) folgt als Grundlage der Ortskurvendarstellung (Bild 3.19)

$$G(j\omega) = \frac{1}{1 + j\omega T_1} = \frac{1}{1 + (\omega T_1)^2} - j\, \frac{\omega T_1}{1 + (\omega T_1)^2} \quad . \tag{3.108}$$

Für den Amplitudengang erhält man mit (3.108) für die exakte Darstellung bzw. die Geradenapproximation im Frequenzkennlinien-Diagramm (Bild 3.19)

$$|G(j\omega)| = \frac{1}{\sqrt{1 + (\omega T_1)^2}} \approx \begin{cases} 1 & , \quad \omega < \dfrac{1}{T_1} \\[3mm] \dfrac{1}{\omega T_1} & , \quad \omega > \dfrac{1}{T_1} \end{cases} \quad ; \tag{3.109}$$

$$|G(j\omega)|_{dB} \approx \begin{cases} 0\ dB & , \quad \omega < \dfrac{1}{T_1} \\[3mm] -(\omega T_1)|_{dB} & , \quad \omega > \dfrac{1}{T_1} \end{cases} \quad .$$

Der Phasengang wird aus (3.108) zu

$$\varphi(\omega) = -\ \mathrm{arc}\ \tan(\omega T_1) \tag{3.110}$$

bestimmt.

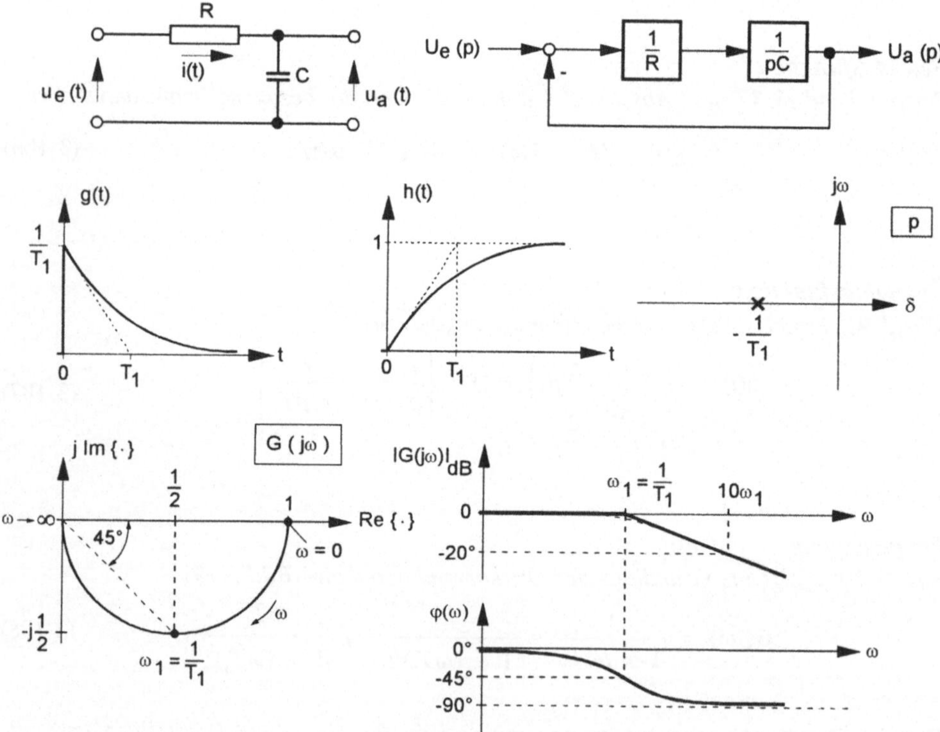

Bild 3.19: Darstellungsformen für das Übertragungsverhalten eines RC-Gliedes

BEISPIEL 3.11: *Übertragungsmodell eines zeitdiskreten Übertragungsgliedes für spezielle Eingangssignale*

Für das zeitdiskrete Filter zur gleitenden Mittelwertbildung (Beispiele 3.6 und 3.9) sollen die im Abschn. 3.1.4. eingeführten Beschreibungsformen des Übertragungsverhaltens bestimmt werden.

Gewichtsfolge

Durch Rücktransformation der diskreten Übertragungsfunktion (3.76) erhält man das allgemeine Gewichtsfolgeglied zu

$$g_k = Z^{-1} \left\{ \frac{1}{N} \frac{1}{1 - z^{-1}} - \frac{1}{N} \frac{1}{1 - z^{-1}} z^{-N} \right\} \tag{3.111}$$

$$= \frac{1}{N} (1^k - 1^{k-N}) \quad , \quad k = 0, 1, 2, \dots$$

Die im Bild 3.20 dargestellte "Fenster-Charakteristik", die durch die Differenz zweier zeitlich versetzter sprungförmiger Wertefolgen gemäß (3.111) entsteht, demonstriert anschaulich das begrenzte Gedächtnis eines "Finite Impulse Response"-Filters.

Übergangsfolge

Die Übergangsfolge läßt sich durch Rücktransformation von (3.94) unter Verwendung von (3.76) aus der Differenz zweier zeitlich versetzter zeitdiskreter rampenförmiger Signale bestimmen.

Auf direktem Wege können mit (3.93) und $g_k = \frac{1}{N}$ für $k = 0, 1, \dots, N-1$ gemäß (3.111)

und Bild 3.20 die Werte der Übergangsfolge zu

$$h_0 = \frac{1}{N} \quad , \quad h_1 = \frac{2}{N} \quad , \dots , \quad h_{N-1} = \frac{N}{N} = 1 \quad , \quad h_N = 1, \dots$$

berechnet werden.

Diskreter Frequenzgang

Mit $z = e^{j\omega T} = e^{j\Omega}$ folgt aus (3.76) die diskrete Frequenzgangfunktion

$$G(e^{j\Omega}) = \frac{1}{N} \frac{1 - e^{-jN\Omega}}{1 - e^{-j\Omega}} \quad . \tag{3.112}$$

Unter Verwendung der Eulerschen Formel

$$e^{j\Omega} = \cos \Omega + j \sin \Omega$$

erhält man den diskreten Amplitudengang zu

$$|G(e^{j\Omega})| = \frac{1}{N(1 - \cos \Omega)} \sqrt{1 - \cos N\,\Omega - \cos \Omega + \cos N\,\Omega \, \cos\Omega} \qquad (3.113)$$

und den diskreten Phasengang zu

$$\varphi(\Omega) = \text{arc tan} \, \frac{\sin N\Omega - \sin \Omega - \sin(N-1)\Omega}{1 - \cos N\,\Omega - \cos \Omega + \cos (N-1)\Omega} \quad . \qquad (3.114)$$

Wie aus der Amplitudenkennlinie im Bild 3.20 ersichtlich, weist das zeitdiskrete Filter nur

für $\Omega < \dfrac{2\pi}{N}$ *typische Tiefpaßeigenschaften auf. Eingangssignale mit*

$\Omega = \nu\dfrac{\pi}{N}$, $\nu = 2,4,6,...$ *werden vollständig ausgefiltert.*

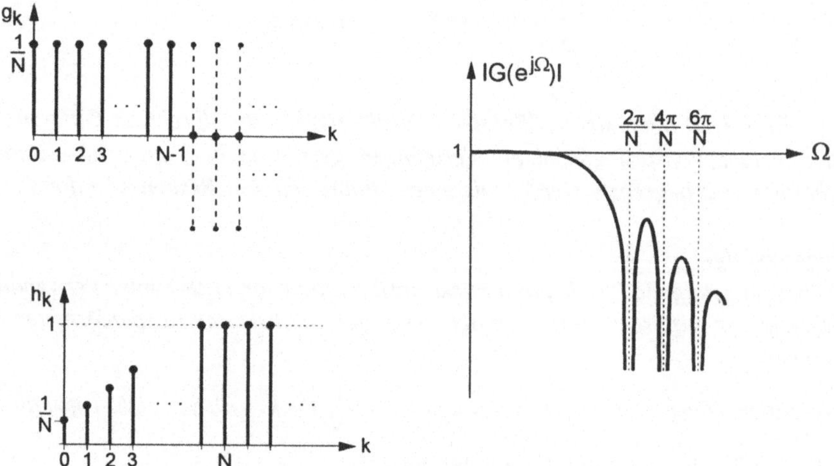

Bild 3.20:   *Darstellungsformen für das Übertragungsverhalten eines zeitdiskreten Über-*
tragungsgliedes (gleitende Mittelwertbildung)

3.1.5 Klassifizierung von Übertragungsgliedern

Für kontinuierliche lineare zeitinvariante Übertragungsglieder (SISO-C-Glieder) in kybernetischen Systemen hat sich unter Bezug auf die Übertragungsmodelle in den Abschnitten 3.1.3 und 3.1.4 eine Klassifizierung mit einem relativ hohen Grad an Verbindlichkeit durchgesetzt. In Anlehnung an DIN 19226 Teil 2 werden nachfolgend die wesentlichsten standardisierten Kennzeichnungen und Übertragungsmodelle sowie deren Darstellungsformen eingeführt.

3.1.5.1 Elementare Übertragungsglieder

Proportionalglied (P-Glied)

$$y(t) \; = \; K_P \; u(t) \tag{3.115}$$

Übergangsfunktion

$$h(t) \; = \; K_P \; \sigma(t) \quad ,$$

K_P *Proportionalbeiwert, proportionaler Übertragungsfaktor,* (3.116)
Verstärkungsfaktor

Übertragungsfunktion

$$G(p) \; = \; K_P \tag{3.117}$$

Frequenzgang

$$G(j\omega) \; = \; K_P \quad , \quad |G(j\omega)| \; = \; K_P$$
$$\varphi(\omega) \; = \; 0^0 \tag{3.118}$$

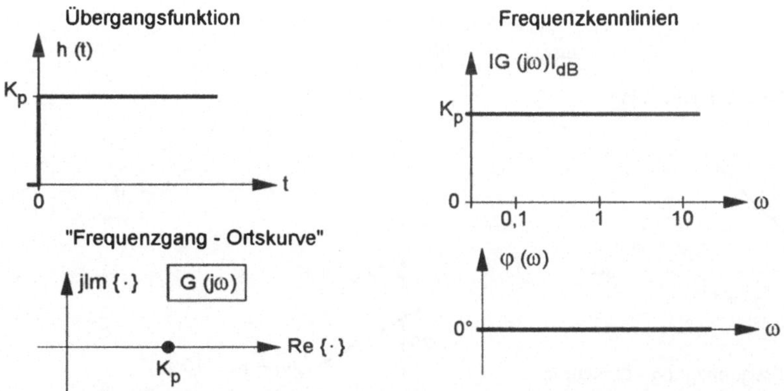

Bild 3.21: Darstellungsformen für das Übertragungsverhalten eines P-Gliedes

Technische Beispiele:
Spannungsteiler (u: Eingangsspannung; y: Ausgangsspannung);
starrer Hebel   (u: Auslenkung am Hebelarm 1; y: Auslenkung am Hebelarm 2).

Integralglied (I-Glied)

$$y(t) = K_I \int_0^t u(\tau)\ d\tau \tag{3.119}$$

Übergangsfunktion

$$h(t) = K_I\, t\, \sigma(t)$$

$$K_I \qquad \text{Integrierbeiwert, integraler Übertragungsfaktor}$$
$$T_I = \frac{1}{K_I} \quad \text{Integrierzeit} \tag{3.120}$$

Übertragungsfunktion

$$G(p) = K_I\, \frac{1}{p} \tag{3.121}$$

Frequenzgang

$$G(j\omega) = K_I\, \frac{1}{j\omega}\ , \quad |G(j\omega)| = \frac{K_I}{\omega} = \frac{1}{\omega\, T_I} \tag{3.122}$$

$$\varphi(\omega) = -90^0$$

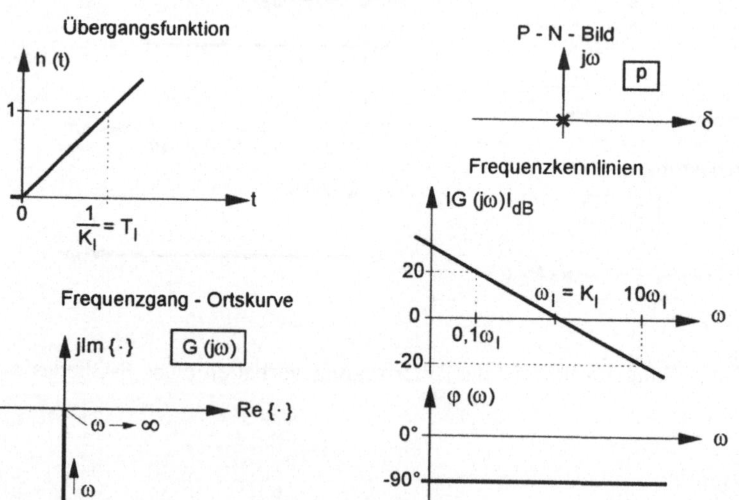

Bild 3.22: Darstellungsformen für das Übertragungsverhalten eines I-Gliedes

Technische Beispiele:

   zylindrischer Flüssigkeitsbehälter (u: Zufluß; y: Füllstand);
   Spindelantrieb (u: Spindeldrehzahl; y: Position eines Werkzeugschlittens).

Differentialglied (D-Glied)

$$y(t) = K_D \frac{d}{dt} u(t) \qquad (3.123)$$

Übergangsfunktion

$$h(t) = K_D \, \delta(t)$$
$$K_D = T_D \quad \text{Differenzierbeiwert,} \qquad (3.124)$$
$$\text{differentieller Übertragungsfaktor, Differenzierzeit}$$

Übertragungsfunktion

$$G(p) = K_D \, p \qquad (3.125)$$

Frequenzgang

$$G(j\omega) = K_D \, j\omega \quad , \quad |G(j\omega)| = K_D \, \omega = T_D \, \omega \qquad (3.126)$$
$$\varphi(\omega) = 90^{\circ}$$

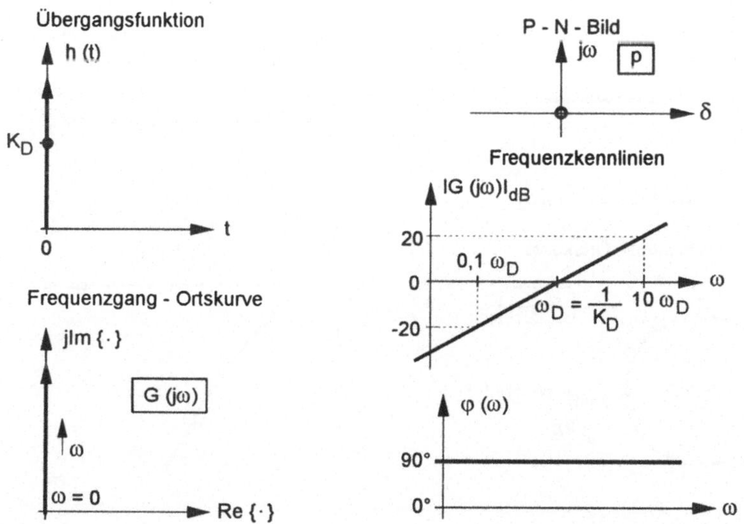

Bild 3.23: Darstellungsformen für das Übertragungsverhalten eines D-Gliedes

Technische Beispiele:
Elementare D-Glieder sind nichtrealisierbare Übertragungsglieder, sie haben systematisierende und systemtechnische Bedeutung. D-Glieder sind stets an Trägheiten (Energiespeicher) gebunden, z.B. Tachogenerator.

Totzeitglied (T_t-Glied)

$$y(t) = u(t - T_t) \tag{3.127}$$

Übergangsfunktion

$$h(t) = \sigma(t - T_t) \quad , \quad T_t \text{ Totzeit} \tag{3.128}$$

Übertragungsfunktion

$$G(p) = e^{-pT_t} \tag{3.129}$$

Frequenzgang

$$G(j\omega) = e^{-j\omega T_t} \quad , \quad |G(j\omega)| = 1$$
$$\varphi(\omega) = -\omega \, T_t \tag{3.130}$$

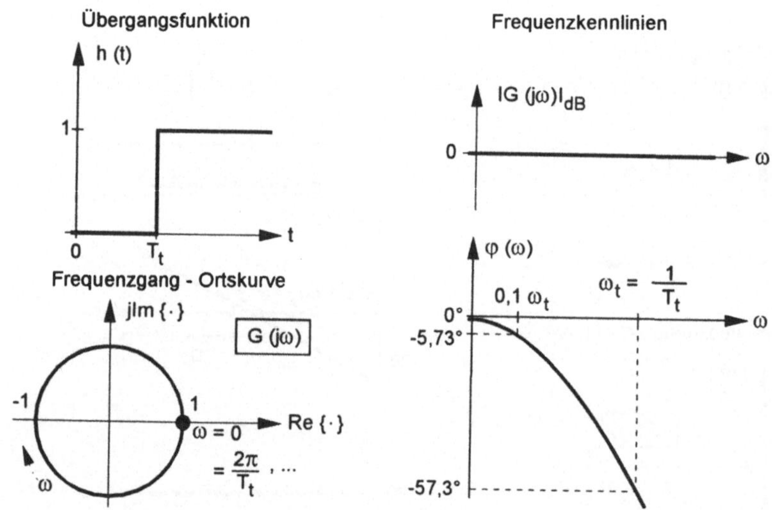

Bild 3.24:   Darstellungsformen für das Übertragungsverhalten eines T_t-Gliedes

Technische Beispiele:
   Förderband   (u: Materialzufluß; y: Materialabfluß);
   Walzvorgang (u: Materialdicke; y: örtlich versetzte Messung der Materialdicke).

3.1.5.2 Übertragungsglieder mit Verzögerungen

Die meisten realen Übertragungsglieder unterscheiden sich von den im Abschn. 3.1.5.1 vorgestellten elementaren Gliedern insbesondere durch zusätzliches Verzögerungsverhalten infolge elektrischer, mechanischer, thermischer o.a. Energiespeicher. Die Anzahl der Speicher spiegelt sich in der Anzahl der Verzögerungszeiten bzw. Trägheitszeitkonstanten T_i bzw. in der Ordnung der das Übertragungsverhalten beschreibenden Differentialgleichung wider. So unterscheidet man anhand der Kurzbezeichnungen folgende Verzögerungsglieder:

$$P\text{-}T_1\text{-}, \quad P\text{-}T_2\text{-}, \quad \dots \quad , \quad P\text{-}T_n\text{-}Glied,$$

$$I\text{-}T_1\text{-}, \quad I\text{-}T_2\text{-}, \quad \dots \quad , \quad I\text{-}T_n\text{-}Glied,$$

$$D\text{-}T_1\text{-}, \quad D\text{-}T_2\text{-}, \quad \dots \quad , \quad D\text{-}T_n\text{-}Glied.$$

Nur für einige ausgewählte Fälle kann hier eine Charakterisierung des Übertragungsverhaltens vorgenommen werden.

Verzögerungsglied 1. Ordnung (P-T₁-Glied)

$$T_1 \, \dot{y}(t) + y(t) = K_P \, u(t) \tag{3.131}$$

Übergangsfunktion

$$h(t) = K_P \, (1 - e^{-t/T_1}) \, \sigma(t) \, , \tag{3.132}$$
$$T_1 \; \textit{Verzögerungszeit, Zeitkonstante}$$

Übertragungsfunktion

$$G(p) = \frac{K_P}{1 + pT_1} \tag{3.133}$$

Frequenzgang

$$G(j\omega) = \frac{K_P}{1 + j\omega T_1} = \frac{K_P}{1 + (\omega T_1)^2} - j \, \frac{K_P \omega T_1}{1 + (\omega T_1)^2} \tag{3.134}$$

$$|G(j\omega)| = K_P \, \frac{1}{\sqrt{1 + (\omega T_1)^2}} \tag{3.135}$$

$$|G(j\omega)|_{dB} = K_P|_{dB} + |G_1(j\omega)|_{dB} \approx \begin{cases} K_P|_{dB} & , \; \omega < \dfrac{1}{T_1} \\[2ex] K_P|_{dB} - (\omega T_1)|_{dB} \, , & \omega > \dfrac{1}{T_1} \end{cases}$$

$$\varphi(\omega) = \varphi_1(\omega) = -\text{arc tan} \, (\omega T_1) \tag{3.136}$$

Die verschiedenen Darstellungsformen für das Übertragungsverhalten eines $P\text{-}T_1$-Gliedes wurden bereits im Zusammenhang mit Beispiel 3.10 im Bild 3.19 für $K_P = 1$ eingeführt.

Technische Beispiele:
  RC-Netzwerk nach Beispiel 3.10 (u: Eingangsspannung; y: Ausgangsspannung);
  Hg-Thermometer (u: Meßorttemperatur; y: Temperatur der Thermometerflüssig-
  keit).

Verzögerungsglied 2. Ordnung (P-T₂-Glied)

$$T_0^2\ \ddot{y}(t)\ +\ 2\,DT_0\ \dot{y}(t)\ +\ y(t)\ =\ K_P\ u(t) \tag{3.137}$$

Übertragungsfunktion

$$G(p)\ =\ \frac{K_P}{1\ +\ 2\,DT_0\ p\ +\ T_0^2\ p^2}\ ,$$

$$D\ \ \textit{Dämpfungsgrad}\ ,\ \ T_0 = \frac{1}{\omega_0}\ \ \textit{Kennzeit}\ , \tag{3.138}$$

$$\omega_0\ \ \textit{Kennkreisfrequenz des ungedämpften Systems}$$

Fallunterscheidungen in Abhängigkeit von der Lage der Pole

$$p_{1,2}\ =\ \frac{1}{T_0}\ (-D\ \pm\ \sqrt{D^2 - 1}) \tag{3.139}$$

$\boxed{D > 1}$ *aperiodischer Fall* $(p_1 \neq p_2$ reell$)$

Übertragungsfunktion

$$G(p)\ =\ \frac{K_P}{(1\ +\ pT_1)(1\ +\ pT_2)}\ \ \textit{mit}\ \ \begin{array}{l} T_1\ =\ T_0\ (D\ +\ \sqrt{D^2 - 1}) \\[2mm] T_2\ =\ T_0\ (D\ -\ \sqrt{D^2 - 1}) \end{array} \tag{3.140}$$

Übergangsfunktion

$$h(t)\ =\ K_P\ (1\ -\ \frac{T_1}{T_1 - T_2}\ e^{-t/T_1}\ +\ \frac{T_2}{T_1 - T_2}\ e^{-t/T_2})\ \sigma(t) \tag{3.141}$$

Frequenzgang

$$G(j\omega) = \frac{K_P}{(1 + j\omega T_1)(1 + j\omega T_2)} \tag{3.142}$$

$$|G(j\omega)| = K_P \frac{1}{\sqrt{1 + (\omega T_1)^2}} \frac{1}{\sqrt{1 + (\omega T_2)^2}} \tag{3.143}$$

$$|G(j\omega)|_{dB} = K_P|_{dB} + |G_1(j\omega)|_{dB} + |G_2(j\omega)|_{dB}$$

$$\varphi(\omega) = \varphi_1(\omega) + \varphi_2(\omega) = - \arctan(\omega T_1) - \arctan(\omega T_2) \tag{3.144}$$

Übergangsfunktion

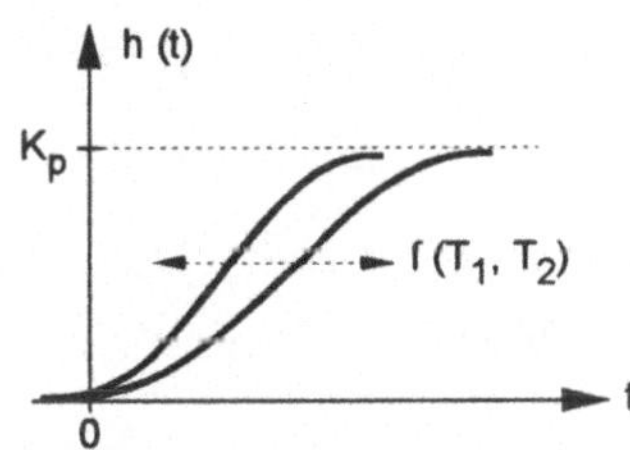

Frequenzgang - Ortskurve

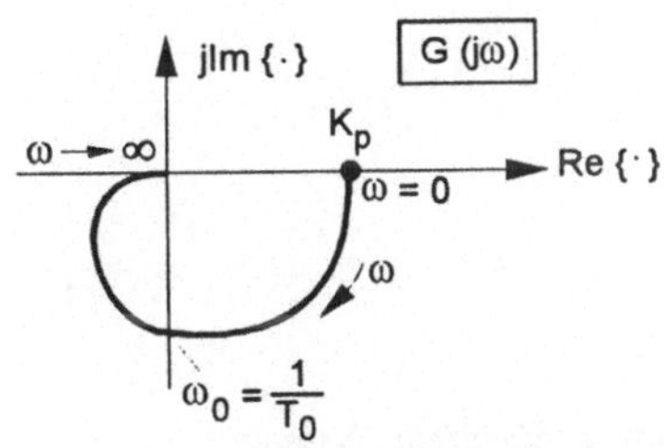

P - N - Bild

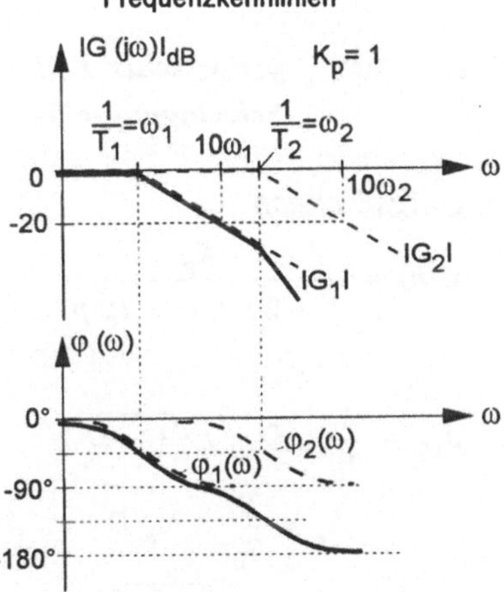

Bild 3.25: Darstellungsformen für das Übertragungsverhalten eines P-T$_2$-Gliedes (aperiodischer Fall)

D = 1 *aperiodischer Grenzfall* ($p_1 = p_2$ reell)

Übertragungsfunktion

$$G(p) = \frac{K_p}{(1 + pT_0)^2} \quad mit \quad T_1 = T_2 = T_0 \tag{3.145}$$

Übergangsfunktion

$$h(t) = K_p \left[1 - (1 + \frac{t}{T_0})\, e^{-t/T_0} \right] \sigma(t) \qquad (3.146)$$

Frequenzgang

$$G(j\omega) = \frac{K_p}{(1 + j\omega T_0)^2} \qquad (3.147)$$

$$|G(j\omega)| = K_p \left(\frac{1}{\sqrt{1 + (\omega T_0)^2}} \right)^2 = \frac{K_p}{1 + (\omega T_0)^2} \qquad (3.148)$$

$$|G(j\omega)|_{dB} = K_P|_{dB} + 2|G_{1,2}(j\omega)|_{dB}$$

$$\varphi(\omega) = 2\,\varphi_{1,2}(\omega) = -2\,\mathrm{arc\ tan}\,(\omega T_0) \qquad (3.149)$$

$$\boxed{0 < D < 1} \quad \textbf{\textit{periodischer Fall}} \ \ (p_1,\ p_2 \text{ konjugiert komplex});$$
$$\textbf{\textit{Schwingungsglied}}$$

Übertragungsfunktion

$$G(p) = \frac{K_p}{1 + 2\,DT_0\,p + T_0^2\,p^2} \qquad (3.150)$$

Pole

$$p_{1,2} = \frac{1}{T_0}\,(-D \pm j\,\sqrt{1 - D^2}) = -\,\delta_e \pm j\omega_e \ ,$$

$$\delta_e = \frac{D}{T_0} = \omega_o\, D \qquad \textbf{\textit{Abklingkonstante}} \qquad (3.151)$$

$$\omega_e = \omega_0\sqrt{1 - D^2} \qquad \textbf{\textit{Eigenfrequenz des gedämpften Systems}}$$

Übergangsfunktion

$$h(t) = K_p \left[1 - \frac{1}{\sqrt{1-D^2}}\, e^{-D\omega_0 t}\, \sin(\omega_0 t\,\sqrt{1 - D^2} + \varphi) \right] \sigma(t)$$
$$(3.152)$$
$$\textit{mit} \quad \varphi = \mathrm{arc\ sin}\,\sqrt{1 - D^2} \qquad \textbf{\textit{Anfangsphase}}$$

Frequenzgang

$$G(j\omega) = \frac{K_p}{1 + j\,2\,DT_0\,\omega - (\omega T_0)^2} \qquad (3.153)$$

$$|G(j\omega)| = \frac{K_P}{\sqrt{\left[1 - (\omega T_0)^2\right]^2 + 4D^2(\omega T_0)^2}} \tag{3.154}$$

$$|G(j\omega)|_{dB} \approx \begin{cases} K_P|_{dB} & , \ \omega < \dfrac{1}{T_0} \\[3mm] K_P|_{dB} - 2(\omega T_0)|_{dB} & , \ \omega > \dfrac{1}{T_0} \end{cases}$$

$$\varphi(\omega) = -\,\text{arc tan}\,\frac{2\,DT_0\omega}{1 - (\omega T_0)^2} \tag{3.155}$$

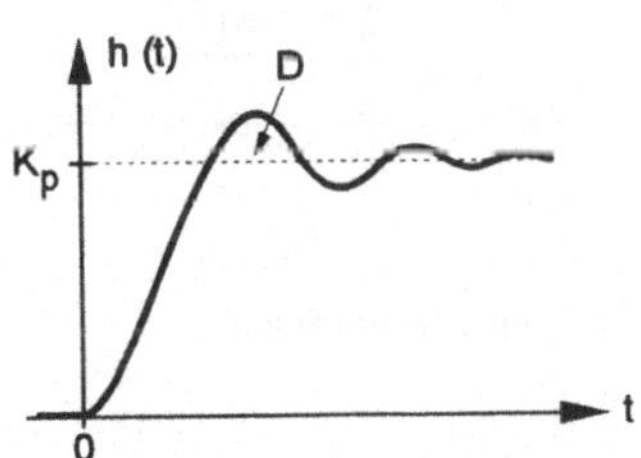

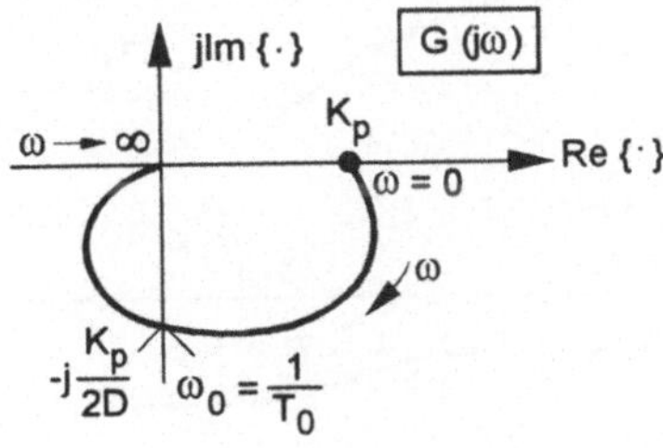

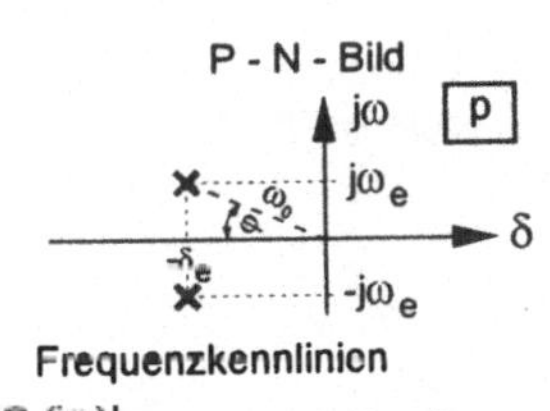

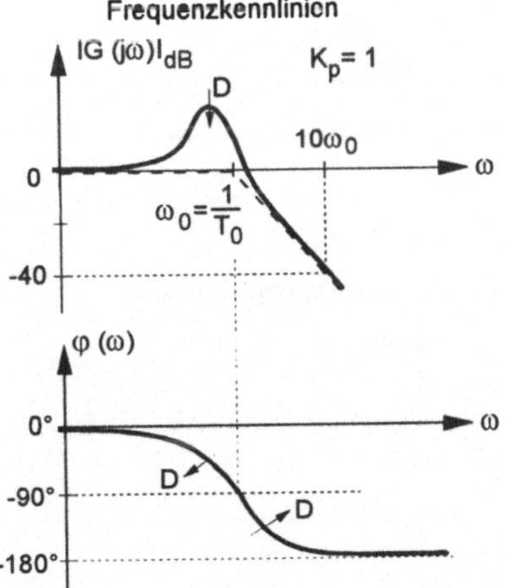

Bild 3.26:   Darstellungsformen für das Übertragungsverhalten eines P-T_2-Gliedes
             (Schwingungsglied)

Technische Beispiele:
Masse-Feder-Dämpfer-Übertragungsglied nach Beispiel 3.4
(u: Kraft; y: Position der Masse);
Drehspulmeßgerät (u: Meßstrom; y: Zeigerausschlagwinkel).

Integrationsglied mit Verzögerung 1. Ordnung (I-T$_1$-Glied)

$$T_1\,\dot{y}(t)\,+\,y(t)\,=\,K_I \int_0^t u(\tau)\,d\tau \qquad\qquad (3.156)$$

Übergangsfunktion

$$h(t)\,=\,K_1\left[t\,-\,T_1\,(1\,-\,e^{-t/T_1})\right]\,\sigma(t) \qquad\qquad (3.157)$$

Übertragungsfunktion

$$G(p)\,=\,\frac{K_I}{p}\,\frac{1}{1+pT_1} \qquad\qquad (3.158)$$

Übergangsfunktion

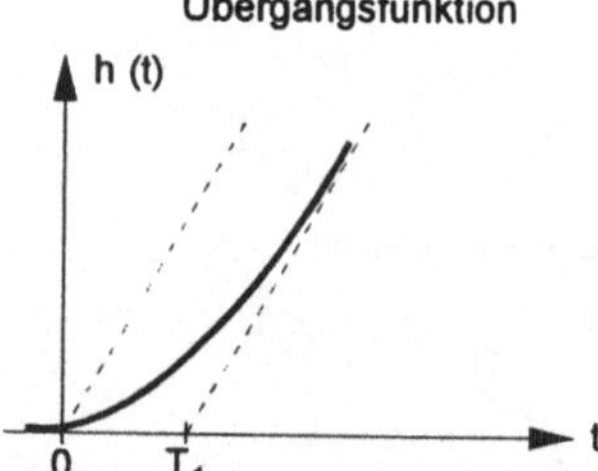

P - N - Bild

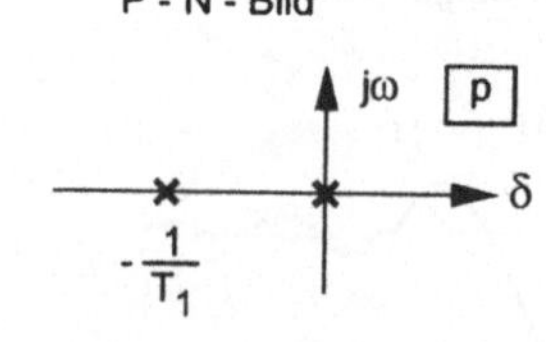

Frequenzgang - Ortskurve

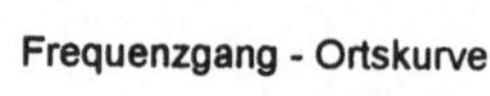

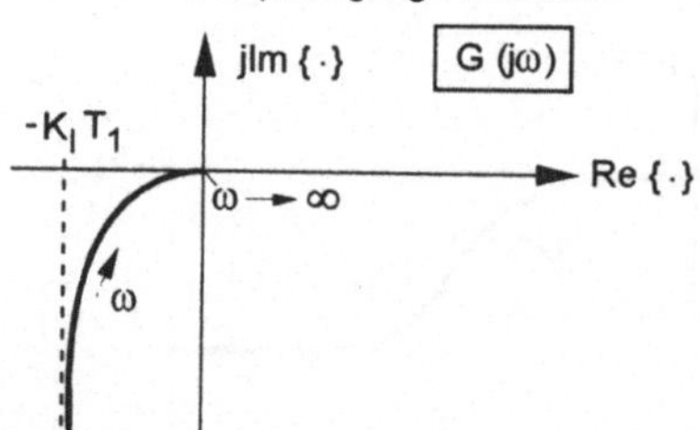

Frequenzkennlinien

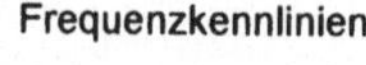

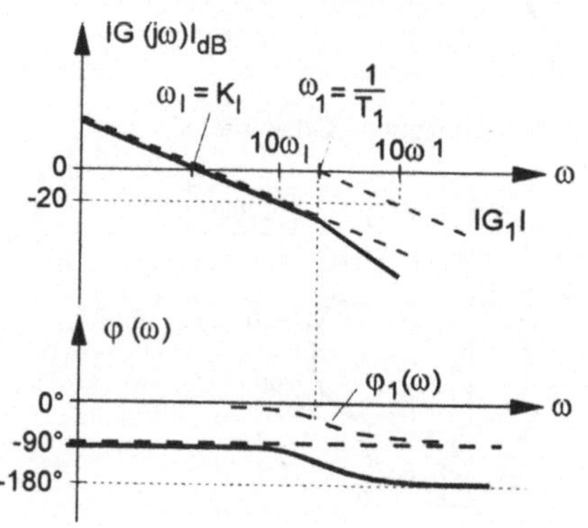

Bild 3.27:   Darstellungsformen für das Übertragungsverhalten eines I-T$_1$-Gliedes

Frequenzgang

$$G(j\omega)\,=\,\frac{K_I}{j\omega}\,\frac{1}{1+j\omega T_1} \qquad\qquad (3.159)$$

$$|G(j\omega)|\,=\,\frac{K_I}{\omega}\,\frac{1}{\sqrt{1+(\omega T_1)^2}} \qquad\qquad (3.160)$$

$$|G(j\omega)|_{dB} = \frac{K_I}{\omega}\bigg|_{dB} + |G_1(j\omega)|_{dB}$$

$$\varphi(\omega) = -90^0 - \text{arc tan } (\omega T_1) \tag{3.161}$$

Technische Beispiele:
   Seilwinde (u: Motorsteuerspannung; y: Position der Last);
   hydraulischer Verstärker (u: Steuerkolbenhub; y: Auslenkung der Last).

3.1.5.3   Übertragungsglieder mit Verzögerung und Vorhalt

Vorhalteigenschaften des Übertragungsverhaltens sind gekennzeichnet durch schnelles Reagieren auf Veränderungen des Eingangssignals. Durch zusätzliche zeitliche Ableitungen der Eingangsgröße in der Differentialgleichung bzw. durch zusätzliche Nullstellen in der Übertragungsfunktion können diese Vorhalte erklärt oder realisiert werden. Wenn die zugeordneten Vorhaltzeitkonstanten gegenüber den Verzögerungs-(Trägheits-)Zeitkonstanten dominieren, ist ein solches Verhalten besonders ausgeprägt. Die relative Größe der Zeitkonstanten wird meist durch die Reihenfolge ihrer Anordnung in der Kennzeichnung des Übertragungsgliedes berücksichtigt. Am Beispiel eines Verzögerungsgliedes 1. Ordnung mit Vorhalt sei nachfolgend die besondere Spezifik des Übertragungsverhaltens verdeutlicht.

Verzögerungsglied 1. Ordnung mit Vorhalt

$$T_1\,\dot{y}(t) + y(t) = K_P\left[u(t) + T_{vl}\,\dot{u}(t)\right] \tag{3.162}$$

Übergangsfunktion

$$h(t) = K_P\left[1 - \left(1 - \frac{T_{vl}}{T_1}\right)e^{-t/T_1}\right]\sigma(t) \tag{3.163}$$

$$T_{vl} = \frac{K_D}{K_P} \quad \text{Vorhaltzeit}$$

Übertragungsfunktion

$$G(p) = K_P\,\frac{1 + pT_{vl}}{1 + pT_1} \tag{3.164}$$

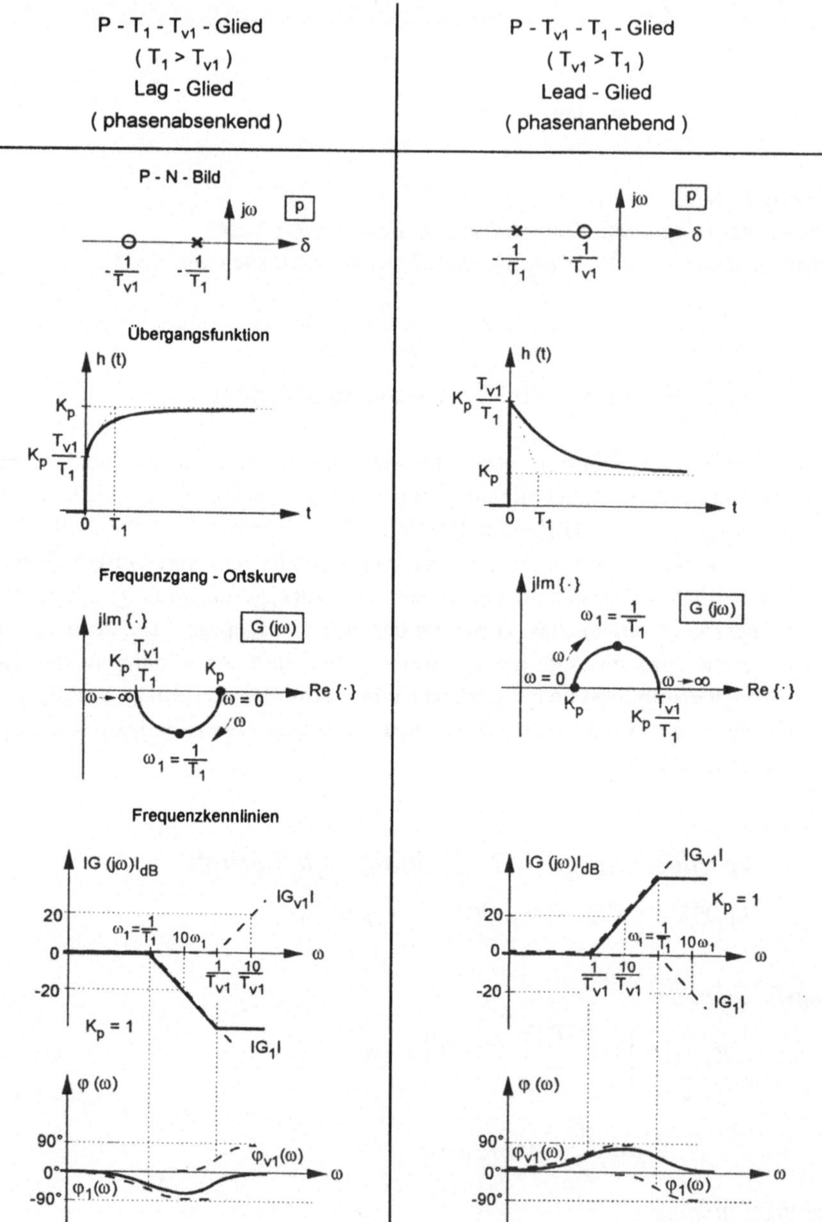

Bild 3.28:   Darstellungsformen für das Übertragungsverhalten eines P-T_1-T_{v1}- und eines P-T_{v1}-T_1-Gliedes

Frequenzgang

$$G|(j\omega)| = K_P \frac{1 + j\omega T_{vl}}{1 + j\omega T_1} \tag{3.165}$$

$$|G(j\omega)| = K_P \sqrt{1 + (\omega T_{vl})^2} \; \frac{1}{\sqrt{1 + (\omega T_1)^2}} \tag{3.166}$$

$$|G(j\omega)|_{dB} = K_P|_{dB} + |G_{vl}(j\omega)|_{dB} + |G_1(j\omega)|_{dB}$$

$$\varphi(\omega) = \varphi_{vl}(\omega) + \varphi_1(\omega) = \text{arc tan } (\omega T_{vl}) - \text{arc tan } (\omega T_1) \tag{3.167}$$

Technische Beispiele.
RC-Netzwerke mit nachgebendem Verhalten als Lag- oder Lead-Korrekturglieder entsprechend Bild 3.28.

3.1.5.4 Übertragungsglieder mit Totzeit

Reale totzeitbehaftete Übertragungsglieder sind im Unterschied zu elementaren Totzeitgliedern nach Abschn. 3.1.5.1 proportionale oder integrale Übertragungsglieder mit einem zusätzlichen Totzeitanteil. Am Beispiel eines Verzögerungsgliedes 1. Ordnung mit Totzeit sollen die totzeitbedingten Besonderheiten im Übertragungverhalten vorgestellt werden.

Verzögerungsglied 1. Ordnung mit Totzeit (P-T_1-T_t-Glied)

$$T_1 \, \dot{y}(t) + y(t) = K_P \, u(t - T_t) \tag{3.168}$$

Übergangsfunktion

$$h(t) = K_P \left[1 - e^{-\frac{t - T_t}{T_1}} \right] \sigma \, (t - T_t) \tag{3.169}$$

Übertragungsfunktion

$$G(p) = \frac{K_P}{1 + pT_1} \, e^{-pT_t} \tag{3.170}$$

Frequenzgang

$$G(j\omega) = \frac{K_P}{1 + j\omega T_1}\ e^{-j\omega T_t} \qquad (3.171)$$

$$|G(j\omega)| = K_P\ \frac{1}{\sqrt{1 + (\omega T_1)^2}} \qquad (3.172)$$

$$|G(j\omega)|_{dB} = K_P|_{dB} + |G_1(j\omega)|_{dB}$$

$$\varphi(\omega) = \varphi_1(\omega) + \varphi_t(\omega) = -\,\text{arc tan}\,(\omega T_1) - \omega T_t \qquad (3.173)$$

Übergangsfunktion

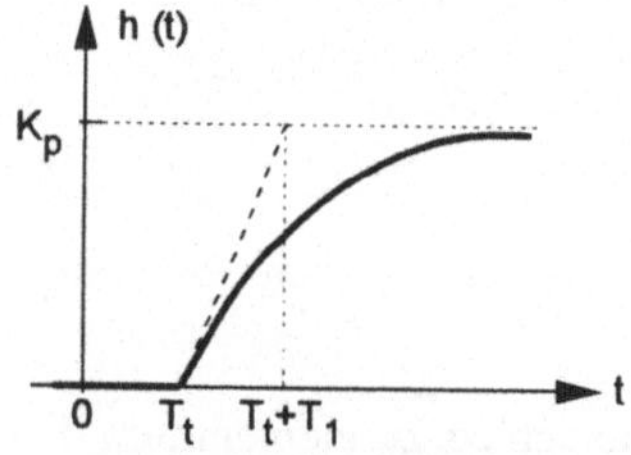

Frequenzkennlinien

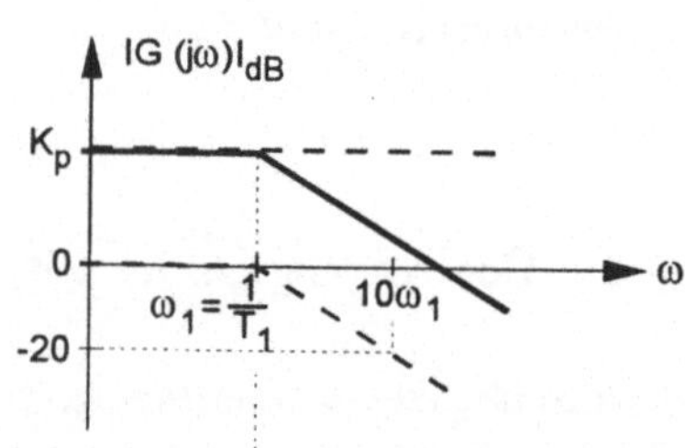

Frequenzgang - Ortskurve

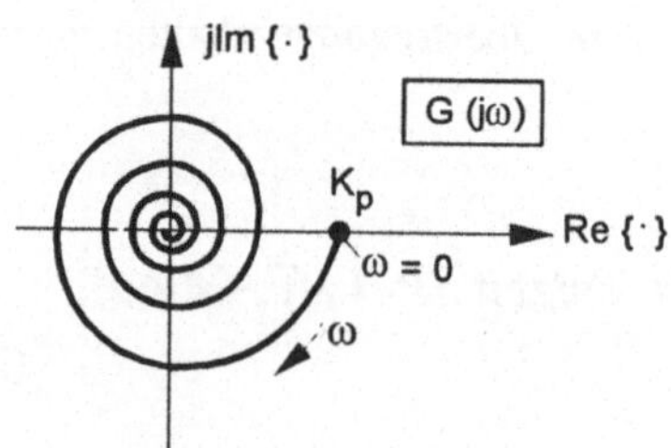

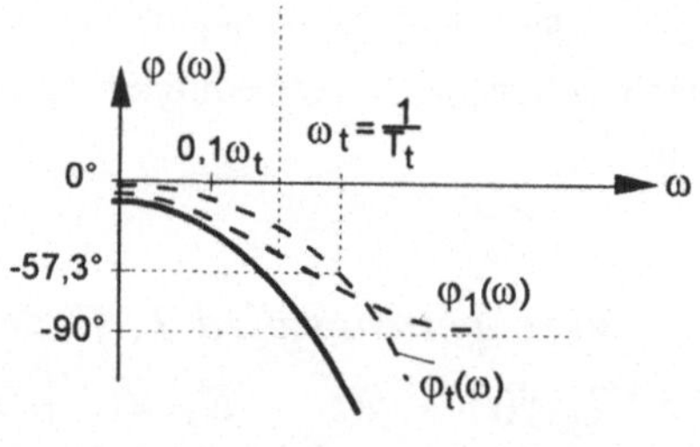

Bild 3.29:   Darstellungsformen für das Übertragungsverhalten eines P-T_1-T_t-Gliedes

Technisches Beispiel:
Mischbehälter mit Rohrleitungsabfluß (u: Konzentration einer Komponente; y: Gesamtkonzentration am Rohrleitungsende).

3.1.5.5 Übertragungsglieder mit minimalem und nichtminimalem Phasenverhalten

Die Betrachtungen in diesem Abschnitt erfolgen unabhängig von der in den Abschnitten 3.1.5.1 bis 3.1.5.4 vorgenommenen Klassifizierung.

Minimalphasige Übertragungsglieder sind dadurch gekennzeichnet, daß zu einem bestimmten Amplitudengang der Phasengang eindeutig zugeordnet werden kann (*Gesetz von Bode*). Die meisten regelungstechnisch bedeutsamen Übertragungsglieder sind minimalphasig, so daß allein aus ihrem Amplitudengang das Übertragungsverhalten hervorgeht.

Bei *nichtminimalphasigen Übertragungsgliedern* liegt mindestens eine Nullstelle der Übertragungsfunktion in der rechten p-Halbebene. Für das einfachste rationale Übertragungsglied gilt im Unterschied zu (3.164) die Übertragungsfunktion

$$G(p) = K_P \, \frac{1 - pT_{vl}}{1 + pT_1} \quad . \tag{3.174}$$

Der zugehörige Amplitudengang ist identisch mit (3.166), d.h. mit dem des entsprechenden minimalphasigen Übertragungsgliedes. Für den Phasengang gilt aber abweichend von (3.167)

$$\varphi(\omega) = - \operatorname{arc\,tan}\,(\omega T_{vl}) - \operatorname{arc\,tan}\,(\omega T_1) \tag{3.175}$$

zwischen 0^0 und -180^0.

Steht den Polen in der linken p-Halbebene eine gleichgroße Anzahl an der imaginären Achse gespiegelter Nullstellen in der rechten Halbebene gegenüber, so ist das nichtminimalphasige Glied ein *Allpaßglied*. Wie auch aus (3.166) zu ersehen, sind die Amplitudengänge dieser Glieder frequenzunabhängig. Unterschiede im dynamischen Übertragungsverhalten beruhen ausschließlich auf den Phasengängen.

Typische nichtminimalphasige Übertragungsglieder sind alle totzeitbehaftete Übertragungsglieder, wie man aus den entsprechenden mathematischen Beschreibungen und Darstellungen in den Abschnitten 3.1.5.1 und 3.1.5.4 erkennen kann.

3.1.6 Verknüpfungen von Übertragungsgliedern

In den Abschnitten 3.1.1 bis 3.1.5 wurden Möglichkeiten zur mathematischen Beschreibung des Übertragungsverhaltens einzelner Übertragungsglieder behandelt. Für die Lösung kybernetischer Aufgabenstellungen benötigt man jedoch Übertragungsmodelle von Verknüpfungsstrukturen solcher Systemelemente. Als Grundstrukturen treten dabei Ketten-, Parallel- und Gegenparallel-(Rückkopplungs-)Strukturen auf. Ihre Beschreibung erfolgt für kontinuierliche LZI-Übertragungssysteme zweckmäßig mit Übertragungsfunktionen (siehe Tafel 3.1) oder mit gewissen Einschränkungen auf Basis der Frequenzgänge. Im Falle der Verknüpfung zeitdiskreter Übertragungsglieder gelten die gleichen Grundbeziehungen wie in Tafel 3.1, jedoch mit diskreten Übertragungsfunktionen.

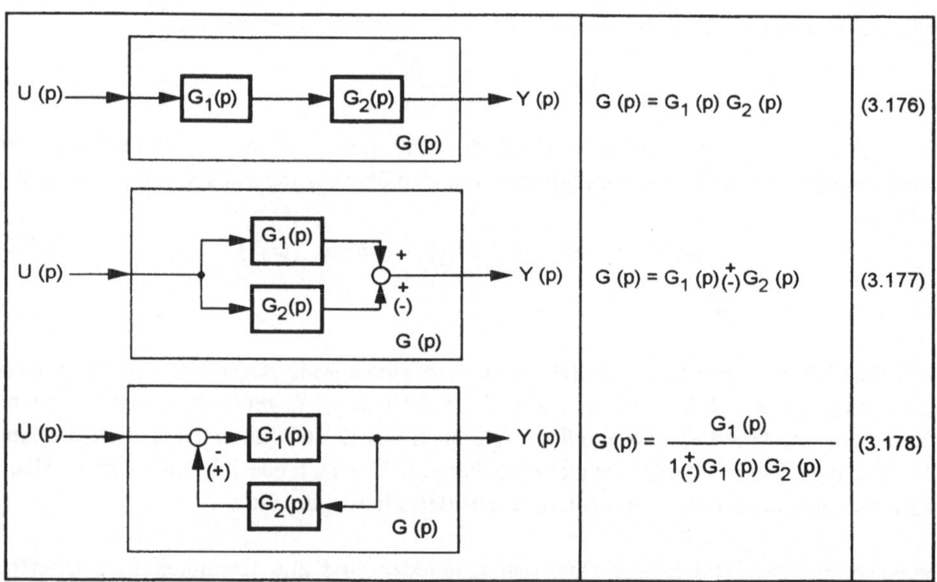

Tafel 3.1:   Ketten-, Parallel-, Gegenparallelstruktur

In Tafel 3.2 wird eine Übersicht darüber gegeben, wie Signal-Mischstellen und -Verzweigungsstellen über Systemelemente hinweg verschoben werden können. Auf diese Weise lassen sich Wirkungspläne komplexer Übertragungssysteme so modifizieren, daß Grundstrukturen nach Tafel 3.1 entstehen und somit das Übertragungsmodell einfacher bestimmt bzw. das Übertragungsverhalten des Gesamtsystems günstiger interpretiert werden kann.

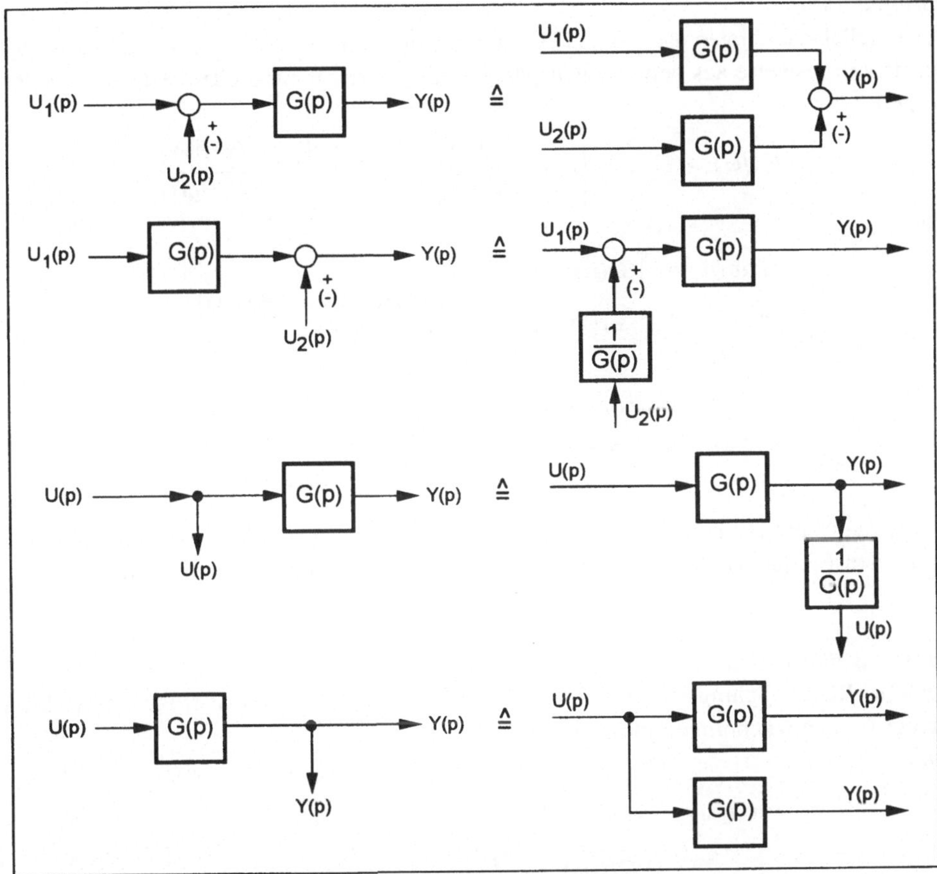

Tafel 3.2:   Verschiebung von Misch- und Verzweigungsstellen

Neben der Beschreibung der Grundstrukturen nach Tafel 3.1 mittels Übertragungsfunktionen ist häufig die Darstellung des Übertragungsverhaltens in Form der logarithmischen Frequenzkennlinien von Interesse.

Kettenstruktur

Die Kettenstruktur nach (3.176) wird durch die additive Verknüpfung der logarithmischen Amplitudenkennlinien sowie der Phasenkennlinien dargestellt:

$$|G(j\omega)|_{dB} = |G_1(j\omega)|_{dB} + |G_2(j\omega)|_{dB} \quad ,$$

$$\varphi(\omega) = \varphi_1(\omega) + \varphi_2(\omega) \quad .$$

Besonders einfach gestaltet sich die grafische Addition für die bei der Beschreibung der Grundglieder (Abschn. 3.1.5) eingeführte Geradenapproximation der Amplitudengänge.

Parallelstruktur

Für Parallelschaltungen nach (3.177) kann der resultierende Amplituden- und Phasengang nur näherungsweise aus den Frequenzgängen der Übertragungsglieder bestimmt werden. Wegen

$$G(j\omega) = G_1(j\omega)\left[1 + \frac{G_2(j\omega)}{G_1(j\omega)}\right] = G_2(j\omega)\left[1 + \frac{G_1(j\omega)}{G_2(j\omega)}\right]$$

gilt

$$\left.\begin{array}{rcl}|G(j\omega)| & \approx & |G_1(j\omega)| \\[2mm] \varphi(\omega) & \approx & \varphi_1(\omega)\end{array}\right\} \quad \textit{für} \quad |G_1(j\omega)| \gg |G_2(j\omega)| \quad,$$

$$\left.\begin{array}{rcl}|G(j\omega)| & \approx & |G_2(j\omega)| \\[2mm] \varphi(\omega) & \approx & \varphi_2(\omega)\end{array}\right\} \quad \textit{für} \quad |G_1(j\omega)| \ll |G_2(j\omega)| \quad.$$

Im Frequenzbereich, in dem die Ungleichungsbedingungen keine Gültigkeit besitzen, muß bei beiden Frequenzkennlinien eine Geradenannäherung vorgenommen werden.

Gegenparallelstruktur

Auch bei Rückkopplungsstrukturen nach (3.178) ist lediglich eine Näherungskonstruktion für die Frequenzkennlinien möglich.
Aus

$$G(j\omega) = \cfrac{1}{\cfrac{1}{G_1(j\omega)} + G_2(j\omega)}$$

folgt

$$\left.\begin{array}{rcl}|G(j\omega)| & \approx & |G_1(j\omega)| \\[2mm] \varphi(\omega) & \approx & \varphi_1(\omega)\end{array}\right\} \quad \textit{für} \quad \frac{1}{|G_1(j\omega)|} \gg |G_2(j\omega)| \quad,$$

$$\left.\begin{array}{rcl}|G(j\omega)| & \approx & \cfrac{1}{|G_2(j\omega)|} \\[2mm] \varphi(\omega) & \approx & -\varphi_2(\omega)\end{array}\right\} \quad \textit{für} \quad \frac{1}{|G_1(j\omega)|} \ll |G_2(j\omega)| \quad.$$

Wie bei der Parallelstruktur muß für den Frequenzbereich, in dem die Ungleichungsbedingungen nicht erfüllt sind, eine Geradenannäherung in den Frequenzkennlinien erfolgen.

BEISPIEL 3.12:   **Wirkungsplan-Umformung**

Durch schrittweise Umformung des im Beispiel 3.5 für ein hydraulisches Übertragungs-glied hergeleiteten Wirkungsplanes sollen die Übertragungsfunktionen $G_{11}(p)$ und $G_{21}(p)$ in der Übertragungsmatrix (3.74) bestimmt werden. Ausgehend von Bild 3.13 erhält man nach Laplace-Transformation den Teilwirkungsplan im Bild 3.30, aus dem der Zusammenhang zwischen $U_1(p)$ und $Y_1(p) = H(p)$ sowie $Y_2(p) = Q_a(p)$ ersichtlich ist. Nach Tafel 3.1 und 3.2 kann die im Bild 3.30 angegebene Zusammenfassung erfolgen, wodurch in einfacher Weise die Übertragungsfunktionen

$$G_{11}(p) \; = \; \frac{Y_1(p)}{U_1(p)} \; = \; \frac{\dfrac{c_1}{c_3}}{1 + p\,\dfrac{A}{c_3}} \qquad und$$

$$G_{21}(p) \; = \; \frac{Y_2(p)}{U_1(p)} \; = \; c_3 \, G_{11}(p) \; = \; \frac{c_1}{1 + p\,\dfrac{A}{c_3}}$$

ablesbar sind.

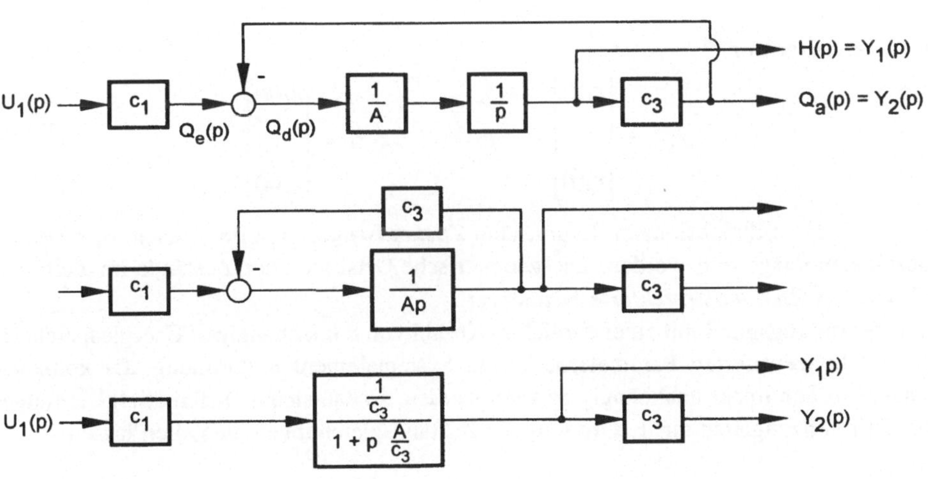

Bild 3.30:   *Wirkungsplan-Umformung für Beispiel 3.5*

3.2 Zustandsmodelle

3.2.1 Zustandsverhalten von Übertragungsgliedern

Bei der Einführung des Übertragungsverhaltens im Abschn. 3.1.1 wurde davon ausgegangen, daß Übertragungsglieder durch eine eindeutige Zuordnung von Ein- und Ausgangsgrößen charakterisiert sind. Durch solche Übertragungsmodelle wird das Verhalten innerer Größen, sogenannter *Zustandsgrößen*, nicht direkt erfaßt. Übertragungsglieder mit gleichem Übertragungsmodell können in Abhängigkeit von der Wahl der Zustandsgrößen und der inneren Struktur unterschiedliche Zustandsmodelle aufweisen. Damit verkörpern diese Modelle die umfassendste systemtechnische Beschreibung mit einem Maximum an Informationen über das Verhalten von Übertragungsgliedern und -systemen. Die im Abschn. 3.1. vorgestellten Ein- und Ausgangsmodelle sind in dieser Zustandsbeschreibung enthalten. Infolge der Universalität von Zustandsmodellen können mit ihnen kybernetische Probleme behandelt werden, die mit Übertragungsmodellen nicht oder nur sehr schwerfällig lösbar sind.

Zustandsgrößen $x_\nu(t)$, $\nu = 1,2,\ldots,n$, liegen vor, wenn ihre Anfangswerte, die Anfangszustände, zusammen mit den m Eingangsgrößenverläufen $u_i(t)$ im Intervall $[t_0,\ t]$ die eindeutige Bestimmung der r Ausgangsgrößenverläufe $y_j(t)$ für $t \geq t_0$ gestatten. Entsprechendes gilt für die n zeitdiskreten Zustandsgrößen $x_\nu(k)$.

Der *Zustandsvektor*

$$
x(t) = \begin{bmatrix} x_1(t) \\ \vdots \\ x_n(t) \end{bmatrix} \qquad bzw. \qquad x(k) = \begin{bmatrix} x_1(k) \\ \vdots \\ x_n(k) \end{bmatrix} \tag{3.179}
$$

kann in einem n-dimensionalen Raum, dem *Zustandsraum*, mit den Zustandsgrößen als Koordinaten dargestellt werden. Die geometrische Ortslinie aller Zustände im Zeitintervall wird als *Zustandstrajektorie* bezeichnet.
Ein Übertragungsglied mit einer endlichen Anzahl von n unabhängigen Energiespeichern, d.h. mit konzentrierten Parametern, ist ein Systemelement n. Ordnung. Es können n Zustandsgrößen linear unabhängig gewählt werden, so daß sich n Differentialgleichungen oder Differenzengleichung 1. Ordnung als Zustandsgleichungen aufstellen lassen.

Typische Zustandsgrößen sind somit Position und Geschwindigkeit, Drehwinkel und Winkelgeschwindigkeit oder Strom und Spannung. Bei zeitdiskreten Zustandsmodellen legen Speicherelemente bzw. Verschiebeoperationen in unterschiedlichen Strukturen die Zustandsgrößen fest.

Für den kontinuierlichen Fall beschreiben die *Zustandsgleichungen*

$$\dot{x}_v(t) = f_v\left[x_1(t),...,x_n(t) \quad ; \quad u_1(t),...,u_m(t)\right] \quad , \quad v = 1,...,n \quad , \tag{3.180}$$

zusammen mit den *Ausgangsgleichungen*

$$y_i(t) = g_i\left[x_1(t),...,x_n(t) \quad ; \quad u_1(t),...,u_m(t)\right] \quad , \quad i = 1,...,r \quad , \tag{3.181}$$

als *Systemgleichungen* das Zustandsverhalten sowohl für lineare als auch nichtlineare Übertragungsglieder. Unter Voraussetzung von Linearität und Zeitinvarianz vereinfachen sich (3.180) und (3.181) zur vektoriellen Zustands- und Ausgangsgleichung mit konstanten Matrizen.

3.2.2 Zustandsmodelle von LZI-Übertragungsgliedern

MIMO-C

- *Systemgleichungen*

$$\dot{x}(t) = A\,x(t) + B\,u(t) \tag{3.182}$$

$$y(t) = C\,x(t) + D\,u(t) \tag{3.183}$$

$$
\begin{array}{lll}
\text{mit} & x(t) & \text{\textit{kontinuierlicher Zustandsvektor}} \ (n \times 1)\\
 & u(t) & \text{\textit{kontinuierlicher Eingangsvektor}} \ (m \times 1)\\
 & y(t) & \text{\textit{kontinuierlicherAusgangsvektor}} \ (r \times 1)\\
 & A & \text{\textit{Systemmatrix}} \ (n \times n)\\
 & B & \text{\textit{Eingangs-(Steuer-)Matrix}} \ (n \times m)\\
 & C & \text{\textit{Ausgangs-(Beobachtungs-)Matrix}} \ (r \times n)\\
 & D & \text{\textit{Durchgangsmatrix}} \ (r \times m)
\end{array}
$$

- *Blockdarstellung*

Eine mögliche Blockdarstellung mit Charakterisierung des Typs der Systemgleichungen ist in Bild 3.31 angegeben.

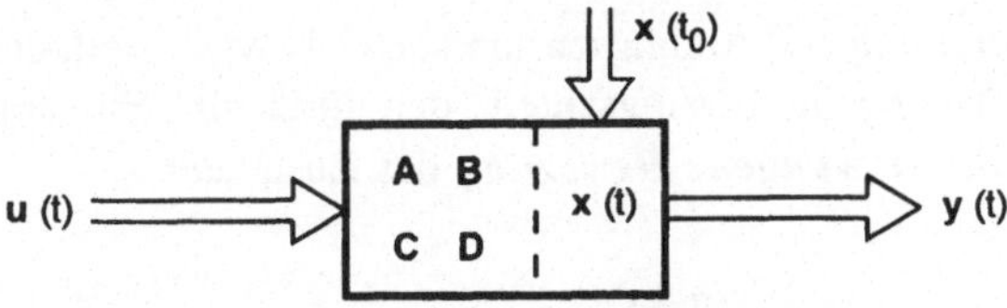

Bild 3.31:   Kontinuierliches LZI-MIMO-Übertragungsglied (Blockbild)

• *Wirkungsplan*

Das Zustandsmodell nach (3.182) und (3.183) kann schrittweise in den Wirkungsplan
nach Bild 3.32 überführt werden. In ihm ist die Bedeutung der einzelnen Elemente sowie
die Begründung für ihre Benennung anschaulich zu erkennen. Die gestrichelt dargestellte
Umhüllung stellt den Bezug zu Bild 3.31 her und deutet zugleich an, daß aus diesem
Zustandsmodell ein MIMO-C-Übertragungsmodell gemäß Abschn. 3.1.3 bestimmt
werden kann, wenn der Vektor der Anfangszustände $x(t_0)=x_0$ als "Eingangsgröße" nicht
wirksam ist.

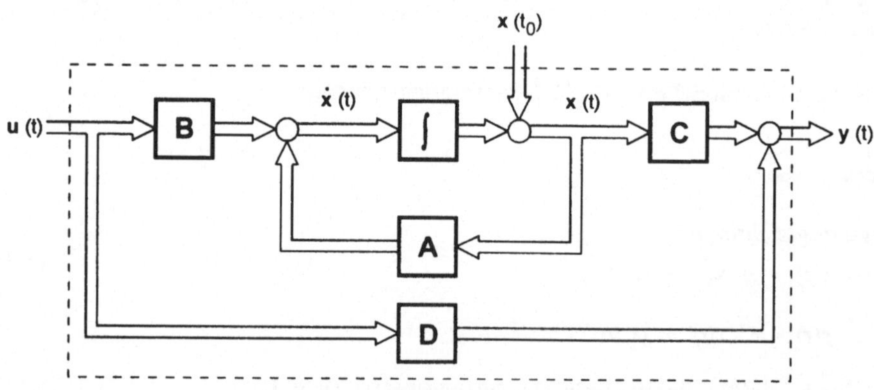

Bild 3.32:   Kontinuierliches LZI-MIMO-Übertragungsglied (Wirkungsplan)

• *Lösung der Zustandsgleichung im Zeitbereich*

Für die Lösung der Vektordifferentialgleichung (3.182), häufig als Bewegungsgleichung
bezeichnet, erhält man gemäß (3.31)

$$x(t) = e^{A(t - t_0)} x(t_0) + \int_{t_0}^{t} e^{A(t - \tau)} B\, u\,(\tau)d\tau \quad . \qquad (3.184)$$

Der Lösungsanteil, der durch den Anfangszustand bewirkt wird, stellt die *freie Bewegung*
des Zustandes dar. Der zweite Lösungsanteil, der durch die Eingangssignale geprägt
wird, charakterisiert die *erzwungene Bewegung* des Zustandes.

Die $(n \times n)$-Matrix

$$e^{A(t - t_0)} = \phi\,(t,\,t_0) \qquad (3.185)$$

nennt man entsprechend ihrer Bedeutung im homogenen Lösungsanteil *Transitions-* oder
Übergangsmatrix.

Mit (3.185) kann (3.184) auch in der Form

$$x(t) = \phi\,(t,\,t_0)\,x(t_0) + \int\limits_{t_0}^{t} \phi\,(t,\tau)\,B\,u(\tau)\,d\tau \qquad (3.186)$$

geschrieben werden.

Einige Eigenschaften der Transitionsmatrix für LZI-Systeme sind ohne Beweisführung in Tafel 3.3 angegeben.

$\phi\,(t) = I + At + A^2\dfrac{t^2}{2} + A^3\dfrac{t^3}{3!} + \dots$	(3. 187)
$\phi\,(o) = I$	(3. 188)
$\dot\phi\,(t) = A\,\phi\,(t)$	(3. 189)
$\phi\,(t,\,t_0) = \phi\,(t - t_0)$	(3. 190)
$\phi\,(t_2 - t_1)\,\phi\,(t_1 - t_0) = \phi\,(t_2 - t_0)$	(3. 191)
$\phi\,(t_1 - t_0) = \phi^{-1}\,(t_0 - t_1)$	(3. 192)

Tafel 3.3:   Eigenschaften der Transitionsmatrix

● *Lösung der Zustandsgleichung im p-Bereich*

Mit $\qquad \mathcal{L}\,\{x(t)\} = X(p) \quad , \quad \mathcal{L}\,\{u(t)\} = U(p)$

und $\qquad \mathcal{L}\,\{\dot{x}(t)\} = p\,X(p) - x_0$

erhält man durch Laplace-Transformation der Zustandsgleichung (3.182)

$$p\,X(p) - x_0 = A\,X(p) + B\,U(p) \quad .$$

Daraus folgt durch Umstellung

$$X(p) = (pI - A)^{-1}\,x_0 + (pI - A)^{-1}\,B\,U(p) \quad . \qquad (3.193)$$

Ein Vergleich der Lösungen (3.186) und (3.193) ergibt als wichtige Berechnungsgrundlage für die Transitionsmatrix

$$\phi(t,\,t_0) = \mathcal{L}^{-1}\left\{(pI - A)^{-1}\right\}$$
$$= \mathcal{L}^{-1}\left\{\frac{adj\,(pI - A)}{det\,(pI - A)}\right\} \quad . \qquad (3.194)$$

● *Ausgangsgleichungen*

Mit (3.186) ergibt sich für die Ausgangsgleichung (3.183)

$$y(t) = C\ \phi(t,t_0)\ x(t_0) + C \int\limits_{t_0}^{t} \phi(t,\tau)\ B\ u(\tau)d\tau + D\ u(t) \quad . \qquad (3.195)$$

Im p-Bereich erhält man mit (3.193) entsprechend

$$Y(p) = C\ (pI - A)^{-1}\ x_0 + C\ (pI - A)^{-1}\ B\ U(p) + D\ U(p) \quad . \qquad (3.196)$$

● *Übertragungsmodelle*

Für $x(t_0)=x_0=0$ folgt aus (3.195) bei Vergleich mit (3.82) als Übertragungsmodell die Gewichtsfunktionsmatrix

$$G(t) = C\ \phi(t)\ B + D\ \delta(t) \quad . \qquad (3.197)$$

Unter entsprechenden Voraussetzungen erhält man mit (3.196) gemäß (3.63) die Übertragungsmatrix

$$G(p) = C\ (pI - A)^{-1}\ B + D \quad . \qquad (3.198)$$

SISO - C

In Anlehnung an die Darstellungen und Ableitungen für MIMO-C-Übertragungsglieder ergeben sich die folgenden Charakterisierungen für das Zustandsmodell kontinuierlicher LZI-Eingrößen-Übertragungsglieder.

● *Systemgleichungen*

$$\dot{x}(t) = A\ x(t) + b\ u(t) \qquad (3.199)$$

$$y(t) = c^T\ x(t) + d\ u(t) \qquad (3.200)$$

> *mit* $x(t)$ *kontinuierlicher Zustandsvektor* $(n \times 1)$
> $u(t)$ *kontinuierliche Eingangsgröße* (1×1)
> $y(t)$ *kontinuierliche Ausgangsgröße* (1×1)
> A *Systemmatrix* $(n \times n)$
> b *Eingangs-(Steuer-)vektor* $(n \times 1)$
> c^T *Ausgangs-(Beobachtungs-)vektor* $(1 \times n)$
> d *Durchgangsfaktor* (1×1)

- **Blockdarstellung**

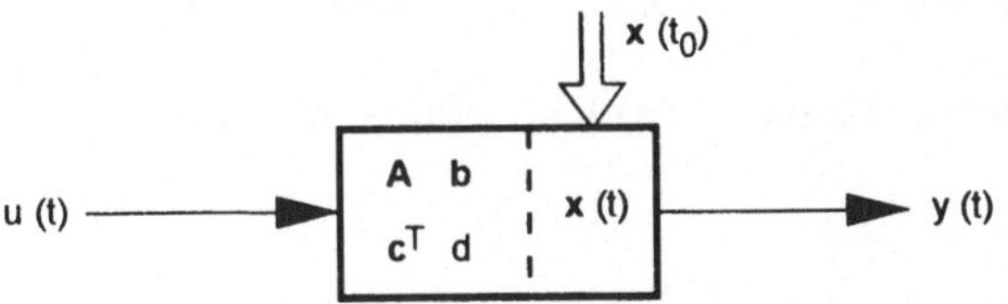

Bild 3.33:   Kontinuierliches LZI-SISO-Übertragungsglied (Blockbild)

- **Wirkungsplan**

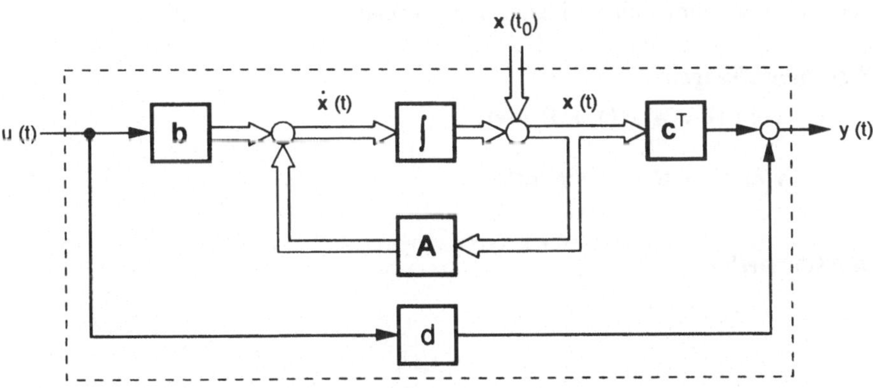

Bild 3.34:   Kontinuierliches LZI-SISO-Übertragungsglied (Wirkungsplan)

- **Lösungen der Zustandsgleichung**

$$x(t) = \phi\,(t, t_0)\,x(t_0) + \int\limits_{t_0}^{t} \phi\,(t, \tau)\,b\,u(\tau)d\tau \tag{3.201}$$

$$X(p) = (pI - A)^{-1}\,x_0 + (pI - A)^{-1}\,b\,U(p) \tag{3.202}$$

- **Ausgangsgleichungen**

$$y(t) = c^T\,\phi\,(t, t_0)\,x(t_0) + c^T \int\limits_{t_0}^{t} \phi\,(t, \tau)\,b\,u(\tau)\,d\tau + d\,u(t) \tag{3.203}$$

$$Y(p) = c^T\,(pI - A)^{-1}\,x_0 + c^T\,(pI - A)^{-1}\,b\,U(p) + d\,U(p) \tag{3.204}$$

- **Übertragungsmodelle** für $x(t_0) = x_0 = 0$

  Gewichtsfunktion $g(t) = c^T \phi(t)\, b + d\, \delta(t)$ (3.205)

  Übertragungsfunktion $G(p) = c^T(pI - A)^{-1}\, b + d$ (3.206)

MIMO-D

Für zeitdiskrete LZI-Übertragungsglieder sind die Darstellungen, Bezeichnungen und Ableitungen vergleichbar mit denen im kontinuierlichen Fall. An die Stelle der kontinuierlichen Signale bzw. Vektoren treten zeitdiskrete, und die Beschreibungen im Bildbereich sind demzufolge mittels z-Transformation vorzunehmen.

- **Systemgleichungen**

  $$x(k+1) = A\, x(k) + B\, u(k) \qquad (3.207)$$

  $$y(k) = C\, x(k) + D\, u(k) \qquad (3.208)$$

- **Blockdarstellung**

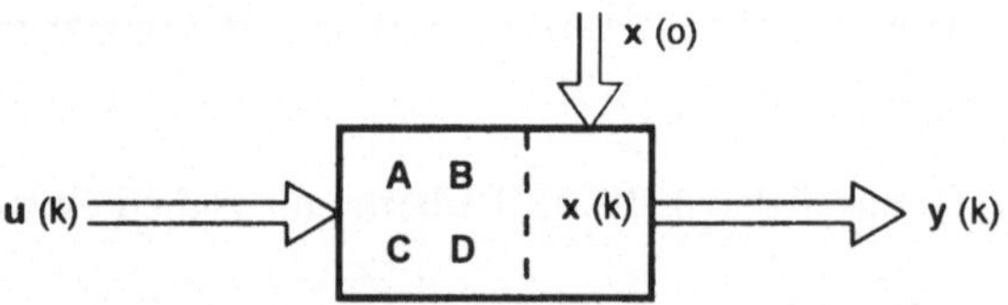

Bild 3.35:   Zeitdiskretes LZI-MIMO-Übertragungsglied (Blockbild)

- **Wirkungsplan**

Im Wirkungsplan bilden sich die durch die Systemgleichungen (3.207) und (3.208) beschriebenen Modellbeziehungen ab. Die Speicher- bzw. Verschiebeoperation in der zeitdiskreten Zustandsgleichung wird durch den Block mit der Kennzeichnung T - geprägt durch Takt- bzw. Tastperiodendauer - zum Ausdruck gebracht. Die Darstellung im Bild 3.36 ist prinzipiell vergleichbar mit dem Wirkungsplan im Bild 3.32. Im Unterschied zu diesem kann im Bild 3.36 der Anfangszustand $x(0)$ nicht berücksichtigt werden, da dies der Zustandsgleichung (3.207), die nur den Übergang vom Zeitpunkt k zum Zeitpunkt $k+1$ und nicht das Gesamtverhalten für $k \geq 0$ beschreibt, nicht gerecht würde.

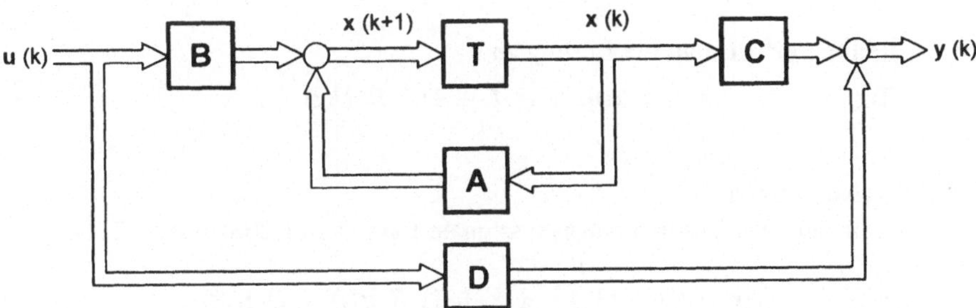

Bild 3.36: Zeitdiskretes LZI-MIMO-Übertragungsglied (Wirkungsplan)

● *Lösung der Zustandsgleichung im Zeitbereich*

Mittels rekursiver Lösung der Vektordifferenzengleichung (3.207) erhält man ausgehend vom Vektor der Anfangszustände $x(0)$ über die Schritte

$$x(1) = A\,x(0) + B\,u(0) \quad ,$$

$$\begin{aligned} x(2) &= A\,x(1) + B\,u(1) \\ &= A^2\,x(0) + A\,B\,u(0) + B\,u(1) \quad , \end{aligned}$$

$$\vdots$$

zu

$$x(k) = A^k\,x(0) + \sum_{i=0}^{k-1} A^{k-1-i}\,B\,u(i) \quad , \tag{3.209}$$

vergleichbar mit (3.39). Die zeitdiskrete Bewegungsgleichung (3.209) charakterisiert so wie im kontinuierlichen Fall mit dem ersten Summanden den vom Anfangszustand abhängigen Zustand der freien Bewegung und mit dem zweiten Term den durch das Eingangssignal geprägten Zustand der erzwungenen Bewegung. In Analogie zu (3.185) wird hier eine Übergangsmatrix (Transitionsmatrix)

$$A^k = \phi(k) \tag{3.210}$$

definiert. Mit (3.210) kann (3.209) in die Form

$$x(k) = \phi(k)\,x(0) + \sum_{i=0}^{k-1} \phi(k-1-i)\,B\,u(i) \tag{3.211}$$

gebracht werden.

● *Lösung der Zustandsgleichung im z-Bereich*

Die z-Transformation der Zustandsgleichung (3.207) ergibt unter Beachtung des 2. Verschiebungssatzes (siehe Anhang A.2)

$$z\ X(z) \ - \ z\ x(0) \ = \ A\ X(z) \ + \ B\ U(z) \quad .$$

Durch Umstellung erhält man die Lösung zu

$$X(z) \ = \ (z\ I \ - \ A)^{-1}\ z\ x(0) \ + \ (z\ I \ - \ A)^{-1}\ B\ U(z) \quad . \tag{3.212}$$

• *Ausgangsgleichungen*
Für den Vektor der zeitdiskreten Ausgangssignale folgt aus (3.208) mit (3.211)

$$y(k) \ = \ C\ \phi(k)\ x(0) \ + \ C \sum_{i=0}^{k-1} \phi(k{-}1{-}i)\ B\ u(i) \ + \ D\ u(k) \tag{3.213}$$

und im z-Bereich mit (3.212)

$$Y(z) \ = \ C\ (z\ I \ - \ A)^{-1}\ z\ x(0) \ + \ C\ (z\ I \ - \ A)^{-1}\ B\ U(z) \ + \ D\ U(z) \quad . \tag{3.214}$$

• *Übertragungsmodelle*
Für $x(0){=}0$ erhält man aus (3.213) unter Beachtung von (3.84) die Gewichtsfolgematrix

$$G(k) \ = \ C\ \phi(k{-}1)\ B \qquad , \qquad k \ = \ 1,2,\ldots$$
$$\tag{3.215}$$
$$G(0) \ = \ D$$

und aus (3.214) mit (3.68) die diskrete Übertragungsmatrix

$$G(z) \ = \ C\ (z\ I \ - \ A)^{-1}\ B \ + \ D \quad . \tag{3.216}$$

SISO-D

Für zeitdiskrete Eingrößen-Übertragungsglieder gelten in Anlehnung an die Beschreibung von MIMO-Übertragungsglieder folgende Grundbeziehungen:

• *Systemgleichungen*

$$x(k{+}1) \ = \ A\ x(k) \ + \ b\ u(k) \tag{3.217}$$

$$y(k) \quad = \ c^T\ x(k) \ + \ d\ u(k) \tag{3.218}$$

• *Bewegungsgleichungen*

$$x(k) \ = \ \phi(k)\ x(0) \ + \ \sum_{i=0}^{k-1} \phi(k{-}1{-}i)\ b\ u(i) \tag{3.219}$$

$$X(z) \ = \ (zI \ - \ A)^{-1}\ z\ x(0) \ + \ (zI \ - \ A)^{-1}\ b\ U(z) \tag{3.220}$$

● *Ausgangsgleichungen*

$$y(k) = c^T \phi(k) \, x(0) + c^T \sum_{i=0}^{k-1} \phi(k-1-i) \, b \, u(i) + d \, u(k) \qquad (3.221)$$

$$Y(z) = c^T (zI - A)^{-1} z \, x(0) + c^T (zI - A)^{-1} b \, U(z) + d \, U(z) \qquad (3.222)$$

● *Übertragungsmodelle* $(x(0)=0)$

$$g(k) = c^T \phi(k-1) \, b \, , \quad k=1,2,\dots \qquad \text{\textit{Gewichtsfolge}} \qquad (3.223)$$

$$g(0) = d$$

$$G(z) = c^T (zI - A)^{-1} b + d \qquad \text{\textit{diskrete Übertragungsfunktion}} \qquad (3.224)$$

BEISPIEL 3.13: *Zustandsmodell eines mechanischen Übertragungsgliedes*

Für das bereits in den Beispielen 3.4 und 3.7 behandelte Masse-Feder-Dämpfer-Übertragungsglied soll ein Zustandsmodell aufgestellt werden. Als Zustandsgrößen werden gewählt

$$x_1(t) = y(t) \qquad \text{\textit{Position der Masse}} \, ,$$
$$x_2(t) = \dot{y}(t) \qquad \text{\textit{Geschwindigkeit der Massebewegung}} \, .$$

$x_1(t)$ ist zugleich identisch mit der Ausgangsgröße des Übertragungsgliedes. Die einwirkende Kraft $F(t)$ stellt die Eingangsgröße $u(t)$ dar. Mit den gewählten Zustandsgrößen kann die Differentialgleichung 2. Ordnung nach (3.44) in die zwei Zustandsgleichungen 1. Ordnung

$$\dot{x}_1(t) = \quad 0 \; x_1(t) + 1 \; x_2(t) \qquad + 0 \; u(t) \qquad (3.225)$$

$$\dot{x}_2(t) = - \frac{c}{m} \, x_1(t) - \frac{d}{m} \, x_2(t) \qquad + \frac{1}{m} \, u(t) \qquad (3.226)$$

sowie in die Ausgangsgleichung

$$y(t) = \quad 1 \; x_1(t) + \quad 0 \; x_2(t) \qquad + 0 \; u(t) \qquad (3.227)$$

überführt werden. Aus (3.225), (3.226) und (3.227) folgen gemäß (3.199) und (3.200) die

$$\text{\textit{Systemmatrix}} \qquad A = \begin{bmatrix} 0 & 1 \\ -\dfrac{c}{m} & -\dfrac{d}{m} \end{bmatrix} \, , \qquad (3.228)$$

der Steuervektor
$$b = \begin{bmatrix} 0 \\ \dfrac{1}{m} \end{bmatrix} \quad , \tag{3.229}$$

der Ausgangsvektor $\qquad\qquad c^T = \begin{bmatrix} 1 & 0 \end{bmatrix} \quad , \tag{3.230}$

und der Durchgangsfaktor $\qquad\qquad d = 0 \quad . \tag{3.231}$

Mit (3.228) bis (3.231) können die Zustandsgrößenverläufe und damit auch der Ausgangs-
größenverlauf nach (3.201) bis (3.204) in Abhängigkeit von der Anfangsposition $x_1(t) = y_0$
und der Anfangsgeschwindigkeit $x_2(t_0) = \dot{y}_0 = v_0$ berechnet werden. Für verschwindende
Anfangsbedingungen läßt sich die Übertragungsfunktion nach (3.206) bestimmen. Dazu
benötigt man

$$(pI - A) = \begin{bmatrix} p & 0 \\ 0 & p \end{bmatrix} - \begin{bmatrix} 0 & 1 \\ -\dfrac{c}{m} & -\dfrac{d}{m} \end{bmatrix} = \begin{bmatrix} p & -1 \\ \dfrac{c}{m} & p + \dfrac{d}{m} \end{bmatrix}$$

bzw.

$$(pI - A)^{-1} = \frac{adj\ (pI - A)}{det\ (pI - A)} = \frac{1}{p\left(p + \dfrac{d}{m}\right) + \dfrac{c}{m}} \begin{bmatrix} p + \dfrac{d}{m} & 1 \\ -\dfrac{c}{m} & p \end{bmatrix}$$

und erhält für die Übertragungsfunktion

$$G(p) = c^T (pI - A)^{-1} b + d$$

$$= \frac{1}{p^2 + \dfrac{d}{m} p + \dfrac{c}{m}} \begin{bmatrix} 1 & 0 \end{bmatrix} \begin{bmatrix} p + \dfrac{d}{m} & 1 \\ -\dfrac{c}{m} & p \end{bmatrix} \begin{bmatrix} 0 \\ \dfrac{1}{m} \end{bmatrix} \tag{3.232}$$

$$= \frac{\dfrac{1}{m}}{\dfrac{c}{m} + \dfrac{d}{m} p + p^2} = \frac{\dfrac{1}{c}}{1 + \dfrac{d}{c} p + \dfrac{m}{c} p^2} \quad .$$

(3.232) ist identisch mit (3.71) im Beispiel 3.7.

BEISPIEL 3.14:   **Zustandsmodell eines zeitdiskreten Übertragungsgliedes**

Im Beispiel 3.6 wurde der Algorithmus für gleitende Mittelwertbildung in Form einer Differenzengleichung (3.59) angegeben. Nachfolgend soll der Algorithmus für $N=4$ durch ein Zustandsmodell beschrieben werden.
Ausgehend von der Differenzengleichung

$$y(k) = \frac{1}{4} \left[u(k) + u(k-1) + u(k-2) + u(k-3) \right]$$

mit $y(k)=0$ für $k \leq 0$ und $u(k)=0$ für $k < 0$ werden die zeitdiskreten Zustandsgrößen zu

$$x_1(k) = u(k-1) \, , \quad x_2(k) = u(k-2) \, , \quad x_3(k) = u(k-3)$$

gewählt. Damit ergeben sich die Systemgleichungen zu

$$
\begin{aligned}
x_1(k+1) &= & & & u(k) \\
x_2(k+1) &= & x_1(k) \\
x_3(k+1) &= & & x_2(k) \\
y(k) &= \frac{1}{4} x_1(k) &+ \frac{1}{4} x_2(k) &+ \frac{1}{4} x_3(k) &+ \frac{1}{4} u(k) \, .
\end{aligned}
$$

Gemäß (3.217) und (3.218) folgt daraus für

die Systemmatrix $\qquad A = \begin{bmatrix} 0 & 0 & 0 \\ 1 & 0 & 0 \\ 0 & 1 & 0 \end{bmatrix} \, ,$ $\hfill$ (3.233)

den Steuervektor $\qquad b = \begin{bmatrix} 1 \\ 0 \\ 0 \end{bmatrix} \, ,$ $\hfill$ (3.234)

den Ausgangsvektor $\qquad c^T = \begin{bmatrix} \dfrac{1}{4} & \dfrac{1}{4} & \dfrac{1}{4} \end{bmatrix} \, ,$ $\hfill$ (3.235)

und den Durchgangsfaktor $\qquad d = \dfrac{1}{4} \, .$ $\hfill$ (3.236)

Auf Basis dieses Zustandsmodells können die Bewegungsgleichungen (3.219) und (3.220) sowie die Ausgangsgleichungen (3.221) und (3.222) aufgestellt und ausgewertet werden. Für die Übergangsmatrix gilt nach (3.210)

$$\Phi(k) = A^k$$

und mit (3.233)

$$\phi(0) \ = \ A^0 \ = \ I \quad ,$$

$$\phi(1) \ = \ A \ = \ \begin{bmatrix} 0 & 0 & 0 \\ 1 & 0 & 0 \\ 0 & 1 & 0 \end{bmatrix} \quad ,$$

$$\phi(2) \ = \ A^2 \ = \ \begin{bmatrix} 0 & 0 & 0 \\ 0 & 0 & 0 \\ 1 & 0 & 0 \end{bmatrix} \quad ,$$

$$\phi(3) \ = \ A^3 \ = \ 0$$

$$\vdots \qquad\qquad \vdots \qquad\qquad .$$

Die Gewichtsfolgen berechnet man mit diesen Übergangsmatrizen nach (3.223) zu

$$g(0) \ = \ d \qquad\qquad = \ \frac{1}{4} \quad ;$$

$$g(1) \ = \ c^T \ \phi(0) \ b \ = \ \frac{1}{4} \quad ;$$

$$g(2) \ = \ c^T \ \phi(1) \ b \ = \ \frac{1}{4} \quad ,$$

$$g(3) \ = \ c^T \ \phi(2) \ b \ = \ \frac{1}{4} \quad ;$$

$$g(4) \ = \ c^T \ \phi(3) \ b \ = \ 0 \quad ,$$

$$\vdots \qquad\qquad\qquad \vdots$$

Das Ergebnis ist identisch mit (3.111) im Beispiel 3.11.

4 Kontinuierliche Ausgangsregelungen

Im Abschn. 1.5 erfolgte die Einordnung der Regelungsaufgabe in den Automatisierungs-aufgabenkomplex "Prozeßstabilisierung". Als typisch für die Grundstruktur der Regelung erwies sich der geschlossene Wirkungsablauf (Bild 1.6). Nachdem zur Charakterisierung des statischen und dynamischen Verhaltens möglicher Komponenten in einer solchen Struktur im Abschn. 2 Signalmodelle und im Abschn. 3 Systemmodelle eingeführt wurden, kann nunmehr eine Spezifizierung kontinuierlicher Ausgangsregelungen vor-genommen werden. Als Ausgangsregelung sei im Unterschied zur Zustandsregelung eine Regelung bezeichnet, bei der ein geschlossener Wirkungsablauf durch Rückführung von Ausgangsgrößen des zu beeinflussenden Prozesses zustande kommt. Dadurch wird das Regelergebnis mit der Zielstellung verglichen, und es kann eine automatische Annäherung angestrebt werden.

4.1 Eingrößen-Standardstruktur

Unter der Kurzbezeichnung "kontinuierliche Ausgangsregelung" soll im Abschn. 4 ausschließlich die weit verbreitete *einschleifige Eingrößenregelung mit Ausgangsrück-führung* behandelt werden. Es wird vorausgesetzt, daß alle Komponenten des Regel-kreises lineare oder linearisierte zeitinvariante kontinuierliche SISO-Übertragungsglieder sind, die durch entsprechende Übertragungsmodelle dargestellt werden können.

Der Wirkungsplan im Bild 4.1 ist im wesentlichen an DIN 19226 orientiert. Die einzel-nen Systemelemente und Signale haben folgende Bedeutung:
Die *Regelstrecke* ist der aufgabengemäß zu beeinflussende Teil des Regelungssystems. Die Ausgangsgröße der Regelstrecke, die *Regelgröße y*, wird durch eine *Meßeinrichtung* erfaßt und deren Ausgangssignal dem Vergleichsglied zugeführt. Das *Vergleichsglied* ist eine Funktionseinheit, welche die *Regeldifferenz* aus der Führungsgröße und der rückge-führten Ausgangsmeßgröße bildet. Unter der *Führungsgröße w* wird die von der Regelung nicht beeinflußte Größe verstanden, der die Regelgröße - auch bei Vorliegen einer Störung - folgen soll. Ist der Wert der Führungsgröße konstant, so wird die Bezeichnung *Sollwert* verwendet. Die Regeldifferenz ist Eingangsgröße für das *Regelglied*. Mit der hier gebildeten Ausgangsgröße wird über den Steller in die Regelstrecke eingegriffen, um die jeweilige Regelungsaufgabe schnell und genau erfüllen zu können. Mit dem *Steller* soll die erforderliche Beeinflussung des Stellgliedes erfolgen. Das *Stellglied* ist Bestandteil der Regelstrecke und dient zum Eingriff in den Massestrom oder den Energiefluß. Steller und Stellglied werden häufig unter dem Begriff *Stelleinrichtung* zusammengefaßt. Neben der Führungsgröße stellt die *Störgröße z* eine von außen in den Regelkreis eingreifende Größe dar, welche die beabsichtigte Wirkung der Regelung beeinträchtigt und durch sie

unterbunden oder eingeschränkt werden muß.

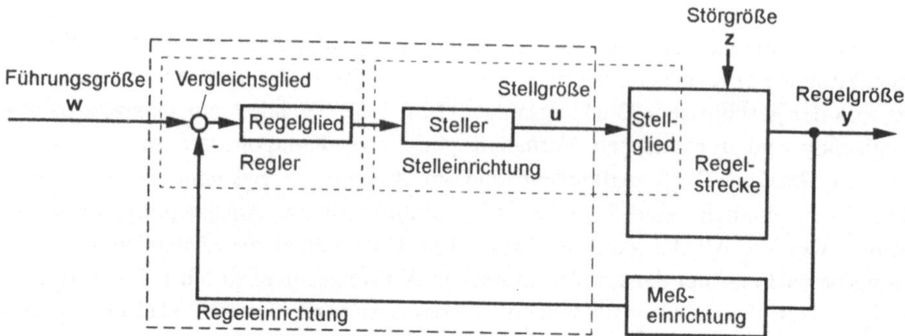

Bild 4.1:   Wirkungsplan einer einschleifigen Eingrößenregelung mit
Ausgangsrückführung nach DIN 19226

Für die weitere Behandlung im Abschn. 4 kann der stark aggregierte Wirkungsplan der
einschleifigen Eingrößenregelung mit Ausgangsrückführung nach Bild 4.2 als ausreichend
angesehen werden. Die Stelleinrichtung soll insgesamt der Regelstrecke zugeordnet sein.
Damit ist die Ausgangsgröße des Regelgliedes identisch mit der *Stellgröße u*, die zugleich
Eingangsgröße der Regelstrecke ist. Die Meßeinrichtung wird nicht gesondert dargestellt,
so daß im Vergleichsglied die *Regelabweichung $e = w - y$* gebildet wird. Die Verarbeitung der Regelabweichung erfolgt im Regelglied, das nunmehr kurz als *Regler*
bezeichnet werden soll. Diese Bezeichnung steht vereinfachend für den Begriff *"Regeleinrichtung"*, der unter Bezug auf die geschlossene Grundstruktur der allgemeinen
Steuerung im Bild 1.6 eingeführt wurde.

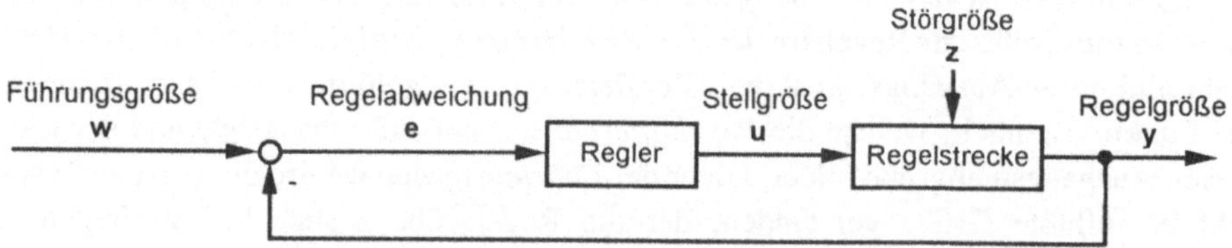

Bild 4.2:   Wirkungsplan der Standardstruktur von Ausgangsregelungen

Mit den generellen Beschreibungsmöglichkeiten von LZI-Übertragungsgliedern nach
Abschn. 3 werden nachfolgend die spezifischen Besonderheiten der beiden Hauptkomponenten Regelstrecke und Regler behandelt. Daran anschließend kann auf die Beschreibung, die Analyse und den Entwurf des gesamten Regelkreises eingegangen werden.

4.2   Regelstrecken

Wie im Abschn. 4.1 bereits ausgeführt, stellt die Regelstrecke den aufgabengemäß zu beeinflussenden Teil des Regelungssystems dar (DIN 19226). Die Strecke wird als LZI-SISO-Übertragungsglied beschrieben. Eingangsgröße ist die Stellgröße $u(t)$, Ausgangsgröße die Regelgröße $y(t)$. Die Störgröße $z(t)$ sei gemäß Bild 4.3 als Ausgangsstörung wirksam.

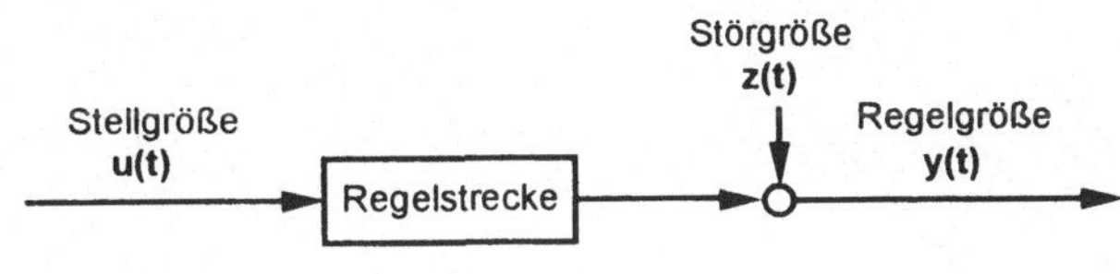

Bild 4.3:   Regelstrecke

4.2.1   Regelstrecken mit Ausgleich

Regelstrecken mit Ausgleich sind Strecken mit proportionalem Verhalten, sogenannte P-Strecken. Ihr Übertragungsverhalten ist dadurch gekennzeichnet, daß die Regelgröße nach einer Veränderung der Stellgröße um einen konstanten Wert einem neuen Beharrungswert zustrebt.

4.2.1.1 Statisches Verhalten

Unter Bezug auf Bild 4.3 gilt die statische Übertragungsgleichung

$$\bar{y} = K_{PS}\,\bar{u} + \bar{z}$$

$$\text{mit}\quad K_{PS} - \textit{proportionaler Streckenübertragungsfaktor}$$
$$\textit{(proportionaler Streckenbeiwert)}\quad.$$

(4.1)

Die Überstreichungen in (4.1) deuten, wie im Abschn. 3.1.2.2 eingeführt, die Arbeitspunktabhängigkeit des statischen Übertragungsverhaltens an. Es gilt

$$\bar{y} = \bar{y}_A + y \quad,\qquad \bar{u} = \bar{u}_A + u \quad,\qquad \bar{z} = \bar{z}_A + z$$

mit den linearen Aussteuerungen y, u, z um den jeweiligen Arbeitspunkt $A(\bar{y}_A,\bar{u}_A,\bar{z}_A)$.

Das auf (4.1) beruhende statische Kennlinienfeld im Bild 4.4 verdeutlicht, daß die Festlegung des Arbeitspunktes stets im Zusammenhang mit dem durch die technisch-physikalischen Bedingungen gegebenen Stellbereich sowie unter Beachtung eines zu erwartenden Störbereiches erfolgen muß. Während für den eingezeichneten Arbeitspunkt bei $\bar{z} = 0$ ein umfassender Arbeitsbereich gesichert ist, kann dieser durch die nichtbeeinflußbare Störung erheblich eingeschränkt werden.

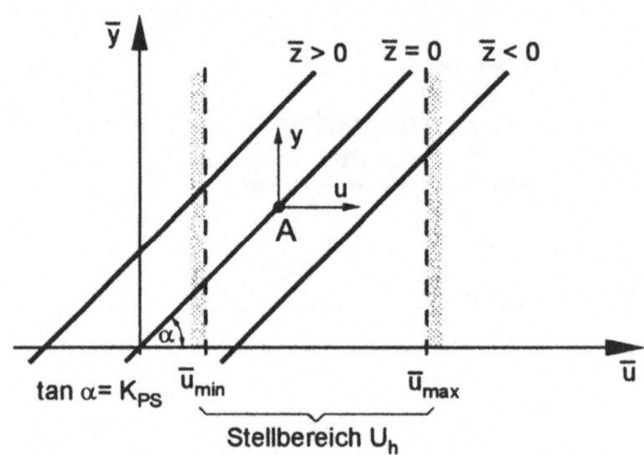

Bild 4.4:
Statisches Kennlinienfeld
einer P-Strecke

4.2.1.2 Dynamisches Verhalten

Für einen linearen Arbeitsbereich können entsprechend der in Abschn. 3.1.5 eingeführten Klassifizierung von LZI-Übertragungsgliedern auch die P-Strecken in solche mit Verzögerung und/oder mit Vorhalt und/oder mit Totzeit eingeteilt werden.

Verzögerungsstrecken (Trägheitsstrecken) *mit Ausgleich* sind demzufolge P-T$_1$-, P-T$_2$-,..., P-T$_n$-Strecken. Sie werden durch die Übertragungsmodelle

$$... + T_{2S}^2\, \ddot{y}(t) + T_{1S}\, \dot{y}(t) + y(t) = K_{PS}\, u(t) \qquad (4.2)$$

oder

$$G_S(p) = \frac{K_{PS}}{1 + p\, T_{1S} + p^2\, T_{2S}^2 + ...} \qquad (4.3)$$

beschrieben. Bei Verzögerungsstrecken höherer Ordnung empfiehlt es sich, Approximationen durch einfachere Modelle vorzunehmen. Dazu werden häufig, wie im Bild 4.5 gezeigt, aus der Streckenübergangsfunktion mittels Wendetangente die *Verzugszeit* T_u und die *Ausgleichszeit* T_g ermittelt. Da der Anfangsverlauf der Übergangsfunktion bei Strecken höherer Ordnung sehr flach ist, kann die Verzugszeit als Ersatztotzeit T_{tE} der

Strecke aufgefaßt werden. Der sich anschließende Übergangsvorgang läßt sich stark vereinfacht als der eines P-T$_1$-Gliedes mit $T_1 = T_g$ darstellen (Bild 4.5). Die Übertragungsfunktion der Ersatzstrecke lautet dann

$$G_S(p) = \frac{K_{PS}}{1 + p\,T_g}\, e^{-p\,T_{tE}} \quad .$$

(4.4)

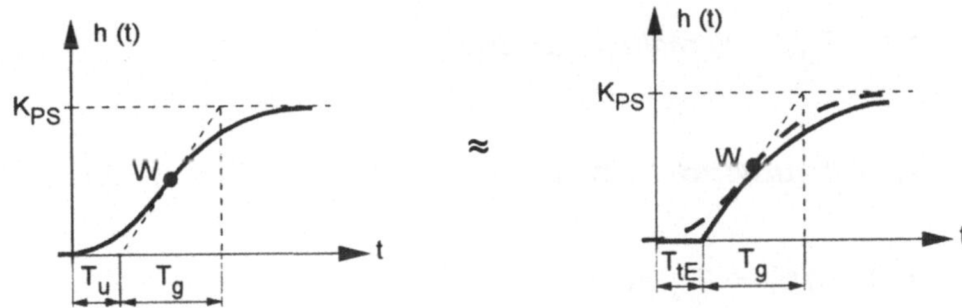

Bild 4.5:　Übergangsfunktionen von P-T$_n$-Strecken

Ergeben Verzögerungsanteile mit etwa gleichen Verzögerungszeiten das P-T$_n$-Verhalten der Strecke, so sollte eine Vereinfachung des Übertragungsmodells durch die Kettenschaltung von n gleichen P-T$_1$-Gliedern mit $T_1 = T_i$ erfolgen. Als Streckenübertragungsfunktion gilt somit

$$G_S(p) = \frac{K_{PS}}{(1 + pT_i)^n} \quad .$$

(4.5)

Zur Bestimmung von T_i und n aus T_u und T_g dient Tafel 4.1.

T_u / T_g	0	0,104	0,218	0,319	0,410	0,493	0,570	0,642	0,709	0,773
T_u / T_i	0	0,282	0,805	1,425	2,100	2,811	3,549	4,307	5,081	5,869
T_g / T_i	1	2,718	3,695	4,463	5,119	5,699	6,226	6,711	7,164	7,590
n	1	2	3	4	5	6	7	8	9	10

Tafel 4.1:　Kennwerte für approximierte P-T$_n$-Strecken mit n Zeitkonstanten T_i

P-Strecken mit Vorhaltwirkung weisen zusätzlich Ableitungen der Eingangsgröße auf.
Für den Fall einer P-T_1-T_{v1}-Strecke gelten dann die Übertragungsmodelle

$$T_{1S}\,\dot{y}(t) + y(t) = K_{PS}\left[u(t) + T_{v1S}\,\dot{u}(t)\right] \tag{4.6}$$

oder

$$G_S(p) = \frac{K_{PS}\,(1 + pT_{v1S})}{1 + p\,T_{1S}} \tag{4.7}$$

mit T_{v1S} - Vorhaltzeit der Strecke   .

Totzeitstrecken mit Ausgleich, z.B. P-T_1-T_t -Strecken, müssen entsprechend (3.168)
durch

$$T_{1S}\,\dot{y}(t) + y(t) = K_{PS}\,u(t - T_{tS})$$

mit T_{tS} - Totzeit der Strecke   ,
$$\tag{4.8}$$

charakterisiert werden. Die Streckenübertragungsfunktion lautet dann

$$G_S(p) = \frac{K_{PS}}{1 + pT_{1S}}e^{-pT_{tS}} \tag{4.9}$$

und entspricht (4.4) für eine approximierte P-T_n-Strecke.

4.2.1.3 Typische P-Strecken

Aus dem breiten Spektrum von technischen Regelstrecken mit Ausgleich sollen zur
Groborientierung nachfolgend einige Beispiele sowie die entsprechenden Stellgrößen u
und Regelgrößen y benannt werden. In den meisten Fällen ist ein vereinfachtes und
linearisiertes Streckenmodell zugrundegelegt.

P-Strecken (verzögerungsfrei, -arm)
-   Flüssigkeitsrohrnetz
    (u: Ventilstellung; y: Durchfluß bzw. Druck)
-   Stellmotor kleiner Leistung ohne Last
    (u: Steuerspannung; y: Drehzahl)
-   Förderband
    (u: Geschwindigkeit des Förderbandes; y: geförderte Menge pro Zeiteinheit)

P-T_1-Strecken
- Elektrisch beheizter Wasserspeicher
  (*u*: Heizleistung; *y*: Wassertemperatur)
- Fremderregter Gleichstromgenerator
  (*u*: Antriebsdrehzahl des Generators; *y*: Spannung an Verbraucher)
- Gasspeicher
  (*u*: Ventilstellung in Gaszuleitung, *y*: Druck im Speicher)
- Mischvorgang in Behälter
  (*u*: Zuflußmenge einer Komponente; *y*: Konzentration des Mischproduktes)
- Flüssigkeitsspeicher mit Abfluß
  (*u*: Zufluß; *y*: Flüssigkeitsstand)

P-T_2-Strecken (aperiodisch)
- Fremderregter Gleichstrommotor mit Last; siehe Beispiel 4.1
  (*u*: Ankerspannung; *y*: Drehzahl)
- Elektrisch beheizter Wasserspeicher mit ummanteltem Thermofühler
  (*u*: Heizleistung; *y*: Wassertemperatur)
- Gasbezeizter Härteofen
  (*u*: Ventilstellung in Gaszuleitung; *y*: Temperatur im Ofen)

P-T_2-Strecken (periodisch)
- Fremderregter Gleichstrommotor mit Last auf elastischer Welle
  (*u*: Ankerspannung; *y*: Drehzahl)
- Fahrzeugfederung
  (*u*: Achsauslenkung; *y*: Karosserieauslenkung)
- Meßwerk mit Eisenkern, Spule und Federdämpfung
  (*u*: Spulenstrom; *y*: Hub des Eisenkerns)

P-T_n-Strecken
- Gasbeheizter Industrieofen mit langer Gasversorgungsleitung
  (*u*: Ventilstellung in Gaszuleitung; *y*: Temperatur im Ofen)
- Warmwasser-Zentralheizungsanlage
  (*u*: Vorlauftemperatur; *y*: Raumtemperatur)

P-T_1-T_{v1}-Strecke (Allpaß)
- Wasserturbine
  (*u*: Wasserzufluß; *y*: Turbinenleistung)

P-T$_t$-Strecken (verzögerungsfrei, -arm)
-   Förderband
    (*u*: zugeführte Fördermenge pro Zeiteinheit; *y*: geförderte Menge pro Zeiteinheit)
-   Mischvorgang zweier Flüssigkeitsströme in Rohrleitung
    (*u*: Ventilstellung in einer Zuleitung; *y*: Konzentration nach der Durchmischung)

P-T$_1$-T$_t$-Strecke
-   Mischvorgang in Behälter mit Konzentrationsmessung im Abflußrohr
    (*u*: Zufluß einer Komponente; *y*: Konzentration des Mischproduktes bei dezentraler
    Messung)

4.2.2   Regelstrecken ohne Ausgleich

Regelstrecken ohne Ausgleich sind Strecken mit integralem Verhalten, sogenannte
I-Strecken. Die Regelgröße strebt bei einer Änderung der Stellgröße um einen konstanten
Wert keinem Beharrungswert zu.

4.2.2.1 Statisches Verhalten

Aussagen zum statischen Verhalten können sich bei I-Strecken nur auf die Änderungs-
geschwindigkeiten der Regelgröße und der Störgröße beziehen. Für die ausgangsgestörte
Regelstrecke in Bild 4.3 gilt nach (3.119)

$$\bar{v}_y = K_{IS}\,\bar{u} + \bar{v}_z \tag{4.10}$$

> *mit* K_{IS} – *integraler Streckenübertragungsfaktor*
>   *(integraler Streckenbeiwert),*
> $\bar{v}_y$ – *Änderungsgeschwindigkeit der Regelgröße,*
> $\bar{v}_z$ – *Änderungsgeschwindigkeit der Störgröße.*

Mit (4.10) kann ein Kennlinienfeld angegeben werden, das dem im Bild 4.4 entspricht.

4.2.2.2 Dynamisches Verhalten

Unter der Annahme linearen statischen Verhaltens können entsprechend der Klassifizie-
rungen von LZI-Übertragungsgliedern im Abschn. 3.1.5 aus einer idealen I-Strecke durch
zusätzliche Trägheiten I-T$_1$-, I-T$_2$-,..., I-T$_n$-Strecken gemäß

$$\dots + T_{2S}^2\,\ddot{y}(t) + T_{1S}\,\dot{y}(t) + y(t) = K_{IS}\int_0^t u(\tau)\,d\tau \qquad (4.11)$$

oder

$$G_S(p) = \frac{K_{IS}}{p\,(1 + T_{1S}p + T_{2S}^2\,p^2 + \dots)} \qquad (4.12)$$

entstehen.

Zusätzliche Vorhalt- oder Totzeiten kommen so wie bei P-Strecken zum Beispiel in
I-T_1-T_{v1}-Strecken oder I-T_1-T_t-Strecken zum Ausdruck.

4.2.2.3 Typische I-Strecken

So wie im Abschn. 4.2.1.3 für P-Strecken sollen nachfolgend einige typische Vertreter
für Strecken ohne Ausgleich vorgestellt werden. Ihre Einordnung erfolgt ebenfalls auf
Basis vereinfachter und linearisierter Übertragungsmodelle.

I-Strecken (verzögerungsfrei, -arm)
-   Stellmotor kleiner Leistung ohne Last
    (u: Steuerspanung; y: Drehwinkel)
-   Flüssigkeitsspeicher ohne Abfluß
    (u: Zufluß; y: Flüssigkeitsstand)
-   Maschinenschlitten auf Spindel
    (u: Spindeldrehzahl; y: Position des Schlittens)

I-T_1-Strecken
-   Flüssigkeitsspeicher ohne Abfluß mit Motorventil
    (u: Steuerspannung des Antriebes; y: Flüssigkeitsstand)
-   Maschinenschlitten auf Spindel
    (u: Steuerspannung des Spindelantriebes; y: Position des Schlittens)

I-T_2-Strecken
-   Fremderreger Gleichstrommotor mit Last
    (u: Ankerspannung; y: Drehwinkel)
-   Schiffs- und Flugzeugbewegung
    (u: Ruderverstellung; y: Kursänderung)

I-T$_1$-Strecke
- Schüttgutspeicherung über Förderband
  (u: Schieberstellung am Förderband; y: Füllstand)

BEISPIEL 4.1:　*Fremderregter Gleichstrommotor als Regelstrecke*

Für den im Bild 4.6 dargestellten fremderregten Gleichstrommotor gelten folgende Bezeichnungen:

R_A　　　　　*Gesamtwiderstand im Ankerkreis*

L_A　　　　　*Gesamtinduktivität im Ankerkreis*

$i_A(t)$　　　　*Ankerstrom*

$u_A(t)$　　　　*Ankerspannung (Stellgröße)*

$e_M(t)$　　　　*induzierte Spannung*

ϕ_M　　　　*Erregerfluß (konstant)*

J　　　　　　*Trägheismoment von Motor (J_M) und Last (J_L)*

$M_M(t)$　　　*Motormoment*

$M_B(t)$　　　*Beschleunigungsmoment*

$M_L(t)$　　　*Lastmoment*

$\omega_M(t)$　　　*Winkelgeschwindigkeit der Motorwelle*

$\omega(t)$　　　*Winkelgeschwindigkeit der Abtriebswelle (Regelgröße).*

Damit können im Zeitbereich als elektrische und mechanische Teilmodelle angegeben werden:

$$u_A(t) = L_A \, \dot{i}_A(t) + R_A \, i_A(t) + e_M(t) \quad ,$$

$$\omega(t) = \omega_M(t) \quad \textit{bei starrer Welle} \quad ,$$

(4.13)

$$e_M(t) = \frac{1}{K_M} \, \omega(t)$$

(4.14)

mit Motorkonstante K_M bei konstanter Erregung,

$$M_M(t) = K_1 \, i_A(t)$$

(4.15)

mit Motorkonstante K_1 bei konstanter Erregung,

$$M_B(t) = J_M \; \dot\omega(t) \quad , \tag{4.16}$$

$$M_L(t) = J_L \; \dot\omega(t) \quad . \tag{4.17}$$

Durch Einsetzen von (4.15), (4.16) und (4.17) in die Momentenbilanz

$$M_B(t) = M_M(t) - M_L(t) \tag{4.18}$$

folgt mit $\quad J = J_M + J_L$

$$i_A(t) = \frac{J}{K_1} \; \dot\omega(t) \quad . \tag{4.19}$$

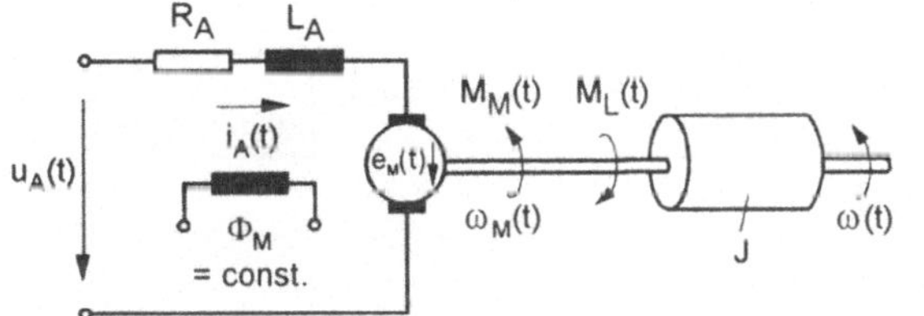

Bild 4.6:
Gleichstromantrieb

Mit (4.19) und (4.14) folgt aus (4.13) als Streckenübertragungsmodell die Differen-
tialgleichung 2. Ordnung

$$\frac{K_M}{K_1} \, L_A \, J \, \ddot\omega(t) + \frac{K_M}{K_1} \, R_A \, J \, \dot\omega(t) + \omega(t) = K_M \, u_A(t) \quad . \tag{4.20}$$

Den Wirkungsplan im Bild 4.7 erhält man durch Zusammenfügen der einzelnen Blöcke,
die durch Laplace-Transformation der Teilmodelle entstehen. Durch Zusammenfassung
der Blöcke entsprechend der Vorschriften im Abschn. 3.1.6 ergibt sich für verschwindende
Anfangsbedingungen die mit (4.20) korrespondierende Streckenübertragungsfunktion

$$G_S(p) = \frac{\Omega(p)}{U_A(p)} = \frac{K_M}{1 + \dfrac{K_M}{K_1} \, R_A \, J p + \dfrac{K_M}{K_1} \, L_A \, J p^2} \quad . \tag{4.21}$$

Die im Bild 4.7 als Störgröße angedeutete Laständerung $M_L(p)$ wird in (4.21) nicht
berücksichtigt. (4.20) und (4.21) weisen den fremderregten Gleichstrommotor mit Last als
$P\text{-}T_2$-Strecke aus. Durch die elektrischen und mechanischen Parameter wird nach (3.150)

der Dämpfungsgrad

$$D = \frac{R_A}{2} \sqrt{\frac{K_M \, J}{K_1 \, L_A}} \tag{4.22}$$

und damit die Form des Übergangsvorganges festgelegt.
Durch eine zusätzliche Integration der Ausgangsgrößen kann das Modell für den Drehwinkel der Welle als Regelgröße angegeben werden. In diesem Falle liegt eine I-T_2-Strecke vor.

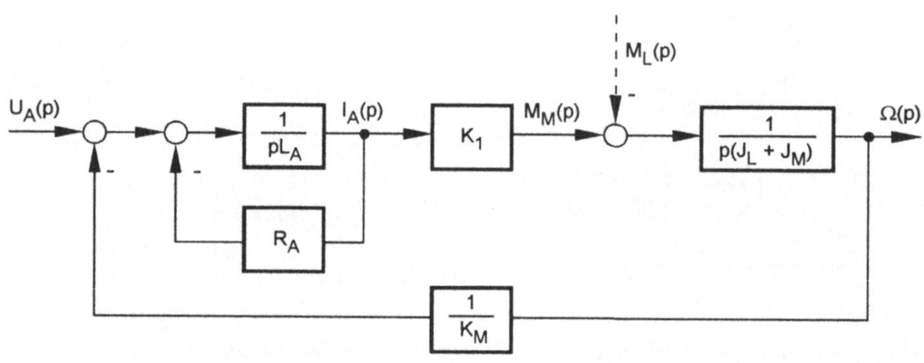

Bild 4.7:   Wirkungsplan eines Gleichstromantriebes

4.3 Regler

Wie im Abschn. 4.1 beschrieben, stellt der Regler im Standardregelkreis nach Bild 4.2 die Komponente dar, mit der die zielgerichtete Beeinflussung der Regelstrecke über das Stellglied erfolgt. Dazu ist die Regelgröße y fortlaufend mit einer vorgegebenen Führungsgröße w oder einem festen Sollwert zu vergleichen. Die so gebildete Regelabweichung e ist die Eingangsgröße des Reglers und bewirkt eine Stellgröße u, mit der im Regelkreis versucht wird, die Regelabweichung zu verringern oder zu beseitigen (Bild 4.8).

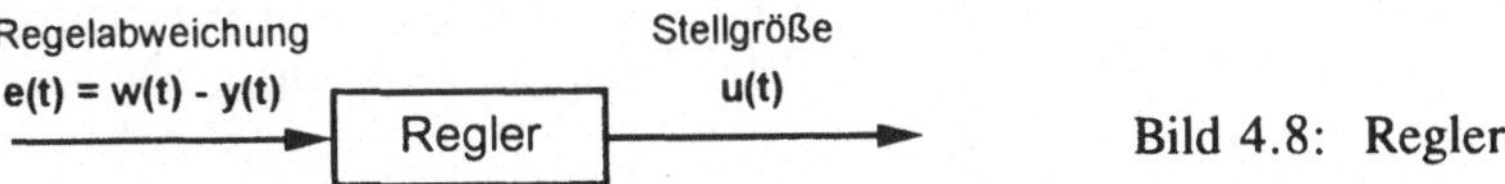

Bild 4.8: Regler

4.3.1 Klassifizierung und Benennung von Reglern

Regler können nach sehr unterschiedlichen Merkmalen klassifiziert und benannt werden. So bedingt ihr Einsatz solche Bezeichnungen, wie Heizungsregler oder Flugregler und die Art der Regelgröße Drehzahlregler oder Temperaturregler. Ferner können konstruktive Aspekte zur Benennung als Kompaktregler oder Bausteinregler führen, während Feldregler oder Wartenregler am Aufstellungsort orientiert sind. In Abhängigkeit von der Hilfsenergie kennzeichnet man Regler z.B. als elektrische oder pneumatische Regler. Unter dem Aspekt der Signalmodelle kann man Analog- und Digitalregler oder stetige und unstetige Regler unterscheiden.

Wesentlich für die durchgängige Behandlung der Regelungsaufgabe in diesem Buch ist die Charakterisierung der Regler nach ihrem Übertragungsverhalten. Nichtlineare Übertragungsglieder und damit auch nichtlineare Regler, wie z.B. der Zweipunktregler, wurden bereits ausgeschlossen. Bei den linearen Reglern hat sich der sogenannte PID-Regler besonders bewährt.

4.3.2 PID-Regler

Der PID-Regler weist unter den konventionellen linearen Eingrößenreglern das universellste Übertragungsverhalten auf. Die Regelabweichung kann in drei Parallelzweigen unabhängig voneinander einer proportionalen, integralen und differentiellen Verarbeitung unterzogen werden. Das Übertragungsverhalten in diesen Zweigen entspricht dem der elementaren P-, I- und D-Grundglieder im Abschn. 3.1.5.1. Die Zusammenfassung der Ausgangsgrößen ergibt die Stellgröße $u(t)$ gemäß Bild 4.9. In Abhängigkeit davon, welche der drei Übertragungsanteile wirksam werden, gelten die Bezeichnungen

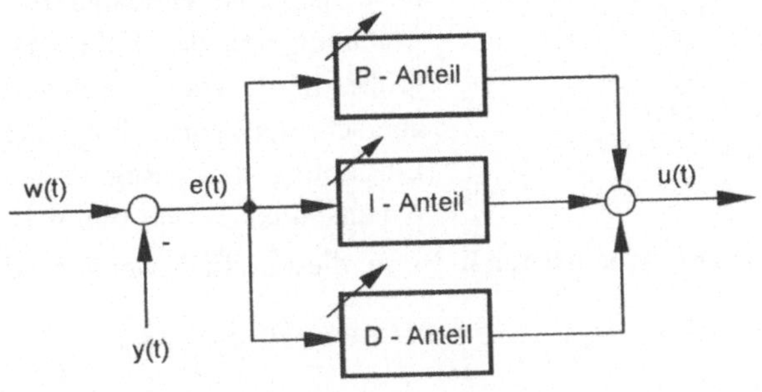

Bild 4.9:
Grundstruktur des PID-Reglers

P-, PD-, I-, PI und PID-Regler. Ein Regler nur mit D-Anteil ist nicht realisierbar und auch nicht sinnvoll, da er bei konstanten Regelabweichungen keine Stellgröße ausgeben würde.

4.3.2.1 Statisches Verhalten

Die statische Übertragungsgleichung für Regler mit proportionaler Wirkung, d.h. für P- und PD-Regler lautet

$$\bar{u} = K_{PR}\,\bar{e} = K_{PR}\,\bar{w} - K_{PR}\,\bar{y} \tag{4.23}$$

> mit K_{PR} – *proportionaler Übertragungsfaktor des Reglers*
> *(proportionaler Reglerbeiwert)*   .

Die Überstreichungen sollen so wie im Abschn. 4.2.1.1 die Arbeitspunktabhängigkeit der Größen und mögliche Einschränkungen des linearen Aussteuerbereiches andeuten. Aus (4.23) folgt

$$\bar{y} = -\frac{1}{K_{PR}}\,\bar{u} + \bar{w}\quad. \tag{4.24}$$

Die statischen Kennlinienverläufe für veränderliche $\bar{w}$ und konstantes K_{PR} sind im Bild 4.10 dargestellt.

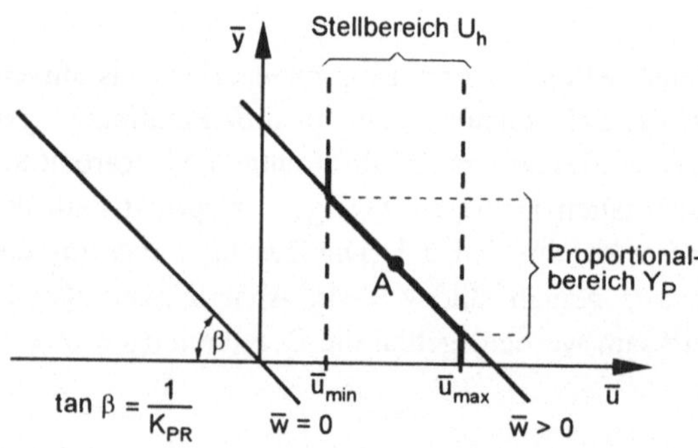

Bild 4.10: Statisches Kennlinienfeld eines
P-Reglers (K_{PR} = *const*)

Dem Stellbereich U_h, in dem die Stellgröße beeinflußt werden kann, ist der Proportionalbereich Y_p des Reglers zugeordnet. Er muß abgestimmt sein mit dem linearen Regelbereich, innerhalb dessen sich die Regelgröße unter Berücksichtigung der zu erwartenden Störungen verändern kann, ohne daß eine zulässige Abweichung von der Führungsgröße bzw. vom Sollwert überschritten wird. Für die Einstellung des Reglers im Arbeitspunkt A nach Bild 4.10

möge $\bar{y} = \bar{w}$ erfüllt sein. Der lineare Arbeitsbereich ist in diesem Fall weitgehend gesichert.

Für I-Regler gelten auf Basis der statischen Übertragungsgleichung

$$\bar{v}_u = K_{IR} \, \bar{e} \tag{4.25}$$

mit K_{IR} – *integraler Übertragungsfaktor des Reglers*
      (integraler Reglerbeiwert)

unter Bezug auf die Änderungsgeschwindigkeit der Stellgröße vergleichbare Kennliniendarstellungen wie im Bild 4.10.

Das statische Verhalten von Reglern mit I-Anteil läßt sich auch als Grenzfall im statischen Kennlinienfeld von P-Reglern darstellen, wenn für $\bar{w}$ = *const* der proportionale Reglerbeiwert K_{PR} veränderlich gestaltet wird (Bild 4.11). Für Regler mit I-Anteil besteht im gesamten Stellbereich Übereinstimmung von $\bar{w}$ und $\bar{y}$, d.h. es tritt kein statischer Regelfehler auf.

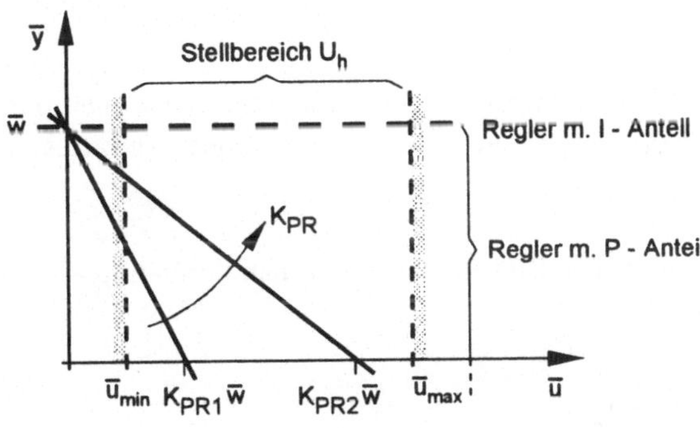

Bild 4.11:
Statisches Reglerkennlinienfeld ($\bar{w}$ = *const*)

4.3.2.2 Dynamisches Verhalten

Für einen linearen Aussteuerbereich lautet die Reglergleichung auf Basis der Parallelstruktur nach Bild 4.9

$$u(t) = K_{PR} \, e(t) + K_{IR} \int_0^t e(\tau) \, d\tau + K_{DR} \, \frac{d \, e(t)}{dt} \tag{4.26}$$

mit den proportionalen, integralen und differentiellen Reglerbeiwerten K_{PR}, K_{IR} und K_{DR}. Die technische Nutzung basiert meist auf

$$u(t) = K_R \left[e(t) + \frac{1}{T_n} \int_0^t e(\tau) \, d\tau + T_v \frac{d\,e(t)}{dt} \right] \quad . \tag{4.27}$$

In (4.27) bedeuten

$$K_R = K_{PR} \qquad Regler\text{--}Verst\ddot{a}rkung,$$

$$T_n = \frac{K_{PR}}{K_{IR}} \qquad Regler\text{--}Nachstellzeit,$$

$$T_v = \frac{K_{DR}}{K_{PR}} \qquad Regler\text{--}Vorhaltzeit.$$

(4.26) und (4.27) charakterisieren ideale PID-Reglereigenschaften. Die Realisierbarkeit erfordert jedoch mindestens D-T_1-Verhalten im differentiellen Zweig. In diesem Falle entsteht der reale PID-T_1-Regler.

Die *Übergangsfunktion* ergibt sich aus der Summe der Übergangsfunktionen der drei Parallelzweige. Sie ist für den PID-Regler und den PID-T_1-Regler (gestrichelt) im Bild 4.12 dargestellt.

Die *Übertragungsfunktion* für den idealen PID-Regler erhält man durch Laplace-Transformation von (4.27) zu

$$G_R(p) = \frac{U(p)}{E(p)} = K_R \left(1 + \frac{1}{pT_n} + pT_v \right) \tag{4.28}$$

und die des PID-T_1-Reglers zu

$$G_R(p) = K_R \left(1 + \frac{1}{pT_n} + \frac{pT_v}{1 + pT_1} \right) \quad . \tag{4.29}$$

Aus (4.28) folgt die I-T_{v2}-Glied-Struktur

$$G_R(p) = \frac{(1 + pT_{v1})\,(1 + pT_{v2})}{pT_I} \tag{4.30}$$

mit der Integrierzeit

$$T_I = \frac{T_n}{K_R}$$

und den Vorhaltzeiten

$$T_{v\,1,2} = \frac{T_n}{2} \left(1 \pm \sqrt{1 - 4\,\frac{T_v}{T_n}} \right) \quad .$$

Für den PID-T_1-Regler ergibt sich mit (4.29) I-T_{v2}-T_1-Verhalten gemäß

$$G_R(p) = \frac{(1 + pT_{v1}')(1 + pT_{v2}')}{pT_I(1 + pT_1)} \tag{4.31}$$

mit

$$T_{v1,2}' = \frac{T_n + T_1}{2}\left(1 \pm \sqrt{1 - 4\,\frac{T_n(T_v + T_1)}{(T_n + T_1)^2}}\right).$$

Durch (4.30) ist das *P-N-Bild* des idealen PID-Reglers festgelegt. Die beiden Nullstellen

sind reell für $T_v \leq \dfrac{T_n}{4}$; für $T_n \gg 4T_v$ gilt $T_{v1} \approx T_n$ und $T_{v2} \approx T_v$.

Unter der Voraussetzung $T_1 \ll T_n$ und $T_1 \ll T_v$ unterscheiden sich die Nullstellen
bzw. die Vorhaltzeiten des PID-T_1-Reglers nur geringfügig von denen des idealen Reglers
(Bild 4.12).

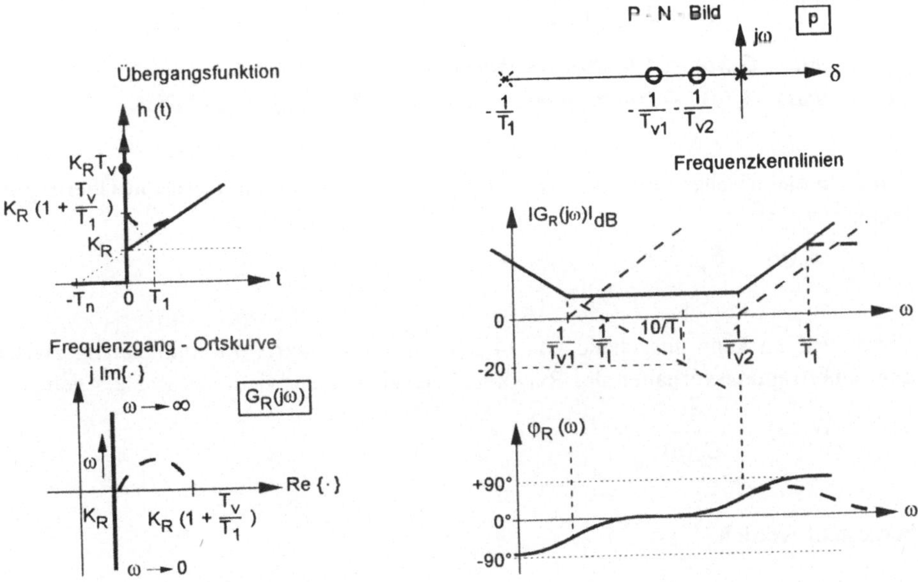

Bild 4.12:   Darstellungsformen für das Übertragungsverhalten des
PID- und PID-T_1-Reglers

Die *Frequenzgänge* in Ortskurven- und Frequenzkennlinien-Darstellung sind abgeleitet aus (4.28) für den PID-Regler und aus (4.29) für den PID-T_1-Regler (gestrichelt) ebenfalls im Bild 4.12 dargestellt.

Es wird sich in den nachfolgenden Abschnitten zeigen, daß der PID-Regler sehr universell einsetzbar ist. Mit dem I-Anteil kann man das statische Verhalten einer Regelung günstig beeinflussen. Durch die beiden Nullstellen bzw. durch ihre phasenvoreilende Wirkung wird vielfach das dynamische Verhalten wesentlich verbessert.

4.3.2.3 Realisierung durch Rückkopplung von Verstärkern

Die technische Realisierung von PID-Reglern oder ihren Modifikationen erfolgt häufig durch Rückkopplung von elektrischen, pneumatischen und hydraulischen Verstärkern mit passiven Übertragungsgliedern. Für eine solche Gegenkopplungsstruktur gilt gemäß (3.178) in Tafel 3.1 die Reglerübertragungsfunktion

$$G_R(p) = \frac{G_V(p)}{1 + G_V(p)\, G_r(p)} \tag{4.32}$$

mit $G_V(p)$ – *Übertragungsfunktion des Verstärkers*
und $G_r(p)$ – *Übertragungsfunktion des Rückkopplungsgliedes* .

Wird ein elektrischer Operationsverstärker, d.h. ein P-Glied mit großem Übertragungsfaktor

$$G_V(p) = K_V \to \infty$$

verwendet, so kann ausgehend von (4.32) ein unmittelbarer Zusammenhang zwischen dem Übertragungsverhalten des Rückkopplungsgliedes und dem des Reglers gemäß

$$G_R(p) \approx \frac{1}{G_r(p)} \tag{4.33}$$

hergestellt werden.

Typische Rückführungen ergeben in diesem Fall ideale Reglertypen:

- *starre Rückführung* $\Rightarrow$ *P-Regler*

$$G_r(p) = K_r \qquad\qquad \Rightarrow \quad G_R(p) \approx \frac{1}{K_r} = K_R$$

- *verzögerte Rückführung* $\Rightarrow$ *PD-Regler*

$$G_r(p) = \frac{K_r}{1 + pT_1} \qquad \Rightarrow \quad G_R(p) \approx \frac{1 + pT_1}{K_r} = K_R(1 + pT_v)$$

- *nachgebende Rückführung* $\Rightarrow$ *PI-Regler*

$$G_r(p) = K_r\,\frac{pT_1}{1 + pT_1} \qquad \Rightarrow \quad G_R(p) \approx \frac{1}{K_r}\,\frac{1 + pT_1}{pT_1} = K_R\left(1 + \frac{1}{pT_n}\right)$$

- *nachgebend-verzögerte*
  Rückführung $\qquad\qquad \Rightarrow$ *PID-Regler*

$$G_r(p) = \frac{K_{r1}\,pT_1}{1 + pT_1}\,\frac{K_{r2}}{1 + pT_2} \quad \Rightarrow \quad G_R(p) \approx \frac{1}{K_{r1}K_{r2}}\,\frac{T_1 + T_2}{T_1}\left(1 + \frac{1}{p(T_1 + T_2)} + p\,\frac{T_1\,T_2}{T_1 + T_2}\right)$$

$$= K_R\left(1 + \frac{1}{pT_n} + pT_v\right)$$

BEISPIEL 4.2:   *Rückgekoppelter hydraulischer Verstärker als realer PI-Regler*

Ein hydraulischer Verstärker (Stellmotor) läßt sich näherungsweise als I-Glied mit der Übertragungsfunktion

$$G_V(p) = \frac{1}{pT_I} \tag{4.34}$$

beschreiben. Infolge der Begrenzung der Stellgeschwindigkeit kann die Integrierzeit nicht beliebig klein gewählt werden.
Durch Rückkopplung des Verstärkers nach (4.34) mit einer nachgebenden Rückführung, beschrieben durch

$$G_r(p) = K_r\,\frac{pT_{r1}}{1 + pT_{r1}} \quad , \tag{4.35}$$

ergibt sich ausgehend von (4.32) die Reglerübertragungsfunktion zu

$$G_R(p) = K_R \left(1 + \frac{1}{pT_n}\right) \frac{1}{1 + pT_1} \tag{4.36}$$

$$\text{mit} \qquad K_R = \frac{T_{r1}}{T_I + K_r \, T_{r1}} \quad , \quad T_n = T_{r1} \quad , \quad T_1 = \frac{T_I \, T_{r1}}{T_I + K_r \, T_{r1}} \; .$$

Das Übertragungsverhalten eines solchen realen PI-Reglers nähert sich dem des idealen PI-Reglers umso mehr, je kleiner die Integrierzeit gestaltet werden kann.

4.4   Regelkreis

Nachdem in den Abschn. 4.2 und 4.3 Grundtypen von Regelstrecken und Reglern sowie ihre Übertragungsmodelle vorgestellt wurden, soll nunmehr die mathematische Beschreibung des statischen und dynamischen Verhaltens des gesamten Regelkreises mit der Standardstruktur nach Bild 4.2 behandelt werden. Auf Grundlage der Regelkreis-Übertragungsmodelle lassen sich dann nachfolgend Stabilität, Führungs- und Störverhalten von Ausgangsregelungen untersuchen.

4.4.1   Statisches Verhalten

In den Abschn. 4.2 und 4.3 erfolgte die Beschreibung des statischen Verhaltens von Regelstrecken und Reglern mittels statischer Übertragungsgleichungen und -kennlinien. Es wurde herausgestellt, daß die Arbeitspunkteinstellung und damit ein linearer Arbeitsbereich wesentlich durch die Stell-, Stör- und Führungsbereiche beeinflußt sein kann. Diese Problematik spielt demzufolge beim Zusammenwirken beider Komponenten innerhalb des Regelkreises eine wesentliche Rolle. Unter den gegebenen einschränkenden Bedingungen müssen die Regelfähigkeit überhaupt und ein möglichst linearer Regelbereich sichergestellt sowie ein zulässiger statischer Fehler eingehalten werden.

Für einen Regelkreis mit P-Strecke und P-Regler ist im Bild 4.13 das statische Kennlinienfeld angegeben. Es stellt eine Zusammenfassung der Kennlinien aus den Bildern 4.4 und 4.11 dar. Stell-, Stör- und Führungsbereiche schränken die Arbeitspunktwahl ein. Für eine vorgegebene Führungsgröße $\bar{w}$, den Reglerbeiwert K_{PR}, den Streckenbeiwert K_{PS} sowie für $\bar{z} = 0$ ergebe sich der Arbeitspunkt A in einem zulässigen Regelbereich. Durch seine Lage wird der statische Regelfehler, die bleibende Regelabweichung

$$\bar{e}_B = \bar{w} - \bar{y} = \bar{w}_A + w - \bar{y}_A - y$$

bzw.

$$e_B = w - y \tag{4.37}$$

festgelegt. Aus Bild 4.13 ist ersichtlich, daß Arbeitspunktverschiebungen infolge K_{PR}- und K_{PS}-Änderungen sowie Störungen diesen Fehler beeinflussen. Bei Verwendung eines I-Reglers (gestrichelte Kennlinie) kann die bleibende Regelabweichung unabhängig von zulässigen Störungen im Rahmen der Steuer- bzw. Regelmöglichkeiten vollkommen beseitigt werden.

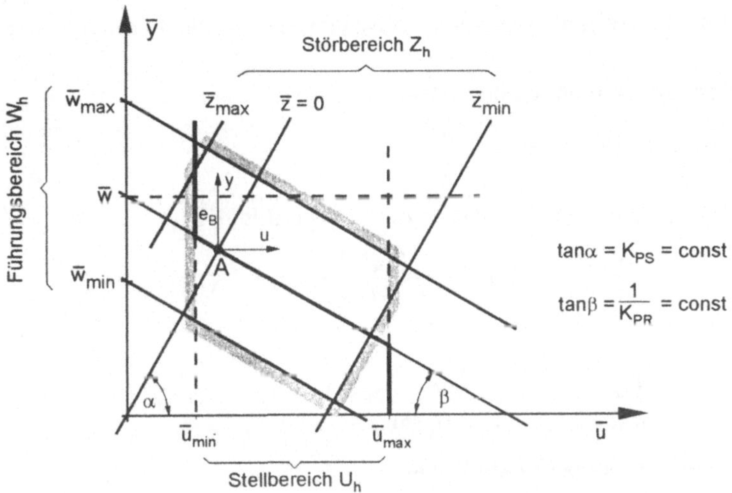

Bild 4.13: Statisches Kennlinienfeld für einen Regelkreis

4.4.2 Dynamisches Verhalten

Unter der Voraussetzung, daß infolge der Arbeitspunktwahl für den Regelkreis lineares Übertragungsverhalten angenommen werden darf, können für die Beschreibung seines dynamischen Verhaltens die in den Abschnitten 4.2.1.2, 4.2.2.2 und 4.3.2 bereitgestellten Strecken- und Regler-Übertragungsmodelle herangezogen werden. Als besonders geeignet erweisen sich Übertragungsfunktionen, für den Regler $G_R(p)$ und für die Regelstrecke $G_S(p)$. Zusammen mit den Signalmodellen im p-Bereich erhält man in Anlehnung an die Standardstruktur nach Bild 4.2 den Wirkungsplan für die Ausgangsregelung im Bild 4.14. Durch Herauslösen des Streckenteiles, in dem die Störgröße wirksam wird, kann der Störeintritt einheitlich auf den Ausgang der Regelstrecke festgelegt werden. Die entstehende *Störstrecke* wird durch die Übertragungsfunktion $G_{SZ}(p)$ beschrieben.

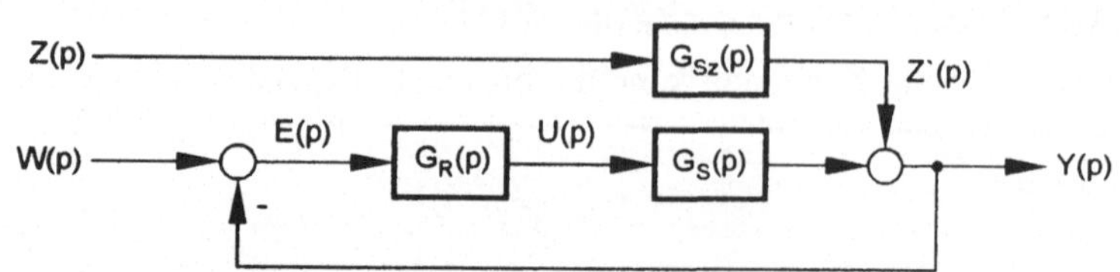

Bild 4.14:   Wirkungsplan einer Ausgangsregelung für Führung und Störung

Mit der Übertragungsfunktion des offenen Kreises

$$G_0(p) = G_R(p)\, G_S(p) = \frac{Z_0(p)}{N_0(p)} \tag{4.38}$$

sowie (3.178) folgt für die Regelkreisstruktur nach Bild 4.14

$$Y(p) = \frac{G_0(p)}{1 + G_0(p)}\, W(p) + \frac{G_{Sz}(p)}{1 + G_0(p)}\, Z(p) \quad . \tag{4.39}$$

In (4.39) kennzeichnen

$$G_w(p) = \left.\frac{Y(p)}{W(p)}\right|_{z=0} = \frac{G_0(p)}{1 + G_0(p)} \tag{4.40}$$

die *Führungsübertragungsfunktion* und

$$G_z(p) = \left.\frac{Y(p)}{Z(p)}\right|_{w=0} = \frac{G_{Sz}(p)}{1 + G_0(p)} \tag{4.41}$$

die *Störübertragungsfunktion*.

BEISPIEL 4.3:   *Übertragungsmodelle für Drehzahlregelkreis*

Es sollen für einen Drehzahlregelkreis die Führungs- und die Störübertragungsfunktion bestimmt werden. Regelstrecke sei ein fremderregter Gleichstrommotor entsprechend Beispiel 4.1. Für den Regler gelte allgemein die Übertragungsfunktion $G_R(p)$, für die Meßeinrichtung im Rückführzweig $G_{ME}(p)$.

Durch Zusammenfassen von Übertragungsgliedern im Bild 4.7 und Verschieben des Störeingriffs $Z(p) = M_L(p)$ erhält man die ausgangsgestörte Regelstrecke gemäß Bild 4.15 mit der Übertragungsfunktion (4.21) und der Übertragungsfunktion der Störstrecke

$$G_{Sz}(p) = \frac{Z'(p)}{Z(p)} = \frac{\dfrac{K_M}{K_1} R_A \left(1 + p \dfrac{L_A}{R_A}\right)}{1 + \dfrac{K_M}{K_1} R_A J p + \dfrac{K_M}{K_1} L_A J p^2} \qquad . \qquad (4.42)$$

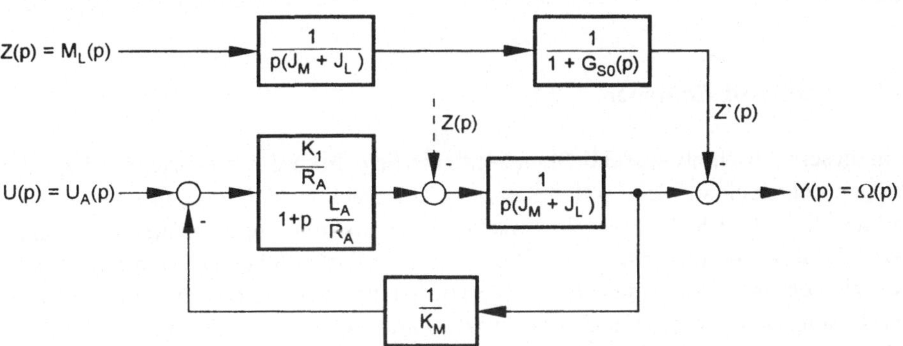

Bild 4.15:   Wirkungsplan eines Gleichstromantriebes (Zusammenfassung von Bild 4.7)

Für die Grundstruktur des Drehzahlregelkreises ergibt sich in Anlehnung an Bild 4.14 der im Bild 4.16 dargestellte Wirkungsplan. Entsprechend (4.40) und (4.41) gelten hierfür mit (4.21) und (4.42)
die Führungsübertragungsfunktion

$$G_w(p) = \left.\frac{\Omega(p)}{W(p)}\right|_{z=0} = \frac{G_R(p)\, G_S(p)}{1 + G_R(p)\, G_S(p)\, G_{ME}(p)} \qquad\qquad (4.43)$$

und die Störübertragungsfunktion

$$G_z(p) = \left.\frac{\Omega(p)}{M_L(p)}\right|_{w=0} = -\frac{G_{Sz}(p)}{1 + G_R(p)\, G_S(p)\, G_{ME}(p)} \qquad . \qquad (4.44)$$

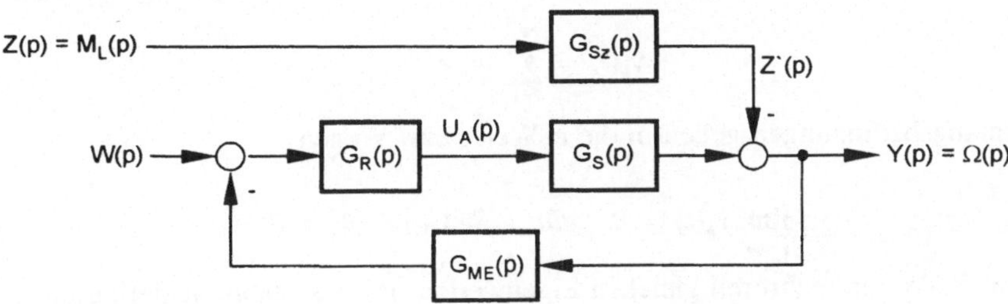

Bild 4.16:   Wirkungsplan eines Drehzahlregelkreises

4.5 Stabilität

Die Stabilität einer Regelung oder eines dynamischen Systems generell ist Grundvoraussetzung für deren zielgerichtete Beeinflussung gemäß einer kybernetischen Aufgabenstellung. In Abhängigkeit von der Art der Einwirkungen auf das System, von den Systemklassen und von den Systemmodellen existieren unterschiedliche Stabilitätsdefinitionen.

4.5.1 Stabilitätsdefinitionen

Da in diesem Abschnitt ausschließlich kontinuierliche lineare zeitinvariante Eingrößenregelungen behandelt werden, sollen hier auch nur Stabilitätsdefinitionen unter Bezug auf kontinuierliche LZI-SISO-Systeme eingeführt werden. Als umfassendstes Übertragungsmodell dafür wurde im Abschn. 3.1.3.1 die lineare Differentialgleichung mit konstanten Koeffizienten nach (3.22) diskutiert. Ihre vollständige Lösung besteht gemäß (3.23) aus zwei Lösungsanteilen $y_h(t)$ und $y_p(t)$. $y_h(t)$ charakterisiert als Lösung der homogenen Differentialgleichung die Eigenbewegung des Systems in Abhängigkeit von den Anfangsbedingungen der Ausgangsgröße. $y_p(t)$ ist die von der äußeren Einwirkung $u(t)$ abhängige partikuläre Lösung. Fehlt diese Eingangsgröße, so wird durch $y_h(t)$ die asymptotische Stabilität der Eigenbewegungen beschrieben. Bei verschwindenden Anfangsbedingungen kann mit $u(t)$ auf Grundlage von $y_p(t)$ die Übertragungsstabilität (Ein-Ausgangs-Stabilität) des Systems bestimmt werden.

Asymptotische Stabilität

Ein freies System, das keinen äußeren Einwirkungen unterliegt, wird durch die charakteristische Gleichung nach (3.25) beschrieben. Die n Wurzeln $\lambda_i = \delta_i + j\omega_i$ dieser Polynomgleichung sind die Eigenwerte des Systems. Sie charakterisieren die n Eigenbewegungen, aus deren Linearkombination sich die Lösung der homogenen Differentialgleichung ergibt. Für den Fall unterschiedlicher λ_i lautet die Lösung beispielsweise

$$y_h(t) = \sum_{i=1}^{n} c_i\, e^{\lambda_i t} \quad . \tag{4.45}$$

Die Anfangsbedingungen gehen in die c_i-Werte ein. Wegen

$$\lim_{t \to \infty} y_h(t) = 0 \quad \text{für} \quad Re\{\lambda_i\} = \delta_i < 0 \quad ,$$

auch im Falle von mehreren gleichen Eigenwerten, gilt als Stabilitätsdefinition:

Ein LZI-System ist *asymptotisch stabil*, wenn alle n Eigenwerte λ_i bzw. Wurzeln des charakteristischen Polynoms einen negativen Realteil aufweisen und damit die transienten Antworten des Systems bei beliebigen Anfangsbedingungen für $t \rightarrow \infty$ verschwinden.

Übertragungsstabilität

Die Übertragungsstabilität bezieht sich auf fremderregte LZI-Systeme bei verschwindenden Anfangsbedingungen und wird für kontinuierliche LZI-SISO-Systeme wie folgt definiert:

Ein LZI-System ist *übertragungsstabil*, wenn bei verschwindenden Anfangsbedingungen für jedes in $t_0 \leq t < \infty$ beschränkte Eingangssignal $(|u(t)| < M)$ das zugehörige Ausgangssignal ebenfalls beschränkt ist $(|y(t)| < N)$.

Aus dieser Definition leitet sich auch der gleichwertige Begriff BIBO-Stabilität (Bounded Input - Bounded Output) ab.

Die aus dem Faltungsintegral (3.78) resultierende Ungleichungsbedingung

$$|y(t)| \leq M \int\limits_0^t |g(t - \tau)| \, d\tau < N \qquad (4.46)$$

ist dann erfüllt, wenn das Integral über der Gewichtsfunktion absolut konvergiert. Das ist bei LZI-Systemen der Fall, wenn die Eigenwerte λ_i negative Realteile aufweisen, da sich die Gewichtsfunktionen aus Termen der Form $K_i \, t^{q-1} \, e^{\lambda_i t}$ additiv zusammensetzen. q drückt die gegebenenfalls vorliegende Mehrfachheit von Eigenwerten aus.

Damit wird deutlich, das ein LZI-System, das die Bedingung für asymptotische Stabilität erfüllt, auch übertragungsstabil und damit generell stabil ist. Die Stabilitätseigenschaft für diese Systemklasse ist somit unabhängig vom Eingangssignal.

4.5.2 Stabilitätsbedingungen im p-Bereich

In unmittelbarem Zusammenhang mit der Gewichtsfunktion $g(t)$ steht die Übertragungsfunktion $G(p)$. Dieses Übertragungsmodell wurde aus der Differentialgleichung (3.22) für verschwindende Anfangsbedingungen durch Laplace-Transformation gewonnen. Das Nennerpolynom in (3.61)

$$N(p) = a_0 + a_1 p + \ldots + a_n p^n \qquad (4.47)$$

ist in seiner Struktur identisch mit dem charakteristischen Polynom $P(\lambda)$ nach (3.25). Die Wurzeln von $N(p)$ bzw. die Pole p_i von $G(p)$ stimmen also mit den Eigenwerten λ_i des Systems überein. Somit können die in Abschn. 4.5.1 fixierten Stabilitätsbedingungen für die Eigenwerte ebenso auf die Lage der Wurzeln des charakteristischen Polynoms in der komplexen p-Ebene bezogen werden. Es gilt:

Ein LZI-System, das durch eine Übertragungsfunktion $G(p)$ nach (3.61) beschrieben wird, ist

- *stabil*, wenn alle Pole links der imaginären Achse der p-Ebene liegen;
- *instabil*, wenn mindestens ein Pol rechts oder ein Mehrfachpol ($q \geq 2$) auf der imaginären Achse liegen;
- *grenzstabil*, wenn nur Einfachpole auf der imaginären Achse und keine Pole rechts der imaginären Achse liegen.

Die Kürzung von Polen rechts der imaginären Achse durch entsprechende Nullstellen muß ausgeschlossen werden, da eine exakte Kompensation und damit eine Stabilisierung auf diese Weise technisch nicht möglich ist.
Ohne Beweis sei angemerkt, daß die obige Stabilitätsaussage auch für LZI-Systeme mit Totzeitanteilen gilt.

Die Stabilitätsanalyse des Standard-Regelkreises gemäß Bild 4.2 läßt sich nunmehr unter Bezug auf die Übertragungsfunktionen $G_w(p)$ nach (4.40) oder $G_z(p)$ nach (4.41) für den geschlossenen Kreis vornehmen.

Liegen die Wurzeln der charakteristischen Gleichung

$$1 + G_0(p) = 1 + \frac{Z_0(p)}{N_0(p)} = 0 \qquad (4.48)$$

bzw.

$$N(p) = Z_0(p) + N_0(p) = 0 \qquad (4.49)$$

links der imaginären Achse der p-Ebene, so ist der Regelkreis stabil.

Auf die explizite Bestimmung der Wurzeln der charakteristischen Gleichung kann verzichtet werden, wenn man zur Stabilitätsprüfung spezifische **Stabilitätskriterien** nutzt. Ihre Bedeutung liegt heute weniger in der Gewinnung schneller Ja-Nein-Aussagen über die Stabilität als vielmehr in der gleichzeitigen Nutzung zur Einschätzung der Stabilitätsreserve bei der Analyse und dem Entwurf von Regelungen. Unter diesem Aspekt seien nachfolgend einige Verfahren zur Stabilitätsprüfung aus dem sehr breiten Spektrum von

Stabilitätskriterien eingeführt.

4.5.3 Stabilitätsprüfung anhand des charakteristischen Polynoms

Nach Abschn. 4.5.2 liegt ein stabiles System dann vor, wenn alle Wurzeln p_i ($i=1,2,\ldots,n$) des charakteristischen Polynoms (4.47) bzw. (4.48) oder (4.49) negative Realteile aufweisen. Ein solches Polynom ist ein *Hurwitz-Polynom*. Die Bedingungen für die Existenz eines Hurwitz-Polynoms sind im **Hurwitz-Kriterium** fixiert:

> Ein Polynom $N(p)$ nach (4.47) mit $a_n > 0$ ist genau dann ein Hurwitz-Polynom, d.h. das zugehörige System ist stabil, wenn gilt:
> a) notwendige Bedingung
> $$a_i > 0 \, , \; i=0,1,2,\ldots,n \; ;$$
> b) notwendige und hinreichende Bedingung
> Hurwitz-Determinanten $D_j > 0, \;\; j=1,2,\ldots,n.$

Die *Hurwitz*-Determinanten oder die Hauptabschnittsdeterminanten werden aus der *Hurwitz-Matrix*

$$\underline{H} = \begin{bmatrix} a_{n-1} & a_{n-3} & a_{n-5} & \cdots & 0 \\ a_n & a_{n-2} & a_{n-4} & \cdots & 0 \\ 0 & a_{n-1} & a_{n-3} & \cdots & 0 \\ \vdots & \vdots & \vdots & & \vdots \\ 0 & 0 & 0 & & a_0 \end{bmatrix} \qquad (4.50)$$

wie folgt bestimmt:

$$D_1 = a_{n-1} \, , \quad D_2 = det \begin{bmatrix} a_{n-1} & a_{n-3} \\ a_n & a_{n-2} \end{bmatrix} , \; \ldots \, , \; D_n = a_0 \, D_{n-1} \; .$$

Ein System mit dem charakteristischen Polynom (4.47) ist demnach stabil unter folgenden Bedingungen:

$$\begin{aligned}
n &= 1: & a_i &> 0 \, , & i &= 0,1 & ; \\
n &= 2: & a_i &> 0 \, , & i &= 0,1,2 & ; \\
n &= 3: & a_i &> 0 \, , & i &= 0,1,2,3 & , \\
& & D_2 &= a_1 \, a_2 - a_0 \, a_3 > 0 & & & ; \\
n &= 4: & a_i &> 0 \, , & i &= 0,1,2,3,4 & , \\
& & D_3 &= a_1 \, a_2 \, a_3 - a_0 \, a_3^2 - a_1^2 \, a_4 > 0 & & & .
\end{aligned}$$

Weitere Modifikationen des Hurwitz-Kriteriums sind in der einschlägigen ausführlicheren

Fachliteratur ausgewiesen. Generell sei angemerkt, daß die Stabilitätsprüfung von totzeitbehafteten Systemen auf diesem Wege nicht möglich ist.

4.5.4 Stabilitätsprüfung anhand des Pol-Nullstellen-Bildes

Durch die Lage der Pole von $G_0(p)$ in der p-Ebene ist das Stabilitätsverhalten des offenen
Kreises bestimmt. Die Stabilität des geschlossenen Regelkreises hängt von den Wurzeln
der charakteristischen Gleichung (4.48) ab. Sie verändern ihre Position in Abhängigkeit
von Systemparametern auf *Wurzelortskurven*, die in ihrer Form durch das P-N-Bild von
$G_0(p)$ geprägt werden. Für die Stabilitätsprüfung des geschlossenen Kreises ist somit
entscheidend, für welche Werte eines Systemparameters, zum Beispiel der Kreisverstärkung, diese geometrischen Ortslinien in der linken p-Halbebene liegen und für welche
kritischen Parameter die imaginäre Achse geschnitten wird. Befindet sich die Wurzelortskurve ausschließlich in der linken Halbebene, so ist das System strukturstabil.

Von besonderem Vorteil ist, daß für rationale Übertragungsfunktionen des offenen
Kreises auf Grundlage des *Wurzelortsverfahrens* nach *Evans* mit Hilfe einfacher Regeln
Wurzelortskurven näherungsweise konstruiert bzw. hinsichtlich ihres Verlaufes abgeschätzt werden können. Diese Methode hat sich generell für Analyse und Entwurf sowohl
kontinuierlicher als auch zeitdiskreter Systeme als sehr leistungsfähig erwiesen und soll
daher in den Abschnitten 4.6.5 und 6.5.1 eingeführt und genutzt werden.

4.5.5 Stabilitätsprüfung anhand des Frequenzganges des offenen Kreises

Der Frequenzgang des offenen Kreises $G_0(j\omega)$ kann in Ortskurven- oder Frequenzkennlinien-Darstellung ebenfalls zur Stabilitätsprüfung des geschlossenen Regelkreises herangezogen werden. Damit besteht auch die Möglichkeit, Ergebnisse der experimentellen
Prozeßanalyse zur Stabilitätsprüfung zu nutzen. Von Vorteil ist ebenfalls, daß im Unterschied zu den bisher dargestellten Methoden totzeitbehaftete Systeme Berücksichtigung
finden können.
Einen heuristischen Zugang bietet die Selbsterregungsbedingung von *Barkhausen*, nach
der sich in einem gegengekoppelten System ohne äußeres Signal dann eine harmonische
Dauerschwingung im Sinne grenzstabilen Verhaltens einstellt, wenn $G_0(j\omega) = -1$ ist.
Die exakte Behandlung führt ausgehend von der grafischen Lösung der charakteristischen
Gleichung (4.48) des geschlossenen Kreises mittels verallgemeinerter Ortskurven zum
allgemeinen Nyquist-Kriterium. Es wird die Winkeländerung eines Fahrstrahls vom
kritischen Punkt P_{krit} (-1; $j\,0$) zur Ortskurve $G_0(j\omega)$ des offenen Kreises für die Stabili-
tätsaussage ausgewertet, wobei neben stabilen auch instabile und grenzstabile offene
Systeme zugelassen sind.

Durch vereinfachende Annahmen über das Verhalten des offenen Kreises erhält man aus dem allgemeinen Nyquist-Kriterium spezielle Kriterien, die jedoch wesentliche ingenieurtechnische Bedeutung besitzen. Sie werden ohne nähere Ableitung nachfolgend benannt und im Beispiel 4.4 verwendet.

Vereinfachtes Nyquist-Kriterium
Dieses Kriterium gilt nur für stabile offene Regelkreise und lautet:

> Ein stabiler offener Kreis bleibt bei Schließung stabil, wenn die Ortskurve $G_0(j\omega)$ für $0 \leq \omega < \infty$ den kritischen Punkt P_{krit} (-1, j 0) weder umschließt noch durchdringt.

Linke-Hand-Regel
Diese Regel gilt für stabile offene Regelkreise; ferner sind maximal 2 Pole im Ursprung der p-Ebene für $G_0(p)$ zugelassen:

> Unter den genannten Voraussetzungen für den offenen Kreis ist der geschlossene Kreis bei Schließung stabil, wenn der kritische Punkt P_{krit} (-1; j 0) links von der in Richtung wachsender Frequenz durchlaufenen Ortskurve liegt.

Phasenrand-Kriterium
Es gelten für den offenen Regelkreis die Voraussetzungen wie bei der Linke-Hand-Regel. Außerdem wird gefordert, daß die Ortskurve $G_0(j\omega)$ den Einheitskreis in dieser Ebene nur einmal schneidet. Die Phasen- bzw. die Amplitudenabstände zum kritischen Punkt kennzeichnen das Stabilitätsverhalten und darüber hinaus auch die Regelgüte.

- *Offener Regelkreis ohne Totzeit*
Im Bild 4.17a ist für ein P-T_3-System die Ortskurve von $G_0(j\omega)$ dargestellt. Es bedeuten:

$$\omega_S \quad \textit{Schnittfrequenz (Durchtrittsfrequenz)} , \quad |G_0(j\omega_S)| = 1 \quad ;$$
$$\varphi_S \quad \textit{Schnittphase} , \quad \varphi_S = \varphi_0(\omega_S) \quad ;$$
$$\varphi_R \quad \textit{Phasenrand, --reserve} \quad ;$$
$$A_R \quad \textit{Amplitudenrand, --reserve} \quad ,$$
$$\omega_\pi \quad \textit{Phasendurchtrittsfrequenz} \quad .$$

Auf Basis der Linke-Hand-Regel ist der geschlossene Regelkreis stabil, wenn für den Amplitudenrand

$$A_R = \frac{1}{|G_0(j\omega_\pi)|} \quad f\ddot{u}r \quad \varphi_0(\omega_\pi) = -180^\circ \tag{4.51}$$

$A_R > 1$ gilt. Der Phasenrand muß wegen

$$\varphi_R = 180^\circ + \varphi_S \tag{4.52}$$

für stabiles Verhalten positiv sein. Im grenzstabilen Fall ist $\omega_S = \omega_\pi$ bzw. die Schnittphase $\varphi_S = -180^\circ$ und damit der Phasenrand $\varphi_R = 0$.

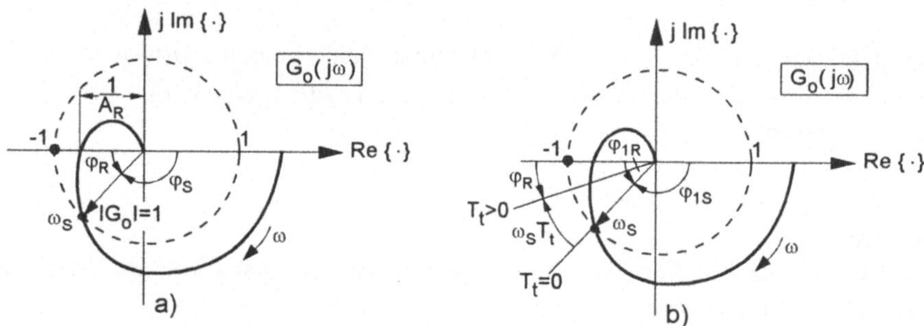

Bild 4.17:   Stabilitätsprüfung anhand der Frequenzgang-Ortskurve von $G_0(j\omega)$
             a) ohne Totzeit   b) mit Totzeit

• *Offener Regelkreis mit Totzeit*
Die aufwendige Darstellung und Auswertung der Ortskurve eines totzeitbehafteten offenen Regelkreises kann entfallen, wenn der totzeitfreie Term $G_1(j\omega)$ des Frequenzganges $G_0(j\omega)$ abgespalten wird. Es gilt dann

$$G_0(j\omega) = G_1(j\omega)\, e^{-j\omega T_t} \tag{4.53}$$

und für die zugehörigen Phasengänge

$$\varphi_0(\omega) = \varphi_1(\omega) + \varphi_t(\omega) \quad , \quad \varphi_t(\omega) = -\omega T_t \quad . \tag{4.54}$$

Für den Phasenwinkel im Schnittpunkt der Ortskurve von $G_0(j\omega)$ folgt aus (4.54)

$$\varphi_0(\omega_S) = \varphi_1(\omega_S) + \varphi_t(\omega_S)$$

bzw.

$$\varphi_S = \varphi_{1S} - \omega_S T_t \quad . \tag{4.55}$$

Für den Phasenrand erhält man mit (4.55) und (4.52)

$$\begin{aligned}
\varphi_R &= 180^0 + \varphi_{1S} - \omega_S T_t \\
&= \quad\varphi_{1R} \quad - \omega_S T_t
\end{aligned} \tag{4.56}$$

φ_{1R} ist der Phasenrand des totzeitfreien offenen Kreises. Aus (4.56) und Bild 4.17b ist ersichtlich, daß die Totzeit im Zusammenhang mit der Schnittfrequenz des offenen totzeitfreien Systems stabilitätsverschlechternd wirkt.

Phasenrand-Kriterium bei Frequenzkennlinien-Darstellung

Die Stabilitätseinschätzung mittels Phasenrand-Kriterium wird häufig anhand der Frequenzkennlinien-Darstellung von $G_0(j\omega)$ vorgenommen. Die Schnittfrequenz ω_S ergibt sich für die Amplitude 0 dB. Aus der Phasenkennlinie kann für die kritische Phase $\varphi_0 (\omega_\pi) = -180°$ der Phasenrand φ_R abgelesen werden. Das im Bild 4.18 dargestellte offene P-T_3-System wird bei Schließung stabil arbeiten, denn es ist $\varphi_R > 0$ bzw. wegen

$$\left. \frac{1}{|A_R|} \right|_{dB} < 0$$ der Amplitudenrand $A_R > 1$. Bei Erhöhung der Kreisverstärkung und damit

der Schnittfrequenz kann dieses System instabil werden.

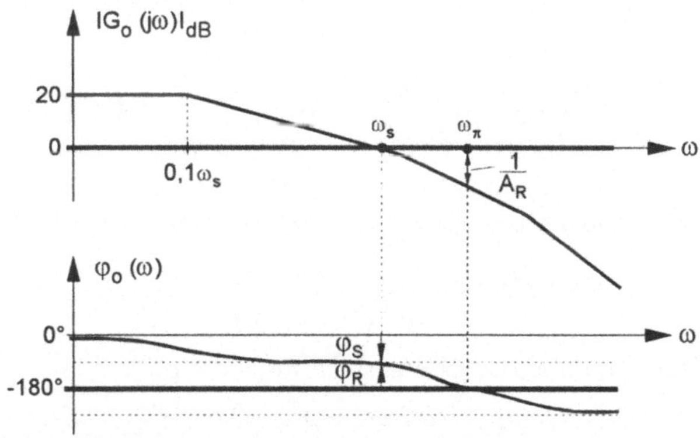

Bild 4.18: Stabilitätsprüfung anhand der Frequenzkennlinien-Darstellung von $G_0(j\omega)$

BEISPIEL *4.4:* *Einfluß der Reglerwahl und -bemessung auf die Stabilität einer Regelung*

Der zu untersuchende Regelkreis mit der Standardstruktur nach Bild 4.2 bestehe aus einer Verzögerungsstrecke 1. Ordnung ohne Ausgleich (siehe Abschn. 4.2.2) mit der Übertragungsfunktion

$$G_S(p) = \frac{1}{p\,(1 + 0{,}2\,p)} \tag{4.57}$$

und wahlweise aus folgenden Reglern (siehe Abschn. 4.3.2):

$$a) \quad P\text{-}Regler \quad mit \quad G_R(p) = K_R \quad , \tag{4.58}$$

$$b) \quad I\text{-}Regler \quad mit \quad G_R(p) = \frac{K_{IR}}{p} \quad , \tag{4.59}$$

$$c) \quad PI\text{-}Regler \quad mit \quad G_R(p) = K_R(1 + \frac{1}{pT_n}) \quad . \tag{4.60}$$

Stabilitätsprüfung mittels Hurwitz-Kriterium

a) *Die Übertragungsfunktion des offenen Kreises lautet mit (4.57) und (4.58)*

$$G_0(p) = \frac{K_R}{p\,(1 + 0{,}2\,p)} \quad . \tag{4.61}$$

Daraus folgt für das charakteristische Polynom nach (4.49)

$$N(p) = 0{,}2\,p^2 + p + K_R \quad . \tag{4.62}$$

Die notwendigen und hinreichenden Bedingungen $a_i > 0$, $i=0,1,2$, sind erfüllt für $K_R > 0$, d.h. der geschlossene Regelkreis arbeitet stabil.

b) *Die Übertragungsfunktion des offenen Kreises ergibt sich aus (4.57) und (4.59) zu*

$$G_0(p) = \frac{K_{IR}}{p^2\,(1 + 0{,}2\,p)} \quad . \tag{4.63}$$

Aus (4.63) erhält man das charakteristische Polynom zu

$$N(p) = 0{,}2\,p^3 + p^2 + 0\,p + K_{IR} \quad . \tag{4.64}$$

Die notwendige Bedingung $a_1 > 0$ ist nicht erfüllt. Somit besteht keine Möglichkeit, das System zu stabilisieren, d.h. es ist strukturinstabil.

c) *Mit (4.57) und (4.60) lautet die Übertragungsfunktion des offenen Kreises*

$$G_0(p) = \frac{K_R\,(1 + p\,T_n)}{p^2\,T_n\,(1 + 0{,}2\,p)} \quad . \tag{4.65}$$

Aus (4.65) folgt

$$N(p) = 0{,}2\,T_n\,p^3 + T_n\,p^2 + K_R\,T_n\,p + K_R \quad . \tag{4.66}$$

Stabiles Verhalten der Regelung ist unter den notwendigen Bedingungen $T_n > 0$ und $K_R > 0$ sowie hinreichend wegen $D_2 = a_1\,a_2 - a_0\,a_3 > 0$ für $T_n > 0{,}2$ gegeben.

Stabilitätsprüfung mittels P-N-Bild und Wurzelortskurve

a)   *Die Wurzeln des charakteristischen Polynoms (4.62)*

$$p_{1,2} = -2,5 \pm \sqrt{6,25 - 5K_R}$$

liegen für $K_R > 0$ in der linken p-Halbebene, d.h. der geschlossene Regelkreis ist strukturstabil. Ausgehend von den Polen des offenen Kreises für $K_R > 0$ ergibt sich als geometrische Ortslinie für die Lage der Wurzeln in Abhängigkeit vom Systemparameter Reglerverstärkung die im Bild 4.19a dargestellte Wurzelortskurve. Sie schneidet die imaginäre Achse nicht.

b)   *Für die Pole des offenen Kreises $p_1=-5$ und $p_2=p_3=0$ gemäß (4.63) ergibt sich die Wurzelortskurve im Bild 4.19b. Für jeden Wert $K_{IR} > 0$ gibt es Wurzeln von (4.64) in der rechten p-Halbebene, d.h. der geschlossene Kreis ist stets instabil.*

c)   *Für $0 \leq K_R \leq \infty$ liegen die Wurzeln von (4.66) auf den Wurzelortskurven im Bild 4.19 c_1 für $T_n=1$ und im Bild 4.19c_2 für $T_n=0,125$. Die Dominanz der Nullstelle gegenüber dem Pol des offenen Kreises $p_1=-5$ im ersten Fall bewirkt eine Stabilisierung. Im Grenzfall für $T_n=0,2$ wird bei idealer Kompensation des Poles $p_1=-5$ mit der Regler-Nullstelle durch den verbleibenden Doppelpol im Ursprung der p-Ebene bereits instabiles Verhalten des Regelkreises auftreten.*

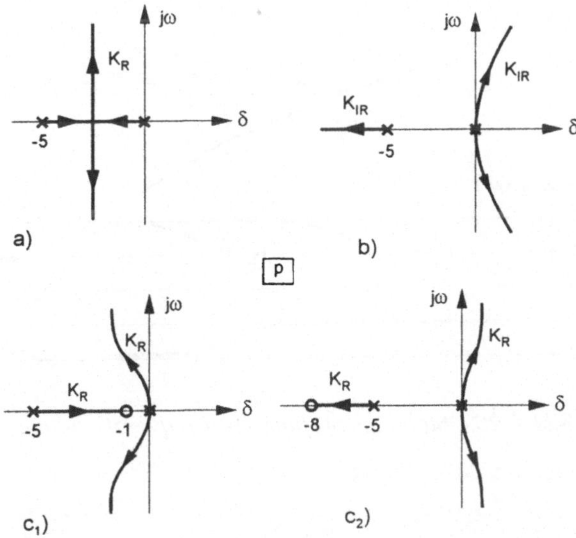

Bild 4.19:   Wurzelortskurven zur Stabilitätsprüfung

Stabilitätsprüfung mittels Phasenrandkriterium

Die Bestätigung der bisherigen Ergebnisse soll anhand der Frequenzkennlinien-Darstellung von $G_0(j\omega)$ erfolgen.

a) *Für den offenen Kreis mit I-T_1-Verhalten nach (4.61) ist im gesamten Frequenzbereich, d.h. für $K_R > 0$, der Phasenrand φ_R positiv. Der geschlossene Regelkreis weist stabiles Verhalten auf.*

b) *Aus (4.63) folgt, daß infolge des I^2-T_1-Verhaltens im gesamten Frequenzbereich der Phasenwinkel $\varphi_0(\omega)$ zwischen $-180°$ und $-270°$ liegt und somit φ_R stets negativ ist.*

c) *Im Bild 4.20 ist für $K_R = 1$ gezeigt, welchen Einfluß die Lage der Regler-Nullstelle und die damit verbundene Phasenanhebung auf φ_R hat. Für $T_{n1} = 1$ dominiert die Wirkung der Nullstelle gegenüber dem Strecken-Pol ($\omega_1 = 5$) bei der Schnittfrequenz, so daß unabhängig von K_R ein positiver Phasenrand entsteht. Mit $T_{n2} = 0{,}125$ überwiegt die Phasenabsenkung durch den Verzögerungsterm, was einen negativen Phasenrand zur Folge hat.*

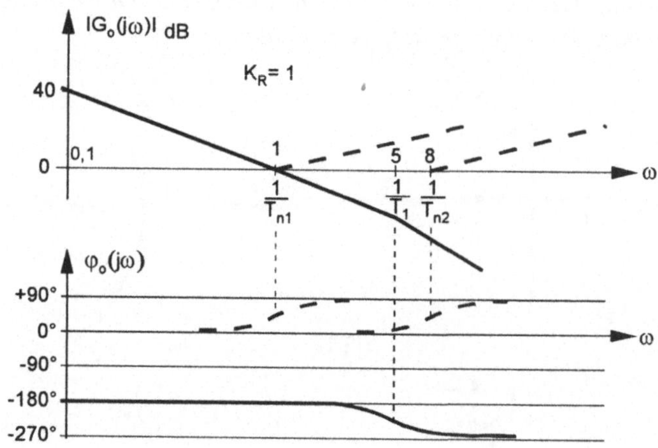

Bild 4.20: Stabilitätsprüfung mit Frequenzkennlinien

4.6 Führungsverhalten

Unter dem Führungsverhalten einer Regelung versteht man das Übertragungsverhalten zwischen Führungsgröße und Regelgröße bei vernachlässigter Störbeeinflussung. Von besonderer Bedeutung ist diese Eigenschaft für Folgeregelungen, d.h. für Regelungen, bei denen sich Führungsvorgaben zum Beispiel für die Profilbearbeitung von Werkstücken, die Positionierung von Roboterachsen oder das Temperaturprofil bei Trocknungsvorgängen mit nur geringen Abweichungen in der Regelgröße widerspiegeln sollen. Als ideal wäre nach (4.40) ein Führungsübertragungsverhalten mit $G_w(p) = 1$ anzusehen. Realisierbar ist ein solches Übertragungsverhalten jedoch bestenfalls für den stationären Fall, während für den Übergangsvorgang ein hinreichend schneller und gedämpfter Angleich der Regelgröße an die Führungsgröße durch den Reglerentwurf angestrebt werden muß.

Für Analyse und Entwurf bedarf es zunächst einer einheitlichen Gütebewertung des Führungsverhaltens im Zeitbereich, die dann in die jeweilige Beschreibungsebene der Entwurfsmethoden zu übertragen ist.

4.6.1 Bewertung des stationären Verhaltens

Das stationäre Führungsverhalten wird im Zeitbereich durch die stationäre (bleibende) Regelabweichung charakterisiert. Angestrebt wird beim Entwurf, daß diese Fehlerkonstante

$$e_B = e_\infty = \lim_{t \to \infty} e(t) = \lim_{t \to \infty} \left[w(t) - y(t) \right] \tag{4.67}$$

den Wert Null annimmt oder wenigstens kleiner als ein zulässiger Fehler ist. Aus (4.67) ist ersichtlich, daß außer dem Regelkreisverhalten auch Vereinbarungen zum Typ der Führungsgröße getroffen werden müssen. In Abhängigkeit von deterministischen Signalmodellen für $w(t)$ nach Abschn. 2.2.1 unterscheidet man folgende Fehlerkonstanten:

- Positionsfehler	für $w(t) = \sigma(t)$,
- Geschwindigkeitsfehler	für $w(t) = t\,\sigma(t)$,
- Beschleunigungsfehler	für $w(t) = t^2\,\sigma(t)$,
- verallgemeinerte Fehlerkonstante	für $w(t)$ nach einem allgemeinen deterministischen Signalmodell.

Das Regelkreisverhalten sei durch die Übertragungsfunktion des stabilen offenen Kreises

$$G_0(p) = \frac{Z_0(p)}{N_0(p)} e^{-pT_t} = \frac{K_0\,\tilde{Z}_0(p)}{p^q\,\tilde{N}_0(p)}\,e^{-pT_t} \qquad (4.68)$$

beschrieben. $\tilde{Z}_0(p)$ charakterisiert mit den Vorhaltzeiten T_{vj} die Vorhalteigenschaften gemäß

$$\tilde{Z}_0(p) = \prod_{j=1}^{l} (1 + pT_{vj}) \qquad (4.69)$$

und $\tilde{N}_0(p)$ die Verzögerungseigenschaften mit den Verzögerungszeiten T_i gemäß

$$\tilde{N}_0(p) = \prod_{i=1}^{n-q} (1 + pT_i) \quad . \qquad (4.70)$$

Für $q=0$ liegt insgesamt P-Verhalten, für $q=1$ I-Verhalten, für $q=2$ I²-Verhalten usw. vor. Durch den Endwertsatz der Laplace-Transformation (s. Anhang A.1) ist es möglich, das Übertragungsmodell (4.68) mit (4.69) und (4.70) in die Berechnung des stationären Fehlers (4.67) einzubeziehen. Es gilt

$$e_\infty = \lim_{p \to 0} p\,E(p) \qquad (4.71)$$

mit

$$E(p) = \frac{1}{1 + G_0(p)}\,W(p)$$

$$= \frac{p^q\,\tilde{N}_0(p)}{p^q\,\tilde{N}_0(p) + K_0\,\tilde{Z}_0(p)\,e^{-pT_t}}\,W(p) \quad . \qquad (4.72)$$

Positionsfehler

Mit $W(p) = \dfrac{1}{p}$ folgt aus (4.71) mit (4.72) für

$$\textit{P-Ketten} \quad (q = 0): \qquad e_\infty = \frac{1}{1 + K_0} \quad ; \qquad (4.73)$$

$$I^q\textit{-Ketten} \quad (q = 1,2,\dots): \quad e_\infty = 0 \qquad . \qquad (4.74)$$

Geschwindigkeitsfehler

Mit $W(p) = \dfrac{1}{p^2}$ erhält man aus (4.71) mit (4.72) für

$$P\text{-}Ketten \quad (q = 0): \qquad e_\infty = \infty \qquad ;$$

$$I\text{-}Ketten \quad (q = 1): \qquad e_\infty = \frac{1}{K_0} \qquad ; \tag{4.75}$$

$$I^q\text{-}Ketten \quad (q = 2,3,...): \qquad e_\infty = 0 \qquad . \tag{4.76}$$

4.6.2 Bewertung des dynamischen Verhaltens

Der zeitliche Verlauf der Ausgangsgröße während des Übergangsvorganges zwischen stationären Systemzuständen kennzeichnet das instationäre Verhalten und zwischen statischen Zuständen das dynamische Verhalten eines Systems. Häufig wird jedoch jeglicher Übergangsvorgang als dynamischer Vorgang bezeichnet. Für die Bewertung des dynamischen Führungsverhaltens von Regelungen werden meist ausgewählte Parameter der Führungsübergangsfunktion $h_w(t)$ verwendet, da sprungförmige Änderungen der Führungsgröße hohe Anforderungen an die dynamischen Eigenschaften einer Regelung stellen. Aber auch komplexe Bewertungen des gesamten zeitlichen Verlaufs der Regelabweichung finden in Integralkriterien ihren Niederschlag.

Bewertung anhand der Führungsübergangsfunktion

Für viele Regelungsaufgaben werden eine kurze Dauer und eine hinreichende Dämpfung des Führungsübergangsvorganges gefordert. Auf Grund der vorgegebenen Streckendynamik und der technischen Beschränkungen beim Stellvorgang kann die Regelgröße dem Führungsgrößensprung nicht beliebig schnell folgen. Zeitliche Schwankungen um den eingestellten Sollwert bzw. den Beharrungswert $h_{w\infty}$ sind im allgemeinen zulässig, wenn bestimmte Grenzwerte dabei nicht überschritten werden und sich dieser Vorgang innerhalb eines Toleranzbandes nach einer vorgegebenen Zeit beruhigt hat.

Für die Bewertung eines Führungsübergangsvorganges ohne Positionsfehler anhand der Übergangsfunktion $h_w(t)$ nach Bild 4.21 genügen meist die folgenden dynamischen Kenngrößen:

- *Überschwingweite* $\Delta h = h_{wm} - 1$, $\hspace{3cm}$ (4.77)
  größte Sollwertabweichung der Regelgröße nach dem erstmaligen Überschreiten des Sollwertes;

- *Überschwingzeit* T_m ,
  Zeit, die von der Einwirkung von $w(t) = \sigma(t)$ bis zum Erreichen des Maximalwertes der Führungsübergangsfunktion vergeht;

- **Einschwingtoleranz** 2ε ,

  kennzeichnet die Größe eines Toleranzstreifens um den Sollwert, der nach einer endlichen Zeit nicht mehr verlassen werden darf;

- **Ausregelzeit** T_{aus} bzw. **Beruhigungszeit** T_ε ,

  Zeitpunkt, nach dem $h_w(t)$ innerhalb der vorgegebenen Einschwingtoleranz verbleibt.

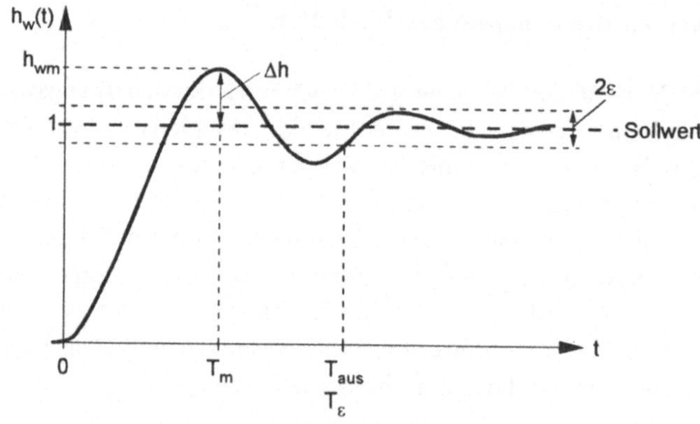

Bild 4.21:   Führungsübergangsfunktion

Unter der Annahme, daß das Führungsverhalten des Standard-Regelkreises mit dem Übertragungsverhalten eines Schwingungsgliedes (P-T_2-Glied nach Abschn. 3.1.5.2) identisch ist, ergeben sich exakte Bezüge zwischen den Bewertungsgrößen für das dynamische Verhalten im Zeitbereich und den Parametern der "Schwingungsglied-Führungsübergangsfunktion" bzw. der "Schwingungsglied-Führungsübertragungsfunktion". Aus

$$G_w(p) = \frac{1}{1 + 2\,DT_0\,p + T_0^2\,p^2} \tag{4.78}$$

bzw. $h_w(t)$ nach (3.152) für $K_P = 1$, d.h. für den Positionsfehler $e_B = 0$, folgt

$$\Delta h = e^{-\pi\,\frac{D}{\sqrt{1-D^2}}} \quad , \tag{4.79}$$

$$T_m = T_0\,\frac{\pi}{\sqrt{1-D^2}} \quad , \quad bzw. \quad \frac{T_m}{T_0} \approx \pi \quad \textit{für} \quad D \ll 1 \quad , \tag{4.80}$$

$$T_{aus} = T_\varepsilon = T_0\,\frac{1}{D}\,\ln\left(\frac{100}{\varepsilon}\,\frac{1}{\sqrt{1-D^2}}\right) \quad , \quad \varepsilon \ in \ \% \tag{4.81}$$

$$\text{bzw.} \quad \frac{T_{5\%}}{T_0} \approx \frac{3}{D} \quad \text{für} \quad D \ll 1 \quad , \tag{4.82}$$

$$\frac{T_{2\%}}{T_0} \approx \frac{4}{D} \quad \text{für} \quad D \ll 1 \quad . \tag{4.83}$$

Mit dem Schwingungsglied-Ansatz ist eine eindeutige Interpretation der Gütekennwerte (4.79) bis (4.83) im p-Bereich und damit auch im ω-Bereich gegeben. Die Anwendung dieser Spezifikationen soll im Zusammenhang mit der Vorstellung von Entwurfsverfahren erfolgen. Es wird dabei auch zu klären sein, welche Auswirkungen Abweichungen vom Schwingungsglied-Ansatz auf die dynamischen Bewertungsgrößen haben.

Bewertung mittels Integralkriterien

Zwischen Schnelligkeit und Dämpfung des Führungsübergangsvorganges ist im allgemeinen ein Kompromiß zu schließen. Die Erfassung des Gesamtverlaufes von *e(t)* in Integralkriterien stellt in dieser Hinsicht eine Möglichkeit dar. Sie bietet zugleich die Basis für einen direkten Reglerentwurf im Zeitbereich.

Einige wesentliche Integralkriterien sind für $e_\infty = 0$ sowie $u_\infty = 0$ nachfolgend angegeben:

- *lineare Regelfläche*
$$I_L = \int_0^\infty e(t)\, dt \quad , \tag{4.84}$$

  geeignet für die Bewertung monotoner oder stark gedämpfter Übergangsvorgänge;

- *betragslineare Regelfläche*
$$I_B = \int_0^\infty |e(t)|\, dt \quad , \tag{4.85}$$

  geeignet für die Bewertung periodischer Übergangsvorgänge;

- *quadratische Regelfläche*
$$I_Q = \int_0^\infty e^2(t)\, dt \quad , \tag{4.86}$$

  geeignet für die Bewertung periodischer Übergangsvorgänge mit starker Wichtung großer Regelabweichungen;

- *verallgemeinerte quadratische Regelfläche*
$$I = \int_0^\infty \left[e^2(t) + \lambda\, u^2(t) \right] dt \quad , \tag{4.87}$$

  mit zusätzlicher Bewertung des Stellaufwandes im Vergleich zu I_Q, deshalb besondere Bedeutung.

4.6.3 Analyse und Entwurf mittels Frequenzgang des offenen Kreises

4.6.3.1 Bewertung des Führungsverhaltens durch $G_0(j\omega)$

Ausgehend vom Schwingungsglied-Ansatz nach (4.78) für die Beschreibung des Führungsverhaltens ergibt sich für die Standardstruktur der Ausgangsregelung (Bild 4.2) mit

$$G_0(p) = \frac{G_w(p)}{1 - G_w(p)} \tag{4.88}$$

die zugehörige Übertragungsfunktion des offenen Kreises zu

$$G_0(p) = \frac{1}{p\,2DT_0\,(1 + p\,\dfrac{T_0}{2D})} \quad . \tag{4.89}$$

Aus (4.89) ist ersichtlich, daß dem P-T_2-Verhalten des geschlossenen Regelkreises

I-T_1-Verhalten des offenen Kreises zugeordnet ist. Mit $T_0 = \dfrac{1}{\omega_0}$ folgt aus (4.89) der Fre-

quenzgang des offenen Kreises zu

$$G_0(j\omega) = \frac{1}{j\dfrac{\omega}{\omega_0}\,2D\,(1 + j\,\dfrac{\omega}{\omega_0}\,\dfrac{1}{2D})} \quad . \tag{4.90}$$

Die zugehörige Amplitudenkennlinie ist in Geradenapproximation in Bild 4.22 vergleichbar mit der Darstellung nach Bild 3.27 wiedergegeben.

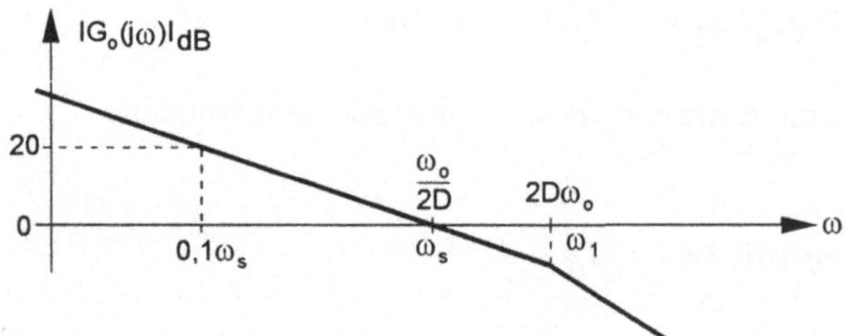

Bild 4.22: Amplitudenkennlinie $|G_0(j\omega)|_{dB}$ für Schwingungsglied-Verhalten des Regelkreises

Die Gütebewertung soll hier zur Vereinfachung entsprechend dem Kennlinienverlauf im Bild 4.22 nur für $\omega_S < \omega_1$ bzw. $D > 0,5$ erfolgen. Nach (4.79) wird damit die Überschwingweite Δh im Bereich zwischen 0 und 16 % erfaßt. Im Zusammenhang mit der Festlegung von Δh können durch $\omega_0 = 1/T_0$ auch die Überschwingzeit (4.80) und die

Beruhigungszeit (4.81) bis (4.83) beeinflußt werden. Für das stationäre Verhalten ist durch den Schwingungsglied-Ansatz ein verschwindender Positionsfehler ($e_B=0$) gewährleistet, was sich auch im I-Verhalten des offenen Kreises widerspiegelt.

4.6.3.2 Entwurf anhand der Amplitudenfrequenzkennlinie

Basis für den Entwurf ist unter Voraussetzung des Schwingungsgliedverhaltens für den geschlossenen Kreis die Amplitudenkennlinie des offenen Kreises nach Bild 4.22. Sie wird durch die Parameter D und ω_0 festgelegt, die ihrerseits aus den geforderten Gütekennwerten bestimmt werden können. Für die Überschwingweite erhält man einen besonders übersichtlichen Zusammenhang mit dem Verlauf der Amplitudenkennlinie, wenn ausgehend von (4.90) die Integrationszeit

$$T_I = \frac{2D}{\omega_0} = \frac{1}{\omega_S} \tag{4.91}$$

und die Verzögerungszeit

$$T_1 = \frac{1}{2D\omega_0} = \frac{1}{\omega_1} \tag{4.92}$$

in einem *Einstellfaktor*

$$a = \frac{\omega_1}{\omega_S} = \frac{T_I}{T_1} = 4D^2 \tag{4.93}$$

verknüpft wird. Wegen der logarithmischen Darstellung von ω ist a im Bild 4.22 gemäß (4.93) als Knickpunktabstand zwischen der Schnittfrequenz ω_S und der durch die Verzögerungszeit bedingten Knickfrequenz ω_1 ablesbar. Da der Einstellfaktor a ebenso wie die Überschwingweite Δh eindeutig vom Dämpfungsgrad D abhängt, besteht ein unmittelbarer Zusammenhang zwischen Knickpunktabstand und Δh. Mit (4.79) und (4.93) gilt

$$\Delta h = e^{-\pi\,\sqrt{a/(4-a)}} \quad . \tag{4.94}$$

Für ausgewählte Werte besteht nach (4.94) folgende Zuordnung:

a	4	1,9	1,4	1,07
Δh [%]	0	5	10	15

Der Entwurf eines Reglers oder eines Reihen-Korrekturgliedes erfolgt bei vorgegebenem Streckenmodell in folgenden Schritten:

a) Bestimmung und Darstellung einer gewünschten Amplitudenkennlinie $|G_0^*(j\omega)|_{dB}$ auf Grundlage von Δh-, T_m- und e_B-Vorgaben entsprechend Bild 4.22.

b)   Darstellung der Amplitudenkennlinie $|G_S(j\omega)|_{dB}$ für die Regelstrecke.

c)   Bestimmung der Amplitudenkennlinie $|G_R(j\omega)|_{dB}$ für einen Regler oder ein Reihen-Korrekturglied durch grafische Differenzbildung gemäß

$$|G_R(j\omega)|_{dB} = |G_0^*(j\omega)|_{dB} - |G_S(j\omega)|_{dB} \qquad (4.95)$$

wegen

$$G_R(j\omega) = \frac{G_0^*(j\omega)}{G_S(j\omega)} \quad .$$

d)   Bestimmung eines Regler- bzw. Korrekturglied-Algorithmus, welcher der Amplitudenkennlinie nach (4.95) zugeordnet werden kann.

Im Ergebnis eines solchen Entwurfsvorganges entstehen bei Strecken höherer Ordnung Regler-Amplitudenkennlinien, die mit den im Abschn. 4.3.2 behandelten PID-Reglern nicht realisiert werden können. Es sind dann aufwendigere Realisierungsstrukturen, z.B. mit beschalteten Operationsverstärkern, erforderlich. Durch die Zusammenfassung nicht dominierender Zeitkonstanten in einer Summenzeitkonstante kann man vereinfachte Streckenmodelle aufstellen, so daß klassische Reglertypen eingesetzt werden können. Allerdings lassen sich auf diese Weise die vorgegebenen Gütewerte nur näherungsweise erreichen.

BEISPIEL 4.5:   *Reglerentwurf anhand der Amplitudenfrequenzkennlinie des offenen Regelkreises*

Gegeben sei eine $P\text{-}T_2$-Regelstrecke mit dem Frequenzgang

$$G_S(j\omega) = \frac{10}{(1 + j\omega\ 10)(1 + j\omega\ 0,1)} \quad .$$

Im Fall a) ist ein Regler zu entwerfen, durch den der Positionsfehler $e_B=0$ erreicht und die Überschwingweite 20 % nicht überschritten wird. Aus Bild 4.23a ist zu ersehen, daß mit einem P-Regler für $K_R=10$, d.h. mit dem Einstellfaktor $a=1$ die Dynamikforderung eingehalten werden kann, aber der Positionsfehler für $K_0= K_S\ K_R = 100$ nach (4.73) nicht vollständig beseitigt wird. $e_B=0$ läßt sich nur mit einem PI-Regler erreichen. Seine Amplitudenkennlinie folgt gemäß (4.95) aus dem schraffierten Flächenanteil im Bild 4.23a. Der Frequenzgang lautet

$$G_R(j\omega) = K_R \left(1 + \frac{1}{j\omega T_n}\right) = \frac{1}{j\omega}(1 + j\omega\,10) \quad .$$

Die Überschwingzeit kann zu $T_m \approx \pi/\omega_S \approx \pi/10$ abgeschätzt werden.

Soll in einem Entwurfsfall b) die Überschwingweite auf etwa 5 % unter Beibehaltung von T_m bzw. ω_S verringert werden, so gilt wegen $a=2$ die gewünschte Amplitudenkennlinie des offenen Kreises

$$G_0^*(j\omega) = \frac{1}{0{,}1\,j\omega(1 + j\omega\,0{,}05)}$$

nach Bild 4.23b. Die schraffierte Differenzfläche ergibt die Amplitudenkennlinie des Reglers mit einem zweiten Vorhaltglied, d.h. eines realen PID-T_1-Reglers nach (4.31) mit dem Frequenzgang

$$G_R(j\omega) = \frac{(1 + j\omega\,T_{v1}')(1 + j\omega\,T_{v2}')}{j\omega\,T_I\,(1 + pT_1)} = \frac{(1 + j\omega\,10)(1 + j\omega\,0{,}1)}{j\omega\,(1 + j\omega\,0{,}05)} \quad .$$

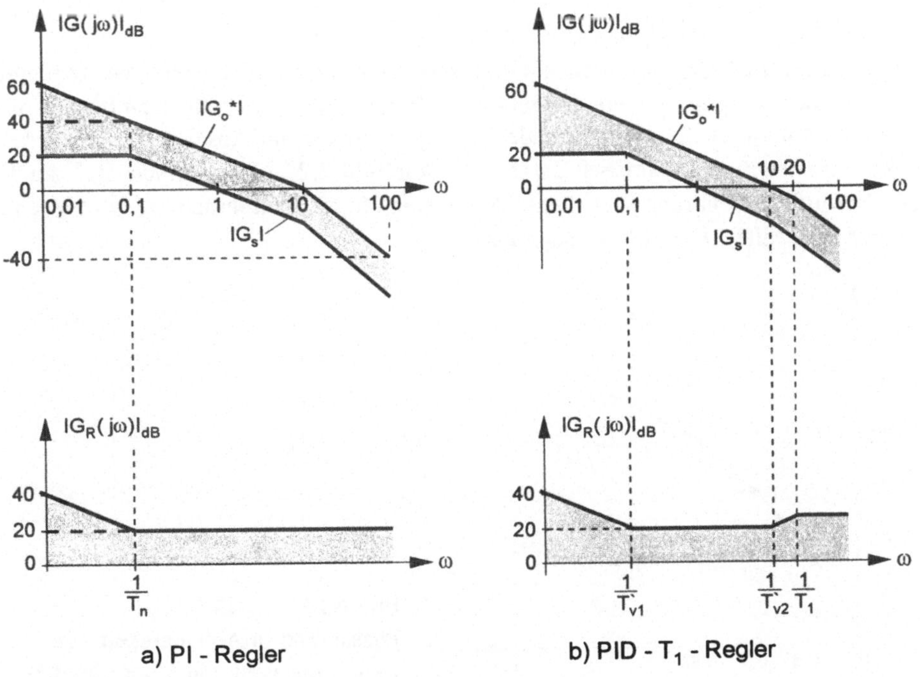

Bild 4.23: Reglerentwurf anhand der Amplitudenkennlinie des offenen Kreises

4.6.3.3 Entwurf anhand des Phasenrandes

Der Phasenrand wurde im Abschn. 4.5.5 zur Abschätzung der Stabilitätsreserve eingeführt. Er wird gemäß (4.52) aus der Schnittphase φ_S unter Bezug auf den kritischen
Phasenwinkel $\varphi_0(\omega_\pi) = -180°$ bestimmt. Mit dem Schwingungsglied-Ansatz für den geschlossenen bzw. dem I-T_1-Verhalten des offenen Regelkreises erhält man gemäß (3.161)
mit (4.92)

$$\varphi_S = \varphi_0\,(\omega_S) = -\frac{\pi}{2} - \text{arc tan}\,\frac{\omega_S}{\omega_0}\,\frac{1}{2D} \quad . \tag{4.96}$$

Für $|G_0(j\omega_S)| = 1$ ergibt sich mit (4.90) die Schnittfrequenz ω_S in (4.96) und schließlich
mit (4.52) der Phasenrand

$$\varphi_R = \frac{\pi}{2} - \text{arc tan}\left[\frac{1}{2D}\,\sqrt{-2D^2 + \sqrt{4D^4 + 1}}\,\right] \tag{4.97}$$

bzw.

$$\varphi_R \approx \frac{\pi}{2} - \text{arc tan}\frac{1}{4D^2}$$

für die Geradenapproximation der Amplitudenkennlinie und $\omega_S < \omega_1$.

Damit besteht unter den getroffenen Voraussetzungen wegen der eindeutigen Abhängigkeit vom Dämpfungsgrad D ein unmittelbarer Zusammenhang zwischen Δh bzw. a und
φ_R. Im Bild 4.24 ist die entsprechende Beziehung für den im Abschn. 4.6.3.1 vereinbarten Parameterbereich grafisch dargestellt. Aus Bild 4.24 ist ersichtlich, daß der für
den Entwurf des Führungsverhaltens häufig empfohlene Phasenrand $\varphi_R \approx 50°$ einer
Überschwingweite $\Delta h \approx 18\ \%$ entspricht.

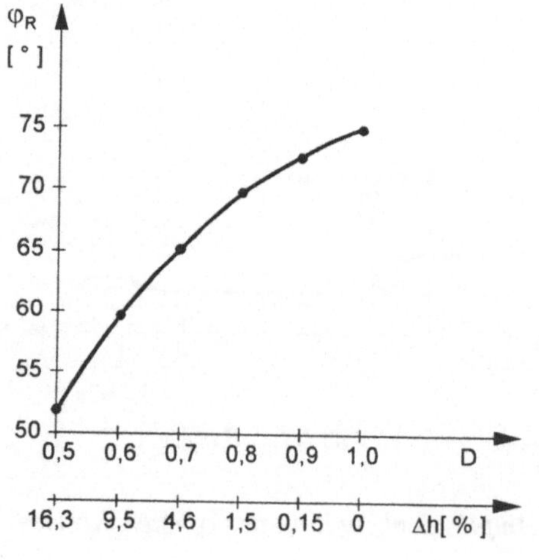

Bild 4.24:
Phasenrand in Abhängigkeit von
Dämpfungsgrad und Überschwing-
weite

Der Entwurf eines Reglers oder eines Reihen-Korrekturgliedes erfolgt hier im Unterschied zum Vorgehen nach Abschn. 4.6.3.2 unter Einbeziehung der Phasenkennlinie des offenen Kreises. Ist bedingt durch das Übertragungsverhalten der Regelstrecke und durch Anforderungen an das stationäre Verhalten bei gewünschter Überschwingzeit der Phasenrand $\varphi_R < 50°$, so ist eine Phasenanhebung in der Umgebung von ω_S zu realisieren, ohne die Amplitudenkennlinie in diesem Gebiet wesentlich zu beeinflussen. Dies kann zum Beispiel durch PD-Regler (s. Abschn. 4.3.2) oder P-T_{v1}-T_1-Korrekturglieder (s. Abschn. 3.1.5.3) erfolgen.

Der Vorteil des Phasenrand-Entwurfs besteht darin, daß Abweichungen vom vorausgesetzten I-T_1-Verhalten des offenen Kreises durch Betrachtung der resultierenden Phasenkennlinie im Bereich der Schnittfrequenz hinsichtlich ihrer Auswirkungen auf das dynamische Verhalten gut abgeschätzt werden können.

BEISPIEL 4.6: *Reglerentwurf mittels Frequenzkennlinien anhand des Phasenrandes*

Für einen Regelkreis mit I-T_1-T_t-Strecke ist ein Regler zu entwerfen, so daß das dynamische Verhalten durch einen Phasenrand $\varphi_R \approx 50°$ bei einer Schnittfrequenz $\omega_S = 1$ festgelegt ist. Im Bild 4.25 sind die Frequenzkennlinien für die Regelstrecke mit dem Frequenzgang

$$G_S(j\omega) = \frac{e^{-j\omega\,0{,}63}}{j\omega\,(1\,+\,j\omega\,0{,}5)}$$

ausgezogen dargestellt. Die Schnittphase liegt bei $\varphi_S = -150°$. Eine Phasenanhebung um $20°$ führt zum gewünschten Phasenrand $\varphi_R \approx 50°$, wenn die Amplitudenkennlinie bei ω_S nicht wesentlich verändert wird. Diese Bedingungen erfüllt ein PD-T_1-Regler, dessen Frequenzgang

$$G_R(j\omega) = K_R\,\frac{1\,+\,j\omega\,T_v}{1\,+\,j\omega\,T_1'} = 0{,}7\,\frac{1\,+\,j\omega\,1{,}42}{1\,+\,j\omega\,0{,}7}$$

im Bild 4.25 als Amplituden- und Phasenkennlinie gestrichelt dargestellt ist.

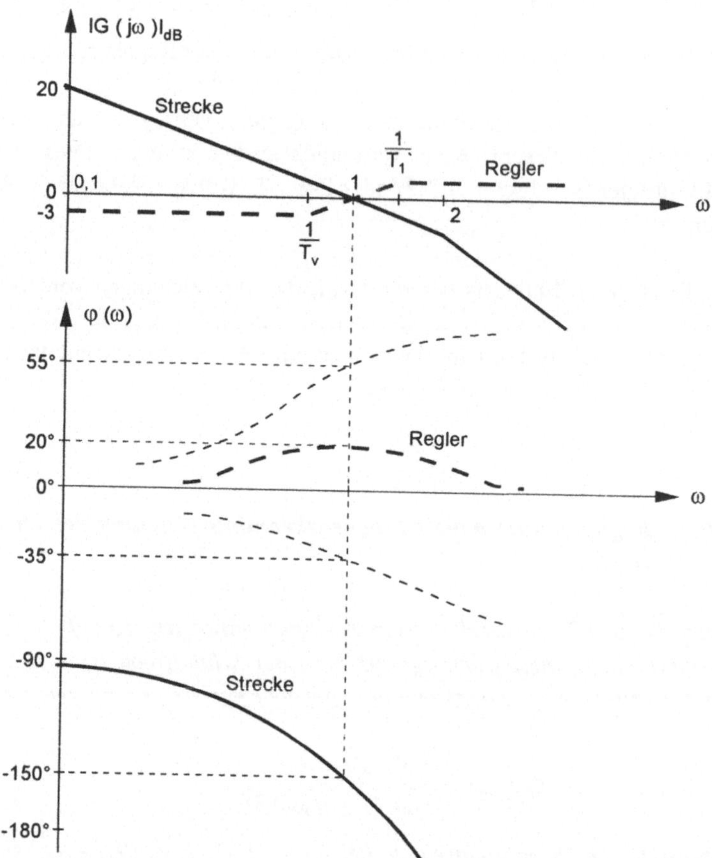

Bild 4.25:   Reglerentwurf anhand des Phasenrandes

4.6.3.4 Gütebereiche für die Amplitudenkennlinie

Unter Berücksichtigung der bisher im Abschn. 4.6.3 getroffenen Feststellungen und Einschätzungen kann man verallgemeinernd für den wünschenswerten Verlauf der Amplitudenkennlinie drei Bereiche angeben (Bild 4.26).

Bereich I:

Durch die Amplitudenkennlinie im Bereich $\omega/\omega_s < 1/20$ wird im wesentlichen das stationäre Führungsverhalten festgelegt, z.B. der Positionsfehler $e_B = 0$ für I-Verhalten.

Bereich II:

Durch den Verlauf im Frequenzbereich $1/20 < \omega/\omega_S < 20$ wird das dynamische Verhalten entscheidend bestimmt. Für geringes Überschwingen ist auf eine Neigung der Amplitudenkennline von -20 dB/Dek. zu orientieren, damit ein relativ großer Phasenrand gesichert werden kann. Für geringere dynamische Anforderungen kann der Bereich II auf $1/10 < \omega/\omega_S < 10$ eingeschränkt sein.

Bereich III:

Im Bereich für $\omega/\omega_S > 20$ besteht kein wesentlicher Einfluß auf das stationäre und dynamische Verhalten.

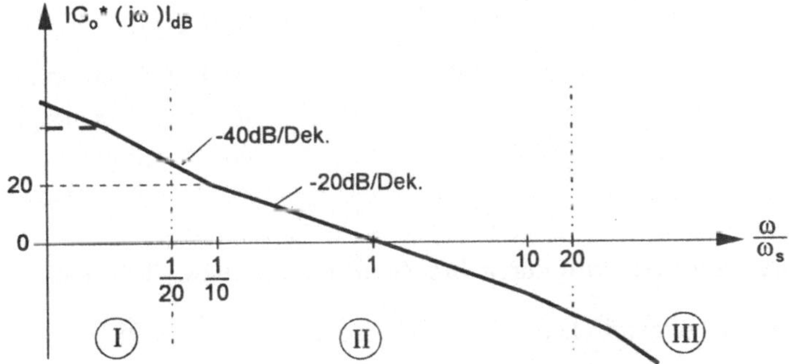

Bild 4.26: Gütebereiche für Amplitudenkennlinie

4.6.4 Analyse und Entwurf mittels Führungsfrequenzgang

4.6.4.1 Bewertung des Führungsverhaltens durch $G_w(j\omega)$

Auf Grundlage des Schwingungsglied-Ansatzes für das Führungsverhalten der Ausgangsregelung können Gütebewertungen aus dem Zeitbereich (Abschn. 4.6.2) auch auf den Führungsfrequenzgang $G_w(j\omega)$ übertragen werden, wodurch sich zumindest qualitativ Aussagen zu Analyse und Entwurf treffen lassen. Ferner wird eine anschauliche Interpretation der Anforderung an das Führungsverhalten ermöglicht.

Nach (4.78) gilt für den Führungsfrequenzgang

$$G_w(j\omega) = \cfrac{1}{1 + j\dfrac{\omega}{\omega_0}\,2D + (j\dfrac{\omega}{\omega_0})^2} \quad , \qquad \frac{1}{\omega_0} = T_0 \quad .$$

(4.98)

Die Amplitudenfrequenzkennlinie des geschlossenen Kreises ist im Bild 4.27 dargestellt.

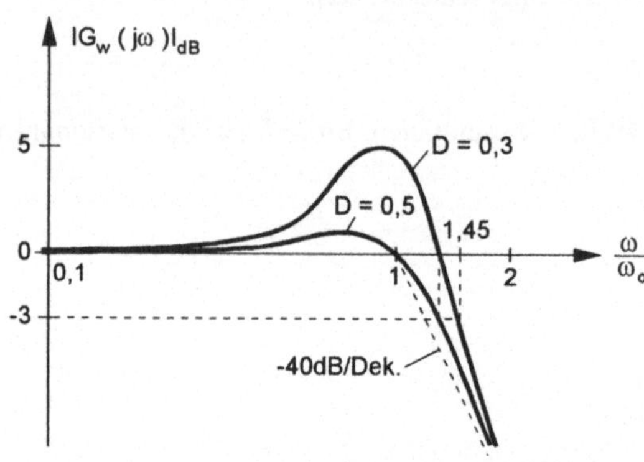

Bild 4.27:

Amplitudenkennlinie $|G_w(j\omega)|_{dB}$ für Schwingungsglied-Verhalten des Regelkreises

Das stationäre Verhalten wird durch $\lim\limits_{\omega\to 0}|G_w(j\omega)| = 1$ bzw. 0 dB charakterisiert. Für die Bewertung des dynamischen Verhaltens ergeben sich aus (4.98) beim Auftreten von Resonanzüberhöhungen, d.h. für $D < 1/\sqrt{2} = 0{,}707$, die folgenden Parameter:

Resonanzfrequenz: $\omega_r = \omega_0 \sqrt{1 - 2D^2}$,   (4.99)

$\qquad\qquad\qquad\qquad \omega_r \approx \omega_0 \quad$ *für* $\quad D \ll 1 \quad$;

Resonanzamplitude: $|G_{wr}| = |G_w(j\omega_r)| = \cfrac{1}{2D\sqrt{1 - D^2}}$,   (4.100)

$\qquad\qquad\qquad\qquad |G_{wr}| = 1 \quad$ *für* $\quad D = 1/\sqrt{2} \quad$;

Grenzfrequenz: $\omega_{gr} = \omega_0 \sqrt{1 - 2D^2 + \sqrt{(1 - 2D^2)^2 + 1}}$ (4.101)

$\qquad\qquad\qquad\qquad$ *für* $\quad |G_w(j\omega_{gr})| = 1/\sqrt{2}$

Schnittfrequenz: $\omega_{wS} = \omega_0 \sqrt{2(1 - 2D^2)}$ (4.102)

Über den Dämpfungsgrad D und die Kennkreisfrequenz ω_0 kann der Zusammenhang zu den Güteparametern im Zeitbereich nach (4.79) bis (4.83) hergestellt werden.

Für die Überschwingweite folgt aus (4.100) und (4.79) der eindeutige Zusammenhang mit der Resonanzamplitude

$$|G_{wr}| = \frac{1 + (\frac{1}{\pi} \ln \Delta h)^2}{\frac{2}{\pi} \ln \Delta h} \quad .$$

Im Abschn. 4.6.3 wurde für gutes Führungsverhalten $\varphi_R \approx 50°$ empfohlen, was $D \approx 0,5$ und $\Delta h \approx 18 \%$ entspricht. Aus (4.100) ergibt sich in diesem Fall $|G_{wr}| \approx 1,15$ bzw. 1,25 dB. Daraus ist ersichtlich, daß bei einem Entwurf mittels Führungsfrequenzgang nur geringe Resonanzüberhöhungen des Amplitudenganges zulässig sind. Bezüglich der Schnelligkeit des Übergangsvorganges folgt mit $D = 0,5$ nach (4.99) für die Resonanzfrequenz $\omega_r = 0,7\ \omega_0$, nach (4.101) für die Grenzfrequenz $\omega_{gr} = 1,27\ \omega_0$ und nach (4.102) für die Schnittfrequenz $\omega_{wS} = \omega_0$.

4.6.4.2 Entwurf anhand der Amplitudenkennlinie

In Abschn. 4.6.4.1 wird begründet, daß für ideales stationäres Verhalten $\lim\limits_{\omega \to 0} |G_w(j\omega)| = 1$ angestrebt werden muß. Für kleine Δh-Werte dürfen nur geringe Resonanzamplituden zugelassen werden. Forderungen hinsichtlich Überschwing- und Beruhigungszeiten spiegeln sich über D und ω_0 in den Resonanz- und Grenzfrequenzen wider. Da sich $|G_w(j\omega)|_{dB}$ nicht durch einfache grafische Addition oder Subtraktion aus $|G_0(j\omega)|_{dB}$ bestimmen läßt, kann eine Annäherung der Amplitudenkennlinie auf Grundlage folgender Abschätzung hilfreich sein:

$$G_w(j\omega) = \frac{G_0(j\omega)}{1 + G_0(j\omega)} \quad ,$$

$$G_w(j\omega) \approx \begin{cases} 1 & \text{für} \quad |G_0(j\omega)| >> 1 \\ G_0(j\omega) & \text{für} \quad |G_0(j\omega)| << 1 \end{cases} \quad .$$

Für zwei typische Varianten von $|G_0(j\omega)|_{dB}$ entsprechend Abschn. 4.6.3 ist im Bild 4.28 eine Näherung der Amplitudenkennlinien für das Führungsverhalten des geschlossenen Kreises dargestellt. Die Tiefpaßeigenschaften des Regelkreises sind im Interesse einer guten Dynamik des Führungsverhaltens bis zu einer technisch vertretbaren Grenzfrequenz zu gewährleisten. Bild 4.28 zeigt, wie durch einen Reglerfrequenzgang auf den Verlauf der $|G_0(j\omega)|$-Kennlinie und damit auf $|G_w(j\omega)|_{dB}$ Einfluß genommen werden kann. In

dem durch einen Kreis markierten Frequenzbereich sind gegebenenfalls genauere Unter-
suchungen erforderlich, da hier die grafische Approximation von $|G_w(j\omega)|_{dB}$ die größten
Fehler aufweist.

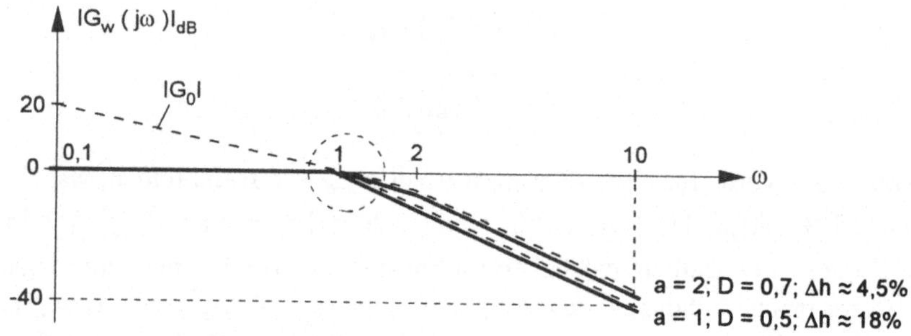

Bild 4.28:   Approximierte Amplitudenkennlinie $|G_w(j\omega)|_{dB}$

4.6.4.3 Entwurf nach dem Betragskriterium

Der Entwurf nach dem Betragskriterium basiert auf der Zielstellung, den Führungsfrequenzgang entsprechend Bild 4.28 in einem möglichst ausgedehnten Frequenzbereich
konstant zu halten und dann monoton abfallen zu lassen. Das bedeutet schnelles Führungsverhalten ohne bzw. mit geringem Überschwingen. k freie Entwurfsparameter
werden durch k Ableitungen des Betragsquadrates des Führungsfrequenzganges für $\omega=0$
gemäß

$$\lim_{x \to 0} \frac{d^i}{dx^i} G(x) = 0 \quad , \quad i=1,2,...,k \quad , \tag{4.103}$$

mit

$$G(x) = |G_w(j\omega)|^2 = G_w(j\omega)\, G_w(-j\omega) \quad , \quad \omega^2 = x \tag{4.104}$$

bestimmt. Für

$$G(x) = \frac{B_0 + B_1 x + ... + B_l x^l}{A_0 + A_1 x + ... + A_n x^n} \tag{4.105}$$

erhält man mit (4.103) die Bedingungen

$$A_i = B_i \frac{A_0}{B_0} \quad , \quad i=1,2,...,k \leq n \quad . \tag{4.106}$$

BEISPIEL 4.7: **Regelungsentwurf mittels Betragskriterium**

Schwingungsglied-Eigenschaften des Regelkreises drücken sich im $I\text{-}T_1$-Verhalten des offenen Kreises aus. Für den Frequenzgang nach (4.90) mit den Parametern (4.91) und (4.92) , d.h. für

$$G_0(j\omega) = \frac{1}{j\omega\, T_I\,(1\,+\,j\omega\, T_1)} \quad , \tag{4.107}$$

kann der Einstellfaktor a bestimmt werden, der das Betragskriterium erfüllt. Aus (4.107) folgt

$$G_w(j\omega) = \frac{1}{1\,-\,\omega^2\, T_1\, T_I\,+\,j\omega\, T_I}$$

und nach (4.104)

$$G(x) = \frac{1}{x^2\, T_I^2\, T_1^2\,+\,x\,(T_I^2\,-\,2\, T_I\, T_1)\,+\,1} \quad .$$

Durch Vergleich mit (4.105) ergibt sich $A_0 = B_0 = 1$, $A_1 = T_I^2 - 2\, T_I\, T_1$, $B_1 = 0$ und mit (4.106) $A_1 = 0$ bzw. $T_1 = 2T_1$.
Dieses Ergebnis entspricht nach (4.93) einem Einstellfaktor $a=2$ oder einer Überschwingweite $\Delta h = 4{,}5\ \%$ bzw. dem Dämpfungsgrad $D = 1/\sqrt{2}$, d.h. $|G_{wr}| = 1$.

Zum gleichen Ergebnis gelangt man auf pragmatische Weise, wenn man sich der Forderung

$$|G_w(j\omega)| = \frac{1}{\sqrt{1\,+\,\omega^2\,(T_I^2\,-\,2\, T_1\, T_I)\,+\,\omega^4\, T_1\, T_I}} = 1$$

dadurch nähert, daß wenigstens der Koeffizient bei ω^2 Null gesetzt wird. Diese Betrachtung führt ebenfalls zur Einstellung $T_1 = 2\, T_1$.

4.6.5　Analyse und Entwurf mittels Wurzelortsverfahren

4.6.5.1　Charakterisierung des Verfahrens

Das Wurzelortsverfahren (root locus method), 1948 von *Evans* eingeführt, ist ein sehr leistungsfähiges grafisch-analytisches Verfahren zur Analyse, einschließlich Stabilitäts-analyse, und zum Entwurf von Regelungssystemen. Durch dieses Verfahren kann der Zusammenhang zwischen den Polen und Nullstellen der Übertragungsfunktion des offenen Regelkreises und den Polen der Übertragungsfunktion bzw. den Wurzeln der charak-teristischen Gleichung des geschlossenen Kreises sehr anschaulich dargestellt werden. Als *Wurzelort* wird der geometrische Ort aller Wurzeln der charakteristischen Gleichung in der p-Ebene bezeichnet. Die *Wurzelortskurve* ist die geometrische Ortslinie dieser Wurzeln in Abhängigkeit von einem Systemparameter, meist dem proportionalen Über-tragungsfaktor K_0 des offenen Kreises (Kreisverstärkung). Wurzelortskurven können durch exakte Wurzelberechnung computergestützt ermittelt werden. Zur schnellen Orientierung über den Wurzelortskurvenverlauf und damit zur Grobabschätzung des Regelkreisverhaltens stehen aber auch Konstruktionsregeln zur Verfügung. Diese beziehen sich auf rationale Übertragungsfunktionen des offenen Kreises, bei denen der interessie-rende Systemparameter als Vorfaktor auftritt (siehe Abschn. 4.6.5.2). Totzeitsysteme sind daher nicht oder nur durch Approximation der Übertragungsfunktionen in diese Methode einzubeziehen. Bedeutsam ist ferner, daß das Wurzelortsverfahren auch zur Untersuchung digitaler Regelungen eingesetzt werden kann, da sich das Systemverhalten durch ver-gleichbare Übertragungsmodelle im z-Bereich beschreiben läßt (siehe Abschn. 6.5.1).

4.6.5.2　Konstruktion der Wurzelortskurven

Die Konstruktion von Wurzelortskurven (WOK) beruht auf einer einheitlichen Beschrei-bungsbasis. Es gelte für die Übertragungsfunktion des offenen Kreises

$$G_0(p) = K_0 \frac{\tilde{Z}_0(p)}{N_0(p)} = K_0 \frac{\prod\limits_{j=1}^{l} (p - p_{vj})}{\prod\limits_{i=1}^{n} (p - p_i)} \quad , \quad l \leq n \quad , \quad p_{vj} \neq p_i \qquad (4.108)$$

mit der Kreisverstärkung K_0, den Polen p_i und den Nullstellen p_{vj}. Als freier Systempara-meter ist K_0 vorgesehen. Es können aber auch WOK für andere Systemparameter kon-struiert werden, wenn diese als Vorfaktor in einer Struktur nach (4.108) auftreten können.

Da die WOK geometrische Ortslinien der Wurzeln von $1 + G_0(p) = 0$ sind, müssen alle Punkte auf dieser Kurve der Phasenbedingung von $G_0(p) = -1$ genügen. Durch die Betragsbedingung wird die Parametrierung für K_0 auf der WOK vorgenommen.

Für $\quad p - p_{vj} = r_{vj}\, e^{j\varphi_{vj}} \quad$ und $\quad p - p_i = r_i\, e^{j\varphi_i}$

folgt mit (4.108) für die charakteristische Gleichung

$$G_0(p) = K_0 \,\frac{\displaystyle\prod_{j=1}^{l} r_{vj}}{\displaystyle\prod_{i=1}^{n} r_i}\; \exp\left\{ j\left(\sum_{j=1}^{l} \varphi_{vj} - \sum_{i=1}^{n} \varphi_i \right) \right\} = -1 \quad . \tag{4.109}$$

Aus (4.109) ergibt sich die *Betragsbedingung* zu

$$K_0 = \frac{\displaystyle\prod_{i=1}^{n} r_i}{\displaystyle\prod_{j=1}^{l} r_{vj}} \tag{4.110}$$

und die *Phasenbedingung* zu

$$\sum_{j=1}^{l} \varphi_{vj} - \sum_{i=1}^{n} \varphi_i = -180^\circ \pm k\,360^\circ \quad , \quad k = 0,1,2,\dots \tag{4.111}$$

Bild 4.29 verdeutlicht die Bedingungen, unter denen ein Wurzelort auf einer WOK liegt. Ausgehend von der Beschreibungsbasis (4.108), der Phasenbedingung (4.111) sowie der Betragsbedingung (4.110) lassen sich **Konstruktionsregeln für WOK** ableiten. Die wichtigsten Regeln sind ohne Beweisführung nachfolgend aufgeführt.

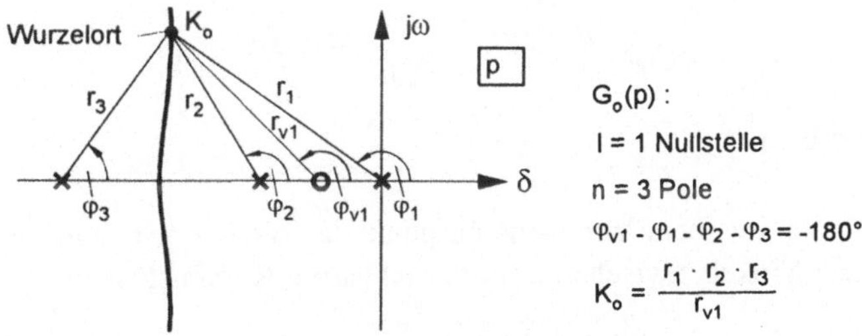

Bild 4.29: Wurzelortsbedingung

REGEL 1: WOK verlaufen symmetrisch zur reellen Achse der p-Ebene, weil die charakteristische Gleichung mit (4.108) nur reelle oder konjugiert komplexe Wurzeln hat.

REGEL 2: WOK besitzen entsprechend der Anzahl der Pole von $G_0(p)$ n Äste.

REGEL 3: Die WOK-Äste beginnen für $K_0 = 0$ (offener Kreis) in den n Polen von $G_0(p)$; aus einem q-fachen Pol treten q Äste aus.

Die WOK-Äste enden für $K_0 \to \infty$ in den l Nullstellen von $G_0(p)$; in q-fachen Nullstellen enden q Äste. Wenn die Zahl der Pole und Nullstellen nicht identisch ist, enden $(n-l)$ Äste im Unendlichen.

REGEL 4: Wurzelorte auf der reellen Achse liegen links von einer ungeraden Anzahl reeller Pole und Nullstellen.

REGEL 5: Die Asymptoten der $(n-l)$ ins Unendliche strebenden WOK-Äste sind Geraden mit dem Schnittpunkt (Wurzelschwerpunkt)

$$\delta_A = (\sum_{i=1}^{n} p_i - \sum_{j=1}^{l} p_{vj}) \, / \, (n-l) \tag{4.112}$$

und den Winkeln

$$\varphi_{A\kappa} = (180^0 + \kappa \, 360^0) \, / \, (n-l) \quad , \quad \kappa = 0,1,...,n-l-1 \quad . \tag{4.113}$$

REGEL 6: Die WOK-Verzweigungspunkte p_v (ausgenommen die Pole und Nullstellen von $G_0(p)$) müssen die Bedingung

$$\frac{d \, (1 + G_0(p))}{dp} = \frac{d \, G_0(p)}{dp} = 0$$

bzw. mit (4.108)

$$N_0(p) \, \frac{d \, \tilde{Z}_0(p)}{dp} - \tilde{Z}_0(p) \, \frac{d \, N_0(p)}{dp} = 0 \tag{4.114}$$

erfüllen.

REGEL 7: Treten in einem Verzweigungspunkt der WOK r Äste aus, so ist der Betrag des Winkels zwischen zwei benachbarten Kurvenstücken

$$\psi = \pi \, / \, r \quad . \tag{4.115}$$

REGEL 8: Für Schnittpunkte der WOK mit der imaginären Achse (Stabilitätsgrenze) ergeben sich aus der charakteristischen Gleichung in der Form

$$N_0(j\omega) + K_0 \, \tilde{Z}_0(j\omega) = 0 \tag{4.116}$$

nach Auflösung die kritischen Werte $K_0 = K_{0krit}$ und $\omega = \omega_{krit}$.

REGEL 9: Die Parametrierung der WOK erfolgt auf Grundlage der Betragsbedingung (4.110).

BEISPIEL 4.8:   *Konstruktion einer WOK*

Für einen Regelkreis, der aus einer I-T_2-Strecke mit

$$G_S(p) = \frac{K_{IS}}{p\,(p + 2)(p + 5)}$$

und einem P-Regler mit

$$G_R(p) = K_{PR} = K_R$$

besteht, soll die WOK für den Systemparameter $K_0 = K_R\,K_{IS}$ mit Hilfe der Regeln im Abschn. 4.6.5.2 konstruiert werden. Die Ergebnisse sind im Bild 4.30 dargestellt.

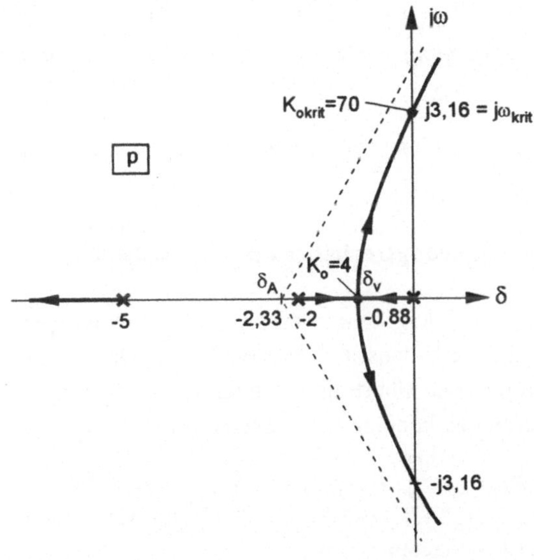

Bild 4.30:   *WOK für Regelkreis mit I-T_2-Strecke und P-Regler*

Die Übertragungsfunktion $G_0(p) = G_R(p)\,G_S(p)$ besitzt drei Pole und keine Nullstellen; n-l=3 Äste der WOK enden somit im Unendlichen. Der Schnittpunkt der drei zugehörigen Asymptoten ergibt sich nach (4.112) zu

$$\delta_A = \frac{1}{3}\sum_{i=1}^{3} p_i = \frac{0 - 2 - 5}{3} = -\frac{7}{3} = -2{,}33 \quad .$$

Für die Asymptotenwinkel erhält man mit (4.113)

$$\varphi_{A0} = 60^o \quad , \quad \varphi_{A1} = 180^o \quad , \quad \varphi_{A2} = 300^o \quad .$$

Die Wurzelorte auf der reellen Achse liegen gemäß Regel 4 zwischen $p_1=0$ und $p_2=-2$

sowie links von $p_3 = -5$. Die Lage des Verzweigungspunktes $p_V = \delta_V$ errechnet man nach (4.114) aus

$$0 - (3\,p^2 + 14\,p + 10) = 0$$

zu $p_V = -0,88$; die zweite Lösung liegt für $K_0 > 0$ nicht auf einem reellen WOK-Ast. Der Winkel zwischen zwei benachbarten Kurvenstücken in p_V beträgt nach (4.115) $\psi = 90°$. Für den Schnittpunkt mit der imaginären Achse erhält man nach (4.116) durch Lösung von

$$j\omega\,(j\omega + 2)\,(j\omega + 5) + K_0 = 0$$

aus dem Realteil $K_0 = 7\,\omega^2$ und aus dem Imaginärteil $\omega^2 = 10$. Somit gelten an der Stabilitätsgrenze $\omega_{krit} = \sqrt{10} = 3,16$ und $K_{0krit} = 70$. Als Beispiel für die Parametrierung sei K_0 für den Verzweigungspunkt $p_V = \delta_V$ bestimmt. Sie folgt aus der Betragsbedingung (4.110)

$$K_{0V} = \prod_{i=1}^{3} r_i = |{-0,88} - 0|\ \ |{-0,88} + 2|\ \ |{-0,88} + 5| = 4,06 \quad .$$

4.6.5.3 Bewertung des Führungsverhaltens in der p-Ebene

Wie bereits im Abschn. 4.6.2 angedeutet, erlaubt der Schwingungsglied-Ansatz für die Beschreibung des Führungsverhaltens auch eine eindeutige Darstellung der Gütewerte des Zeitbereiches im p-Bereich. Die Übertragungsfunktion (4.78) wird entsprechend (3.151) im Abschn. 3.1.5.2 durch das konjugiert komplexe Polpaar

$$p_{1,2} = -\frac{D}{T_0} \pm j\frac{1}{T_0}\sqrt{1 - D^2} = -\delta_e \pm j\omega_e \tag{4.117}$$

charakterisiert. In (4.117) bedeuten

$$\delta_e = D/T_0 = \omega_0\,D \tag{4.118}$$

die *Abklingkonstante* und

$$\omega_e = \omega_0\sqrt{1 - D^2} \tag{4.119}$$

die *Eigenfrequenz* des gedämpften Systems. Aus (4.118) und (4.119) folgen auch die Beziehungen

$$\delta_e^2 + \omega_e^2 = \omega_0^2 \qquad \text{sowie}$$

$$\delta_e / \omega_0 = D = \cos\varphi \quad . \tag{4.120}$$

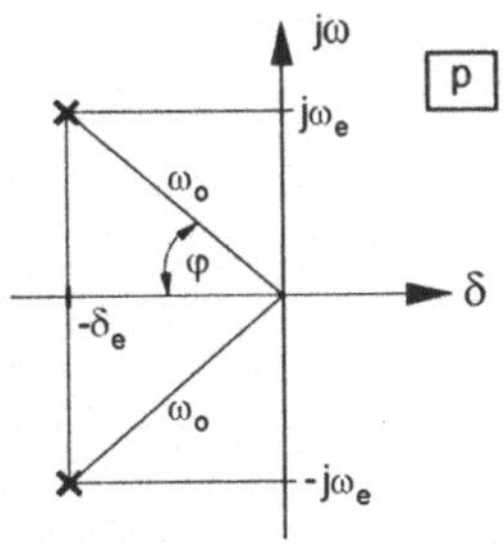

Bild 4.31:
Konjugiert komplexes Polpaar

Die Polposition (Bild 4.31) ist ebenso wie die Gütewerte Überschwingweite, Überschwingzeit und Beruhigungszeit nach (4.79) bis (4.83) ausschließlich durch die Parameter D und ω_0 festgelegt. Mit (4.118) und (4.119) lassen sich die Führungsübergangsfunktion nach (3.152) sowie die Gütewerte auch durch δ_e, ω_e und ω_0 ausdrücken.

Es gilt dann:

$$h_w(t) = \left[1 - \frac{\omega_0}{\omega_e} e^{-\delta_e t} \sin(\omega_e t + \varphi) \right] \sigma(t) \qquad (4.121)$$

mit
$$\varphi = \text{arc sin} \frac{\omega_e}{\omega_0} \quad , $$

$$\Delta h = e^{-\frac{\delta_e}{\omega_e} \pi} \quad , \qquad (4.122)$$

$$T_m = \frac{\pi}{\omega_e} \quad , \qquad (4.123)$$

$$T_{5\%} \approx \frac{3}{\delta_e} \quad , \quad T_{2\%} \approx \frac{4}{\delta_e} \quad . \qquad (4.124)$$

Durch die im Rahmen einer Entwurfs-Aufgabenstellung vorgegebenen Gütewerte sind nunmehr in der p-Ebene Zielpositionen bzw. -gebiete für Wurzelorte des geschlossenen Kreises festgelegt, sofern von einem dominierenden Polpaar ausgegangen werden darf. Im Bild 4.32 ist ein solches Vorzugsgebiet dargestellt.

Gewünschte Δh-Werte werden ausschließlich durch D bzw. φ festgelegt. Eine geringe Beruhigungszeit erfordert nach (4.124) einen Mindestabstand $\delta_{e\,min}$ des Polpaares von der imaginären Achse. Die Überschwingzeit ist nach (4.123) eindeutig durch ω_e bestimmt. Dieser Wert darf aber nicht zu groß sein, da sonst gemäß (4.121) die Schwingfrequenz des Übergangsvorgangs zu stark anwächst. ω_0 soll einen maximalen Wert nicht überschreiten, weil sich mit zunehmender Grenzfrequenz (4.101) auch der Stellaufwand erhöht. Auf Grund von Anforderungen an das stationäre Verhalten sollten andererseits

Minimalwerte von ω_0 nicht unterschritten werden.

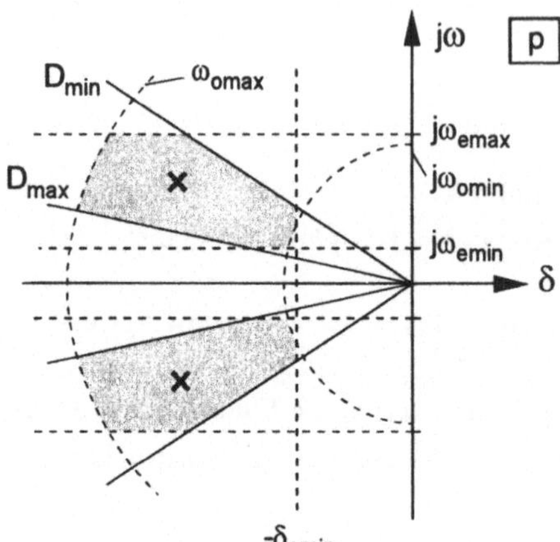

Bild 4.32:
Gütegebiet in der p-Ebene

Abweichungen vom Schwingungsglied-Ansatz für das Führungsverhalten des Regelkreises bewirken auch Abweichungen von der bisherigen Güteinterpretation im p-Bereich. Zusätzliche Pole und Nullstellen haben aber z.B. kaum Einfluß auf die Überschwingweite, wenn ihr Abstand von der imaginären Achse etwa 3mal (bei $D > 0,5$) bis 6mal (bei $0,25 < D < 0,5$) größer als der des dominierenden Polpaares ist. Sind diese Bedingungen nicht erfüllt, verringert sich durch zusätzliche reelle Pole die Überschwingweite und die Überschwingzeit erhöht sich; zusätzliche reelle Nullstellen bewirken das Gegenteil. Der Einfluß zusätzlicher reeller Pole und Nullstellen wächst mit ihrer Annäherung an die imaginäre Achse und ist dominierend, wenn der Abstand kleiner als δ_e wird. Treten die Pole und Nullstellen als Paar mit sehr kleinem P-N-Abstand auf, so kann deren Einfluß auf den Übergangsvorgang vernachlässigt werden.

4.6.5.4 Entwurf anhand von Wurzelortskurven

Die Entwurfsstrategie beruht darauf, Pole und Nullstellen von Reglern bzw. Reihen-Korrekturgliedern so zu plazieren, daß sie zusammen mit den Polen und Nullstellen der Regelstrecke die Grundlage für WOK bilden, mit denen ein vorgegebener Wurzelort oder ein bestimmtes Vorzugsgebiet in der p-Ebene erreicht und damit ein gewünschtes Führungsverhalten des Regelkreises realisiert werden kann.

Für einige ausgewählte Entwurfsaufgaben sei nachfolgend der Umgang mit dieser Methode demonstriert. Zugrundegelegt wird ein Regelkreis mit einer I-T_2-Strecke. Durch P- bzw. PD-Regler soll ein nach Abschn. 4.6.5.3 bewertetes Führungsverhalten des ge-

schlossenen Kreises anhand eines dominierenden konjugiert komplexen Polpaares eingestellt werden.

a) P-Regler:
Durch einen P-Regler werden weder Pole noch Nullstellen zu den 3 Streckenpolen
hinzugefügt. Mit $K_0 = K_R\, K_{IS}$ ergibt sich entsprechend Beispiel 4.8 eine WOK mit
3 Ästen, die im Unendlichen enden. Für $K_0 > K_{0krit}$ ist der Regelkreis instabil. Das im
Bild 4.33a besonders markierte Vorgabe-Polpaar kann nicht erreicht werden.

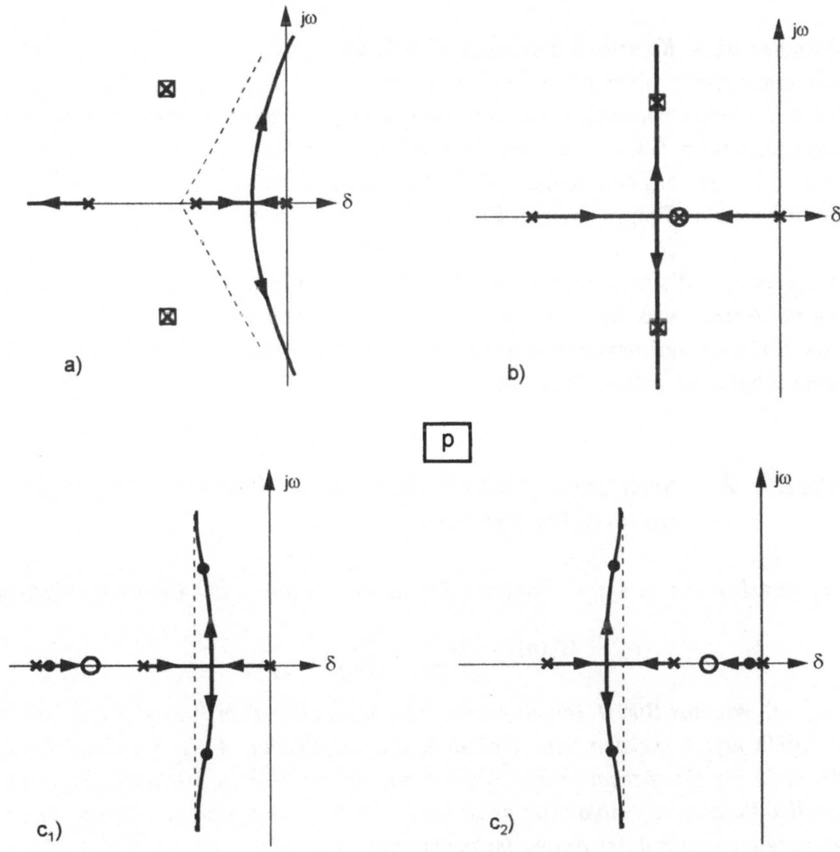

Bild 4.33: Reglerentwurf anhand von Wurzelortskurven

b) PD-Regler zur Kompensation eines Streckenpols
Die Nullstelle des Reglers möge den dominierenden, von Null verschiedenen Streckenpol
kompensieren. Es entsteht ein strukturstabiles System mit 2 WOK-Ästen ins Unendliche.

Das vorgegebene konjugiert komplexe Polpaar im Bild 4.33b entspricht dem im
Bild 4.33a und kann bei einer bestimmten Reglerverstärkung im angenommenen Fall zumindest näherungsweise erreicht werden. Da in realen Systemen eine ideale Kompensation kaum zu verwirklichen ist, entsteht ein P-N-Paar mit kleinem Abstand, das aber
keinen wesentlichen Einfluß auf den Übergangsvorgang ausübt. Ausgeschlossen werden
muß jedoch die Kompensation instabiler Streckenpole, da aus den genannten Gründen
stets ein, wenn auch kurzer WOK-Ast, in der rechten p-Halbebene auftreten wird, was
in jedem Fall instabiles Verhalten der Regelung hervorruft. Ein Ausweg wird im Beispiel 4.9 aufgezeigt.

c) PD-Regler ohne Kompensation eines Streckenpols

Im Falle einer relativ kleinen Vorhaltzeit dominiert bei entsprechender Kreisverstärkung
das durch 2 Punkte besonders markierte konjugiert komplexe Polpaar auf den ins Unendliche strebenden WOK-Ästen im Bild 4.33c_1. Der ebenfalls markierte Pol des geschlossenen Kreises auf dem reellen WOK-Ast hat bei einem hinreichend großen Abstand
vom dominierenden Polpaar keinen Einfluß auf den Führungsübergangsvorgang.

Für eine große Vorhaltzeit entsteht gemäß Bild 4.33c_2 ein reeler WOK-Ast in Nähe der
imaginären Achse, was bei der markierten Kreisverstärkung einen relativ langsamen
monotonen Übergangsvorgang zur Folge hat. Erst bei hoher Kreisverstärkung stellt sich
dann eine erhebliche Schwingneigung ein.

BEISPIEL 4.9:   *Reglerentwurf mittels WOK zur Stabilisierung eines Regelkreises*
                     mit instabiler Regelstrecke

Die I-T_2-Regelstrecke in einem Standard-Regelkreis sei durch die Übertragungsfunktion

$$G_S(p) = \frac{K_{IS}}{p\,(p + 10)(p - 2)}$$

*beschrieben. Wie aus Bild 4.34a zu ersehen ist, kann mit einem P-Regler kein stabilisie-
render Effekt erzielt werden. Aus Gründen, die im Abschn. 4.6.5.4 erläutert wurden,
scheidet auch die Kompensation des Streckenpols in der rechten p-Halbebene durch eine
Reglernullstelle aus. Als einfachste praktikable Lösung bietet sich der Einsatz eines PD-
Reglers vergleichbar mit der Entwurfsvariante nach Bild 4.33c_1 an. Im Bild 4.34 b ist der
WOK-Verlauf bei Verwendung eines Reglers mit der Übertragungsfunktion*

$$G_R(p) = K_R\,(1 + pT_v) = 0{,}5\,K_R\,(p + 2)$$

*dargestellt. Für $K_0 = 0{,}5\,K_R K_{IS} > K_{0krit}$ läßt sich stabiles Verhalten erzielen. Durch die
Wahl der Vorhaltzeit kann in bestimmtem Umfang auf Gütewerte des Führungsverhaltens
gemäß Abschn. 4.6.5.3 Einfluß genommen werden.*

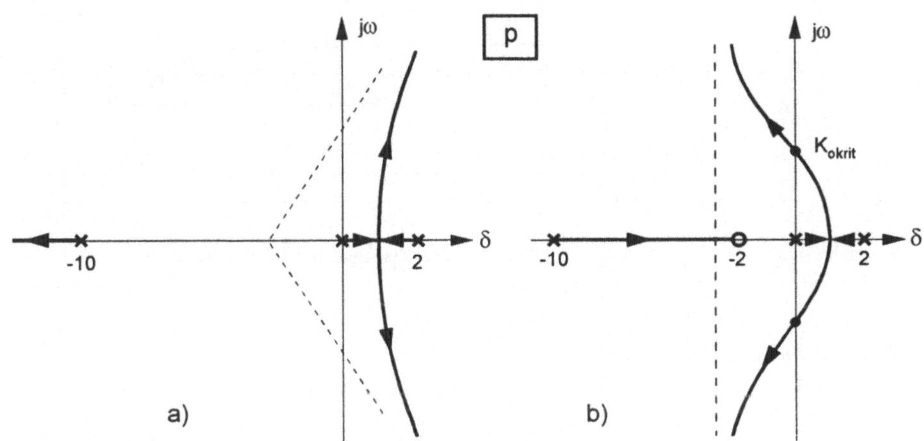

Bild 4.34: Instabile $I\text{-}T_2$-Strecke mit P-Regler (a) und PD-Regler (b)

4.6.6 Direkter analytischer Entwurf

Bei den in den vorangehenden Abschnitten behandelten Entwurfsverfahren wurde die Erfüllung von Güteforderungen an das Führungsverhalten durch einen *indirekten Entwurf* der Regler angestrebt. Für eine begrenzte Anzahl von Reglerstrukturen erfolgte dabei durch gezieltes Probieren die Parameterbestimmung. Im Gegensatz dazu berechnet man beim *direkten Entwurf* Reglerstruktur und -parameter unmittelbar aus einer Führungsübertragungsfunktion $G_w(p)$, die dem gewünschten Übertragungsverhalten gerecht wird.

Entwurfsbasis
Für die im Abschn. 4 zugrunde gelegten einschleifigen Eingrößenregelungen mit Ausgangsrückführung entsprechend Bild 4.2 folgt aus (4.38) und (4.40) die Reglerübertragungsfunktion zu

$$G_R(p) = \frac{1}{G_S(p)} \, \frac{G_w(p)}{1 - G_w(p)} \, . \tag{4.125}$$

Die Darstellung von (4.125) im Wirkungsplan für diese Standardstruktur (Bild 4.35) verdeutlicht einerseits die Kompensationsaufgabe des Reglers bezüglich des Regelstreckenverhaltens und andererseits den Einfluß eines vorgegebenen Führungsverhaltens durch $G_w(p)$ auf die Realisierbarkeit, das Stellverhalten, die Parameterempfindlichkeit u.a. anwendungstechnische Eigenschaften des Reglers.

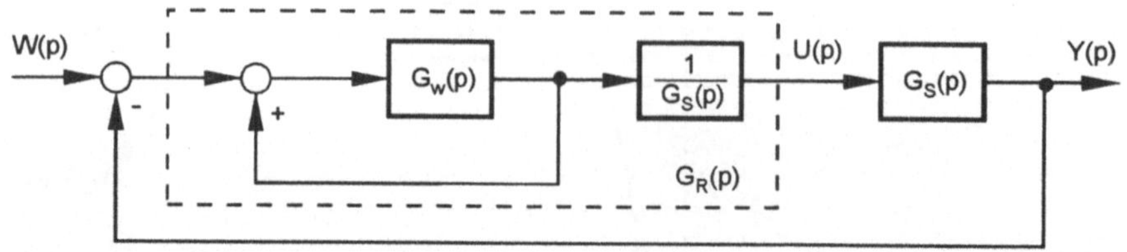

Bild 4.35:   Darstellung der Kompensationseigenschaft des Reglers
im Standard-Regelkreis

Realisierbarkeitsbedingungen

Ein LZI-System, beschrieben durch die Übertragungsfunktion

$$G(p) = \frac{Z(p)}{N(p)}$$

mit voneinander verschiedenen Wurzeln des Zähler- und des Nennerpolynoms ist realisierbar, wenn gilt

$$Grad\ N(p) \geq Grad\ Z(p) \quad .$$

Diese allgemeine Bedingung muß sowohl für einen realisierbaren Regler mit

$$G_R(p) = \frac{Z_R(p)}{N_R(p)} \tag{4.126}$$

als auch für die reale Strecke mit

$$G_S(p) = \frac{Z_S(p)}{N_S(p)} \tag{4.127}$$

sowie für das reale Gesamtsystem mit

$$G_w(p) = \frac{Z_w(p)}{N_w(p)} \tag{4.128}$$

erfüllt sein. Ausgehend von (4.125) erhält man mit (4.126), (4.127) und (4.128)

$$\frac{Z_R(p)}{N_R(p)} = \frac{N_S(p)}{Z_S(p)} \ \frac{Z_w(p)}{N_w(p) - Z_w(p)} \quad . \tag{4.129}$$

Die Realisierbarkeitsbedingung für den Regler

$$Grad\ N_R(p) \geq Grad\ Z_R(p)$$

führt wegen

$$Grad\ N_w(p) \geq Grad\ Z_w(p)$$

auf Basis von (4.129) zur Bedingung

$$Grad\ (Z_S(p)\ N_w(p))\ \geq\ Grad\ (Z_w(p)\ N_S(p))$$

bzw.

$$Grad\ Z_S(p)\ +\ Grad\ N_w(p)\ \geq\ Grad\ Z_w(p)\ +\ Grad\ N_S(p)$$

oder

$$Grad\ N_w(p)\ -\ Grad\ Z_w(p)\ \geq\ Grad\ N_S(p)\ -\ Grad\ Z_S(p)\ . \qquad (4.130)$$

Für die Realisierbarkeit des Reglers muß somit nach (4.130) gewährleistet sein, daß der Polüberschuß der Führungsübertragungsfunktion mindestens so groß wie der Polüberschuß der Regelstrecken-Übertragungsfunktion ist. Soll sprunghaftes Verhalten der Stellübergangsfunktion vermieden werden, gilt ausschließlich die Ungleichungsbedingung.

Die Berechnung von $G_R(p)$ wird nach Vorgabe von $G_w(p)$ auf Basis von (4.125) vorgenommen. Die Forderung an das stationäre Führungsverhalten $G_w(0) = 1$ oder $N_w(0) - Z_w(0) = 0$ ist gleichbedeutend mit einem Reglerpol im Ursprung der p-Ebene. Bei bereits integrierendem Streckenverhalten tritt dieser Reglerpol nicht auf, da gemäß (4.129) eine Kürzung durch den Streckenpol bei $p = 0$ erfolgt.

Einer besonderen Betrachtung bedürfen bei dem hier vorliegenden Kompensationsprinzip in der Regelkreis-Standardstruktur die Pole und Nullstellen der Regelstrecke, die in der rechten p-Halbebene liegen. Sie werden durch $N_S^+(p)$ und $Z_S^+(p)$ besonders markiert, so daß (4.129) in der Form

$$G_R(p)\ =\ \frac{N_S^+(p)\ N_S^-(p)\ Z_w(p)}{Z_S^+(p)\ Z_S^-(p)\ [N_w(p)\ -\ Z_w(p)]} \qquad (4.131)$$

geschrieben werden kann.

Nullstellen der Strecke in der rechen p-Halbebene sind gemäß (4.131) Regler-Pole mit positivem Realteil, was instabiles Verhalten des Reglers bedeutet. Die Kompensation solcher Pole durch entsprechende Wurzeln von $Z_w(p)$ kann wegen der stets gegebenen Ungenauigkeiten im Streckenmodell entsprechend den Ausführungen im Abschn. 4.6.5.4 praktisch nicht erfolgen.

Pole der Strecke in der rechten p-Halbebene treten entsprechend (4.131) als Regler-Nullstellen mit positivem Realteil auf. Der damit im Gesamtsystem angestrebte Kompensationseffekt kann in realen Systemen ebenfalls nicht garantiert werden, so daß es zu instabilem Verhalten kommt.

An dieser Stelle sei ohne weitere Erläuterung angemerkt, daß das Kompensationsprinzip in dieser Form auf Totzeitsysteme nicht angewendet werden kann.

Wahl der Führungsübertragungsfunktion

Zur Berechnung des Regler-Algorithmus nach (4.125) muß die Führungsübertragungsfunktion $G_w(p)$ festgelegt werden. Durch sie ist ein gewünschtes stabiles Führungsverhalten unter Berücksichtigung der Bedingung (4.130) und gegebenenfalls unter Beachtung
zulässiger Stellgrößenverläufe sowie Einschränkungen im rechentechnischen Aufwand für
den Regler zu realisieren.

Die umfassendste Beschreibung des Führungsverhaltens erfolgt somit durch die Pol- und
Nullstellen-Vorgabe für $G_w(p)$. Bei der Realisierung muß dann aber meist auf erweiterte
Regelkreisstrukturen übergegangen werden. Beschränkt man sich jedoch auf die Pol-
Vorgabe für $G_w(p)$, so genügt es, die in diesem Abschnitt eingeführte Standardstruktur
des Regelkreises für Entwurf und Realisierung zugrunde zu legen.
Nachfolgend werden einige typische Ansätze zur Pol-Vorgabe mit der allgemeinen
Struktur

$$G_w(p) = \frac{K_w}{N_w(p)} \quad , \quad K_w \quad \textit{Zählerkonstante} \tag{4.132}$$

vorgestellt.

- Schwingungsglied-Ansatz

Der Schwingungsglied-Ansatz für das Führungsverhalten eines Regelkreises wurde bereits
in vorangehenden Abschnitten mehrfach genutzt. Aus (4.78) folgt mit $T_0 = 1/\omega_0$

$$G_w(p) = \frac{\omega_0^2}{p^2 + 2 D \omega_0 + \omega_0^2} \, . \tag{4.133}$$

Der Polüberschuß beträgt "zwei", so daß bei dieser Vorgabe gemäß (4.130) z.B. kein
realisierbarer Regler für einen Standard-Regelkreis mit einer P-T_3-Strecke entworfen
werden kann.

- Modifizierter Schwingungsglied-Ansatz

Schwingungsglied-Verhalten des Regelkreises kann auch erzielt werden, wenn durch
nichtdominierende Pole von $G_w(p)$ der erforderliche Polüberschuß gegenüber der Regelstrecke erzeugt wird. Da der Realteil des konjugiert komplexen Polpaares $-\delta_e = -D \omega_0$
beträgt, kann ein q-facher Pol bei etwa -10 δ_e eine solche Lösung darstellen. Die entsprechende Führungsübertragungsfunktion lautet dann

$$G_w(p) = \frac{\omega_0^{q+2} \, 10^q \, D^q}{(p^2 + 2 D \omega_0 p + \omega_0^2) \, (p + 10 D \omega_0)^q} \, . \tag{4.134}$$

Die Zählerkonstante stellt sicher, daß für den stationären Fall $G_w(0) = 1$ gilt.

- Binomial-Ansatz

Für aperiodisches Führungsübergangsverhalten kann der Ansatz

$$G_w(p) = \frac{\omega_0^n}{(p + \omega_0)^n} \qquad (4.135)$$

gewählt werden, was der Reihenschaltung von n P-T_1-Gliedern mit der Verzögerungszeit $T_1 = 1/\omega_0$ entspricht.

- Butterworth-Ansatz

Der gewünschte Tiefpaßcharakter der Führungsübertragungsfunktion läßt sich u.a. durch den Butterworth-Algorithmus erzielen. Dieses Filter ist dadurch gekennzeichnet, daß n Pole in der linken p-Halbebene auf einem Kreis um den Ursprung mit dem Radius ω_0 liegen. Für $n=3$ lautet zum Beispiel das Nennerpolynom von $G_w(p)$

$$N_w(p) = p^3 + 2\,\omega_0\,p^2 + 2\,\omega_0^2\,p + \omega_0^3 \quad .$$

Durch den Butterworth-Ansatz lassen sich Übergangsvorgänge mit schwachem Überschwingen erzielen.

- Weitere $G_w(p)$-Ansätze

Standardisierte Formen von $N_w(p)$ können auch durch Minimierung von Integralkriterien (s. Abschn. 4.6.7) gefunden werden. Entsprechende tabellarische Übersichten sind in der vertiefenden Fachliteratur zu finden. Desweiteren lassen sich Erkenntnisse, die aus qualitativen Untersuchungen mittels Wurzelortsverfahren resultieren (s. Abschn. 4.6.5) für die Polvorgabe verwenden.

BEISPIEL 4.10: Direkter analytischer Reglerentwurf an einer I-T_2-Strecke

Es sollen Möglichkeiten zum direkten analytischen Entwurf eines Reglers für einen Standard-Regelkreis mit einer I-T_2-Strecke betrachtet werden. Die Übertragungsfunktion der Regelstrecke laute

$$G_S(p) = \frac{1}{p\,(p + 2)\,(p + 5)} \quad . \qquad (4.136)$$

Aus den Güteforderungen an die Führungsübergangsfunktion sei das konjugiert komplexe Polpaar $p_{1,2} = 2,5 \pm j\,2,5$ für die Polvorgabe in $G_w(p)$ abgeleitet worden. Der daraus resultierende Schwingungsglied-Ansatz

$$G_w(p) = \frac{12,5}{p^2 + 5\,p + 12,5} \tag{4.137}$$

weist einen Polüberschuß von "zwei" auf und ist auf Grund der Bedingung (4.130) mit einem realisierbaren Regler und der vorgegebenen Regelstrecke nicht zu verwirklichen. Die im Bild 4.33b dargestellte Lösung beruht auf der hier nicht zulässigen Verwendung eines idealen PD-Reglers, bei dem Realisierungspole nicht berücksichtigt wurden.

Die Realisierbarkeitsbedingung (4.130) wird erfüllt, wenn der Schwingungsglied-Ansatz (4.137) durch einen nichtdominierenden reellen Pol gemäß (4.134) erweitert wird. Die Führungsübertragungsfunktion lautet dann

$$G_w(p) = \frac{12,5}{p^2 + 5\,p + 12,5}\;\frac{25}{p + 25} \;. \tag{4.138}$$

Für den Regler erhält man nach (4.125) mit (4.136) und (4.138) die Übertragungsfunktion

$$G_R(p) = \frac{312,5\,(p + 2)\,(p + 5)}{(p + 5,65)\,(p + 24,35)} \tag{4.139}$$

eines $P\text{-}T_{v2}\text{-}T_2$-Gliedes. Mit den Regler-Nullstellen werden die beiden endlichen Strecken-Pole kompensiert, die Regler-Pole sorgen zusammen mit dem Strecken-Pol im Ursprung dafür, daß auf der WOK die Vorgabe-Pole erreicht werden.
Aus der Stellübertragungsfunktion

$$G_u(p) = \frac{U(p)}{W(p)} = \frac{G_w(p)}{G_S(p)} = \frac{312,5p\,(p + 2)(p + 5)}{(p^2 + 5p + 12,5)\,(p + 25)} \tag{4.140}$$

kann der erforderliche Stellgrößenverlauf berechnet werden. Für $t \to 0$ ergibt sich mit

$w(t) = \sigma(t)$ nach dem Anfangswertsatz der Laplace-Transformation $u(0^+) = 312,5$. Diese unter Umständen unerwünschte sprunghafte Stellgrößenänderung kann durch weitere nicht dominierende reelle Pole in $G_w(p)$ auf Kosten der Kompliziertheit des Regler-Algorithmus verhindert werden.

4.6.7 Entwurf mittels Integralkriterien

Im Abschn. 4.6.2 wurde neben der Bewertung des dynamischen Führungsverhaltens durch Gütewerte auch die globalere Bewertung auf Basis von Regelabweichungsverläufen in Integralkriterien eingeführt. Unabhängig vom Typ des Kriteriums gilt generell, daß das Führungsverhalten des Regelkreises umso besser ist, je kleiner die Regelfläche ist. Somit können im Rahmen des Reglerentwurfs freie Parameter über ihre Darstellung in *e(t)* durch Minimierung der jeweils geeigneten Regelfläche bestimmt werden. Bei nicht zu hoher Systemordnung, einer geringen Anzahl freier Parameter und ohne Beschränkungen besteht die Möglichkeit der analytischen Berechnung. Darüber hinaus ist der Reglerentwuf mittels Integralkriterien rechnergestützt vorzunehmen.

Eine vergleichsweise einfache analytische Berechnung ist für die quadratische Regelfläche nach (4.86) möglich, da bei Gültigkeit der *Parsevalschen Gleichung*

$$I_Q = \int_0^\infty e^2(t)\ dt = \frac{1}{2\pi j} \int_{-j\infty}^{j\infty} E(p)\ E(-p)\ dp \tag{4.141}$$

die Komponenten des Regelkreises mit ihren Übertragungsfunktionen in effektiver Weise über *E(p)* berücksichtigt werden können.

n	I_Q
1	$\dfrac{c_0^2}{2d_0 d_1}$
2	$\dfrac{c_1^2 d_0 + c_0^2 d_2}{2d_0 d_1 d_2}$
3	$\dfrac{c_2^2 d_0 d_1 + (c_1^2 - 2c_0 c_2)\, d_0 d_3 + c_0^2 d_2 d_3}{2d_0 d_3\, (d_1 d_2 - d_0 d_3)}$
4	$\dfrac{c_3^2\,(d_0 d_1 d_2 - d_0^2 d_3) + (c_2^2 - 2c_1 c_3)\, d_0\, d_1\, d_4 + (c_1^2 - 2c_0 c_2)\, d_0\, d_3\, d_4 + c_0^2\,(d_2 d_3 d_4 - d_1 d_4^2)}{2d_0 d_4\,(d_1 d_2 d_3 - d_1^2 d_4 - d_0 d_3^2)}$

Tafel 4.2: Quadratische Regelfläche ($n = 1,\ldots,4$)

Wenn die Pole der gebrochen rationalen Funktion

$$E(p) = \frac{c_0 + c_1 p + \ldots + c_{n-1}\, p^{n-1}}{d_0 + d_1\, p + \ldots + d_n\, p^n} \tag{4.142}$$

in der linken p-Halbebene liegen, läßt sich das Integral in (4.141) durch Residuenrechnung bestimmen. In Tafel 4.2 sind Lösungen für $n=1,\ldots,4$ angegeben.

Insgesamt ist zu dieser Entwurfsmethodik zu bemerken, daß man mit jedem Kriterium brauchbare Regelungen erhält. Durch die integrative Bewertung geht allerdings die Einflußnahme auf spezifische Wünsche an das Regelkreisverhalten verloren.

BEISPIEL 4.11: *Bestimmung des optimalen Dämpfungsgrades für ein P-T$_2$-System auf Basis der quadratischen Regelfläche*

Die Schwingungsglied-Eigenschaften des Regelkreises werden entsprechend (4.89) durch die Übertragungsfunktion des offenen Kreises

$$G_0(p) = \frac{1}{p \, T_I \, (1 + pT_1)} \qquad (4.143)$$

mit $T_I = \dfrac{2\,D}{\omega_0}$ *und* $T_1 = \dfrac{1}{2\,D\,\omega_0}$ *beschrieben. Für*

$$E(p) = \frac{1}{p} \, \frac{1}{1 + G_0(p)}$$

folgt mit (4.143) und (4.142)

$$E(p) = \frac{T_I + pT_1\,T_I}{1 + pT_I + p^2\,T_1\,T_I} = \frac{c_0 + c_1\,p}{d_0 + d_1\,p + d_2\,p^2} \, . \qquad (4.144)$$

Ausgehend von (4.144) kann mit I_Q *für* $n=2$ *in Tafel 4.2 die quadratische Regelfläche zu*

$$I_Q = \frac{T_1 + T_I}{2} = \frac{D}{\omega_0} + \frac{1}{4\,D\,\omega_0} \qquad (4.145)$$

berechnet werden. Den Dämpfungsgrad D, für den I_Q *einen Minimalwert annimmt, erhält man mit (4.145) aus*

$$\frac{dI_Q}{dD} = \frac{1}{\omega_0} - \frac{1}{4\,\omega_0\,D^2} = 0$$

zu $D = 0,5$, *was nach (4.93) einem Einstellfaktor* $a=1$ *bzw. einer Überschwingweite* $\Delta h \approx 18\ \%$ *entspricht. Aus (4.145) ergibt sich für* $D = 0,5$ *der Minimalwert* $I_{Qmin} = 1/\omega_0$. *Wie im Abschn. 4.6.5.3 erläutert, sind der Erhöhung von* ω_0 *anwendungstechnische Grenzen gesetzt, so daß die quadratische Regelfläche nicht beliebig verkleinert werden kann.*

4.6.8 Entwurf mittels Einstellregeln

In der regelungstechnischen Praxis spielen nach wie vor bei der Reglerbemessung an Regelstrecken, für die Übertragungsmodelle nicht oder nur grob approximiert angegeben werden können, diverse Einstellregeln eine wesentliche Rolle. Sie wurden auf Grundlage von praktischen Erfahrungen und simulativen Untersuchungen aufgestellt und können natürlich die auf einer genaueren Streckenbeschreibung beruhenden Entwurfsverfahren nicht ersetzen.

Die meisten Einstellregeln beziehen sich auf das Störverhalten und werden teilweise im Abschn. 4.7.5 vorgestellt. Speziell für Führungsverhalten ausgewiesen und am weitesten verbreitet sind Einstellvorschläge von *Chien, Hrones und Reswick*. Sie basieren auf Streckenübergangsfunktionen mit Ausgleich, aus denen entsprechend Abschn. 4.2.1.2 der proportionale Streckenübertragungsfaktor K_{PS} und durch Eintragen der Wendetangente die Verzugszeit T_u und die Ausgleichszeit T_g bestimmt werden müssen. T_u kann gegebenenfalls durch einen Totzeitterm erweitert werden. In Tafel 4.3 sind für aperiodische Führungsübergangsfunktionen und solche mit $\Delta h = 20\ \%$ Einstellregeln angegeben.

Regler-typ	Regler-parameter	$\Delta h = 0\%$	$\Delta h = 20\%$
P	$\dfrac{K_R\,K_{PS}}{T_g\,/\,T_u} = c$	0,3	0,7
PI	c $T_n\,/\,T_g$	0,35 1,2	0,6 1,0
PID	c $T_n\,/\,T_g$ $T_v\,/\,T_u$	0,6 1,0 0,5	0,95 1,35 0,47

Tafel 4.3: Einstellregeln nach *Chien, Hrones* und *Reswick*

4.7   Störverhalten

Neben dem Führungsverhalten ist das Störverhalten eine weitere wichtige Eigenschaft
einer Regelung. Es werden dabei ausschließlich die Einflüsse von Störgrößen auf die
Regelgröße betrachtet. Solche Störeinflüsse können z.B. Laststörungen, Versorgungsstörungen oder auch als Störungen interpretierte Verkopplungen mit anderen Teilsystemen
sein. Vorausgesetzt wird im weiteren, daß nur eine Hauptstörgröße maßgebend ist, die
durch ein deterministisches kontinuierliches Signalmodell (Abschn. 2) beschrieben werden
kann. Besonders typische Störorte liegen im Bereich des zu regelnden Prozesses, d.h. der
Regelstrecke. Wie bereits im Bild 4.14 angedeutet, erweist es sich als zweckmäßig,
solche Störeingriffe im Vorwärtszweig des Standard-Regelkreises mittels einer *Störstrecke*
einheitlich auf den Ausgang der Regelstrecke zu beziehen. Die Beschreibung der Störstrecke mit der Übertragungsfunktion $G_{Sz}(p)$ erfaßt bei einer Eingangsstörung die gesamte
Streckenübertragungsfunktion $G_S(p)$, Teile der Streckenübertragungsfunktion bei einem
inneren Eingriff der Störung in die Regelstrecke, und es gilt $G_{Sz}(p) = 1$ für eine tatsächliche Ausgangsstörung. Auf diese Weise läßt sich die *Störübertragungsfunktion* des
Regelkreises entsprechend (4.41) in der Form

$$G_z(p) = \left. \frac{Y(p)}{Z(p)} \right|_{w=0} = \frac{G_{Sz}(p)}{1 + G_0(p)} \qquad\qquad (4.146)$$

angeben.

Die Zielstellung beim Entwurf des Störverhaltens einer Regelung besteht darin, den
Einfluß einer Hauptstörgröße $z(t)$ auf die Regelgröße $y(t)$ zu unterdrücken bzw. zu
verringern. Im Idealfall müßte $G_z(p) = 0$ erfüllt sein. Für reale Systeme gilt, daß der
Störeinfluß schnell und gedämpft möglichst ohne stationären Fehler, d.h. mit $G_z(0) = 0$,
beseitigt werden soll. Bei einer solchen *Festwertregelung* bleibt das Führungsverhalten
unberücksichtigt.

So wie bei der Analyse und dem Entwurf des Führungsverhaltens müssen auch hier
zunächst geeignete Bewertungen des stationären und dynamischen Störverhaltens eingeführt werden, auf die sich nachfolgend Entwurfsvarianten beziehen können. Es wird sich
zeigen, daß die bei der Untersuchung des Führungsverhaltens gewonnenen Erkenntnisse
(Abschn. 4.6) die Behandlung des Störverhaltens wesentlich erleichtern.

4.7.1   Bewertung des stationären Verhaltens

Das stationäre Störverhalten wird im Zeitbereich durch den *stationären* (bleibenden)
Regelfehler

$$y_B = y_\infty = \lim_{t \to \infty} y(t) = \lim_{t \to \infty} [w(t) - e(t)] \tag{4.147}$$

und speziell für $w(t) = 0$ durch $y_B = -e_B$ nach (4.67) charakterisiert. Durch die Reglerwahl und -bemessung ist $y_B = 0$ anzustreben.

Wird das Regelkreisverhalten durch $G_0(p)$ und (4.68) mit den Zähler- und Nennerpolynomen nach (4.69) und (4.70) und die Störstrecke in Abhängigkeit vom Störeintritt durch die Übertragungsfunktion

$$G_{Sz}(p) = \frac{K_{Sz}\ \tilde{Z}_{Sz}(p)}{p^{\nu}\ \tilde{N}_{Sz}(p)}\ e^{-pT_{tv}} \tag{4.148}$$

beschrieben, so läßt sich der stationäre Fehler infolge einer Störung mittels Endwertsatz der Laplace-Transformation (Anhang A.1) ermitteln. Es gilt

$$y_\infty = \lim_{p \to 0} p\ Y(p) \tag{4.149}$$

mit $\hphantom{xxxxxxxxxxxxxxxxxxxxxxxxxxxxxxxxxxxxxxxxxxxxxxxxxxxxxxxx}$ (4.150)

$$Y(p) = \frac{G_{Sz}(p)}{1 + G_0(p)}\ Z(p) = \frac{K_{Sz}\ p^q\ \tilde{Z}_{Sz}(p)\ \tilde{N}_0(p)\ e^{-pT_{tv}}}{p^{q+\nu}\ \tilde{N}_{Sz}(p)\ \tilde{N}_0(p) + K_0\ p^\nu\ \tilde{Z}_0(p)\ \tilde{N}_{Sz}(p)\ e^{-pT_t}}\ Z(p)\ .$$

Für eine sprungförmige Störgröße $z(t) = \sigma(t)$ bzw. $Z(p) = \dfrac{1}{p}$ erhält man nach (4.149)

mit (4.150) für

- $G_{Sz}(p) = 1$, d.h. Störung am Streckenausgang

  P-Ketten $(q=0)$: $\qquad\qquad y_\infty = \dfrac{1}{1 + K_0}\quad ;$ $\qquad\qquad$ (4.151)

  I^q-Ketten $(q=1,2,...)$: $\qquad y_\infty = 0 \qquad .$ $\qquad\qquad$ (4.152)

- $G_{Sz}(p)$ nach (4.148)

  P-Ketten $(q=0,\ \nu=0)$: $\qquad y_\infty = \dfrac{K_{Sz}}{1 + K_0}\quad ;$ $\qquad\qquad$ (4.153)

  I^q-Ketten $(q=\nu=1,2,...)$: $\qquad y_\infty = \dfrac{K_{Sz}}{K_0}\quad ;$ $\qquad\qquad$ (4.154)

  I^q-Ketten $(q>\nu)$: $\qquad\qquad y_\infty = 0 \qquad .$ $\qquad\qquad$ (4.155)

Aus (4.154) und (4.155) ist ersichtlich, daß der stationäre Fehler infolge Sprungstörung auch bei I-Verhalten des offenen Kreises nur dann beseitigt werden kann, wenn $G_0(p)$

mehr Pole im Ursprung der p-Ebene aufweist als $G_{Sz}(p)$. Ansonsten ist auch wie bei Führung aus Sicht des stationären Verhaltens eine hohe Kreisverstärkung anzustreben. Die Auswirkungen auf die Stabilität und das dynamische Störverhalten der Regelung sind unter Beachtung der Ausführungen in den Abschnitten 4.5 und 4.6 abzuwägen.

4.7.2 Bewertung des dynamischen Verhaltens

Vergleichbar mit der Bewertung des dynamischen Führungsverhaltens können Schnelligkeit und Dämpfung des dynamischen Störverhaltens im Zeitbereich anhand von Kennwerten der Störübertragungsfunktion $h_z(t)$ charakterisiert werden. Im Bild 4.36 sind zwei typische Störübergangsverläufe ohne stationären Regelfehler dargestellt. Bild 4.36a zeigt $h_z(t)$ für eine Störung $z(t) = \sigma(t)$ am Ausgang der Regelstrecke. Die Regelgröße $y(t)$ wird infolge der Störung aus dem Beharrungszustand im Arbeitspunkt ($w = 0$) sprungförmig auf den Maximalwert $h_{zm} = 1$ ausgelenkt und dann in Abhängigkeit vom Regelkreisverhalten ausgeregelt. Bei nicht monotonem Verlauf des Übergangsvorganges läßt sich ein Überschwingwert Δy als maximaler Regelfehler nach Überschreiten des Sollwertes durch die Regelgröße zur Bewertung angeben. Ebenso sind Aussagen zu Toleranzbereichen sowie zeitlichen Kennwerten entsprechend der Einschätzung des Führungsverhaltens (Abschn. 4.6.2) möglich.

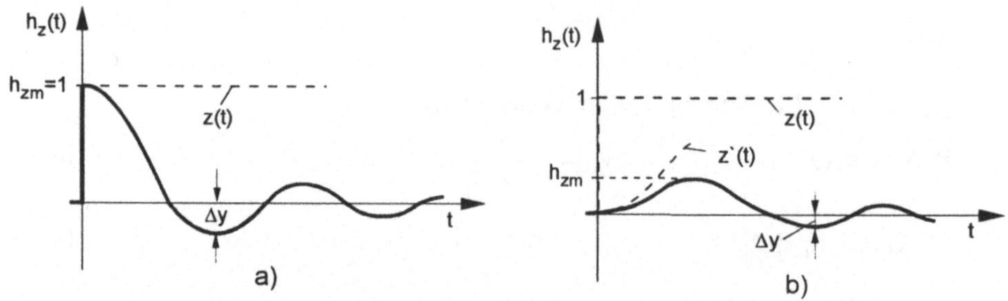

Bild 4.36:   Typische Störübergangsfunktionen
a) Störung am Ausgang der Strecke
b) Störung am Eingang oder innerhalb der Strecke

Für den Fall, daß die Störgröße $z(t) = \sigma(t)$ am Eingang oder innerhalb der Regelstrecke eingreift, wirkt auf den Ausgang der Strecke bezogen nur eine verschliffene Störung $z'(t)$, was entsprechend Bild 4.36b eine schwächere Störbelastung als im ersten Fall zur Folge hat. Der maximale Regelfehler h_{zm} wird verzögert und in der Regel abgeschwächt auftreten; das gilt auch bei Schwingverhalten für den Kennwert Δy nach erstmaligem Überschreiten von $w = 0$.

Die Bewertung des Regelgrößenverlaufes nach erfolgter Störung ist auch in globalerer Form mittels der im Abschn. 4.6.2 eingeführten Integralkriterien möglich, da wegen $w(t) = 0$ der unmittelbare Zusammenhang $e(t) = -y(t)$ gilt.

4.7.3 Analyse und Entwurf im Frequenzbereich

4.7.3.1 Vergleich mit Führungsverhalten

Die in den Abschnitten 4.6.3 und 4.6.4 vorgestellten Methoden und Ergebnisse sind nicht nur für die Analyse und den Entwurf des Führungsverhaltens, sondern auch für die Einschätzung des Störverhaltens einer Regelung bedeutsam, denn zufriedenstellendes Führungsverhalten läßt bei der vorausgesetzten Standardstruktur erst recht ein gutes Störverhalten erwarten. Diese Aussage basiert darauf, daß im kritischen Fall bei Ausgangsstörung ein direkter Zusammenhang infolge $y(t) = -e(t)$ besteht und bei einem Störeingriff in die Regelstrecke die Störauswirkungen auf die Regelgröße eher verringert werden (siehe Bild 4.36). Wenn die Regelung ausschließlich der Ausregelung von Störungen dient, kann der Übergangsvorgang gegenüber der Lösung für Führung noch stärker entdämpft werden, so daß in solchen Fällen ein Phasenrand $\varphi_R \approx 30°$ als ausreichend angesehen wird.

Bei der Betrachtung des gesamten Frequenzbereiches treten jedoch markante Unterschiede in den angestrebten Frequenzgängen des geschlossenen Kreises auf. Während für den Führungsfrequenzgang (Abschn. 4.6.4) ausgeprägte Tiefpaßeigenschaften gefordert sind, muß der Störfrequenzgang

$$G_z(j\omega) = \frac{G_{Sz}(j\omega)}{1 + G_0(j\omega)} \tag{4.156}$$

so ausgelegt sein, daß in einem möglichst großen Frequenzbereich die Störeinflüsse bedämpft werden. Für typische Frequenzgänge des offenen Kreises entsprechend 4.6.3 bedeutet das D-T_n-Verhalten bzw. Hoch- oder Bandpaßeigenschaften des geschlossenen Regelkreises (siehe Beispiel 4.12). Mittels einer Frequenzgangapproximation nach Abschn. 3.1.6 kann der Störfrequenzgang bei vorgegebenem $G_0(j\omega)$ abgeschätzt und durch $G_R(j\omega)$ gegebenenfalls beeinflußt werden.

4.7.3.2 Analyse und Entwurf anhand des Regelfaktors

In engem Zusammenhang mit den Aussagen im Abschn. 4.7.3.1 stehen auch die Bewertung und der Entwurf des Störverhaltens anhand des *dynamischen* (komplexen) *Regelfaktors $R(j\omega)$*. Er vergleicht die Auswirkung einer Störung auf die Ausgangsgröße beim

Einsatz eines Reglers mit dem Fall ohne Regler. So ergibt sich

$$R(j\omega) = \frac{Y(j\omega)\big|_{mit\ Regler}}{Y(j\omega)\big|_{ohne\ Regler}} = \frac{\dfrac{Z(j\omega)\ G_{Sz}(j\omega)}{1 + G_0(j\omega)}}{Z(j\omega)\ G_{Sz}(j\omega)}$$

$$= \frac{1}{1 + G_0(j\omega)} \qquad . \tag{4.157}$$

Aus (4.157) ist ersichtlich, daß unabhängig vom Störort der Regelfaktor identisch mit dem Störfrequenzgang bei Ausgangsstörung und zugleich mit dem Abweichungsfrequenzgang bei Führung ist. Meist wird $|R(j\omega)|$ als dynamischer Regelfaktor bezeichnet. Aus seiner grafischen Darstellung im Bild 4.37 lassen sich typische Frequenzbereiche erkennen. Für $\omega < \omega_1$ werden periodische Störanteile durch die Regelung abgeschwächt bzw. unterdrückt, während im Bereich $\omega_1 < \omega < \omega_2$ eine unerwünschte Verstärkung erfolgt.

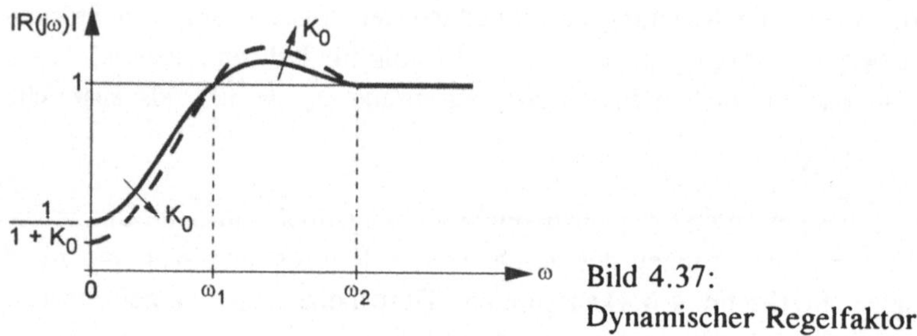

Bild 4.37:
Dynamischer Regelfaktor

Durch Erhöhung der Kreisverstärkung kann im unteren Frequenzbereich die Störbedämpfung weiter verbessert werden. Wie im Bild 4.37 angedeutet, verschlechtert sich aber dadurch im nachfolgenden Frequenzbereich das Störverhalten. In einem Unempfindlichkeitsbereich $\omega > \omega_2$ bleibt der Regelfaktor annähernd konstant. In Abhängigkeit von Gütevorgaben können durch Reglerwahl und -bemessung nach (4.157) die Bereichsgrenzen verschoben werden. Aus Bild 4.37 ist auch ersichtlich, daß sich für Regler mit I-Anteil der statische Regelfaktor $|R(0)| = 0$ ergibt.

BEISPIEL 4.12: *Einfluß der Frequenzgänge des offenen Kreises und der Störstrecke auf den Störfrequenzgang*

Anhand der logarithmischen Amplitudenkennlinien von zwei typischen Störfrequenzgängen soll der Einfluß von Regelkreiskomponenten auf das Störverhalten des Regelkreises *demonstriert werden. Im Falle einer Störung am Ausgang der Regelstrecke folgt aus (4.156) mit $G_{Sz}(j\omega) = 1$*

$$G_z(j\omega) = \frac{1/G_0(j\omega)}{1/G_0(j\omega) + 1} \quad . \tag{4.158}$$

Entsprechend dem Vorgehen im Abschn. 3.1.6 erhält man aus (4.158) als Grundlage für die Approximation der Amplitudenkennlinie im Bild 4.38a

$$|G_z(j\omega)| \approx \begin{cases} \dfrac{1}{|G_0(j\omega)|} & \text{für} \quad |G_0(j\omega)| >> 1 \\[2ex] 1 & \text{für} \quad |G_0(j\omega)| << 1 \end{cases} \quad . \tag{4.159}$$

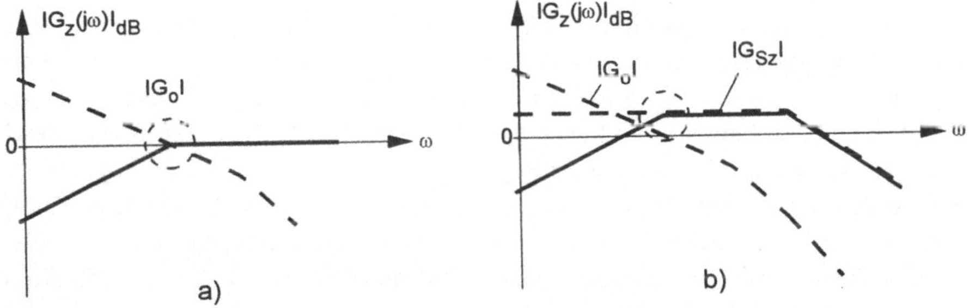

Bild 4.38:   *Approximierte Amplitudenkennlinien von Störfrequenzgängen*
           a) Störung am Ausgang der Strecke
           b) Störung am Eingang oder innerhalb der Strecke

Für das typische $I\text{-}T_1$-Verhalten nach Bild 4.22 ergibt sich mit (4.159) für den Störfrequenzgang eine $D\text{-}T_1$-Amplitudenkennlinie. Dieser Verlauf entspricht der Störübergangsfunktion nach Bild 4.36a mit einem aperiodischen Verlauf, da in dem durch einen Kreis markierten Frequenzbereich infolge der Approximation nach (4.159) keine Aussagen zu Resonanzüberhöhungen getroffen werden können. Trotz dieser Einschränkung ist eine einfache Abschätzung des Einflusses von Reglerstrukturen und -parametern auf Statik und Dynamik des Störverhaltens über die Veränderung der $|G_0|$-Kennlinie möglich.

Für Störungen am Eingang oder innerhalb der Regelstrecke gilt nach (4.156)

$$G_z(j\omega) = \frac{G_{Sz}(j\omega)/G_0(j\omega)}{1/G_0(j\omega) + 1} \quad . \tag{4.160}$$

Für die Näherung folgt aus (4.160)

$$|G_z(j\omega)| \approx \begin{cases} \left| \dfrac{G_{Sz}(j\omega)}{G_0(j\omega)} \right| & \text{für} \quad |G_0(j\omega)| \gg 1 \\[3mm] |\,G_{Sz}(j\omega)\,| & \text{für} \quad |G_0(j\omega)| \ll 1 \quad . \end{cases} \tag{4.161}$$

Die im Bild 4.38b dargestellte logarithmische Amplitudenkennline für den Störfrequenz-
gang nach (4.160) weist unter Annahme von I-T_2-Verhalten für den offenen Kreis und
P-T_1-Verhalten für die Störstrecke insgesamt D-T_2-"Bandpaß"-Verhalten auf, was sich im
Zeitbereich näherungsweise durch eine Störübergangsfunktion nach Bild 4.36b beschrei-
ben läßt. Auch hier kann der Einfluß der Reglereigenschaften und damit von $|G_0|$-Varian-
ten auf dem Störfrequenzgang einfach abgeschätzt werden.

4.7.3.3 Entwurf nach dem Symmetriekriterium

Das Symmetriekriterium - häufig auch als "symmetrisches Optimum" bezeichnet - ist eine
besonders in der Antriebstechnik weit verbreitete Entwurfsmethode, die 1958 von *Kessler*
eingeführt wurde. Dieses Verfahren wird innerhalb des Abschn. 4.7 vorgestellt, da es
sich besonders beim Entwurf von Regelungen für Störungen am Streckeneingang bewährt
hat. Das Entwurfsprinzip soll an einer Regelung mit I-T_1-Strecke und PI-Regler demonstriert werden, ist aber nicht auf diese Konfiguration beschränkt. Da die Kompensation
der Streckenzeitkonstante durch die Reglernullstelle aus Stabilitätsgründen nicht zulässig
ist, wird als Entwurfszielstellung die Maximierung des Phasenrandes angestrebt. Aus den
Frequenzgängen der I-T_1-Strecke

$$G_S(j\omega) = \frac{K_S}{j\omega T_I\,(1 + j\omega T_1)} \tag{4.162}$$

und des PI-Reglers

$$G_R(j\omega) = \frac{K_R\,(1 + j\omega T_n)}{j\omega T_n} \tag{4.163}$$

ergeben sich mit $K_0 = K_R\,K_S$ für den offenen Kreis der Amplitudenfrequenzgang

$$|G_0(j\omega)| = \frac{K_0}{\omega^2\,T_I\,T_n} \sqrt{\frac{1 + (\omega\,T_n)^2}{1 + (\omega\,T_1)^2}} \tag{4.164}$$

sowie der Phasenfrequenzgang

$$\varphi_0(\omega) = -\pi + \text{arc tan}\,(\omega\,T_n) - \text{arc tan}\,(\omega\,T_1) \quad . \tag{4.165}$$

Durch Differentiation erhält man aus (4.165) den maximalen Phasenwert bei

$$\omega_m = \frac{1}{\sqrt{T_1\,T_n}} \quad . \tag{4.166}$$

Ist ω_m identisch mit der Schnittfrequenz ω_S, so ist auf diese Weise auch der maximale Phasenrand bestimmt. Aus $|G_0(j\omega_m)| = 1$ folgt mit (4.164) und (4.166)

$$\omega_m = \frac{K_0}{T_I} \quad . \tag{4.167}$$

Der Frequenzgang des offenen Kreises kann nunmehr mit (4.162), (4.163) und (4.167) in der Form

$$G_0(j\omega) = \omega_m \frac{1 + j\omega T_n}{(j\omega)^2 \, T_n \, (1 + j\omega T_1)} \tag{4.168}$$

angegeben werden.

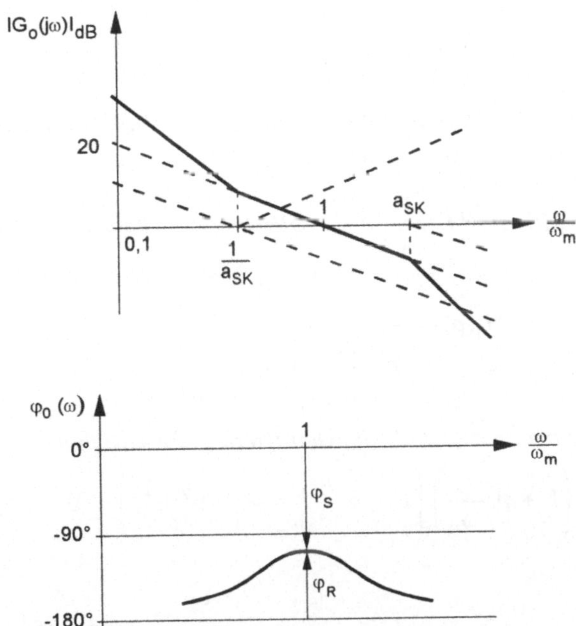

Bild 4.39: Frequenzkennlinien für Symmetriekriterium

Im Rahmen des Symmetriekriteriums wird in Anlehnung an Abschn. 4.6.3.2 ein Einstellfaktor

$$a_{SK} = \sqrt{\frac{T_n}{T_1}} \tag{4.169}$$

eingeführt, mit dem sich aus (4.168)

$$G_0(j\omega) = \frac{1 + j\dfrac{\omega}{\omega_m}\, a_{SK}}{\left(j\,\dfrac{\omega}{\omega_m}\right)\left(j\,\dfrac{\omega}{\omega_m}\, a_{SK}\right)\left(1 + j\,\dfrac{\omega}{\omega_m}\,\dfrac{1}{a_{SK}}\right)} \qquad (4.170)$$

ergibt. Die logarithmischen Amplituden- und Phasen-Frequenzkennlinien zu (4.170) sind im Bild 4.39 dargestellt; sie weisen den typischen symmetrischen Verlauf auf. Der Phasenrand φ_R berechnet sich auf Grundlage der Definition nach (4.52) mit (4.165), (4.166) und (4.169) zu

$$\varphi_R = \text{arc tan } a_{SK} - \text{arc tan } \frac{1}{a_{SK}} \qquad . \qquad (4.171)$$

BEISPIEL 4.13:   *Dynamisches Verhalten einer nach dem Symmetriekriterium entworfenen Regelung*

Ausgehend von (4.170) ergibt sich für die Übertragungsfunktion des offenen Kreises

$$G_0(p) = \frac{1 + p\,\dfrac{a_{SK}}{\omega_m}}{p^2\,\dfrac{a_{SK}}{\omega_m^2}\left(1 + p\,\dfrac{1}{a_{SK}\,\omega_m}\right)} \qquad . \qquad (4.172)$$

Nach (4.49) erhält man mit (4.172) die charakteristische Gleichung

$$\left(1 + p\,\frac{1}{\omega_m}\right)\left(1 + p\,\frac{a_{SK} - 1}{\omega_m} + p^2\,\frac{1}{\omega_m^2}\right) = 0 \qquad . \qquad (4.173)$$

Ihre Wurzeln

$$p_1 = -\omega_m \quad , \quad p_{2,3} = \omega_m\,(-D_{SK} \pm j\,\sqrt{1 - D_{SK}^2}) \qquad (4.174)$$

mit

$$D_{SK} = \frac{a_{SK} - 1}{2}$$

liegen auf einem Halbkreis mit dem Radius ω_m in der linken p-Halbebene, wenn $0 < D_{SK} < 1$ bzw. $1 < a_{SK} < 3$ dem Entwurf zugrunde gelegt wird.

Für $a_{SK} = 2$ bzw. $D_{SK} = 0{,}5$ ergibt sich nach (4.171) ein Phasenrand $\varphi_R \approx 37°$, d.h. eine für Störungen am Streckeneingang typische, relativ entdämpfte Einstellung. Aus (4.169) folgt für diesen Fall $T_n = 4\,T_1$ und damit die P-N-Verteilung eines offenen

Kreises mit I^2-T_{v1}-T_1-Verhalten im Bild 4.40. Auf der daraus resultierenden Wurzelorts-kurve liegen mit besonderer Markierung die Wurzeln der charakteristischen Gleichung (4.173). Für $D_{SK} = 0{,}5$ und $\omega_m = \dfrac{1}{2T_1}$ nach (4.166) erhält man mit (4.174)

$$p_1 = -0{,}5\,\frac{1}{T_1} \qquad und \qquad p_{2,3} = -0{,}25\,\frac{1}{T_1} \pm j\,0{,}43\,\frac{1}{T_1}\ .$$

Bei Verwendung des Reglers für Störungen am Streckenausgang oder für Führung sollte z.B. durch $a_{SK} = 3$ bzw. $D_{SK} = 1$ eine stärkere Bedämpfung des dynamischen Verhaltens vorgenommen werden ($\varphi_R \approx 53°$). Es entsteht in diesem Fall ein 3facher Pol der Stör- bzw. Führungsübertragungsfunktion bei $p = -\omega_m$. Infolge der Nullstelle bei $p_{v1} = -\dfrac{\omega_m}{a_{SK}}$ tritt in der Führungsübergangsfunktion trotzdem noch ein Überschwingen von $\Delta h \approx 20\ \%$ auf.

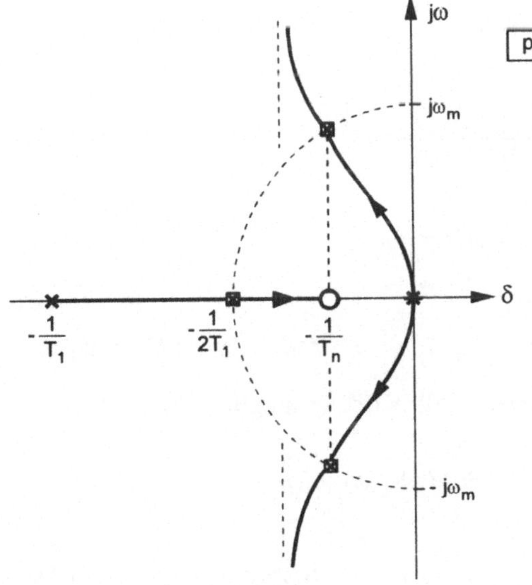

Bild 4.40:
Wurzelortskurve für eine nach dem Symmetriekriterium entworfene Rege-lung

4.7.4 Direkter analytischer Entwurf

Vergleichbar mit dem Vorgehen beim direkten analytischen Reglerentwurf für Führung
(Abschn. 4.6.6) kann für den Standardregelkreis nach Bild 4.2 unter Beachtung der
Realisierbarkeit ein durch die Störübertragungsfunktion $G_z(p)$ vorgegebenes Störverhalten
erzielt werden. Die Übertragungsfunktion des erforderlichen Reglers ergibt sich nach
(4.146) zu

$$G_R(p) = \frac{1}{G_S(p)} \left[\frac{G_{Sz}(p)}{G_z(p)} - 1 \right] \quad . \tag{4.175}$$

Mit (4.126) und (4.127) sowie

$$G_{Sz}(p) = \frac{Z_{Sz}(p)}{N_{Sz}(p)} \tag{4.176}$$

und

$$G_z(p) = \frac{Z_z(p)}{N_z(p)} \tag{4.177}$$

erhält man (4.175) in der Form

$$\frac{Z_R(p)}{N_R(p)} = \frac{N_S(p) \left[N_z(p)\, Z_{Sz}(p) - N_{Sz}(p)\, Z_z(p) \right]}{Z_S(p)\, N_{Sz}(p)\, Z_z(p)} \quad . \tag{4.178}$$

Die Realisierbarkeit des Reglers ist gegeben für

$$Grad\ N_R(p) \geq Grad\ Z_R(p) \quad . \tag{4.179}$$

Aus (4.179) folgt mit (4.178) die Bedingung $\qquad\qquad\qquad\qquad\qquad$ (4.180)

$$Grad \left[N_{Sz}(p)\, Z_z(p) \right] - Grad \left[N_z(p)\, Z_{Sz}(p) - N_{Sz}\, Z_z(p) \right] \geq Grad\ N_S(p) - Grad\ Z_S(p) \ .$$

Eine genauere Analyse zeigt, daß (4.180) nur erfüllt wird, wenn gilt:

$$Grad \left[N_z(p)\, Z_{Sz}(p) \right] = Grad \left[N_{Sz}(p)\, Z_z(p) \right]$$

bzw.

$$Grad\ N_z(p) - Grad\ Z_z(p) = Grad\ N_{Sz}(p) - Grad\ Z_{Sz}(p) \quad , \tag{4.181}$$

d.h. der Polüberschuß der Störübertragungsfunktion muß gleich dem der Störstreckenübertragungsfunktion sein.

Ferner ist das Zählerpolynom von $G_z(p)$ in der Form

$$Z_z(p) = c_1\, p + c_2\, p^2 + \dots \tag{4.182}$$

so festzulegen, daß sein Grad mindestens gleich dem Polüberschuß der Regelstreckenübertragungsfunktion ist und die diesem Überschuß entsprechende Anzahl von höchsten

Potenzen im Polynom $\left[N_z(p)\, Z_{Sz}(p) - N_{Sz}(p)\, Z_z(p)\right]$ in (4.178) entfallen können. Durch das Fehlen des Terms c_0 in (4.182) ist für den stationären Fall $G_z(0) = 0$ gesichert.

Wegen dieser zweiten Entwurfsvorgabe bezüglich $Z_z(p)$ muß nunmehr überprüft werden, ob zur Erfüllung der Bedingung (4.181) ein Angleich von Grad $N_z(p)$ erforderlich wird. Um die ursprünglichen Gütevorgaben nicht zu beeinträchtigen, können wie im Abschn. 4.6.6 zum Beispiel zusätzliche nicht dominierende reelle Pole der Störübertragungsfunktion eingeführt werden.

Die hier nur grob dargestellten Entwurfsschritte sollen nachfolgend im Beispiel 4.14 verdeutlicht werden.

BEISPIEL 4.14: *Direkter analytischer Reglerentwurf bezüglich Störung an einer I-T₂-Strecke*

Die auszuregelnde Störgröße soll entsprechend Bild 4.41 innerhalb einer I-T₂-Strecke mit der Übertragungsfunktion (4.136) nach Beispiel 4.10 angreifen. Für die Teilstrecken gelten die Übertragungsfunktionen

$$G_{S1}(p) = \frac{1}{p\,(p+2)} \tag{4.183}$$

und

$$G_{S2}(p) = G_{Sz}(p) = \frac{1}{p+5} \; . \tag{4.184}$$

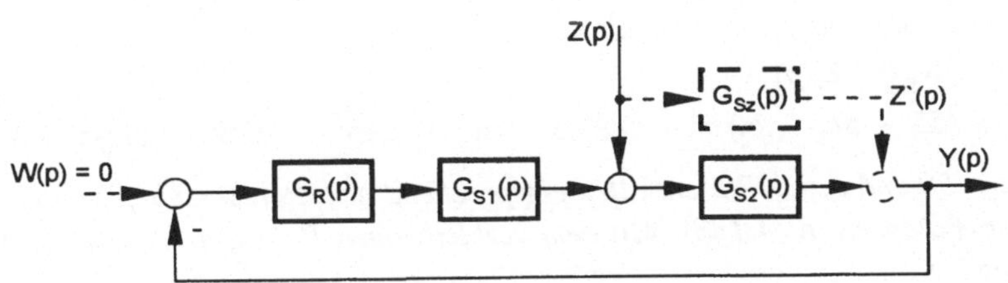

Bild 4.41: Wirkungsplan eines Regelkreises mit Störeingriff in der Strecke

Mit den gleichen Wurzeln der charakteristischen Gleichung $p_{1,2} = -2{,}5 \pm j\,2{,}5$ wie im Beispiel 4.10 kann die einfache Störübertragungsfunktion vergleichbar mit (4.137) zu

$$G_z(p) = \frac{p}{p^2 + 5p + 12{,}5} \tag{4.185}$$

angegeben werden, wodurch sich eine Störübergangsfunktion vom Typ nach Bild 4.36b ergibt. Die mit (4.185), (4.184) und (4.136) nach (4.175) berechnete Reglerübertragungs-funktion ist nicht realisierbar. Man muß daher den beiden im Abschn. 4.7.4 vorgestellten Entwurfsschritten folgen.

Die erste Bedingung (4.181) ist zunächst für dieses Beispiel erfüllt. Die Polüberschüsse in (4.184) und (4.185) sind gleich groß.

Die zweite Entwurfsvorschrift verlangt aber, daß Struktur und Parameter von $Z_z(p)$ so festgelegt sind, daß eine dem Polüberschuß von $G_S(p)$ entsprechende Anzahl der höchsten Potenzen in dem Polynom $[N_z(p)\ Z_{Sz}(p) - N_{Sz}(p)\ Z_z(p)]$ nach (4.178) wegfallen können. Für dieses Beispiel muß somit das Polynom (4.182) dritten Grades sein, d.h. es gilt

$$Z_z(p) = c_1\,p + c_2\,p^2 + c_3\,p^3 \quad . \tag{4.186}$$

$c_0 = 0$ ist erforderlich, damit die stationäre Genauigkeit durch $G_z(0) = 0$ gesichert wird. Damit nunmehr die erste Bedingung (4.181) wieder erfüllt ist, müssen in $N_z(p)$ zwei zusätzliche nicht dominierende reelle Pole ergänzt werden. Das Nennerpolynom von $G_z(p)$ kann dann zum Beispiel lauten:

$$N_z(p) = (p^2 + 5p + 12{,}5)\,(p + 25)^2 \quad . \tag{4.187}$$

Mit (4.184), (4.186) und (4.187) erhält man $\qquad\qquad\qquad\qquad\qquad\qquad\qquad$ (4.188)

$N_z(p)\ Z_{Sz}(p) - N_{Sz}(p)\ Z_z(p) =$

$(1 - c_3)p^4 + (55 - 5c_3 - c_2)p^3 + (887{,}5 - 5c_2 - c_1)p^2 + (3750 - 5c_1)p + 7812{,}5.$

Für $c_3=1$, $c_2=50$ und $c_1=637{,}5$ entfallen entsprechend dem Polüberschuß von $G_S(p)$ die drei höchsten Potenzen in (4.188). Mit dem verbleibenden Polynom 1. Grades (4.136), (4.184) sowie

$$Z_z(p) = 637{,}5p + 50p^2 + p^3 \tag{4.189}$$

ergibt sich für den Regler nunmehr nach (4.178) die realisierbare Übertragungsfunktion

$$G_R(p) = \frac{562,5\ (p + 2)\ (p + 13,9)}{p^2 + 50p + 637,5} \ . \tag{4.190}$$

Die durch (4.187) und (4.189) bedingte Störübergangsfunktion vom Typ nach Bild 4.36b weist einen h_{zm}-Wert auf, der bei 13 % der Störsprungamplitude liegt. Das Überschwingen ist mit $\Delta y \approx 0,5$ % vernachlässigbar.
Außer Betracht gelassen wird hier, wie auch im Beispiel 4.10, eine Untersuchung zum erforderlichen Stellaufwand.

Verwendet man den Regler nach (4.190) in einer Führungsregelung ohne Störung mit der Regelstrecke nach (4.136), so stellt sich für dieses Beispiel etwa der gleiche Übergangsvorgang ein, wie im Beispiel 4.10. In der Regel kann aber eine gezielte Einflußnahme auf das Führungs- und das Störverhalten nur durch eine Erweiterung der Regelkreis-Standardstruktur erfolgen. Auf diese Problematik wird im Abschn. 5 eingegangen.

4.7.5 Entwurf mittels Einstellregeln

Wie bereits im Abschn. 4.6.8 ausgeführt, können Einstellregeln bzw. Vorschriften zur Reglerbemessung an Regelstrecken, deren Übertragungsverhalten nicht oder nur angenähert beschrieben werden kann, verwendet werden. Obwohl es sich dabei um Grobeinstellungen handelt, haben sich solche Verfahren wegen ihrer einfachen Handhabung bis heute in der Praxis behauptet. Zwei typische Beispiele, die besonders auf gestörte Regelungen ausgerichtet sind, sollen nachfolgend vorgestellt werden.

● *Einstellregeln nach Ziegler und Nichols*

Ziegler und *Nichols* haben bereits in den 40er Jahren Reglereinstellungen nach zwei Methoden vorgeschlagen.

- *Einstellung auf Basis des Regelkreisverhaltens an der Stabilitätsgrenze*

Der eingesetzte Regler wird zunächst als P-Regler ($T_v=0$; $T_n \rightarrow \infty$) betrieben. Nach Erhöhung der Reglerverstärkung auf K_{Rkrit} kann an der Stabilitätsgrenze die Periodendauer T_{krit} der Dauerschwingung bestimmt werden. Mit diesen beiden experimentell gewonnenen Kenngrößen erfolgt nach Tafel 4.4 die jeweilige Reglereinstellung. Es ergibt sich eine relativ schwach gedämpfte Regelkreisdynamik, da bei dieser Methode auf Störeintritte nahe dem Regelstreckeneingang orientiert wird.

Regler-typ	Reglerparameter		
	K_R	T_n	T_v
P	$0,5\ K_{Rkrit}$	–	–
PI	$0,45\ K_{Rkrit}$	$0,85\ T_{krit}$	–
PID	$0,6\ K_{Rkrit}$	$0,5\ T_{krit}$	$0,12\ T_{krit}$

Tafel 4.4:
Einstellregeln nach *Ziegler* und *Nichols* anhand von K_{krit} und T_{krit}

- *Einstellung anhand der Streckenübergangsfunktion*

Ausgehend von einer experimentell aufgenommenen Streckenübergangsfunktion mit P-T_n-Charakter werden so wie im Abschn. 4.6.8 durch Einzeichnen der Wendetangente die Verzugszeit T_u, die Ausgleichszeit T_g sowie der proportionale Übertragungsfaktor K_{PS} bestimmt und dafür Einstellregeln gemäß Tafel 4.5 ermittelt.

Regler-typ	Reglerparameter	
P	$\dfrac{K_R\ K_{PS}}{T_g\,/\,T_u} = c$	1,0
PI	c $T_n\,/\,T_u$	0,9 3,33
PID	c $T_n\,/\,T_u$ $T_v\,/\,T_u$	1,2 2,0 0,5

Tafel 4.5:
Einstellregeln nach *Ziegler* und *Nichols* anhand der Streckenübergangsfunktion

• **Einstellregeln nach *Chien, Hrones* und *Reswick***

Diese Einstellregeln basieren ebenfalls auf den Werten K_{PS}, T_u und T_g einer experimentell aufgenommenen Streckenübergangsfunktion mit Ausgleich. Totzeitanteile T_t können zu T_u hinzugefügt werden. Aus Tafel 4.6 lassen sich die Reglerparameter für aperiodisches ($D \approx 0,8$) und periodisches ($D \approx 0,45$) Störübergangsverhalten im Gültigkeitsbereich $1 < T_g/T_u < 10$ ablesen. Die Unterschiede zu den Vorschlägen in Tafel 4.5 sind auf umfangreiche Untersuchungen mittels Analogrechner und auf eine generell gedämpftere Einstellstrategie zurückzuführen.

Regler-typ	Regler-parameter	aperiodisch $(D \approx 0{,}8)$	periodisch $(D \approx 0{,}45)$
P	$\dfrac{K_R\,K_{PS}}{T_g / T_u} = c$	0,3	0,7
PI	c T_n / T_u	0,6 4,0	0,7 2,3
PID	c T_n / T_u T_v / T_u	0,95 2,4 0,42	1,2 2,0 0,42

Tafel 4.6:
Einstellregeln nach *Chien, Hrones* und *Reswick*

5   Erweiterte kontinuierliche Ausgangsregelungen

Den Ausführungen im Abschn. 4 liegen ausschließlich lineare kontinuierliche einschleifige Eingrößenregelungen mit Ausgangsrückführung in der Standardstruktur nach Bild 4.2 bzw. Bild 4.14 zugrunde. Regelungen diesen Typs sind in der regelungstechnischen Praxis am weitesten verbreitet. Bei der Lösung einer Reihe wichtiger Problemstellungen stößt der Regelungstechniker mit dieser Struktur allerdings an system- und anwendungstechnische Grenzen. Die Unzulänglichkeit des einfachen einschleifigen Regelkreises wird bei folgenden Regelungsaufgaben besonders deutlich:

- Regelungen mit komplizierten Regelstrecken, z.B. bedingt durch Verzögerungen hoher Ordnung oder Totzeitanteile, insbesondere bei starken Störungen;

- Regelungen mit unabhängigen Beeinflussungsmöglichkeiten für das Führungs- und das Störverhalten;

- Regelungen mit Pol- und Nullstellenvorgabe für das Führungs- und/oder das Störverhalten.

Die Lösung solcher Regelungsaufgaben läßt sich durch eine Erweiterung der einschleifigen Grundstruktur erreichen. Dies kann in zwei Hauptformen der erweiterten Ausgangsregelungen geschehen:

- Erweiterungen durch zusätzliche Steuerungen oder Regelungen außerhalb der Standardstruktur in Form von Vorsteuerungen oder Vorregelungen (Abschnitte 5.1 bis 5.4);

- Erweiterungen durch zusätzliche Regelschleifen innerhalb der Standardstruktur in Form von vermaschten bzw. mehrschleifigen Regelungen (Abschnitte 5.5 und 5.6).

Allen Erweiterungsstrukturen ist gemeinsam, daß sich neben dem Entwurfsaufwand auch die technisch-ökonomischen Aufwendungen durch zusätzliche Meß-, Stell-, Steuerungs- und Regelungstechnik erhöhen.

5.1   Regelungen mit Vorfilter

Wie aus den Abschnitten 4.6 und 4.7 ersichtlich, ist eine gezielte Beeinflussung sowohl des Führungs- als auch des Störverhaltens durch nur einen Regler nicht möglich. Die aus (4.40) und (4.41) für die Standardstruktur im Bild 4.14 abgeleitete Beziehung

$$G_z(p) = G_{Sz}(p) \left[1 - G_w(p)\right]$$ (5.1)

verdeutlicht die gegenseitige Abhängigkeit der Führungs- und der Störübertragungsfunktionen.

Eine Lösung des Problems kann durch die zusätzliche Anordnung eines Übertragungsgliedes außerhalb des Standardregelkreises erfolgen (Bild 5.1). Durch ein solches Vorfilter mit der Übertragungsfunktion $G_{VF}(p)$ wird ausschließlich die am Regelkreis wirksame Führungsgröße beeinflußt. Anstelle von (4.39) gilt nunmehr mit (4.38) die Übertragungsbeziehung

$$Y(p) = G_{VF}(p) \, \frac{G_R(p) \, G_S(p)}{1 + G_R(p) \, G_S(p)} \, W(p) + \frac{G_{Sz}(p)}{1 + G_R(p) \, G_S(p)} \, Z(p) \quad .$$ (5.2)

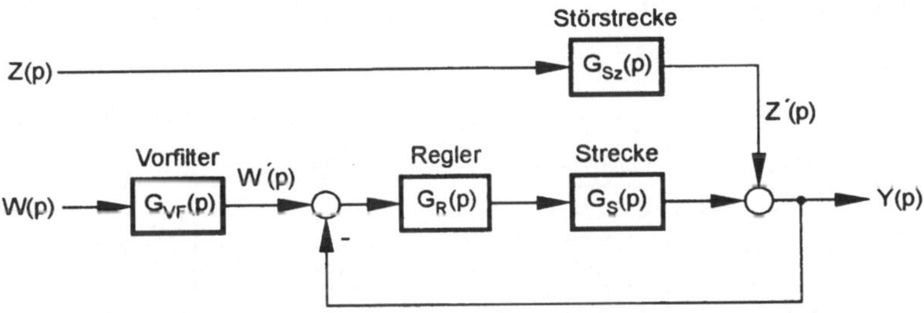

Bild 5.1: Wirkungsplan einer Ausgangsregelung mit Vorfilter

Die Einstellung des gewünschten Störverhaltens erfolgt durch den Regler mit der Übertragungsfunktion $G_R(p)$. Damit ist auch das Führungsverhalten des Standardregelkreises in einer zumeist schwach gedämpften Weise festgelgt; es soll mit $G_{w'}(p)$ beschrieben werden. Das in Kettenstruktur angeordnete Vorfilter mit $G_{VF}(p)$, durch das die Stabilität des Regelkreises nicht beeinträchtigt wird, gestattet nunmehr die getrennte Einstellung des Führungsverhaltens bzw. der Führungsübertragungsfunktion

$$G_w(p) = G_{VF}(p) \, G_{w'}(p) \quad .$$ (5.3)

Neben der analytischen Berechnung eines stabilen und realisierbaren $G_{VF}(p)$ nach (5.3) besteht auch die Möglichkeit, einen näherungsweisen Entwurf durch grafische Subtraktion der Amplitudenfrequenzkennlinien $|G_w(j\omega)|_{dB}$ und $|G_{w'}(j\omega)|_{dB}$ vorzunehmen.

Der im Regelkreis bei P-Verhalten auftretenden bleibenden Regelabweichung kann in dieser erweiterten Struktur durch entsprechende Gestaltung des stationären Verlaufes der modifizierten Führungsgröße $w'(t)$ entgegengewirkt werden.

In den Abschnitten 4.6.6 und 4.7.4 ist das Vorgehen beim direkten analytischen Reglerentwurf aufgezeigt. Dabei wird von der Polvorgabe zur Erzielung eines gewünschten Führungs- oder Störverhaltens ausgegangen. Nullstellen werden nur zur Sicherung des stationären Verhaltens eingeführt, oder sie ergeben sich beim Entwurf unter Berücksichtigung der Realisierbarkeitsbedingungen. Erfolgt auf Grund einer anspruchsvollen Aufgabenstellung jedoch neben der Polvorgabe auch die Nullstellenvorgabe für $G_w(p)$ oder $G_z(p)$, so reicht bereits zur Lösung dieser Einzelaufgaben die Regelkreisstandardstruktur nicht aus. Es ist in solchen Fällen eine Strukturerweiterung gemäß Bild 5.1 erforderlich.

5.2 Regelungen mit Führungsgrößenaufschaltung

Durch eine Führungsgrößen- bzw. Sollwertaufschaltung auf das Stellglied entsprechend Bild 5.2 können erhöhte Ansprüche an die Dynamik des Führungsverhaltens erfüllt werden.

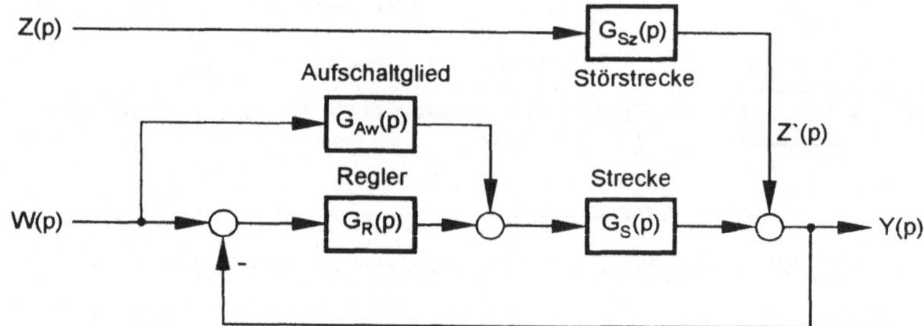

Bild 5.2: Wirkungsplan einer Ausgangsregelung mit Führungsgrößenaufschaltung

Aus der Übertragungsgleichung

$$Y(p) = \left[1 + \frac{G_{Aw}(p)}{G_R(p)}\right] \frac{G_0(p)}{1 + G_0(p)} W(p) + \frac{G_{Sz}(p)}{1 + G_0(p)} Z(p) \qquad (5.4)$$

und unmittelbar aus dem Wirkungsplan im Bild 5.2 ist zu erkennen, daß sich mit

$$G_{Aw}(p) = \frac{1}{G_S(p)}$$ ideales Führungsverhalten gemäß $G_w(p) = 1$ ergeben würde. Die

Realisierbarkeit eines solchen Aufschaltgliedes wäre nur gewährleistet, wenn kein Polüberschuß in der Strecken-Übertragungsfunktion bestünde. Reale Regelstrecken erfüllen diese Bedingung im allgemeinen nicht, so daß durch zusätzliche Realisierungspole in $G_{Aw}(p)$ eine näherungsweise Nachführung der Regelgröße infolge der Führungsgrößenaufschaltung in Kauf genommen werden muß. Dominierend ist aber die durch Nullstellen bedingte Beschleunigung des Führungsvorganges. Aus diesem Wirkungsablauf resultiert auch der Begriff *"Vorsteuerung"*. Die Regelung hat neben der Störbekämpfung somit nun nur noch die Aufgabe, Fehler im Führungsverhalten infolge nicht idealer Aufschaltung der Führungsgröße auszuregeln.

Ein Vergleich von (5.4) mit (5.2) zeigt, daß die Führungsgrößenaufschaltung bzw. Vorsteuerung auch als Vorfilter-Problematik entsprechend Abschn. 5.1 interpretiert werden kann. Durch ein zusätzliches Vorfilter mit der Übertragungsfunktion $G'_{VF}(p)$ lassen sich gemäß

$$G_{VF}(p) = G'_{VF}(p) + \frac{G_{Aw}(p)}{G_R(p)} \tag{5.5}$$

die Entwurfsfreiheiten für das Führungsverhalten weiter erhöhen.

5.3 Regelungen mit Störgrößenaufschaltung

Durch die Erweiterung der Regelkreis-Standardstruktur mit einer Störgrößenaufschaltung soll eine Hauptstörgröße bekämpft werden, noch bevor sie sich auf die Regelgröße wesentlich auswirkt. Damit kann die Regelung entlastet werden. Bedeutsam ist eine solche Maßnahme insbesondere dann, wenn die Störung nahe dem Streckeneingang angreift, weil sonst bei Strecken mit Verzögerungen hoher Ordnung ein relativ langsamer Abbau der Störung erfolgen würde.

Vorausgesetzt werden muß bei einer Störgrößenaufschaltung, daß man den Eingriffsort der Störung kennt und die Störgröße meßbar ist oder durch einen Störgrößenbeobachter ermittelt werden kann. Wie bei der Führungsgrößenaufschaltung nach Abschn. 5.2 handelt es sich auch hier um eine Kombination von Steuerung und Standardregelung. Auf letztere kann auch bei dieser Struktur nicht verzichtet werden, da die Hauptstörgröße nicht exakt kompensiert werden kann, weitere Störgrößen auszuregeln sind und hinsichtlich des Führungsverhaltens Güteforderungen erfüllt werden müssen.

Der generellen Zielstellung wird der Wirkungsplan im Bild 5.3 gerecht, in dem zwei typische Realisierungsvarianten dargestellt sind. Zum einen erfolgt über $G_{Az}(p)$ die Aufschaltung der Störgröße auf das Stellglied, zum anderen durch $G'_{Az}(p)$, gestrichelt dargestellt, die Aufschaltung auf den Regler.

Typische Anwendungsfälle liegen bei der Regelung der Temperatur in Wasserdurchlauferhitzern oder bei der Regelung des Höhenstandes in Flüssigkeitsbehältern vor, wo als Hauptstörgröße die Flüssigkeitsentnahme über eine Durchflußmessung aufgeschaltet werden kann. Bei der Drehzahlregelung von Arbeitsmaschinen können Drehmomentenschwankungen durch spezielle Messungen erfaßt und aufgeschaltet werden, so daß die

Drehzahlregelung entlastet wird.

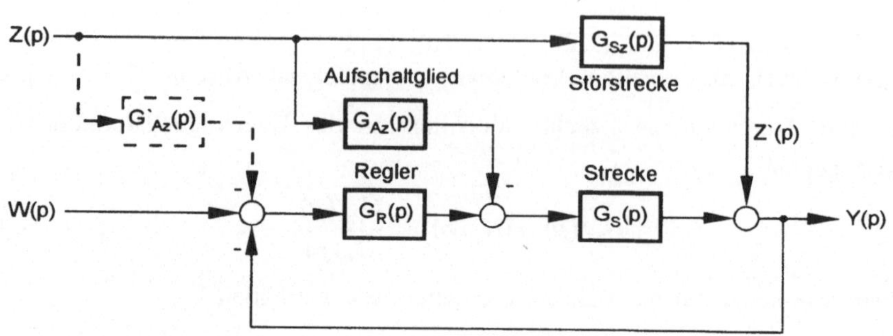

Bild 5.3: Wirkungsplan einer Ausgangsregelung mit Störgrößenaufschaltung

Störgrößenaufschaltung auf das Stellglied

Für diese Strukturvariante folgt aus dem Wirkungsplan im Bild 5.3 die Übertragungsgleichung

$$Y(p) = \frac{G_0(p)}{1 + G_0(p)}\, W(p) + \frac{G_{Sz}(p) - G_{Az}(p)\, G_S(p)}{1 + G_0(p)}\, Z(p) \quad . \tag{5.6}$$

Führungs- und Störverhalten können wie auch bei der Führungsgrößenaufschaltung
getrennt eingestellt werden. Ein Vergleich von (5.6) mit (4.39) zeigt, daß die Führungsübertragungsfunktion gegenüber der für die Struktur nach Bild 4.14 unverändert bleibt.
Durch den Regler kann ein gewünschtes Führungsverhalten erzielt werden. Für das
Störverhalten besteht die erweiterte Entwurfsmöglichkeit entsprechend der Störübertragungsfunktion

$$G_Z(p) = \frac{G_{Sz}(p) - G_{Az}(p)\, G_S(p)}{1 + G_0(p)} \quad . \tag{5.7}$$

Das ideale Entwurfsziel, die **exakte Invarianz** der Regelgröße bezüglich der Störgröße
wäre mit $G_z(p) = 0$ bzw. nach (5.7) für

$$G_{Az}(p) = \frac{G_{Sz}(p)}{G_S(p)} \tag{5.8}$$

erreicht. Für ein stabiles Verhalten des Aufschaltgliedes müßte das Nennerpolynom von
$G_{Az}(p)$ ein Hurwitzpolynom und wegen der Realisierbarkeit sein Grad mindestens so groß
wie der des Zählerpolynoms sein.

Greift die Hauptstörgröße am Eingang der Regelstrecke an, so ergibt sich mit $G_{Sz}(p) = G_S(p)$ nach (5.8) $G_{Az}(p) = 1$. Der beabsichtigte Kompensationseffekt wird also problemlos erzielt, sofern das Strecken-Übertragungsmodell das tatsächliche Streckenverhalten exakt widerspiegelt.

Bei einer Ausgangsstörung erhält man mit $G_{Sz}(p) = 1$ nach (5.8) für die Übertragungsfunktion des Aufschaltgliedes $G_{Az}(p) = 1/G_S(p)$. Aus Stabilitätsgründen müssen die Nullstellen der Streckenübertragungsfunktion in der linken p-Halbebene liegen. Die Realisierbarkeit von $G_{Az}(p)$ ist nur gewährleistet, wenn $G_S(p)$ keinen Polüberschuß aufweist. Den dominierenden Nullstellen in $G_{Az}(p)$ infolge des zumeist vorliegenden Verzögerungscharakters der Regelstrecken müssen somit Realisierungspole zugeordnet werden. Damit wird aber nur eine *näherungsweise Invarianz* erreicht. Selbst bei Eintritt der Hauptstörung sehr nahe dem Streckeneingang wäre zum Beispiel anstelle eines P-T_{v1}-Gliedes ein reales P-T_{v1}-T_1-Glied einzusetzen (siehe Beispiel 5.1).

Das Realisierungsproblem wird umgangen, wenn man sich auf die Sicherstellung der *statischen Invarianz* beschränkt. Im Falle proportionalen Übertragungsverhaltens von Störstrecke und Strecke ergibt sich für den proportionalen Beiwert des Aufschaltgliedes $K_{Az} = K_{Sz}/K_S$. Durch Variation von K_{Az} kann eine im Standardregelkreis auftretende bleibende Regelabweichung mit der Führungsvorgabe ausgeglichen werden, ohne daß ein integraler Regleranteil verwendet wird.

Störgrößenaufschaltung auf den Regler

Aus anwendungstechnischen Gründen empfiehlt es sich häufig, für die Störgrößenaufschaltung einen zusätzlichen Reglereingang zu nutzen. Das geschieht dann, wie aus Bild 5.3 ersichtlich, über ein Aufschaltglied mit der Übertragungsfunktion $G'_{Az}(p)$. Die Übertragungsbeziehung lautet nun

$$Y(p) = \frac{G_0(p)}{1 + G_0(p)}\, W(p) + \frac{G_{Sz}(p) - G'_{Az}(p)\, G_0(p)}{1 + G_0(p)}\, Z(p) \quad . \tag{5.9}$$

Die *exakte Invarianz* der Regelgröße bezüglich der Störgröße ist in diesem Fall für

$$G'_{Az}(p) = \frac{G_{Sz}(p)}{G_R(p)\, G_S(p)} \tag{5.10}$$

gegeben. Zusätzlich zu den Streckeneigenschaften und der Lage des Störortes wirken sich im Unterschied zu (5.8) nunmehr auch die Reglereigenschaften auf das Übertragungsverhalten des Aufschaltgliedes aus. Veränderungen von $G_R(p)$ infolge wechselnder Anforderungen an das Führungsverhalten bedingen somit auch Korrekturen von $G'_{Az}(p)$. Für ein stabiles $G'_{Az}(p)$ muß sein Nennerpolynom ein Hurwitzpolynom sein. Bezüglich der Realisierbarkeit gilt, daß bei sprungfähigen Reglern der Polüberschuß der Strecke höchstens gleich dem Polüberschuß der Störstrecke sein darf. Das ist auch bei dieser Aufschaltvariante nur gewährleistet, wenn die Hauptstörung am Streckeneingang wirksam wird. Mit $G_{Sz}(p) = G_S(p)$ gilt dann für exakte Invarianz $G'_{Az}(p) = 1/G_R(p)$. Für einen I-Regler ist diese Bedingung nicht zu erfüllen, während bei einem PI-Regler die Aufschaltung durch ein D-T$_1$-Glied vollzogen werden könnte.

Die Aufschaltung der Störgröße auf den Reglereingang entspricht, wie Bild 5.3 zeigt, einer Sollwertänderung. Sie muß demzufolge nachgebend erfolgen (Störtendenzaufschaltung), da sonst auch bei integrierendem Verhalten von $G_0(p)$ eine bleibende Regelabweichung entsteht. Andererseits kann auch eine unerwünschte bleibende Regelabweichung im Standardregelkreis durch diese Strögrößenaufschaltung verringert oder beseitigt werden.

BEISPIEL 5.1:   *Untersuchung von Varianten der Störgrößenaufschaltung*

Für die im Bild 5.4 dargestellte Ausgangsregelung soll die Wirkung der Störgrößen-

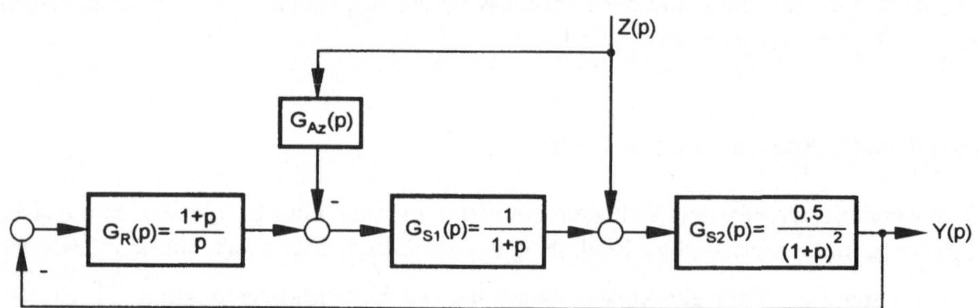

Bild 5.4: Wirkungsplan der Regelung mit Störgrößenaufschaltung im Beispiel 5.1

aufschaltung auf das Stellglied untersucht werden. Die Hautpstörung $z(t) = \sigma(t)$ greife innerhalb der Regelstrecke mit der Übertragungsfunktion $G_S(p) = G_{S1}(p)\,G_{S2}(p)$ an. $G_{S2}(p)$ ist identisch mit der Übertragungsfunktion der Störstrecke $G_{Sz}(p)$. Ohne Aufschaltung ergibt sich die Störübertragungsfunktion

$$G_z(p) = \frac{G_{Sz}(p)}{1 + G_0(p)} = \frac{0,5\,p}{p^3 + 2p^2 + p + 0,5} \tag{5.11}$$

und daraus die Störübergangsfunktion $h_z(t)$ im Bild 5.5 mit $h_{zm} \approx 0,33$ und $\Delta y \approx 0,08$ entsprechend Bild 4.36.

Exakte Invarianz *wird nach (5.8) erreicht durch*

$$G_{Az}(p) = 1 + p \quad .$$

$$(5.12)$$

Ein Aufschaltglied mit der Übertragungsfunktion (5.12) ist nicht realiserbar. Durch Hinzufügen eines Realisierungspols zu (5.12) läßt sich jedoch mit

$$G_{Az}(p) = \frac{1 + p}{1 + 0,1\,p}$$

$$(5.13)$$

näherungsweise Invarianz *erzielen. Aus (5.7) folgt mit (5.13) die Störübertragungsfunktion*

$$G_z(p) = \frac{0,05\,p^2}{0,1\,p^4 + 1,2\,p^3 + 2,1\,p^2 + 1,05\,p + 0,5} \quad .$$

$$(5.14)$$

Die zugehörige Störübergangsfunktion (Bild 5.5) weist gegenüber dem Fall ohne Aufschaltung ein wesentlich verbessertes Störverhalten auf.

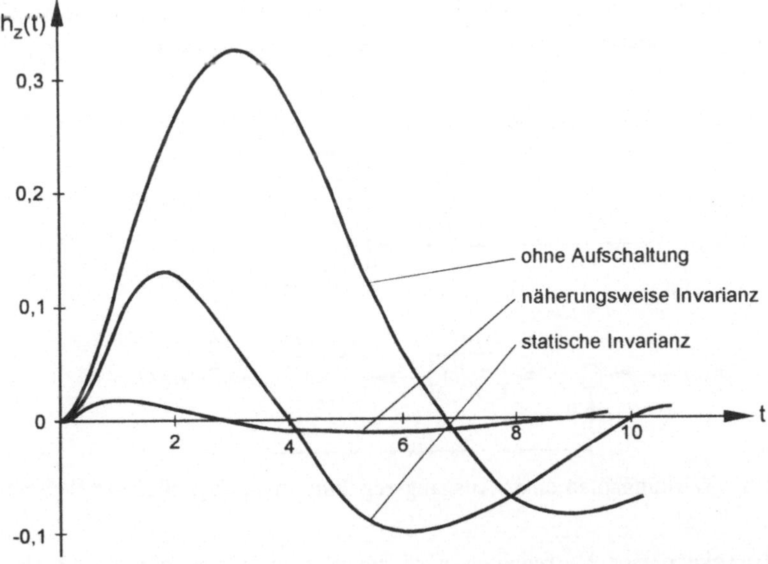

Bild 5.5: Störübergangsfunktionen zu Beispiel 5.1

Für statische Invarianz *ergibt sich der proportionale Übertragungsfaktor des Aufschaltgliedes nach (5.8) zu*

$$G_{Az}(0) = K_{Az} = K_{Sz}/K_S = 1$$

und die Störübertragungsfunktion zu

$$G_z(p) = \frac{0.5\,p^2}{p^4 + 3\,p^3 + 3\,p^2 + 1.5\,p + 0.5} \quad . \tag{5.15}$$

Aus der Störübergangsfunktion im Bild 5.5 ist zu ersehen, daß sich das Störverhalten im Vergleich zur dynamischen Aufschaltung mit (5.13) verschlechtert, aber noch besser ist als ohne Störgrößenaufschaltung.

5.4   Regelungen mit Störgrößenvorregelung

Mit der Störgrößenvorregelung oder auch Störgrößenkonstanthaltung wird das Ziel verfolgt, den Einfluß einer Hauptstörgröße vor Erreichen des eigentlichen Regelkreises zu verringern und damit dessen Stördynamik entscheidend zu entlasten. Die Realisierung einer solchen im Wirkungsplan nach Bild 5.6 dargestellten Struktur ist nur möglich, wenn im Störzweig die technischen Voraussetzungen für den Aufbau einer vorgelagerten Regelung gegeben sind.

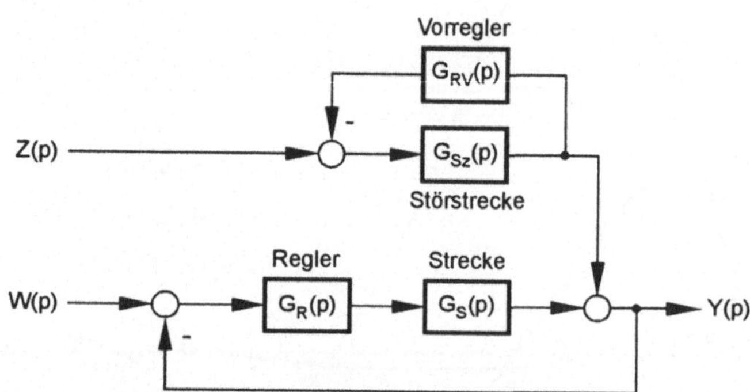

Bild 5.6:   Wirkungsplan einer Ausgangsregelung mit Störgrößenvorregelung

Als Regelstrecke dieser Vorregelung wird zur Vereinfachung die im Abschn. 4.4.2 eingeführte Störstrecke mit der Übertragungsfunktion $G_{Sz}(p)$ angenommen. Als Vorregler genügt in der Regel ein P-Regler mit $G_{RV}(p) = K_{RV}$. Aus der Übertragungsfunktion

$$\frac{Z'(p)}{Z(p)} = \frac{G_{Sz}(p)}{1 + G_{RV}(p)\,G_{Sz}(p)} \tag{5.16}$$

folgt dann für eine P-Strecke mit dem Beiwert K_{Sz}, daß die Störamplitude nach einem kurzen Übergangsvorgang um den Faktor $K_{Sz}/(1 + K_{RV}K_{Sz})$ verringert auf den Regelkreis einwirkt.

Besonders bedeutsam ist diese Strukturerweiterung für die Einschränkung von Versorgungsstörungen, wie bei der Versorgung von zu regelnden Prozessen mit Spannung, Druckluft oder Flüssigkeitsströmen.

5.5 Regelungen mit Hilfsregelgröße

Das Führungs- und Störverhalten von Regelungen läßt sich auch verbessern, wenn außer der Regelgröße im Hauptkreis weitere Prozeßgrößen als Hilfsregelgrößen in zusätzlichen Regelschleifen verarbeitet werden. Eine solche Strukturerweiterung weist gewisse Ähnlichkeit mit Zustandsregelungen auf (Abschn. 8). Die Einbeziehung von Hilfsregelgrößen in die Regelung ist dann besonders wirksam, wenn Störungen nahe dem Eingang von Verzögerungsstrecken hoher Ordnung, die nicht für Störgrößenaufschaltungen oder -vorregelungen erfaßt werden können, ausgeregelt werden müssen. Diese Störungen werden bereits mit geringerer Verzögerung durch die Hilfsregelgrößen erkannt und bekämpft als es über die Hauptregelgröße allein möglich wäre. Aber auch das Führungsverhalten von Regelungen mit Verzögerungsstrecken hoher Ordnung läßt sich durch die Einbindung von Hilfsregelgrößen günstig beeinflussen.

Im weiteren sei angenommen, daß neben der Regelgröße y nur eine Hilfsregelgröße y_H zur Verfügung steht. Man kann diese Größe in einem Hilfsregler eines unterlagerten Regelkreises verarbeiten (Kaskadenregelung) oder auf den Hauptregler des Standardregelkreises aufschalten (Hilfsregelgrößenaufschaltung).

5.5.1 Kaskadenregelungen

Durch den Einsatz eines zusätzlichen Reglers zur Verarbeitung der Hilfsregelgröße y_H ergibt sich die im Bild 5.7 dargestellte typische Struktur einer Kaskadenregelung. Die

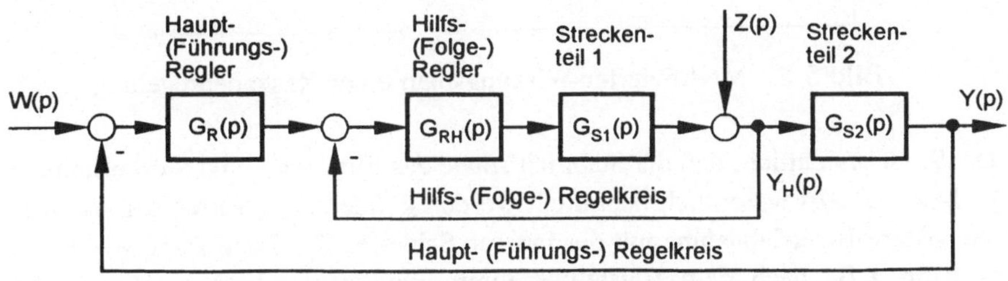

Bild 5.7: Wirkungsplan einer Kaskadenregelung

beabsichtigte deutliche Verbesserung des Störverhaltens wird nur erzielt, wenn der Störbereich vor dem y_H-Abgriff liegt.

Der Regler der übergeordneten Regelung, der sogennannten Haupt- oder Führungsregelung, gibt mit seiner Stellgröße die Führungsgröße für die untergeordnete Regelung, die sogenannte Hilfs- oder Folgeregelung, vor. Der Hauptregler wird durch die Übertragungsfunktion $G_R(p)$, der Hilfsregler durch $G_{RH}(p)$ beschrieben.
Nach Verlagerung des Störeingriffs und Einführung der Übertragungsfunktion

$$G_{zH}(p) = \frac{1}{1 + G_{OH}(p)} \tag{5.17}$$

kann das Führungsverhalten des Hilfs- bzw. Folgeregelkreises durch die Führungsübertragungsfunktion

$$G_{wH}(p) = \frac{G_{OH}(p)}{1 + G_{OH}(p)} \tag{5.18}$$

mit $G_{OH}(p) = G_{RH}(p)\ G_{SI}(p)$ beschrieben werden. Durch diese einfache Umformung entsteht der Wirkungsplan der einschleifigen Grundstruktur im Bild 5.8. Es gilt die Übertragungsbeziehung

$$Y(p) = \frac{G_R(p)\ G_{wH}(p)\ G_{S2}(p)}{1 + G_R(p)\ G_{wH}(p)\ G_{S2}(p)}\ W(p) + \frac{G_{zH}(p)\ G_{S2}(p)}{1 + G_R(p)\ G_{wH}(p)\ G_{S2}(p)}\ Z(p)\ . \tag{5.19}$$

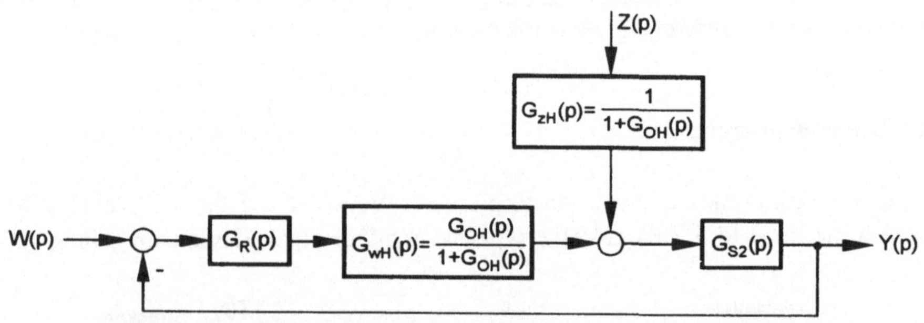

Bild 5.8: Modifizierter Wirkungsplan einer Kaskadenregelung

Aus (5.19) ist ersichtlich, daß die Stabilität sowie das Führungs- und Störverhalten durch $G_{OH}(p)$ bzw. $G_{wH}(p)$ wesentlich beeinflußt werden können. Der Entwurf beginnt ebenso wie die spätere Inbetriebnahme mit der inneren Schleife. Die Bemessung von $G_{RH}(p)$ mit $G_{SI}(p)$ kann z.B. nach dem Einstellverfahren von Ziegler-Nichols (Abschn. 4.7.5) erfolgen. Mit einem P- oder PD-Hilfsregler ist für eine relativ hohe Kreisverstärkung zu sorgen, um schnelle Führungs- und Störübergangsverläufe sowie eine gute Störunterdrückung zu erzielen. Bleibende Regelabweichungen im Hilfsregelkreis sind für die

eigentliche Regelungsaufgabe unbedeutend. Zur Gewährleistung des gewünschten Füh-
rungs- und Störverhaltens im Hauptkreis ist nunmehr $G_R(p)$ nicht für die Streckenübertragungsfunktion $G_S(p) = G_{S1}(p)\,G_{S2}(p)$, sondern für $G_S'(p) = G_{wH}(p)\,G_{S2}(p)$ zu entwerfen. Es wird sich dabei meist um PI- oder PID-Regler handeln, deren Parameter mit den
im Abschn. 4.6 vorgestellten Verfahren, z.B. mittels Frequenzgang des offenen Kreises,
bemessen werden können.

Typische Beispiele für Kaskadenregelungen sind Temperaturregelungen in Reaktions-
behältern oder Industrieöfen, bei denen Hilfsregelgrößen in vorgelagerten Wärmeaustau-
schern oder in der Gaszufuhr zu schnelleren Informationen über Störeinflüsse führen
können. Häufig ist die Kaskadenstruktur auch bei der Drehzahlregelung von Gleich-
strommotoren mit unterlagerter Ankerstromregelung oder bei der Lageregelung mit
unterlagerten Drehzahl- und Ankerstromschleifen anzutreffen.

BEISPIEL 5.2:   *Untersuchung der Eigenschaften einer Kaskadenregelung*

*Es wird ausgegangen vom Regelkreis nach Bild 5.4 im Beispiel 5.1. Die Störgröße z sei
jedoch nicht meßbar, aber hinter ihrem Eingriff in die Regelung stehe eine Hilfsregelgröße y_H zur Verfügung. Wie aus Bild 5.9 ersichtlich, wird außer dem PI-Hauptregler ein
P-Hilfsregler verwendet.*

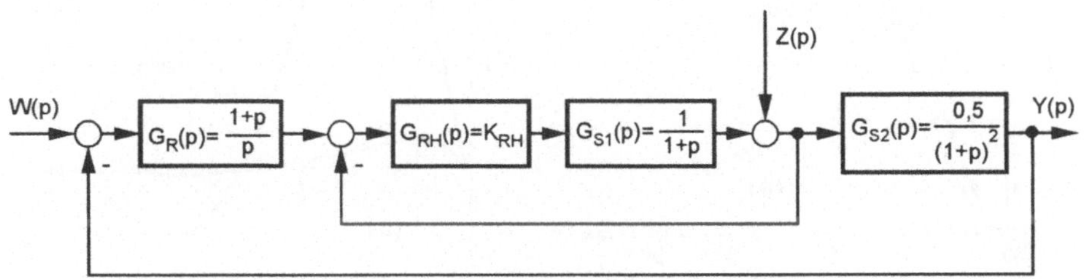

Bild 5.9: Beispiel einer Kaskadenregelung

Ohne den Hilfsregelkreis ergibt sich zunächst für die Standardstruktur der Regelung mit

$$G_O(p) = \frac{0,5}{p\,(1 + p)^2} \qquad (5.20)$$

die Führungsübertragungsfunktion

$$G_w(p) = \frac{0,5}{p^3 + 2\,p^2 + p + 0,5} \qquad (5.21)$$

Die Führungsübergangsfunktion $h_w(t)$ im Bild 5.10a weist eine Überschwingweite

$\Delta h \approx 25 \% \text{ auf.}$

Das Störverhalten wird durch (5.11) bzw. $h_z(t)$ in den Bildern 5.5 oder 5.10b charakterisiert.

Für die Kaskadenregelung erhält man mit $G_{RH}(p) = K_{RH} = 10$

$$G_{OH}(p) = G_{RH}(p)\, G_{SI}(p) = \frac{10}{p + 1} \quad , \tag{5.22}$$

$$G_{wH}(p) = \frac{G_{OH}(p)}{1 + G_{OH}(p)} = \frac{10}{p + 11} \tag{5.23}$$

und nach (5.19)

$$G_w(p) = \frac{5}{p^3 + 12p^2 + 11p + 5} \quad . \tag{5.24}$$

Die zugehörige Führungsübergangsfunktion ist im Bild 5.10a dargestellt. Durch die

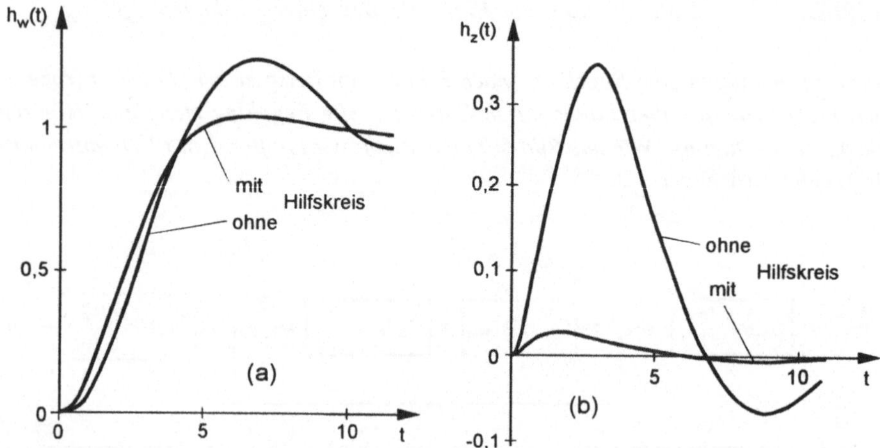

Bild 5.10: Führungsverhalten (a) und Störverhalten (b) einer Kaskadenregelung

Kaskadenregelung wird ein geringeres Überschwingen ($\Delta h \approx 4 \%$) bei unveränderter Überschwingzeit erzielt. Eine K_{RH}-Erhöhung bewirkt keine weitere Änderung des Führungsverhaltens, da nur noch die beiden Pole $p_1 = 0$ des Hauptreglers und $p_2 = -1$ des zweiten Streckenteiles dominieren und $G_{wH}(0) \approx 1$ ist.
Die Störübertragungsfunktion ergibt sich aus (5.19) zu

$$G_z(p) = \frac{G_{zH}(p)\, G_{S2}(p)}{1 + G_R(p)\, G_{wH}(p)\, G_{S2}(p)} \tag{5.25}$$

und mit (5.17), (5.22) und (5.23) zu

$$G_z(p) = \frac{0{,}5\,p}{p^3 + 12\,p^2 + 11\,p + 5} \quad . \qquad (5.26)$$

Die Störübergangsfunktion für $K_{RH} = 10$ ist im Bild 5.10b dargestellt. Es ist eine deutliche Verbesserung des Störverhaltens infolge der Kaskadenbildung zu erkennen.

K_{RH}-Erhöhungen führen zu einer weiteren Verringerung des h_{zm}-Wertes, da z'_∞ mit wachsendem K_{RH} abnimmt.

5.5.2 Regelungen mit Hilfsregelgrößenaufschaltung

Bei Regelungen mit Hilfsregelgrößenaufschaltung nach Bild 5.11 wird im Unterschied zur Kaskadenregelung (Bild 5.7) die Hilfsregelgröße y_H nach Verarbeitung in einem Aufschaltglied mit der Übertragungsfunktion $G_{yH}(p)$ direkt auf den Reglereingang geschaltet. Es entfällt somit in dieser Struktur der Hilfsregler.

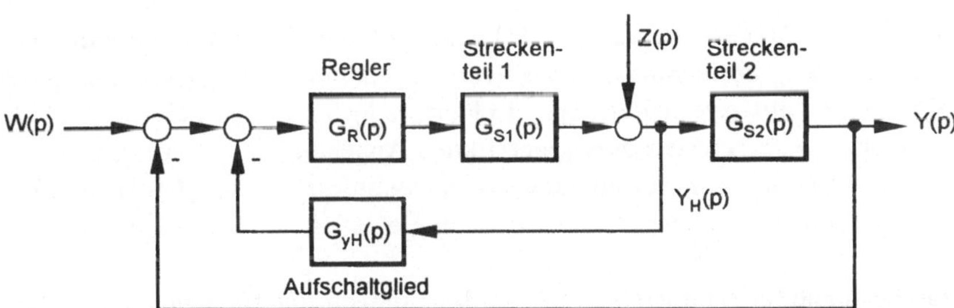

Bild 5.11: Wirkungsplan einer Ausgangsregelung mit Hilfsregelgrößenaufschaltung

Nach Umformung des Wirkungsplanes im Bild 5.11 erhält man die Übertragungsbeziehung

$$Y(p) = \frac{G_R(p)\,G'_{wH}(p)\,G_{S2}(p)}{1 + G_R(p)\,G'_{wH}(p)\,G_{S2}(p)}\,W(p) + \frac{G'_{zH}(p)\,G_{S2}(p)}{1 + G_R(p)\,G'_{wH}(p)\,G_{S2}(p)}\,Z(p) \qquad (5.27)$$

mit

$$G'_{wH}(p) = \frac{G_{S1}(p)}{1 + G_{S1}(p)\,G_{yH}(p)\,G_R(p)} \qquad (5.28)$$

und

$$G'_{zH}(p) = \frac{1}{1 + G_{S1}(p)\,G_{yH}(p)\,G_R(p)} \quad . \qquad (5.29)$$

Die Beziehung (5.27) ist vergleichbar mit (5.19) für die Kaskadenregelung. (5.28) und (5.29) wirken in ähnlicher Weise wie (5.18) und (5.17) stabilitätsverbessernd und beeinflussen günstig das Führungsverhalten und die Störreduktion. Verdeutlicht wird diese Aussage noch, wenn man (5.28) und (5.29) in (5.27) einsetzt. Man erhält dann

$$Y(p) = \frac{G_R(p)\ G_{S1}(p)\ G_{S2}(p)}{1 + G_R(p)\ G_{S1}(p)\ \left[G_{yH}(p) + G_{S2}(p)\right]}\ W(p) +$$

$$\frac{G_{S2}(p)}{1 + G_R(p)\ G_{S1}(p)\ \left[G_{yH}(p) + G_{S2}(p)\right]}\ Z(p)\ . \tag{5.30}$$

$[G_{yH}(p) + G_{S2}(p)]$ charakterisiert eine Ersatzstrecke in Parallelstruktur. Eine entscheidende Dynamikverbesserung wird erzielt, wenn

$$G_{S2}(p) + G_{yH}(p) = G_{S2}(0) = K_{S2} \tag{5.31}$$

realisierbar ist. Die Aufschaltung über $G_{yH}(p)$ sollte nachgebend erfolgen, damit im stationären Fall die Führungsgröße nicht verfälscht wird. Für $G_{S2}(p)$ mit Verzögerungscharakter kann diese Forderung erfüllt werden.

Die im Bild 5.11 dargestellte y_H-Aufschaltung wird auch als *stabilisierende Hilfsregelgrößenaufschaltung* bezeichnet. Bei positiver Aufschaltung von y_H auf den Reglereingang wird zwar das Stabilitätsverhalten verschlechtert, jedoch können in diesem Fall bleibende Regelfehler in P-Regelkreisen durch eine fiktive Anhebung der Führungsgröße beseitigt werden. Diese Variante der Aufschaltung kommt als *störgrößenausgleichende Hilfsregelgrößenaufschaltung* besonders bei der Regelung elektrischer Maschinen vor.

Typische Beispiele für stabilisierende y_H-Aufschaltungen sind besonders bei der Regelung träger thermischer Regelstrecken zu finden. So kann zum Beispiel die Regelung der Ausgangstemperatur eines Bandtrockners wesentlich verbessert werden, wenn auf Grundlage einer zusätzlichen Temperaturmessung im Eingangsbereich des Trockners mit relativ geringer Verzögerung auf Eingangsstörungen im Sinne einer y_H-Aufschaltung reagiert wird.

BEISPIEL 5.3: *Interpretation einer Prädiktorregelung als Regelung mit stabilisierender Hilfsregelgrößenaufschaltung*

Totzeitanteile in Regelstrecken bewirken nicht nur zeitliche Verschiebungen in den Übergangsvorgängen, sondern sie sind auch generell stabilitätsverschlechternd. Eine Kompensation der Totzeit durch den Regler ist nicht möglich. In zahlreichen Modifikationen wird daher der Smith-Prädiktor vorgeschlagen, in den neben dem eigentlichen Regler ein Modell der totzeitbehafteten Regelstrecke eingeht. Durch einen solchen Prädiktorregler mit der Übertragungsfunktion

$$G_{RP}(p) = \frac{G_R(p)}{1 + G_R(p)\,G_S(p)\left[1 - e^{-pT_t}\right]} \qquad (5.32)$$

wird zumindest der Totzeitterm in der charakteristischen Gleichung des geschlossenen Regelkreises aufgehoben und damit Stabilitätsverbesserung erzielt.

Es soll gezeigt werden, daß die Prädiktorregelung auch als Regelung mit stabilisierender Hilfsregelgrößenaufschaltung interpretiert werden kann. Der totzeitfreie Anteil der Strecke $G_S(p)$ im Bild 5.12 entspricht $G_{S1}(p)$ nach Bild 5.11 und die Totzeitübertragungsfunktion der Übertragungsfunktion $G_{S2}(p)$. Aus der Forderung (5.31) folgt

$$e^{-pT_t} + G_{yH}(p) = 1 \qquad bzw. \qquad G_{yH}(p) = 1 - e^{-pT_t} \quad . \qquad (5.33)$$

Der Totzeitanteil erscheint gemäß (5.30) weiterhin im Zähler der Führungs- und der Störübertragungsfunktion, jedoch nicht mehr in der charakteristischen Gleichung.

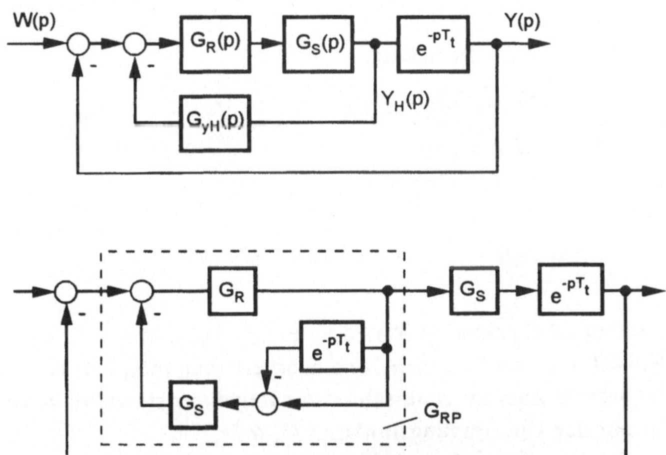

Bild 5.12: Regelung mit Smith-Prädiktor

5.6 Regelungen mit Hilfsstellgröße

Der Aufbau von Regelungen mit Hilfsstellgröße setzt voraus, daß neben dem Stelleingriff für die Hauptstellgröße eine weitere Stellmöglichkeit innerhalb der Regelstrecke gegeben ist. Wie im Wirkungsplan nach Bild 5.13 gezeigt, wird die Hilfsstellgröße u_H durch einen Hilfsregler mit der Übertragungsfunktion $G_{RH}(p)$ aus der Regelabweichung erzeugt.

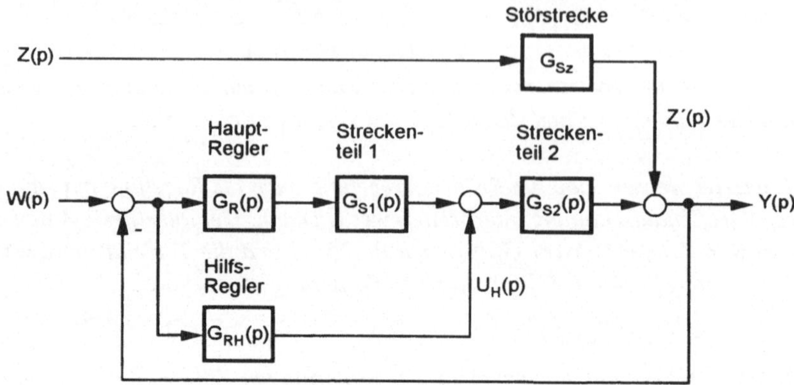

Bild 5.13: Wirkungsplan einer Ausgangsregelung mit Hilfsstellgröße

Für eine solche Struktur gilt die Beziehung

$$Y(p) = \frac{G_R'(p)\ G_{S2}(p)}{1 + G_R'(p)\ G_{S2}(p)}\ W(p) + \frac{G_{Sz}(p)}{1 + G_R'(p)\ G_{S2}(p)}\ Z(p) \qquad (5.34)$$

mit

$$G_R'(p) = G_{RH}(p) + G_R(p)\ G_{S1}(p) \qquad . \qquad (5.35)$$

(5.34) entspricht in seiner Struktur (4.39), d.h. es ist auch mit dieser u_H-Aufschaltung keine getrennte Einstellung von Führungs- und Störverhalten möglich. Der resultierende Regler nach (5.35) arbeitet aber im Unterschied zur Regelkreisstandardstruktrur nur noch an der Teilstrecke mit der Übertragungsfunktion $G_{S2}(p)$.

Aus anwendungstechnischen Gründen wird man im allgemeinen den stationären Zustand durch die Hauptstellgröße herbeiführen lassen. Die Aufschaltung von u_H muß daher nachgebend erfolgen. Mit einem PI-Hauptregler für Verzögerungsstrecken mit Ausgleich erhält dann $G_R'(p)$ nach (5.35) ein PI-ähnliches Reglerverhalten. Zusammen mit $G_{S2}(p)$ wird eine wesentliche Dynamikverbesserung insbesondere dann erzielt, wenn für u_H nahe dem Streckenausgang eine Eingriffsmöglichkeit besteht.

Eine weitere Strukturvariante, bei der die Hilfsstellgröße durch Verarbeitung der Haupt-stellgröße in einem Aufschaltglied mit $G_{uH}(p)$ entsteht, bedarf keiner besonderen Betrachtung, da dann mit $G_{RH}(p) = G_R(p)\ G_{uH}(p)$ wieder die Übertragungsmodelle der ursprünglichen Struktur gelten.

Die Aufschaltung von Hilfsstellgrößen wird im allgemeinen aus Kostengründen vermieden, solange das gewünschte Führungs- und Störverhalten durch Strukturen mit Hilfsregelgrößen erzielt werden kann. Als typische Anwendungsfälle mit u_H-Aufschaltung gelten

- Regelung der Temperatur in einem Durchlaufofen, z.B. zur Härtung von Bandmaterial, mit der Heizleistung als Hauptstellgröße und der schneller wirkenden Bandgeschwindigkeit als Hilfsstellgröße;

- Regelung der Drehzahl einer Wasserturbine durch Steuerung der Düsennadel für den Wasserstrom (u) sowie zusätzlicher Verstellung eines Strahlablenkers mit geringerem Energieaufwand (u_H).

6   Zeitdiskrete Ausgangsregelungen

Als Ausgangsregelung wird im Abschn. 4 eine einschleifige Eingrößenregelung mit Ausgangsrückführung in der Standardstruktur nach Bild 4.2 bezeichnet. Es treten im kontinuierlichen Fall ausschließlich kontinuierliche Signale auf, so daß man das Übertragungsverhalten von Regler und Regelstrecke einheitlich durch Übertragungsmodelle für kontinuierliche lineare zeitinvariante Eingrößen-Übertragungsglieder (SISO-C) nach Abschn. 3 beschreiben kann. Bei einer zeitdiskreten Ausgangsregelung ist mindestens eines der Signale zeitdiskret (Abschn. 2), und es ist im allgemeinen eine differenzierte Beschreibung des Regler- und Regelstreckenverhaltens erforderlich.

Das Auftreten zeitdiskreter Signale in Regelungen kann durch digitale Informationsverarbeitung und/oder Mehrfachausnutzung von informationsverarbeitenden und -übertragenden Komponenten bedingt sein, zum Beispiel bei der seriellen Bedienung mehrerer getrennter Regelungen durch einen Digitalregler. Ebenso ergibt sich ein zeitdiskretes Regime infolge diskontinuierlicher Arbeitsweise der Informationserfassung entweder technologisch oder durch das Meßverfahren bzw. das Wirkprinzip der Meßeinrichtung bedingt (zum Beispiel bei einer digitalen Drehzahlmessung). Unter Umständen muß auch die Diskontinuität in der Stelltechnik durch ein zeitdiskretes Signalmodell berücksichtigt werden, zum Beispiel bei einer pulsbreitenmodulierten Motoransteuerung.

6.1 Eingrößen-Standardstruktur

Es wird im weiteren davon ausgegangen, daß das zeitdiskrete Regime der Ausgangsregelung durch die digitale Arbeitsweise des Reglers zustande kommt. Deshalb ist es erforderlich, die kontinuierliche Regelgröße einer Analog-Digital-Umsetzung zu unterziehen. Gleiches kann auch für ein kontinuierliches Führungssignal nötig sein. Das digitale Ausgangssignal des Reglers muß durch eine Digital-Analog-Umsetzung in ein für die kontinuierliche Regelstrecke geeignetes kontinuierliches Stellsignal umgewandelt werden.

Für den gesamten Digitalbereich der Regelung sei eine ausreichend große Digitalwortlänge vorausgesetzt, so daß keine Amplitudenquantisierung zu berücksichtigen ist. Somit können die digitalen Signale als analoge zeitdiskrete Signale durch Signalmodelle nach den Abschnitten 2.2.2, 2.3.2 oder 2.4.2 beschrieben werden, wenn das dort vereinbarte ideale Abtast- bzw. Taktregime eingehalten wird.

Als Basis für die Beschreibung des Übertragungsverhaltens der zeitdiskreten Ausgangsregelung kann nunmehr der Wirkungsplan in der Standardstruktur nach Bild 6.1 dienen.

So wie im Bild 4.2 treten die beiden Komponenten Regler und Regelstrecke auf, letztere erweitert um einen Digital-Analog-Umsetzer (DAU) und einen Analog-Digital-Umsetzer (ADU). Es werden durch die allgemeinen Folgeglieder entsprechend (2.10) die folgenden zeitdiskreten Signale repräsentiert:

w_k - zeitdiskrete Führungsgröße,

y_k - zeitdiskrete Regelgröße,

e_k - zeitdiskrete Regelabweichung,

u_k - zeitdiskrete Stell-/Steuergröße,

v_k - zeitdiskrete Störgröße.

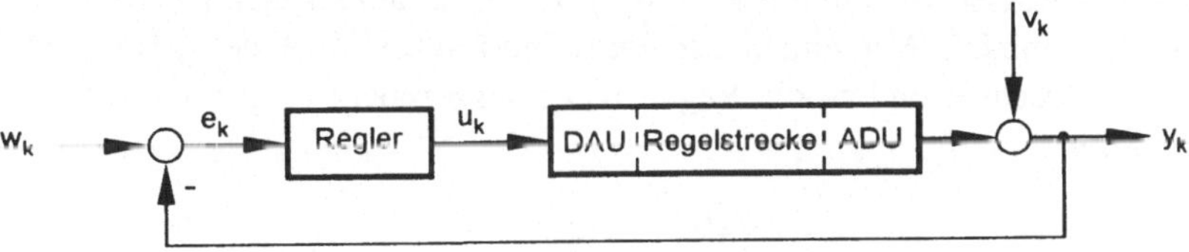

Bild 6.1: Wirkungsplan der Standardstruktur von zeitdiskreten Ausgangsregelungen

Im weiteren sollen Übertragungsmodelle der beiden Hauptkomponenten und schließlich des gesamten zeitdiskreten Regelkreises bereitgestellt werden.

6.1.1 Regler

Wie aus Bild 6.1 ersichtlich, soll der Digitalregler als zeitdiskretes Eingrößen-Übertragungsglied (SISO-D) behandelt werden. Nach Abschn. 2.2.2 kommen für die Beschreibung des zeitdiskreten Eingangssignals (Regelabweichung) die Wertefolge $[e_k]$ und des zeitdiskreten Ausgangssignals (Stell-/Steuergröße) die Wertefolge $[u_k]$ in Frage. Mit (2.50) ergeben sich die entsprechenden z-Transformierten $E(z)$ und $U(z)$.

Als Übertragungsmodelle für solche LZI-SISO-D-Glieder sind den Signalmodellen Differenzengleichungen nach (3.34) oder diskrete Übertragungsfunktionen nach (3.67) zuzuordnen. Für das SISO-D-Glied "Regler" in Bild 6.2 sollen die folgenden spezifizierten Beschreibungsformen gelten:

$$[e_k] = [w_k] - [y_k] \quad\longrightarrow\quad \boxed{\text{Regler}} \quad\longrightarrow\quad [u_k]$$
$$E(z) = W(z) - Y(z)$$

Bild 6.2:
Zeitdiskreter Regler

Differenzengleichung

$$p_\mu\, u_{k-\mu} + \cdots + p_1\, u_{k-1} + p_o\, u_k = q_o\, e_k + q_1\, e_{k-1} + \cdots + q_\nu\, e_{k-\nu} \qquad (6.1)$$

Diskrete Übertragungsfunktion

$$G_R(z) = \frac{q_o + q_1\, z^{-1} + \cdots + q_\nu\, z^{-\nu}}{p_o + p_1\, z^{-1} + \cdots + p_\mu\, z^{-\mu}} = \frac{Q(z^{-1})}{P(z^{-1})} \ . \qquad (6.2)$$

Zur Lösung einer Regelungsaufgabe ist es erforderlich, die Parameter und gegebenenfalls die Struktur des Regleralgorithmus nach (6.1) oder (6.2) auf Grundlage einer Aufgabenstellung zu bestimmen. Mit einem *Stellungsalgorithmus* wird der jeweils aktuellste Steuerwert u_k berechnet und an die Regelstrecke ausgegeben; es gilt die diskrete Übertragungsfunktion

$$G_R(z) = \frac{U(z)}{E(z)} \ . \qquad (6.3)$$

Erfolgt im k-ten Zeitpunkt die Ausgabe des Inkrementes zum Wert im $(k{-}1)$-ten Zeitpunkt, d.h. $\Delta u_k = u_k - u_{k-1}$, so handelt es sich um einen *Geschwindigkeitsalgorithmus*, und es ist die diskrete Übertragungsfunktion

$$G_{R\Delta}(z) = \frac{U_\Delta(z)}{E(z)} \qquad (6.4)$$

zugeordnet.

Wenn nicht besonders angemerkt, soll die Regler-(Rechen-)Totzeit, die zur Berechnung des jeweiligen Steuerwertes benötigt wird, gegenüber der Tastperiodendauer T vernachlässigbar sein.

Für die weiteren Darlegungen ist es auch unerheblich, in welcher Weise die Hard- und Software-Realisierung der Regleralgorithmen erfolgt. Ebenso spielen unterschiedliche Realisierungsformen (Direkt-, Kaskaden-, Parallelstruktur) für einen bestimmten Algorithmus hier keine Rolle, da Probleme des Realisierungsaufwandes oder unterschiedlicher Empfindlichkeit auf Amplitudenquantisierungen oder Parameterabweichungen nicht betrachtet werden sollen.

Von genereller Bedeutung ist jedoch, wie auch im kontinuierlichen Fall, die Realisierbarkeit der Regleralgorithmen. Das Kausalitätsprinzip verlangt, daß für die Bestimmung des aktuellsten Steuerwertes nicht die Kenntnis zukünftiger Eingangswerte erwartet werden darf. Ein solcher Fall liegt zum Beispiel bei der Differenzengleichung 1. Ordnung

$$p_1 \, u_{k-1} = q_0 \, e_k + q_1 \, e_{k-1} \tag{6.5}$$

nach (6.1) mit $p_0 = 0$ vor. Bei der zugehörigen diskreten Übertragungsfunktion

$$G_R(z) = \frac{Z_R(z)}{N_R(z)} = \frac{q_0 z + q_1}{p_1} \tag{6.6}$$

ist der Grad des Zählerpolynoms $Z_R(z)$ größer als der des Nennerpolynoms, so daß die Realisierbarkeitsbedingung

$$Grad \; N_R(z) \; \geq \; Grad \; Z_R(z) \tag{6.7}$$

nicht erfüllt ist.

BEISPIEL 6.1:   *Regleralgorithmus in D1-Struktur*

Die Übertragungsmodelle (6.1) bzw. (6.2) können in verschiedenen Formen realisiert werden. Diese unterscheiden sich im Realisierungsaufwand und im Übertragungsverhalten bei Abweichung vom nominalen Modell. Die Formen der sogenannten direkten Programmierung (D-Strukturen) entsprechen kanonischen Zustandsmodellen (Abschn. 8). Die D1-Struktur stellt als Regelungsnormalform die unmittelbarste Realisierung der Übertragungsmodelle mit minimalem Speicheraufwand und ohne Zwischenberechnung von Konstanten dar. Den Wirkungsplan im Bild 6.3 erhält man am einfachsten auf Basis von

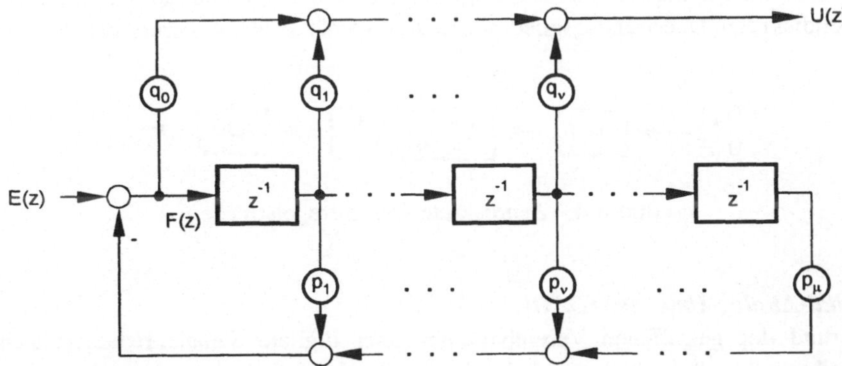

Bild 6.3: Wirkungsplan zur Realisierungsform "Direkte Programmierung" (D1-Struktur)

(6.3) durch Einführung eines zeitdiskreten Hilfssignals F(z) und Zerlegung von (6.2) in die Teilübertragungsfunktionen

$$\frac{U(z)}{F(z)} = q_0 + q_1 \, z^{-1} + \cdots + q_\nu \, z^{-\nu}$$

und

$$\frac{F(z)}{E(z)} = \frac{1}{1 + p_1 \, z^{-1} + \cdots + p_\mu \, z^{-\mu}} \quad , \quad p_0 = 1 \quad .$$

Mit der Anzahl der Speicher-(Verschiebe-)Elemente z^{-1}, d.h. der Ordnung der Differen-
zengleichung, nehmen Ausmaß und Unübersichtlichkeit des Fehlerverhaltens zu, so daß
dann häufig eine Dekomposition in Subglieder niedriger Ordnung vorgenommen wird.
Diese können in Kaskaden- oder Parallelstruktur miteinander verknüpft werden.

6.1.2 Regelstrecke

Die eigentliche Regelstrecke im Wirkungsplan nach Bild 6.1 soll ein lineares zeitinvarian-
tes kontinuierliches Eingrößenübertragungsglied vom Typ SISO-C nach Abschn. 3 sein.
Wichtige Übertragungsmodelle dafür sind Differentialgleichungen (Abschn. 3.1.3.1) und
Übertragungsfunktionen (Abschn. 3.1.3.2).
Für die Ankopplung dieser Regelstrecke an die digitale bzw. zeitdiskrete Informationsverarbeitung im Regler sind ein- und ausgangsseitig Umsetzvorgänge in Digital-Analog-
Umsetzern (DAU) bzw. Analog-Digital-Umsetzern (ADU) erforderlich. Ihre Übertragungseigenschaften müssen im Übertragungsmodell der Gesamtregelstrecke, nunmehr
eines zeitdiskreten Übertragungsgliedes (SISO-D) gemäß Bild 6.4, berücksichtigt werden.

Bild 6.4:   Zeitdiskrete Gesamtregelstrecke

- **Digital-Analog-Umsetzer (DAU)**

Auf Grund der getroffenen Vereinbarungen über digitale Signale reduziert sich die
Beschreibung des Übertragungsverhaltens eines DAU auf die Beschreibung der Wandlung
eines analogen zeitdiskreten Signals in ein analoges kontinuierliches Signal. Mit den
Werten der Steuerwertefolge [u_k] werden die Stufenhöhen eines gestuften kontinuierlichen
Signals $\bar{u}(t)$ festgelegt, das als Stellsignal für die eigentliche SISO-C-Regelstrecke
Verwendung finden kann. Diese Wandlung stellt insgesamt einen Speichervorgang dar,
der wie Bild 6.5 zeigt, aus systemtechnischer Sicht aus einer δ-Modulation des Eingangssignals und einem Haltevorgang 0. Ordnung besteht.

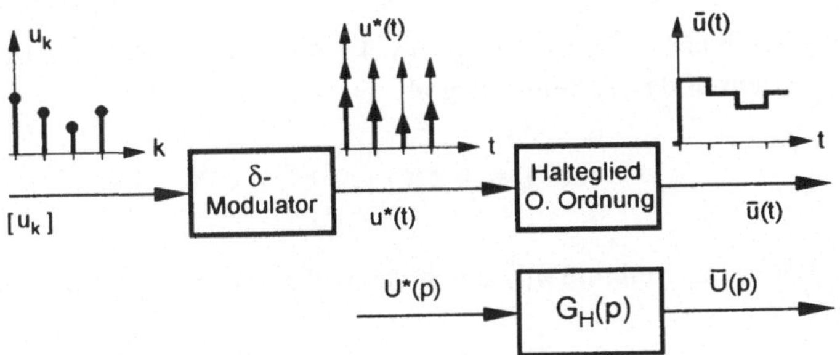

Bild 6.5: Speicher- und Haltevorgang im DAU

Folgende Beschreibungen sind auf Grundlage von Bild 6.5 im Zeit- und im p-Bereich möglich:

Zeitbereich

Im Zeitbereich kann der gesamte Wandlungsvorgang beschrieben werden, denn das gestufte Ausgangssignal $\bar{u}(t)$ läßt sich als Summe zeitlich versetzter Sprungfunktionen, deren Höhe durch die Werte u_k der Eingangsfolge bestimmt wird, interpretieren. Es gilt:

$$\bar{u}(t) = \sum_{k=0}^{\infty} u_k \left\{ \sigma(t - kT) - \sigma[t - (k+1)T] \right\} \quad . \tag{6.8}$$

p-Bereich

Im p-Bereich kann nur das Übertragungsmodell des Haltevorganges angegeben werden, da nur $u^*(t)$ und $\bar{u}(t)$ der Laplace-Transformation zugängig sind. Aus (6.8) folgt:

$$\bar{U}(p) = \frac{1 - e^{-pT}}{p} \sum_{k=0}^{\infty} u_k \, e^{-pkT} \quad . \tag{6.9}$$

Nach (2.48) erhält man aus (6.9) die Übertragungsfunktion des Haltegliedes zu

$$G_H(p) = \frac{\bar{U}(p)}{U^*(p)} = \frac{1 - e^{-pT}}{p} \quad . \tag{6.10}$$

• DAU - SISO-C-Regelstrecke

Die Struktur nach Bild 6.5 ist nunmehr durch eine SISO-C-Regelstrecke mit dem gestuften Eingangssignal $\bar{u}(t)$ und der Regelgröße $y(t)$ als kontinuierliches Ausgangssignal zu ergänzen.

Zeitbereich

Mit der Gewichtsfunktion $g(t)$ der Regelstrecke kann das Übertragungsverhalten entsprechend (3.78) durch das Faltungsintegral

$$y(t^+) = \int_{0^-}^{t^+} g(t-\tau)\, \bar{u}(\tau)\, d\tau \qquad (6.11)$$

bzw. mit der Übergangsfunktion $h(t)$ durch das Duhamelsche Integral

$$y(t^+) = \int_{0^-}^{t^+} h(t-\tau)\, \frac{d\,\bar{u}(\tau)}{d\tau}\, d\tau \qquad (6.12)$$

beschrieben werden. Aus (6.8) folgt

$$\frac{d\,\bar{u}(\tau)}{d\tau} = \sum_{i=0}^{\infty} u_i\, \{\delta(\tau - iT) - \delta[\tau-(i+1)T]\} \quad , \qquad (6.13)$$

und damit für (6.12) nach einigen Umformungen

$$y(t^+) = \int_{0^-}^{t^+} [h(t-\tau)-h(t-T-\tau)]\left[\sum_{i=0}^{\infty} u_i\, \delta(\tau - iT)\right] d\tau \qquad (6.14)$$

in der Gestalt des Faltungsintegrals mit der Impulsfolgefunktion

$$u^*(t) = \sum_{i=0}^{\infty} u_i\, \delta(\tau - iT) \qquad (6.15)$$

gemäß (2.11) als Eingangssignal und

$$\bar{g}(t) = h(t) - h(t - T) \qquad (6.16)$$

als Gewichtsfunktion des Verbundes "Halteglied und SISO-C-Strecke".

p-Bereich

Aus (6.14) erhält man mit (6.15) und (6.16) das Faltungsintegral in der Form

$$y(t^+) = \int_{0^-}^{t^+} \bar{g}(t - \tau)\, u^*(\tau)\, d\tau \qquad (6.17)$$

und durch Laplace-Transformation von (6.17) unter Verwendung des Faltungssatzes (Anhang A.1)

$$Y(p) = \bar{G}(p)\, U^*(p) \quad . \qquad (6.18)$$

$\bar{G}(p)$ ist somit die Übertragungsfunktion der Regelstrecke unter Berücksichtigung des Haltegliedes. Es gilt mit (6.16)

$$\bar{G}(p) = \mathcal{L}\{\bar{g}(t)\} = \mathcal{L}\{h(t) - h(t - T)\} \tag{6.19}$$

und mit der Laplace-Transformierten der Streckenübergangsfunktion

$$\mathcal{L}\{h(t)\} = H(p) = \frac{1}{p} G(p)$$

$$\bar{G}(p) = (1 - e^{-pT}) H(p) = \frac{1 - e^{-pT}}{p} G(p) \quad . \tag{6.20}$$

Mit (6.10) folgt aus (6.20)

$$\bar{G}(p) = G_H(p) G(p) \quad , \tag{6.21}$$

wodurch die Kettenstruktur von Halteglied und SISO-C-Strecke dokumentiert wird.

- **DAU - SISO-C-Regelstrecke - ADU**

Die Regelgröße *y(t)* muß für die weitere Verarbeitung im zeitdiskreten Regler in ein zeitdiskretes Signal umgewandelt werden. Diese Aufgabe übernimmt der Analog-Digital-Umsetzer, der unter vereinbarten idealisierenden Voraussetzungen als idealer Abtaster (Abschn. 2.2.2) beschrieben werden kann. Dadurch entsteht aus *y(t)* die Wertefolge $[y_k]$. Mit dieser zeitdiskreten Ausgangsgröße läßt sich nunmehr unter Bezug auf die zeitdiskrete Eingangsgröße $[u_k]$ für die Gesamtregelstrecke nach Bild 6.4 ein Übertragungsmodell vom Typ SISO-D angeben.

Zeitbereich

Durch zeitliche Diskretisierung von (6.14) mit $t = kT$ erhält man

$$y_k = y(kT) = \int_{0^-}^{kT} [h(kT-\tau) - h(kT-T-\tau)] \left[\sum_{i=0}^{k} u_i \, \delta \, (\tau - iT) \right] d\tau \quad . \tag{6.22}$$

Nach Umformungen ergibt sich aus (6.22) über

$$y_k = \sum_{i=0}^{k} h(kT-iT)u_i - \sum_{i=0}^{k-1} h(kT-iT-T)u_i$$

$$= h(0) u_k + \sum_{i=0}^{k-1} [h(kT - iT) - h(kT - iT - T] u_i \tag{6.23}$$

die Faltungssumme

$$y_k = \sum_{i=0}^{k} \bar{g}_{k-i} u_i \quad . \tag{6.24}$$

In der Gewichtsfolge $[\bar{g}_k]$ sind im Unterschied zu $[g_k]$ in (3.83) zusätzlich zu den Streckeneigenschaften die Halthgliedeigenschaften berücksichtigt. Durch Vergleich von

(6.23) und (6.24) erhält man auf Basis der Streckenübergangsfunktion *h(t)* die Folgewerte

$$\bar{g}_0 = h(0) \qquad ,$$

$$\bar{g}_1 = h(T) - h(0) \quad ,$$

$$\vdots$$

$$\bar{g}_j = h(jT) - h(jT - T) \quad ; \quad j=0,1,...,k \quad ; \quad h(-T) = 0 \quad .$$

(6.25)

z-Bereich

Die z-Transformation der Faltungssumme (6.24) ergibt mit dem Faltungssatz der z-Transformation (Anhang A.2)

$$Y(z) = \bar{G}(z)\, U(z) \quad .$$

(6.26)

Die diskrete Übertragungsfunktion der Gesamtregelstrecke wird auf Grundlage von (6.25) mit dem 1. Verschiebungssatz der z-Transformation (Anhang A.2) zu

$$\bar{G}(z) = Z\{\bar{g}_k\} = Z\{h_k - h_{k-1}\}$$

$$= (1 - z^{-1})H(z)$$

(6.27)

berechnet, wobei *H(z)* die z-Transformierte der diskretisierten (abgetasteten) Übergangsfunktion der SISO-C-Strecke ist.

$\bar{G}(z)$ kann auch als Ergebnis einer Funktionaltransformation aufgefaßt werden, die jeder Funktion $\bar{G}(p)$ eine Funktion $\bar{G}(z)$ der komplexen Variablen z so zuordnet, daß auch (6.27) erfüllt ist. Diese $\mathfrak{Z}$-Transformation und die normale z-Transformation sind zwei Funktionaltransformationen mit unterschiedlichen Definitionsbereichen, was jedoch hinsichtlich der ingenieurtechnischen Nutzung keine besonderen Probleme bereitet. Unter Bezugnahme auf (6.20) und (6.21) gilt

$$\bar{G}(z) = \mathfrak{Z}\{G_H(p)\, G(p)\} = \mathfrak{Z}\{(1 - e^{-pT})\, H(p)\}$$

$$= (1 - z^{-1})\,\mathfrak{Z}\{H(p)\} \quad .$$

(6.28)

Die Rechenschritte, die zur diskreten Übertragungsfunktion $\bar{G}(z)$ führen, sind im Bild 6.6 zusammengefaßt. Nach Partialbruchzerlegung von *H(p)* in (6.28) lassen sich häufig folgende Korrespondenzen verwenden:

$$\mathfrak{Z}\left\{\frac{1}{p - p_i}\right\} = \frac{z}{z - e^{p_i T}} \qquad ,$$

(6.29)

$$\mathfrak{Z}\left\{\frac{1}{(p - p_i)^q}\right\} = \frac{1}{(q - 1)!}\, \frac{\partial^{q-1}}{\partial p_i^{q-1}}\, \frac{z}{z - e^{p_i T}} \quad .$$

(6.30)

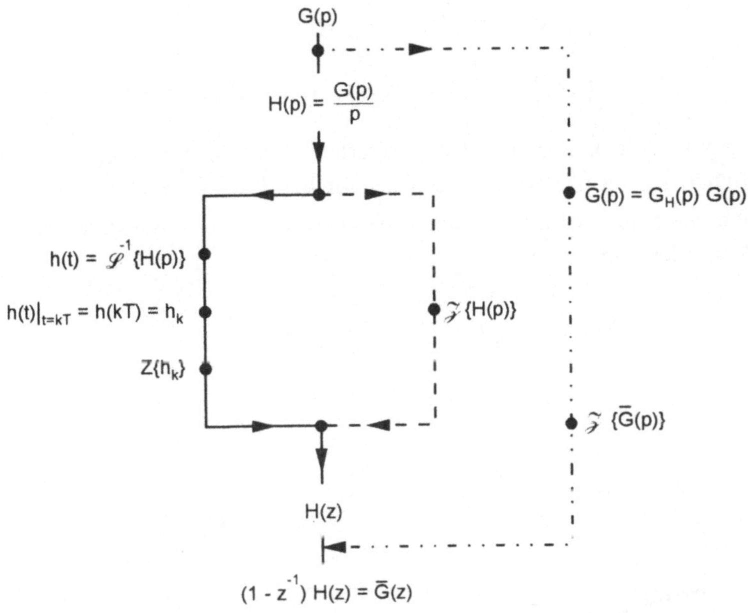

Bild 6.6: Rechenschritte zur Bestimmung von $\bar{G}(z)$

Mit Hilfe der **erweiterten z-Transformation** kann anstelle von (6.26) die erweiterte Übertragungsbeziehung

$$Y(z,\varepsilon) = \bar{G}(z,\varepsilon)\, U(z) \quad , \quad 0 \le \varepsilon < 1 \quad , \tag{6.31}$$

auf Basis der Faltungssumme

$$y_{k+\varepsilon} = \sum_{i=0}^{k} \bar{g}_{(k+\varepsilon)-i}\, u_i \quad , \quad 0 \le \varepsilon < 1 \quad , \tag{6.32}$$

anstelle von (6.24) eingeführt werden. $Y(z,\varepsilon)$ und $\bar{G}(z,\varepsilon)$ in (6.31) sind die z-Transformierten der durch Abtastung aus den fiktiv verschobenen kontinuierlichen Signalen $y(t+\varepsilon T)$ und $\bar{g}(t+\varepsilon T)$ gewonnenen Wertefolgen. Für die Regelgröße gilt zum Beispiel

$$Z\{y_{k+\varepsilon}\} = Y(z,\varepsilon) = \sum_{k=0}^{\infty} y_{k+\varepsilon}\, z^{-k} \quad ; \quad k=0,1,2,...; \tag{6.33}$$

$$0 \le \varepsilon < 1 \quad .$$

In den Grenzfällen ergibt sich aus (6.33) für

$$\varepsilon = 0: \quad Z\{y_k\} \;=\; Y(z,0) \;=\; Y(z) \quad ,$$

$$\varepsilon \to 1: \quad Z\{y_{k+1}\} \;=\; Y(z,1) \;=\; z[Y(z) - y_0] \quad .$$

Durch die Wahl von ε können mit der erweiterten z-Transformation beliebige Werte des kontinuierlichen Signals $y(t)$ zwischen den eigentlichen Tastzeitpunkten bestimmt werden. Das geschieht ausgehend von $Y(z, \varepsilon)$ durch Auswertung entsprechender Korrespondenzen (Anhang A.4) oder von

$$Y(z,\varepsilon) \;=\; y_0(\varepsilon) + y_1(\varepsilon)z^{-1} + y_2(\varepsilon)z^{-2} + \dots \tag{6.34}$$

unter Bezug auf Bild 6.7.

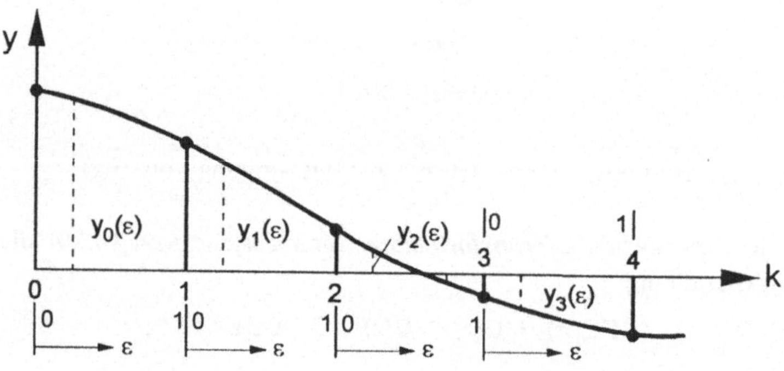

Bild 6.7: Veranschaulichung des Zusammenhanges zwischen $Y(z, \varepsilon)$ und $[y_{k+\varepsilon}]$

Für die Gesamtregelstrecke, bestehend aus DAU, SISO-C-Strecke und ADU, resultiert nunmehr aus den vorliegenden Ableitungen die zusammenfassende Darstellung von Übertragungsmodellen im Bild 6.8.

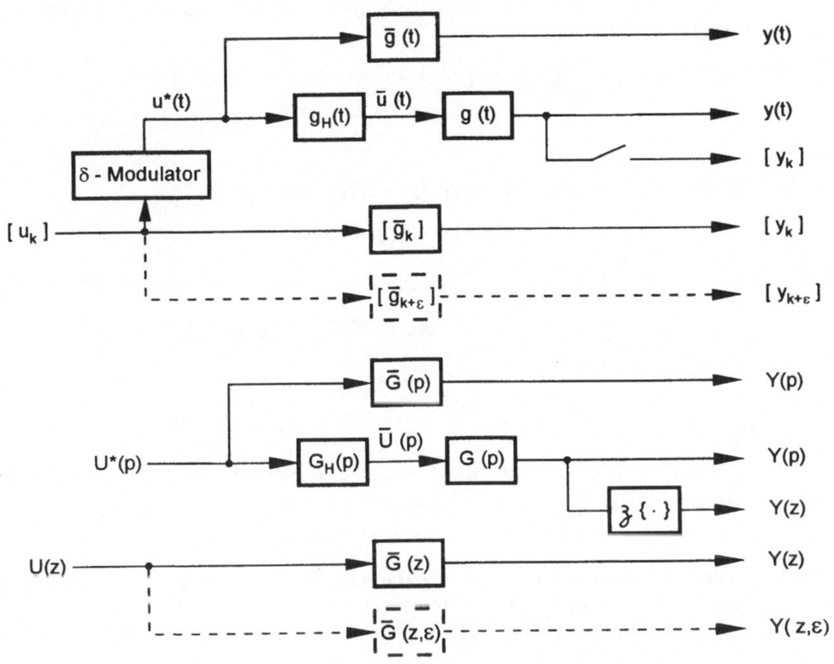

Bild 6.8: Übertragungsmodelle für die Gesamtregelstrecke

BEISPIEL 6.2:   *Übertragungsmodelle für eine Gesamtregelstrecke, bestehend aus DAU, P-T₁-Strecke und ADU*

Wie Bild 6.8 zeigt, kann das Übertragungsverhalten von Regelstrecken in zeitdiskreten Regelungen durch verschiedene Modelle beschrieben werden.

p-Bereich
Für die eigentliche SISO-C-Regelstrecke lautet die Übertragungsfunktion nach (3.133) mit $K_p = 1$

$$G(p) = \frac{1}{1 + pT_1} \tag{6.35}$$

und die Laplace-Transformierte der Übergangsfunktion nach (3.92)

$$H(p) = \frac{1}{p\,(1 + pT_1)} \quad . \tag{6.36}$$

Für die Übertragungsfunktion unter Berücksichtigung des Haltevorganges folgt aus (6.35) bzw. (6.36) gemäß (6.20)

$$\bar{G}(p) = \frac{1 - e^{-pT}}{p} \frac{1}{1 + pT_1} \quad . \tag{6.37}$$

Zeitbereich

Für die Übergangsfunktion der P-T$_1$-Strecke erhält man mit (6.36)

$$h(t) = \mathcal{L}^{-1} \{H(p)\} = (1 - e^{-t/T_1})\sigma(t) \quad . \tag{6.38}$$

Durch zeitliche Diskretisierung von (6.38) mit t=kT ergibt sich für die Übergangsfolge

$$h_k = 1^k - e^{-k\tau_1} \quad ; \quad \tau_1 = T/T_1 \quad ; \quad k=0,1,2,\, ... \tag{6.39}$$

Nach (6.25) folgt aus (6.39) die Gewichtsfolge

$$\bar{g}_k = h_k - h_{k-1} = - e^{-k\tau_1} + e^{-(k-1)\tau_1} \quad ; \quad k = 1,2,...; \quad \bar{g}_0 = 1 \quad . \tag{6.40}$$

Zum gleichen Ergebnis gelangt man auch durch die Berechnung von $\bar{g}(t)$ nach (6.16) unter Verwendung von (6.38) und nachfolgender zeitlicher Diskretisierung.

Die Ausgangsfolge ist identisch mit der Übergangsfolge, wenn $u_k = 1^k$ gewählt wird. Mit der Faltungssumme (6.24) erhält man

$$h_k = y_k = \sum_{i=0}^{k} \bar{g}_{k-i} \quad . \tag{6.41}$$

Für die erweiterte Beschreibung infolge einer fiktiven ε-Verschiebung der abzutastenden Ausgangsgröße ergibt sich analog zu (6.40)

$$\bar{g}_{k+\varepsilon} = h_{k+\varepsilon} - h_{(k+\varepsilon)-1} \quad ; \quad 0 \le \varepsilon < 1$$

$$= 1^{k+\varepsilon} - e^{-(k+\varepsilon)\tau_1} - 1^{(k+\varepsilon)-1} + e^{-[(k+\varepsilon)-1]\tau_1} \quad . \tag{6.42}$$

Mit (6.32) folgt aus (6.42) für $u_k = 1^k$

$$h_{k+\varepsilon} = y_{k+\varepsilon} = \sum_{i=0}^{k} \bar{g}_{(k+\varepsilon)-i} \quad . \tag{6.43}$$

z-Bereich

Durch z-Transformation (Anhang A.3) von (6.39) erhält man

$$H(z) = \frac{z}{z-1} - \frac{z}{z-a} \quad , \quad a = e^{-\tau_1} \tag{6.44}$$

und damit nach (6.27) die diskrete Übertragungsfunktion unter Berücksichtigung des Haltevorganges zu

$$\bar{G}(z) = \frac{1 - a}{z - a} \quad , \quad a = e^{-\tau_1} \quad , \quad \tau_1 = T/T_1 \quad . \tag{6.45}$$

Zum gleichen Ergebnis gelangt man durch z-Transformation von (6.40). Aus (6.45) ist ersichtlich, daß die Gesamtstrecke im z-Bereich ebenfalls ein P-T$_1$-Übertragungsglied ist. Die Pollage hängt jedoch nicht nur von der Verzögerungszeit T$_1$, sondern auch von der Tastperiodendauer T ab.

Ein äquivalenter Zugang zu $\bar{G}(z)$ ist durch die $\mathfrak{Z}$-Transformation von $\bar{G}(p)$ auf Basis von (6.28) gegeben. Es gilt unter Berücksichtigung der Korrespondenz (6.29)

$$\bar{G}(z) = (1 - z^{-1})\, \mathfrak{Z}\left\{\frac{1/T_1}{p\,(p+1/T_1)}\right\} = (1 - z^{-1})\, \mathfrak{Z}\left\{\frac{1}{p} - \frac{1}{p+1/T_1}\right\}$$

$$= (1 - z^{-1})\left[\frac{z}{z-1} - \frac{z}{z-a}\right] = \frac{1-a}{z-a} \quad , \quad a = e^{-T/T_1} \quad . \tag{6.46}$$

Für die z-Transformierte der Ausgangs- bzw. der Übergangsfolge erhält man nach (6.26) mit (6.46) und U(z) = z/(z-1)

$$H(z) = Y(z) = \frac{1-a}{z-a}\,\frac{z}{z-1} = \frac{z}{z-1} - \frac{z}{z-a} \tag{6.47}$$

entsprechend (6.44).

Die erweiterte diskrete Übertragungsfunktion $\bar{G}(z,\varepsilon)$ ergibt sich durch z-Transformation von (6.42) unter Verwendung von Korrespondenzen im Anhang A.4 zu

$$\bar{G}(z,\varepsilon) = \frac{z(1 - e^{-\varepsilon\tau_1}) - e^{-\tau_1} + e^{-\varepsilon\tau_1}}{z - e^{-\tau_1}} \quad . \tag{6.48}$$

Für die Grenzfälle folgt aus (6.48)

$$\bar{G}(z,0) = \bar{G}(z) = \frac{1-a}{z-a} \quad , \quad a = e^{-\tau_1} \quad ;$$

$$\bar{G}(z,1) = z\,\bar{G}(z) = \frac{z(1-a)}{z-a} \quad \text{für } \bar{g}_0 = 0 \quad ,$$

wodurch (6.45) bestätigt wird.

Durch die Wahl von ε kann mit (6.31) und (6.48) jeder beliebige Wert des kontinuierlichen Ausgangssignals der Gesamtregelstrecke berechnet werden. Diese Werte sind identisch mit denen der Übergangsfunktion der P-T$_1$-Strecke, wenn mit $u_k = 1^k$ durch den Haltevorgang $\bar{u}(t) = \sigma(t)$ erzeugt wird.

BEISPIEL 6.3:   *Bestimmung der diskreten Übertragungsfunktion für eine Gesamt-regelstrecke, bestehend aus DAU, P-T_1-T_t-Strecke und ADU*

Im Unterschied zu Beispiel 6.2 weist die SISO-C-Strecke einen Totzeitanteil auf. Die Beschreibung unter Berücksichtigung des Haltevorganges erfolgt somit im Zeitbereich durch die Gewichtsfunktion $\bar{g}(t - T_t)$ anstelle von $\bar{g}(t)$. Die Totzeit wird unter Bezug auf die Tastperiodendauer T festgelegt:

$$T_t = d\,T + \varepsilon_t\,T = (d + \varepsilon_t)T \quad , \quad d = 0,1,2,\dots \ ; \ \ 0 \le \varepsilon_t < 1 \ . \tag{6.49}$$

Für die Gewichtsfolge gilt nun anstelle von $\bar{g}_k$

$$\bar{g}_{k-d-\varepsilon_t} = \bar{g}_{k-d-1+\varepsilon} \quad ; \quad \varepsilon = 1 - \varepsilon_t \ . \tag{6.50}$$

Die Indizes d und 1 bewirken ganzzahlige Rechtsverschiebungen der Folge $\bar{g}_k$, ε kann im Sinne der erweiterten Beschreibung nach (6.33) aufgefaßt werden. Somit erhält man durch z-Transformation von (6.50) die diskrete Übertragungsfunktion der Gesamtregel-strecke mit Totzeitanteil zu

$$\bar{G}_t(z) = z^{-1}\,z^{-d}\,\bar{G}(z,\varepsilon) \quad , \quad \varepsilon = 1 - \varepsilon_t \ . \tag{6.51}$$

Für Totzeiten, die ganzzahlige Vielfache der Tastperiodendauer T sind, vereinfacht sich (6.51) wegen $\varepsilon_t = 0$ nach (6.49) bzw. $\varepsilon = 1$ nach (6.50). Es gilt dann mit $\bar{G}(z,1) = z\,\bar{G}(z)$ für $\bar{g}_0 = 0$

$$\bar{G}_t(z) = z^{-d}\,\bar{G}(z) \ . \tag{6.52}$$

Zur Bestimmung der diskreten Übertragungsfunktion der gesamten Übertragungskette mit einer P-T_1-T_t-Strecke ist (6.48) in (6.51) oder (6.45) in (6.52) einzusetzen. Durch die Totzeit ergeben sich zusätzliche Pole im Ursprung der z-Ebene.

6.1.3 Regelkreis

Auf Grundlage der Ableitungen in den Abschnitten 6.1.1 und 6.1.2 liegen für Regler und Gesamtregelstrecke Übertragungsmodelle im z-Bereich vor, mit denen für zeitdiskrete Ausgangsregelungen nach Bild 6.1 der Wirkungsplan einer Standardstruktur dargestellt werden kann (Bild 6.9), der in seinem Aufbau dem für kontinuierliche Ausgangsregelun-gen im Bild 4.14 entspricht. Unterschiede ergeben sich nur durch die geänderte Bezeich-nung für die Störgröße. Um Verwechslungen mit der komplexen Variablen z zu ver-meiden, wird für den zeitdiskreten Fall die Störung mit v_k bzw. $V(z)$ bezeichnet.

Somit gilt auch für die diskrete Übertragungsfunktion der Störstrecke $G_{Sv}(z)$.

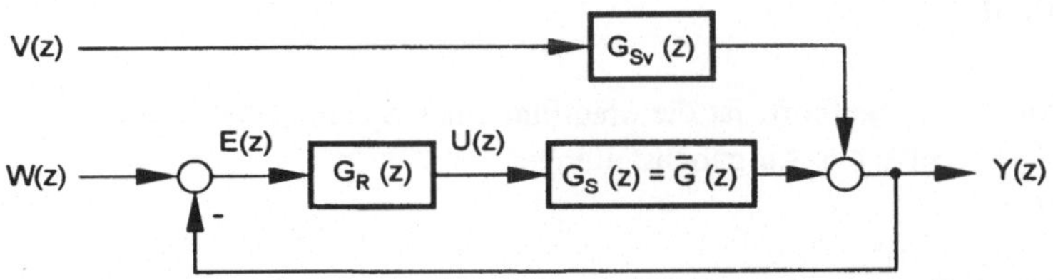

Bild 6.9: Wirkungsplan einer zeitdiskreten Ausgangsregelung für Führung und Störung

Da die Wirkungspläne im Bild 4.14 und Bild 6.9 die gleiche Struktur aufweisen und für die p- und z-Übertragungsfunktionen die gleichen Verknüpfungsbeziehungen gelten, erhält man in Analogie zu (4.39) mit

$$G_0(z) = G_R(z)\, G_S(z) \tag{6.53}$$

die Übertragungsbeziehung

$$Y(z) = \frac{G_0(z)}{1 + G_0(z)}\, W(z) + \frac{G_{Sv}(z)}{1 + G_0(z)}\, V(z) \quad . \tag{6.54}$$

In (6.54) charakterisieren die *diskrete Führungsübertragungsfunktion*

$$G_w(z) = \left.\frac{Y(z)}{W(z)}\right|_{v=0} = \frac{G_0(z)}{1 + G_0(z)} \tag{6.55}$$

und die *diskrete Störübertragungsfunktion*

$$G_v(z) = \left.\frac{Y(z)}{V(z)}\right|_{w=0} = \frac{G_{Sv}(z)}{1 + G_0(z)} \tag{6.56}$$

das Führungs- und Störverhalten der zeitdiskreten Ausgangsregelung.
Mit den erweiterten Beschreibungsformen für die Strecke und die Störstrecke gemäß (6.31) verändert sich die Übertragungsbeziehung (6.54) wie folgt:

$$Y(z, \varepsilon) = \frac{G_R(z)\, G_S(z, \varepsilon)}{1 + G_0(z)}\, W(z) + \frac{G_{Sv}(z, \varepsilon)}{1 + G_0(z)}\, V(z) \quad . \tag{6.57}$$

Es sei an dieser Stelle nochmals betont, daß durch die erweiterte Beschreibung nach (6.57) das zeitdiskrete Systemverhalten nicht berührt wird. (6.57) bietet lediglich eine zusätzliche Möglichkeit zur Bestimmung von Werten der kontinuierlichen Regelgröße zwischen den Abtastzeitpunkten.

6.2   Stabilität

Wie im Abschn. 4.5 ausgeführt, ist die Stabilität eines Systems Grundvoraussetzung für
die Erfüllung kybernetischer Aufgabenstellungen.

6.2.1 Stabilitätsdefinitionen

Da auch im Abschn. 6 ausschließlich lineare zeitinvariante Eingrößenregelungen behandelt werden, gelten hier prinzipiell die gleichen Aussagen zu Stabilitätsdefinitionen wie
im Abschn. 4.5.1. Der Unterschied besteht lediglich im Typ der zugrunde gelegten
Übertragungsmodelle. Es wird deshalb nicht wie im Abschn. 4.5.1 auf eine Differential-
gleichungsbeschreibung Bezug genommen, sondern auf lineare Differenzengleichungen
mit konstanten Koeffizienten als grundlegende Übertragungsmodelle für zeitdiskrete LZI-
SISO-Systeme entsprechend Abschn. 3. Im Unterschied zu (3.34) soll im weiteren von
einer Differenzengleichung mit veränderter Parameterzuordnung in der Form

$$a_n\, y_{k+n} + \dots + a_1\, y_{k+1} + a_0\, y_k = b_0\, u_k + b_1\, u_{k+1} + \dots + b_m\, u_{k+m} \qquad (6.58)$$

ausgegangen werden.

Asymptotische Stabilität
Die Lösung $y_{h,k}$ der homogenen Differenzengleichung

$$a_n\, y_{k+n} + \dots + a_1\, y_{k+1} + a_0\, y_k = 0 \qquad (6.59)$$

charakterisiert entsprechend dem kontinuierlichen Fall die Eigenbewegung des Systems
ohne äußere Einwirkungen. Mit dem allgemeinen Lösungsansatz

$$y_k = c\, q^k \quad , \qquad (6.60)$$

vergleichbar mit dem exponentiellen Lösungsansatz (3.26), folgt aus (6.59) über

$$c\, a_n\, q^{k+n} + \dots + c\, a_1\, q^{k+1} + c\, a_0\, q^k = 0$$

das charakteristische Polynom

$$P(q) = a_n\, q^n + \dots + a_1\, q + a_0 \quad . \qquad (6.61)$$

Aus den Wurzeln q_i des charakteristischen Polynoms (6.61) ergibt sich durch Linearkombination die Lösung der homogenen Differenzengleichung zu

$$y_{h,k} = \sum_{i=1}^{n} c_i\, q_i^k \quad ; \quad k=0,1,2,\dots \qquad (6.62)$$

Asymptotische Stabilität liegt vor, wenn die Eigenbewegungen $c_i\, q_i^k$ für $k \to \infty$

abklingen. $\lim\limits_{k \to \infty} y_{h,k} = 0$ ist ausgehend von (6.62) nur dann gewährleistet, wenn $|q_i| < 1$ ist.

> Ein zeitdiskretes LZI-System ist *asymptotisch stabil*, wenn der Betrag aller Eigenwerte q_i bzw. der Wurzeln des charakteristischen Polynoms kleiner als Eins ist und damit die transienten Antworten des Systems bei beliebigen Anfangsbedingungen für $k \to \infty$ verschwinden.

Übertragungsstabilität

Für die Übertragungsstabilität gilt entsprechend Abschn. 6.5.1 im Falle zeitdiskreter LZI-SISO-Systeme:

> Ein zeitdiskretes LZI-System ist *übertragungsstabil*, wenn bei verschwindenden Anfangsbedingungen für jedes beschränkte zeitdiskrete Eingangssignal ($|u_k| < M$), das zugehörige Ausgangssignal ebenfalls beschränkt ist ($|y_k| < N$).

Die für verschwindende Anfangsbedingungen gültige Faltungssumme (3.83) genügt dieser BIBO- (Bounded Input - Bounded Output-) Forderung nur, wenn

$$|y_k| \leq \sum_{i=0}^{k} |g_{k-i}|\,|u_i| < M \sum_{i=0}^{k} |g_{k-i}| < N \tag{6.63}$$

erfüllt ist. Das gilt erst recht für

$$\sum_{k=0}^{\infty} |g_k| < \infty \quad . \tag{6.64}$$

Da sich die Gewichtsfolge aus endlich vielen Termen der Form $\binom{k}{r-1} q_i^{k-r+1}$ zusammensetzt (r drückt hier die gegebenenfalls vorliegende Mehrfachheit von Eigenwerten aus), ist die Bedingung (6.64) ebenso wie bei asymptotischer Stabilität für $|q_i| < 1$ erfüllt. Somit gilt bei zeitdiskreten wie auch bei kontinuierlichen LZI-SISO-Systemen:

> Ein lineares zeitinvariantes System, das asymptotisch stabil ist, ist auch BIBO-stabil; die Umkehrung dieser Aussage gilt nicht notwendigerweise.

6.2.2 Stabilitätsbedingungen im z-Bereich

Um die Überprüfung der absoluten Konvergenz einer Gewichtsfolge zu vermeiden, kann in Analogie zu den Betrachtungen im Abschn. 4.5.2 die Stabilitätsbedingung anhand des charakteristischen Polynoms im z-Bereich formuliert werden.

Die z-Transformation der Differenzengleichung (6.58) ergibt mit dem 2. Verschiebungssatz (Anhang A.2) bei verschwindenden Anfangsbedingungen die diskrete Übertragungsfunktion

$$G(z) \;=\; \frac{Y(z)}{U(z)} \;=\; \frac{b_0 + b_1\, z + \dots + b_m\, z^m}{a_0 + a_1\, z + \dots + a_n\, z^n} \quad . \tag{6.65}$$

Das Nennerpolynom in (6.65)

$$N(z) \;=\; a_0 + a_1\, z + \dots + a_n\, z^n \tag{6.66}$$

ist als charakteristisches Polynom in der z-Ebene hinsichtlich seiner Struktur und der Koeffizienten identisch mit dem charakteristischen Polynom $P(q)$ nach (6.61). Die Wurzeln von $N(z)$ bzw. die Pole z_i von $G(z)$ stimmen daher mit den Eigenwerten q_i des zeitdiskreten Systems überein, d.h. es muß für Stabilität $|z_i| < 1$ erfüllt sein. Diese Bedingung kann man auch durch die Rücktransformation eines allgemeinen $G(z)$-Ansatzes in die zugehörige Gewichtsfolge und deren Auswertung hinsichtlich absoluter Konvergenz bestätigen.
Es gilt somit:

> Ein zeitdiskretes LZI-System, das durch eine diskrete Übertragungsfunktion $G(z)$ nach (6.65) beschrieben wird, ist
> - *stabil*, wenn alle Pole im Einheitskreis der z-Ebene liegen;
> - *instabil*, wenn mindestens ein Pol außerhalb oder ein Mehrfachpol $(r \geq 2)$ auf dem Einheitskreis liegt;
> - *grenzstabil*, wenn nur Einfachpole auf dem Einheitskreis liegen und sich kein Pol außerhalb befindet.

Für die vorliegende Stabilitätsaussage muß vorausgesetzt werden, daß Zähler- und Nennerpolynome von $G(z)$ keine gemeinsamen Nullstellen aufweisen.

Unter Bezug auf die zeitdiskrete Ausgangsregelung in der Standardstruktur nach Bild 6.9 müssen bei Stabilität alle Wurzeln der charakteristischen Gleichung

$$1 + G_0(z) = 1 + \frac{Z_0(z)}{N_0(z)} = 0 \tag{6.67}$$

bzw. von

$$N(z) = Z_0(z) + N_0(z) \tag{6.68}$$

innerhalb des Einheitskreises der z-Ebene liegen.

Wie auch im kontinuierlichen Fall dienen *Stabilitätskriterien* dazu, unter Verzicht auf die konkrete Bestimmung der Wurzeln von $N(z)$ Aussagen zur Stabilität zu treffen. Es stehen dazu sowohl algebraische als auch grafische Verfahren der Stabilitätsprüfung zur Verfügung. Nur an wenigen Methoden sei die Vorgehensweise demonstriert.

6.2.3 Stabilitätsprüfung mit algebraischen Kriterien

Stabilitätsprüfung anhand des charakteristischen Polynoms N(z)
Zur Überprüfung, ob die Wurzeln z_i des charakteristischen Polynoms

$$N(z) = a_n z^n + \ldots + a_1 z + a_0 = 0$$

$$= a_n (z - z_1)(z - z_2) \ldots (z - z_n) = 0 \quad ; \quad a_n > 0 \tag{6.69}$$

im Innern des Einheitskreises liegen, d.h. ob es sich um ein *Schur*-Polynom handelt, stehen zahlreiche algebraische Stabilitätskriterien zur Verfügung. Entscheidungsgrundlage sind die Koeffizienten des Polynoms; die genaue Bestimmung der Lage der Wurzeln kann entfallen.

Aus der Gruppe der Reduktionsverfahren, bei denen der Grad des charakteristischen Polynoms schrittweise reduziert wird, sei das *Jury*-Kriterium vorgestellt. Es ist relativ leicht handhabbar, da die zur Auswertung in einem Schema (Tafel 6.1) erforderlichen Koeffizienten lediglich auf Basis 2reihiger Determinanten bestimmt werden müssen. Folgendes Bildungsgesetz liegt der Berechnung zugrunde:

$$b_v = \det \begin{bmatrix} a_0 & a_{n-v} \\ a_n & a_v \end{bmatrix} \quad ,$$

$$c_v = \det \begin{bmatrix} b_0 & b_{n-v-1} \\ b_{n-1} & b_v \end{bmatrix} \quad ,$$

$$d_v = \det \begin{bmatrix} c_0 & c_{n-v-2} \\ c_{n-2} & c_v \end{bmatrix} \quad usw.$$

Wie aus Tafel 6.1 ersichtlich, sind die Koeffizienten von $N(z)$ sowie alle weiteren aus ihnen berechneten in einfacher Weise in $(2n-3)$Reihen anzuordnen. Dadurch wird die Berechnung der Determinanten unterstützt, und zugleich erkennt man den schrittweisen Abbau des Polynomgrades.

Die notwendigen und hinreichenden Bedingungen für die Stabilität eines durch $N(z)$ nach (6.69) und Tafel 6.1 charakterisierten zeitdiskreten Systems lauten wie folgt:

Die Wurzeln von $N(z)$ liegen innerhalb des Einheitskreises der z-Ebene, wenn folgende Ungleichungen erfüllt sind:

- $N(1) > 0$ • $(-1)^n N(-1) > 0$ • $|a_0| < a_n$

sowie $(n-2)$Bedingungen der Form

- $|b_0| > |b_{n-1}|$,

- $|c_0| > |c_{n-2}|$,

- $|d_0| > |d_{n-3}|$ *usw.* $\hspace{3cm}$ (6.70)

Reihe	z^0	z^1		z^{n-v-1}	z^{n-v}		z^{n-1}	z^n
1	a_0	a_1	$\cdots$	$\cdots$	a_{n-v}	$\cdots$	a_{n-1}	a_n
2	a_n	a_{n-1}	$\cdots$	$\cdots$	a_v	$\cdots$	a_1	a_0
3	b_0	b_1	$\cdots$	b_{n-v-1}	b_{n-v}	$\cdots$	b_{n-1}	
4	b_{n-1}	b_{n-2}	$\cdots$	b_v	b_{v-1}	$\cdots$	b_0	
5	c_0	c_1	$\cdots$	$\cdots$	$\cdots$	$\cdots$		
6	c_{n-2}	c_{n-3}	$\cdots$	$\cdots$	$\cdots$	$\cdots$		
$\vdots$								
$2n-3$								

Tafel 6.1: Koeffizientenschema für den Stabilitätstest nach *Jury*

Stabilitätsprüfung anhand des charakteristischen Polynoms $N(w)$
Das Hurwitz-Kriterium (Abschn. 4.5.3) versagt im z-Bereich, da es auf die imaginäre Achse als Stabilitätsgrenze orientiert ist. Es kann jedoch dann zur Stabilitätsprüfung zeitdiskreter Systeme dienen, wenn das Stabilitätsgebiet im Inneren des Einheitskreises in der z-Ebene auf eine linke w-Halbebene abgebildet wird. Eine solche Abbildung läßt sich zum Beispiel durch die bilineare Transformationsbeziehung

$$w = \frac{z-1}{z+1} \quad \textit{bzw.} \quad z = \frac{1+w}{1-w} \hspace{2cm} (6.71)$$

verwirklichen. Die in der w-Ebene entstehende erhebliche Frequenzverzerrung spielt für die Ja-Nein-Aussage im Rahmen der Stabilitätsprüfung keine Rolle. Die eingehende Diskussion der Abbildung erfolgt im Abschn. 6.3.2.4. Aus (6.66) folgt mit (6.71)

$$N(w) = N(z)\big|_{z=(1+w)/(1-w)} = h_0 + h_1 w + \ldots + h_n w^n \quad . \tag{6.72}$$

Auf (6.72) kann nunmehr das Hurwitz-Kriterium nach Abschn. 4.5.3 angewendet werden.

Notwendige und hinreichende Stabilitätsbedingungen auf Grundlage algebraischer Kriterien

Durch teilweise aufwendige Umformungen gelingt es, für charakteristische Polynome niedrigen Grades aus der Vielzahl algebraischer Kriterien einheitlich notwendige und hinreichende Stabilitätsbedingungen in Ungleichungsform zu finden.

Die Wurzeln des charakteristischen Polynoms

$$N(z) = a_o + a_1 z + \ldots + a_n z^n \quad , \quad a_n > 0$$

liegen innerhalb des Einheitskreises der z-Ebene, wenn die *notwendigen Bedingungen* (für $n \leq 2$ zugleich hinreichend)

- $N(1) > 0$
- $(-1)^n N(-1) > 0$
- $a_n > |a_0|$

  sowie die *hinreichenden Bedingungen*

- $n = 3$: $a_1 a_3 - a_0 a_2 < a_3^2 - a_0^2$

- $n = 4$: $|a_1 a_4 - a_0 a_3| < a_4^2 - a_0^2 \quad ,$

  $$(a_4 - a_0)^2 (a_4 - a_2 + a_0) + (a_3 - a_1)(a_1 a_4 - a_0 a_3) > 0$$

usw.
erfüllt sind.

6.2.4 Stabilitätsprüfung mit grafischen Kriterien

Stabilitätsprüfung anhand des Pol-Nullstellen-Bildes

Das Stabilitätsverhalten des offenen zeitdiskreten Regelkreises wird durch die Lage der Pole von $G_0(z)$ und des geschlossenen Kreises durch die Wurzeln von $1 + G_0(z) = 0$ bestimmt. Den Zusammenhang zwischen beiden stellen in Abhängigkeit von Systemparametern Wurzelortskurven (WOK) dar. Das in Abschn. 4.5.4 eingeführte Wurzelortsverfahren nach *Evans* mit der WOK-Konstruktion gemäß Abschn. 4.6.5 für die Untersuchung kontinuierlicher Regelungen kann wegen der Analogie der Grundbeziehungen

$$1 + G_0(z) = 0$$

sowie

$$G_0(z) = K_0 \; \frac{\Pi \; (z - z_{vj})}{\Pi \; (z - z_i)}$$

auch auf den zeitdiskreten Standardregelkreis angewendet werden. Der Stabilitätstest hat nun aber am Einheitskreis zu erfolgen. Bezüglich weiterführender Betrachtungen zur Anwendung der WOK-Methode im z-Bereich sei auf Abschn. 6.5.1 verwiesen.

Stabilitätsprüfung anhand des diskreten Frequenzganges des offenen Kreises
Während bei der Untersuchung kontinuierlicher Regelungen Frequenzgangmethoden von großer Bedeutung sind, erweisen sich diese für zeitdiskrete Regelungen als wenig praktikabel. Das liegt insbesondere an der Periodizität des diskreten Frequenzganges $G(e^{j\omega T})$ nach Abschn. 3.1.4.3 sowie im Falle der Darstellung im w-Bereich an der Frequenzverzerrung (Abschn. 6.3.2.4). Prinzipiell ist jedoch die Stabilitätsprüfung anhand des diskreten Frequenzganges unter Anwendung der verschiedenen Varianten des Nyquist-Kriteriums (Abschn. 4.5.5) möglich.

BEISPIEL 6.4:   *Stabilitätsprüfung einer zeitdiskreten Ausgangsregelung*

Eine zeitdiskrete Ausgangsregelung nach Bild 4.14 sei durch folgende Übertragungsmodelle bestimmt:

$$G_R(z) = \frac{q_0 + q_1 \, z^{-1}}{1 - z^{-1}} \tag{6.73}$$

nach (6.2) mit $\nu = \mu = 1$ *,* $p_0 = 1$ *,* $p_1 = -1$ *;*

$$G_S(z) = \bar{G}(z) = \frac{(1 - a) \, z^{-1}}{1 - a \, z^{-1}} \; , \quad a = e^{-T/T_1} \; , \tag{6.74}$$

nach (6.45) im Beispiel 6.2 für eine P-T$_1$-Strecke mit $K_S = 1$ und unter Berücksichtigung des Haltevorganges.

Für die diskrete Übertragungsfunktion des offenen Kreises ergibt sich aus (6.73) und (6.74)

$$G_0(z) = \frac{Z_0(z)}{N_0(z)} = \frac{q_0\,(1-a)\,z + q_1\,(1-a)}{z^2 - (1+a)\,z + a} \qquad . \tag{6.75}$$

Aus (6.75) folgt das charakteristische Polynom

$$N(z) = Z_0(z) + N_0(z) = z^2 + \left[q_0\,(1-a) - (1+a)\right] z + \left[a + q_1(1-a)\right] \qquad . \tag{6.76}$$

Das Stabilitätsgebiet für die freien Reglerparameter q_0 und q_1 ermittelt man zweckmäßigerweise aus den Ungleichungsbedingungen im Abschn. 6.2.3. Da (6.76) ein Polynom 2. Grades ist, sind die folgenden 3 Bedingungen ausreichend:

$\alpha)$ $N(1) > 0$: $(q_0 + q_1)\,(1-a) > 0$

         bzw. $q_1 > -q_0$; $\qquad\qquad\qquad\qquad$ (6.77)

$\beta)$ $N(-1) > 0$: $2(1+a) + (q_1 - q_0)(1-a) > 0$

         bzw. $q_1 > q_0 - 2\,\dfrac{1+a}{1-a}$; $\qquad\qquad\qquad$ (6.78)

$\gamma)$ $a_2 > |a_0|$: $1 > |a + q_1\,(1-a)|$

         bzw. $q_1 < 1$. $\qquad\qquad\qquad\qquad\qquad$ (6.79)

Durch die Bedingungen (6.77), (6.78) und (6.79) wird das Stabilitätsdreieck für die Reglerparameter q_0 und q_1 in Bild 6.10 festgelegt. Aus (6.77) folgt die Grenzgerade $\alpha)$ mit $q_1 = -q_0$, d.h. für reines P-Verhalten des Reglers. Die Begrenzung durch die Bedingung $\gamma)$ ergibt sich bei einem allgemeinen Streckenansatz zu $q_1 = \dfrac{1}{K_S}$. Aus der Bedingung $\beta)$ bzw. (6.78) wird deutlich, daß sich das Stabilitätsgebiet mit zunehmender Tastperiodendauer bezogen auf die Streckenzeitkonstante einengt.

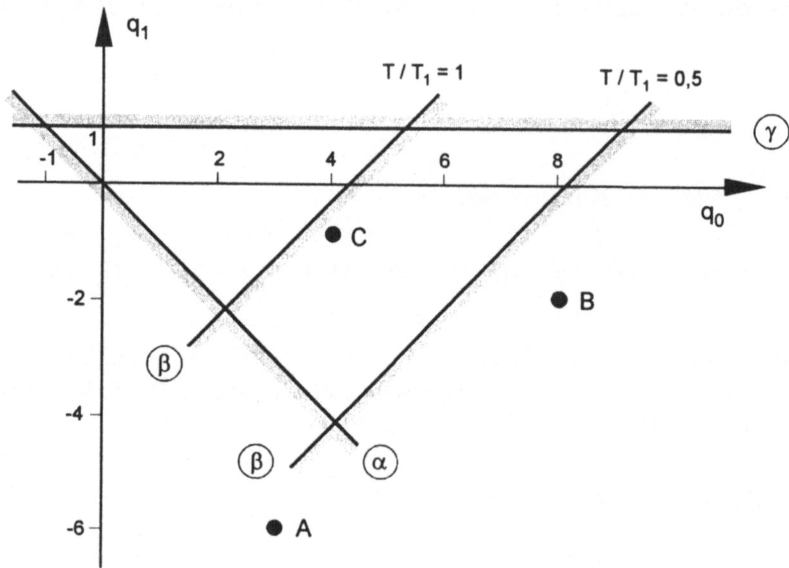

Bild 6.10:   Stabilitätsgebiet für zeitdiskrete Regelungen nach Beispiel 6.4

Für drei ausgewählte Reglereinstellungen, markiert durch A, B und C im Bild 6.10, sollen für T/T_1 = 0,5, d.h. a = 0,6065, ausgehend von

$$G_0(z) = \frac{q_0\,(1 - a)\,(z + q_1/q_0)}{(z - 1)\,(z - a)} = \frac{K_0\,(z - z_{v1})}{(z - z_1)\,(z - z_2)} \tag{6.80}$$

nach (6.75) anhand der WOK im Bild 6.11 die Stabilitätsaussagen bestätigt werden.

Einstellung A: Aus q_0=3 und q_1=-6 folgt nach (6.80) für die Nullstelle z_{v1}=2. Wird die Bedingung (6.77) wie in diesem Fall verletzt, entsteht stets eine Nullstelle z_{v1}>1 und damit ein WOK-Ast im instabilen Bereich (Bild 6.11A). Eine Stabilisierung durch T/T_1 ist nicht möglich.

Einstellung B: Mit q_0=8 und q_1=-2 ergibt sich z_{v1}=-0,25. Bild 6.11B zeigt die zugehörige WOK. Für K_{OB}=$q_0(1-a)$ nach (6.80) liegt eine der beiden Wurzeln der charakteristischen Gleichung außerhalb des Einheitskreises, so daß mit dieser Einstellung instabiles Verhalten der zeitdiskreten Regelung eintritt. Mit $a = e^{-T/T_1}$ ist aber eine Beeinflussung von K_{OB} und damit des Stabilitätsverhaltens möglich.

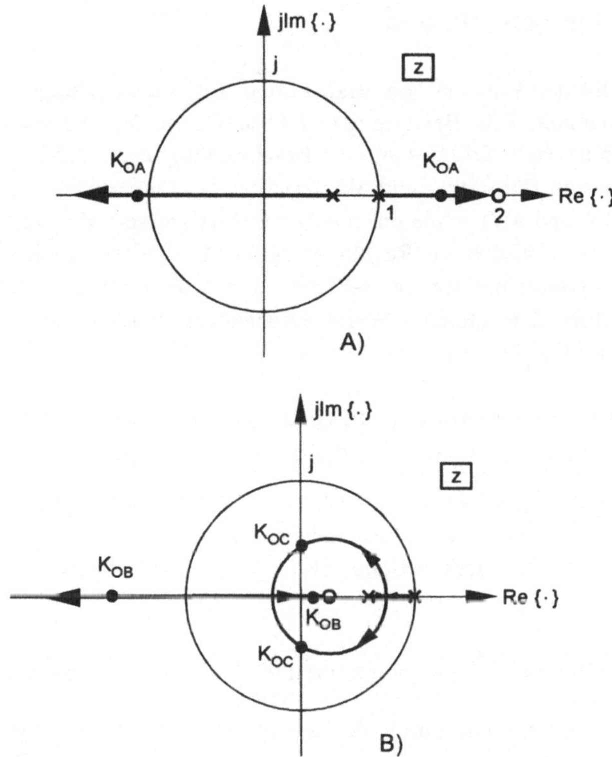

Bild 6.11: *WOK zur Stabilitätsprüfung im Beispiel 6.4*

Einstellung C: *Für* $q_0 = 4$ *und* $q_1 = -1$ *erhält man die gleiche Nullstelle und damit die gleiche WOK wie im Fall B. Da infolge der* q_0*-Verringerung nunmehr* $K_{OC} = 0{,}5\,K_{OB}$ *ist, ergibt sich stabiles Verhalten mit einem konjugiert komplexen Polpaar des geschlossenen Kreises innerhalb des Einheitskreises.*

6.3 Übertragungsverhalten

Als Grundlage für den Entwurf von zeitdiskreten Ausgangsregelungen werden in diesem Abschnitt Möglichkeiten zur Bewertung und Abschätzung des Übertragungsverhaltens im Standardregelkreis nach Bild 6.9 mit der Beschreibung nach (6.54) vorgestellt. Prinzipielle Aussagen zum Führungs- und Störverhalten kontinuierlicher Ausgangsregelungen (s. Abschnitte 4.6 und 4.7) sowie entsprechende Analysemethoden gelten nach ihrer Anpassung auch für das zeitdiskrete Regelungsregime. Besonders vorteilhaft ist, daß mit der diskreten Übertragungsfunktion im z-Bereich ein Übertragungsmodell zur Verfügung steht, mit dem formal in gleicher Weise umgegangen werden kann wie mit der Übertragungsfunktion im p-Bereich.

Entsprechend dem kontinuierlichen Fall gilt auch bei der zeitdiskreten Ausgangsregelung mit (6.55) für das ideale Führungsverhalten $G_w(z) = 1$ und mit (6.56) für das ideale Störverhalten $G_v(z) = 0$. Da sich beide Zielstellungen in realen Systemen nicht verwirklichen lassen, müssen auch hier Gütekennwerte bzw. -kriterien zur Bewertung des realen Übertragungsverhaltens eingeführt und auf die jeweiligen Entwurfsmethoden zugeschnitten werden.

Das stationäre Führungsverhalten wird durch die bleibende Regelabweichung $\lim_{k \to \infty} e_k$ und das stationäre Störverhalten durch den bleibenden Regelfehler $\lim_{k \to \infty} y_k$ infolge einer Störung v_k bewertet. Das dynamische Verhalten kann wie bei der kontinuierlichen Ausgangsregelung durch ausgewählte Gütekennwerte sowie in globalerer Form durch Gütekriterien hinsichtlich des Zeitaufwandes für den Übergangsvorgang und den Grad seiner Bedämpfung eingeschätzt werden, wobei die zeitdiskrete Beschreibungsbasis zu beachten ist.

6.3.1 Bewertung des stationären Verhaltens

Aussagen zum stationären Verhalten der zeitdiskreten Ausgangsregelung sind auf die jeweiligen Übertragungsmodelle von Regler, Regelstrecke und Störstrecke sowie auf deterministische Signalmodelle für Führungs- oder Störsignale zu beziehen. Die Ergebnisse aus den Abschnitten 4.6.1 und 4.7.1 für das stationäre Verhalten bei kontinuierlichen Ausgangsregelungen können infolge der gleichen Standardstruktur und der vergleichbaren Beschreibungsbasis prinzipiell übernommen werden. Die Forderung nach integralem Verhalten wird nicht mehr durch Pole bei $p = 0$, sondern durch solche bei $z = 1$ erfüllt.

Wegen der engen Bezüge zum kontinuierlichen Fall seien nachfolgend nur kurze Erläuterungen zum stationären Verhalten bei Einwirkung sprungförmiger zeitdiskreter Führungs- und Störsignale gegeben.

Führungsverhalten

Die Bestimmung der stationären (bleibenden) Regelabweichung erfolgt auf Grundlage der Systembeschreibung im z-Bereich mittels Endwertsatz der z-Transformation (Anhang A.2). Es gilt

$$e_\infty = \lim_{k \to \infty} e_k = \lim_{z \to 1} (z - 1)\, E(z) \quad . \tag{6.80}$$

Mit

$$E(z) = \frac{1}{1 + G_0(z)}\, W(z)$$

und

$$W(z) = \frac{z}{z-1} \quad \text{als } z\text{-Transformierte von } w_k = 1^k$$

ergibt sich als stationärer Fehler

$$e_\infty = \frac{1}{1 + K_0} \quad , \tag{6.81}$$

wobei $K_0 = \lim\limits_{z \to 1} G_0(z)$ ist. Der Fehler verschwindet für $K_0 \to \infty$ bzw. wenn $G_0(z)$ infolge des integralen Charakters des Reglers oder der Regelstrecke im jeweiligen Nennerpolynom der diskreten Übertragungsfunktion einen Faktor $(z-1)$ aufweist, d.h. ein Pol bei $z=1$ vorliegt.

Störverhalten

Ebenfalls mit dem Endwertsatz der z-Transformation (Anhang A.2) erhält man den stationären (bleibenden) Regelfehler

$$y_\infty = \lim_{k \to \infty} y_k = \lim_{z \to 1} (z - 1)\, Y(z) \quad . \tag{6.82}$$

Mit der diskreten Störübertragungsfunktion (6.56) ergibt sich für ein zeitdiskretes Störsignal $v_k = 1^k$ nach (6.82)

$$y_\infty = \lim_{k \to \infty} y_k = \lim_{z \to 1} \frac{G_{Sv}(z)}{1 + G_0(z)} \quad . \tag{6.83}$$

$y_\infty = 0$ wird gemäß (6.83) nur dann erreicht, wenn entsprechend dem kontinuierlichen Fall die diskrete Übertragungsfunktion des offenen Kreises mehr Pole $z = 1$ besitzt als die Störstrecke. Für Störungen am Streckeneingang, d.h. für $G_{Sv}(z) = G_S(z)$ ist demzufolge stets ein Reglerpol bei $z = 1$ erforderlich. Für Störungen am Ausgang der Regelstrecke gelten wegen $G_{Sv}(z) = 1$ die gleichen Aussagen wie für das Führungsverhalten.

6.3.2 Bewertung des dynamischen Verhaltens

Das dynamische Verhalten kontinuierlicher Ausgangsregelungen wird bewertet durch Gütekennwerte, wie Überschwingweite, Überschwingzeit, Beruhigungszeit, oder durch Integralkriterien gemäß Abschn. 4.6.2. Für die Bewertung des dynamischen Verhaltens zeitdiskreter Ausgangsregelungen kommen infolge der zeitdiskreten Übertragungsmodelle in entsprechender Weise die Überschwingweite zu einem diskreten Zeitpunkt (Überschwingzahl) sowie eine von der Breite eines Toleranzstreifens abhängige Beruhigungszahl in Betracht. Die Bewertung mittels Regelflächen berücksichtigt Glieder der Wertefolge $[e_k]$ in Summenkriterien.

Bei der Approximation zeitdiskreter Übertragungsmodelle durch kontinuierliche kann wieder auf die ursprünglichen Bewertungsgrößen und -kriterien zurückgegriffen werden.

Ausgehend von grundsätzlichen Aussagen zur Eigenbewegung zeitdiskreter Systeme werden nachfolgend einige Methoden zur Bewertung und Einschätzung des Übertragungsverhaltens für zeitdiskrete Ausgangsregelungen angegeben, die sich aus ingenieurtechnischer Sicht als tragfähig in ihrer Handhabung sowie bei der weiteren Nutzung zur Lösung von Entwurfsaufgaben erwiesen haben.

6.3.2.1 Einfluß der Eigenwerte auf das dynamische Verhalten

Wie im Abschn. 6.2.1 ausgeführt, wird durch die Lösung der homogenen Differenzengleichung (6.59) das Übergangsverhalten eines zeitdiskreten Systems ohne äußere Einwirkungen in Abhängigkeit von den Systemeigenschaften und von Anfangsbedingungen beschrieben. Die Lösung erfolgt auf Basis der Eigenwerte q_i, d.h. der Wurzeln des charakteristischen Polynoms (6.60) bzw. der Wurzeln z_i des charakteristischen Polynoms $N(z)$ nach (6.66) oder der Pole der diskreten Übertragungsfunktion. Allein durch die Lage der Wurzeln der charakteristischen Gleichung $1 + G_0(z) = 0$ im Einheitskreis der

z-Ebene ist somit eine Grundaussage über das dynamische Verhalten der stabilen zeitdiskreten Ausgangsregelung möglich.

$$\textit{Charakteristisches Polynom 1. Grades}$$

$$N(z) = z - z_1 \quad , \quad z = z_1 \quad \textit{reeller Pol}$$

Differenzengleichung und Lösung:

$$y_{k+1} - z_1\, y_k = 0 \quad ,$$

$$(z - z_1)\, Y(z) = y_0 z \qquad \textit{mit 2. Verschiebungssatz (Anhang A.2)} \quad ,$$

$$Y(z) = \frac{z}{z - z_1} \qquad \textit{mit Anfangsbedingung } y_0 = 1 \quad ,$$

$$y_k = z_1^k \qquad \textit{nach Korrespondenztafel (Anhang A.3)} \quad .$$

Für ausgewählte Pollagen sind Übergangsvorgänge im Bild 6.12a dargestellt. Pole im
Einheitskreis ergeben aperiodisches ($0 < z_1 < 1$) oder gedämpft periodisches
($-1 < z_1 < 0$), Pole außerhalb des Einheitskreises instabiles Verhalten. $z_1 = -1$ und
$z_1 = 1$ bewirken grenzstabiles Verhalten (Abschn. 6.2.2).

$$\textit{Charakteristisches Polynom 2. Grades}$$

$$N(z) = (z - z_1)\,(z - z_2) = z^2 - (z_1 + z_2)\, z + z_1\, z_2 \quad ,$$

$$z_{1,2} = \alpha \pm j\beta \qquad \textit{konjugiert komplexes Polpaar}$$

Differenzengleichung und Lösung:

$$y_{k+2} - 2\,\alpha\, y_{k+1} + (\alpha^2 + \beta^2)\, y_k = 0 \quad ,$$

$$z^2 Y(z) - z^2 y_0 - z y_1 - 2\alpha z\, Y(z) + 2\alpha z\, y_0 + (\alpha^2 + \beta^2)\, Y(z) = 0$$

$$\textit{mit 2. Verschiebungssatz (Anhang A.2)} \quad ,$$

$$Y(z) = \frac{z}{z^2 - 2\,\alpha\, z + (\alpha^2 + \beta^2)}$$

$$\textit{mit Anfangsbedingungen } y_0 = 0 \quad \textit{und} \quad y_1 = 1 \quad ,$$

$$y_k = \frac{1}{\beta}\, \rho^k \sin k\, \varphi$$

$$\textit{mit } \rho = \sqrt{\alpha^2 + \beta^2} \quad \textit{und} \quad \varphi = \textit{arc tan } \frac{\beta}{\alpha}$$

$$\textit{nach Korrespondenztafel (Anhang A.3)} \quad .$$

Bild 6.12b zeigt, daß durch konjugiert komplexe Polpaare die Schwingneigung generell zunimmt. Doppelpole auf der reellen Achse bewirken ebenfalls nichtmonotone Übergangsvorgänge. Doppelpole bei $z_{1,2} = 1$ oder $z_{1,2} = -1$ ergeben bereits instabile Lösungen (s. Abschn. 6.2.2).

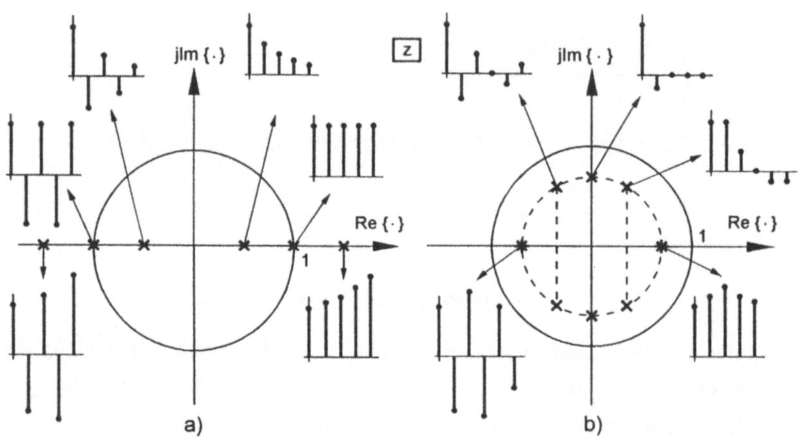

Bild 6.12: Übergangsvorgänge zeitdiskreter Systeme mit charakteristischem Polynom
1. Grades (a) und 2. Grades (b)

6.3.2.2 Bewertung anhand eines dominierenden Polpaares in der z-Ebene

Für die Bewertung des Führungsverhaltens kontinuierlicher Regelungen erweist es sich als zweckmäßig, den Regelkreis in Standardstruktur als Schwingungsglied zu beschreiben (Abschn. 4.6.2). Damit ergibt sich eine exakte Zuordnung von Gütekennwerten, wie Überschwingweite, Überschwingzeit und Beruhigungszeit, zur Position eines dominierenden konjugiert komplexen Polpaares in der p-Ebene. Werden hinsichtlich der Güteparameter aufgabenbedingt Schwankungsbereiche zugelassen, so entstehen typische Vorzugsgebiete für das Polpaar (Abschn. 4.6.5.3), die Grundlage für den Reglerentwurf zum Beispiel mit der Wurzelortskurvenmethode sein können.

Eine verbreitete Methode zur Bewertung des Übertragungsverhaltens von zeitdiskreten Regelungen gleicher Grundstruktur besteht darin, solche Vorzugsgebiete aus der p-Ebene in die z-Ebene abzubilden. Das geschieht auf Grundlage von (2.49). Aus

$$z = e^{pT} = e^{(\delta + j\omega)T} = e^{\delta T} e^{j(\omega T \pm \nu 2\pi)} \, , \quad \nu = 0,1,2,... \tag{6.84}$$

folgt, daß die imaginäre Achse der p-Ebene ($\delta = 0$) auf den Einheitskreis in der z-Ebene abgebildet wird. Für $\omega = \pm \omega_T/2 = \pm \pi/T$ ermittelt man mit (6.84)

$$z = e^{\pm j\pi} e^{\pm j\nu 2\pi} = -1 \quad , \quad \nu = 0,1,2,...$$

Somit wird, wie auch im Bild 6.13 verdeutlicht, der stabile Bereich des sogenannten Primärstreifens zwischen den Frequenzen $\omega_T/2$ und $-\omega_T/2$ in das Innere des Einheitskreises der z-Ebene abgebildet; gleiches gilt für alle Komplementärstreifen der Breite ω_T in der linken p-Halbebene.

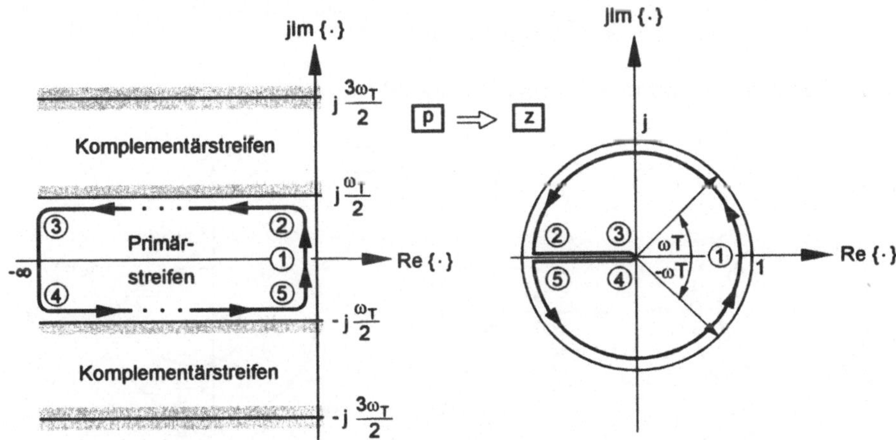

Bild 6.13: Abbildung der p-Ebene in die z-Ebene

Die Abbildung der Gütegebiete nach Bild 4.32 in die z-Ebene (Bild 6.14) erfolgt über die Teilabbildung ihrer Begrenzungen mit (6.84):

Orte konstanter Dämpfung $(\delta_e = const.)$,

d.h. Parallelen zur imaginären Achse in der p-Ebene werden gemäß

$$z = e^{-\delta_e T} e^{j\omega T} \tag{6.85}$$

in der z-Ebene als konzentrische Kreise mit dem Radius $e^{-\delta_e T}$ abgebildet.

Orte konstanter Frequenz *($\omega_e = const.$),*

d.h. Parallelen zur reellen Achse in der p-Ebene werden gemäß

$$z = e^{\delta T}\, e^{j\omega_e T} \tag{6.86}$$

in der z-Ebene als Geraden durch den Ursprung unter dem Winkel $\omega_e T$ abgebildet.

Orte konstanten Dämpfungsgrades *($D = \cos\varphi = const.$),*

d.h. Geraden durch den Ursprung der p-Ebene mit dem Anstiegswinkel φ werden gemäß

$$z = e^{-\omega T \cot\varphi}\, e^{j\omega T} = e^{-2\pi\,\frac{\omega}{\omega_T}\,\cot\varphi}\; e^{j2\pi\,\frac{\omega}{\omega_T}} \tag{6.87}$$

in der z-Ebene als logarithmische Spiralen abgebildet.

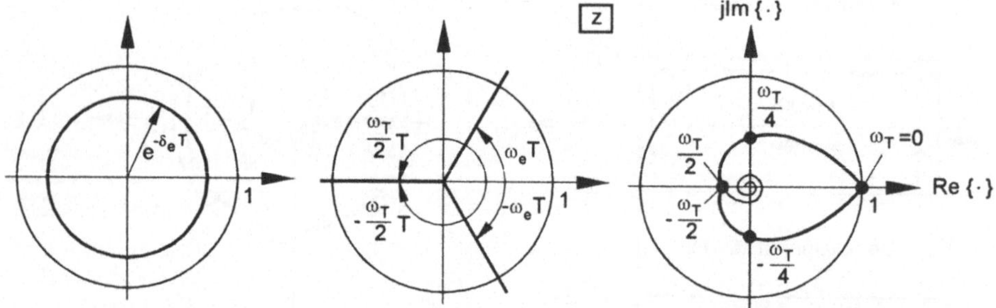

Bild 6.14: Abbildung spezieller geometrischer Orte der p-Ebene in die z-Ebene

Ein in der p-Ebene durch Vorgabe von D, $\omega_{e\,min} < \omega < \omega_{e\,max}$ und $\delta_e > \delta_{e\,min}$ fixiertes Vorzugsgebiet für ein dominierendes Polpaar, das ein bestimmtes dynamisches Verhalten einer kontinuierlichen Ausgangsregelung garantiert, wird mittels der eingeführten Teilabbildungen in die z-Ebene übertragen. In Bild 6.15 ist das Gütegebiet als schraffierte Fläche im Einheitskreis hervorgehoben. Ein dominierendes Polpaar in diesem Gebiet läßt insbesondere bei einem quasikontinuierlichen Regime ähnliches dynamisches Verhalten einer zeitdiskreten Regelung wie im kontinuierlichen Fall erwarten. Über den Einfluß weiterer Pole im Einheitskreis der z-Ebene sowie von Nullstellen können anhand dieser einfachen Abbildungsmethodik keine expliziten Aussagen getroffen werden.

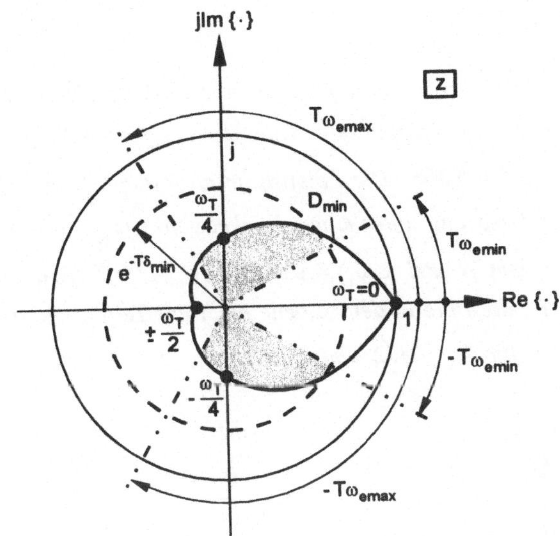

Bild 6.15: Gütegebiet in der z-Ebene

BEISPIEL 6.5: *Abbildung dominierender Polpaare aus der p-Ebene in die z-Ebene*

Die beiden im Bild 6.16 dargestellten Polpaare in der p-Ebene repräsentieren jeweils ideales Schwingungsgliedverhalten und erlauben die Bewertung des dynamischen Führungsverhaltens einer kontinuierlichen Ausgangsregelung (Abschnitte 4.6.2 und 4.6.5.3). Mit der Abklingkonstante $\delta_e = 1$ und dem Dämpfungsgrad $D_1 = 1/\sqrt{2} = \cos 45°$ ergibt sich nach (4.118) die Kreisfrequenz $\omega_{01} = 1,414$ und mit (4.119) die Eigenfrequenz des gedämpften Systems zu $\omega_{e1} = 1$. Mit diesen Kenngrößen berechnet man die Überschwingweite nach (4.79) zu $\Delta h_1 = 4,3\%$, die Überschwingzeit nach (4.80) zu $T_{m1} = 3,14$ und die Beruhigungszeit nach (4.81) zu $T_{e1} = 4,26$ für $\varepsilon = 2\%$ und zu $T_{e1} = 3,34$ für $\varepsilon = 5\%$.

Für das zweite Polpaar gilt ebenfalls $\delta_e = 1$, jedoch nunmehr $D_2 = 0,5 = \cos 60°$. In diesem Falle sind $\omega_{02} = 2$ und $\omega_{e2} = 1,732$. Für die Gütewerte erhält man $\Delta h_2 = 16,3\%$, $T_{m2} = 1,81$, $T_{e2} = 4,06$ für $\varepsilon = 2\%$ und $T_{e2} = 3,14$ für $\varepsilon = 5\%$.

Für vergleichende Betrachtungen mit anderen Bewertungsmöglichkeiten des dynamischen Verhaltens zeitdiskreter Ausgangsregelungen und als Basis für den Reglerentwurf sollen die Polpositionen aus der p-Ebene entsprechend den Ausführungen im Abschn. 6.3.2.2 in die z-Ebene übertragen werden.

Da für beide Polpaare $\delta_e = 1$ ist, liegen die Pole in der z-Ebene nach (6.85) für eine angenommene Abtast- bzw. Taktperiodendauer $T = 1$ auf einem konzentrischen Kreis mit dem Radius $e^{-\delta_e T} = e^{-1} = 0{,}368$. Die Polposition auf diesem Kreis wird nach (6.86) mit Geraden durch den Ursprung unter einem Winkel von $\pm\,\omega_{e1} = \pm 1$ bzw. $\pm\,57{,}3°$ und im zweiten Falle unter dem Winkel $\pm\,\omega_{e2} = \pm 1{,}732$ bzw. $\pm\,99{,}3°$ fixiert. Wie aus Bild 6.16 ersichtlich ist, liegen die Pole in der z-Ebene auch auf Teilabschnitten logarithmischer Spiralen nach (6.87) für $D_1 = 1/\sqrt{2}$ und $D_2 = 1/2$.

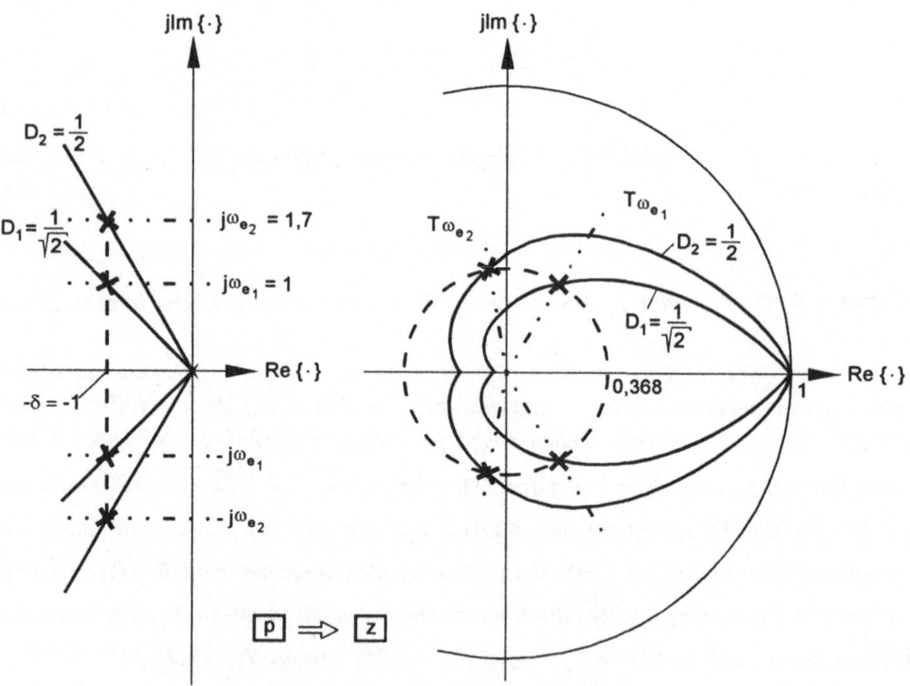

Bild 6.16: Abbildung von Polpaaren aus der p-Ebene in die z-Ebene

6.3.2.3 Bewertung anhand eines zeitdiskreten Schwingungsglied-Ansatzes

Aus dem Schwingungsgliedansatz für das Führungsverhalten des kontinuierlichen Standard-Regelkreises resultiert der $I\text{-}T_1$-Charakter des offenen Kreises (Abschn. 4.6.3.1). Es liegt daher nahe, für das $I\text{-}T_1$-Übertragungsmodell des offenen Kreises eine Approximation im z-Bereich vorzunehmen und daraus Güteabschätzungen für die geschlossene zeitdiskrete Ausgangsregelung abzuleiten. Zwischen Gütekennwerten von Führungsübergangsfolgen und den zugehörigen Pol-Nullstellen-Bildern bestehen exakte, von *Radtke* für die übersichtliche ingenieurtechnische Nutzung aufbereitete Zusammenhänge. Die wichtigsten Ergebnisse sind nachfolgend in zusammengefaßter Form dargestellt.
Aus (4.89) mit (4.91) und (4.92) folgt nach der Sprunginvarianz-Methode (Abschn. 6.4.1), d.h. mit vorgeschaltetem Halteglied

$$G_0(z) = (1 - z^{-1}) \ \mathfrak{Z} \left\{ \frac{1}{p^2 \ T_I \ (1 + pT_1)} \right\} \ . \tag{6.88}$$

Unter Verwendung der Korrespondenztafel im Anhang A.3 erhält man für (6.88)

$$G_0(z) = \frac{K_0 \ (z + c)}{(z - 1)(z - a)} \tag{6.89}$$

mit

$$a = e^{-T/T_1} \ , \qquad 0 < a < 1 \ ; \quad b = T/T_1$$

$$c = \frac{1 - a - ab}{a + b - 1} \ , \quad 0 < c < 1 \ ;$$

$$K_0 = \frac{T_1}{T_I} \ (a + b - 1) \ .$$

Die diskrete Übertragungsfunktion $G_0(z)$ nach (6.89) weist eine Struktur entsprechend (4.108) auf. Ferner gilt die charakteristische Gleichung $1 + G_0(z) = 0$, so daß der Verlauf der Wurzelortskurve nach den Regeln bestimmt werden kann, die auch für den p-Bereich gelten (Abschn. 4.6.5.2). Für den vorliegenden Fall liegen die konjugiert komplexen Wurzeln des charakteristischen Polynoms

$$N(z) = 1 + G_0(z) = z^2 - z (1 + a - K_0) + a + c \ K_0 \tag{6.90}$$

auf einem Kreis mit dem Radius $r = \sqrt{(a + c)(1 + c)}$ um die Nullstelle als Mittelpunkt. Die Wurzelposition wird durch

$$z_{1,2} = \alpha \pm j\,\beta \qquad\qquad mit$$

$$\alpha \;=\; \frac{1}{2}\,(1 + a - K_0) \quad und \quad \beta = \sqrt{a + c\,K_0 - \alpha^2}$$

bestimmt. Auf der WOK im Bild 6.17 sind die beiden Wurzelorte für ein bestimmtes K_0 dargestellt. Mit den dafür eingezeichneten geometrischen Bestimmungsgrößen kann ein exakter Zusammenhang zu wesentlichen Gütekennwerten der Führungsübergangsfolge hergestellt werden.

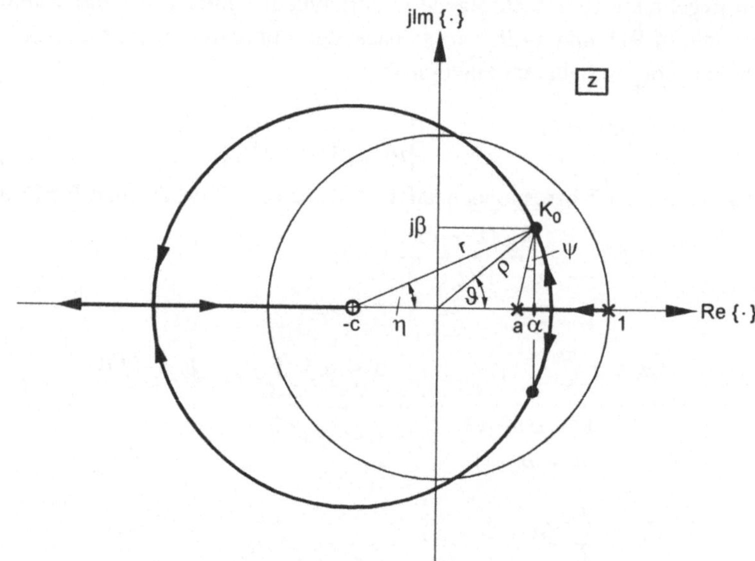

Bild 6.17: Wurzelortskurve für eine zeitdiskrete Regelung

Aus (6.89) folgt nach (6.55) die diskrete Führungsübertragungsfunktion

$$G_w(z) = \frac{K_0\,(z + c)}{(z - \alpha - j\beta)\,(z - \alpha + j\beta)} \tag{6.91}$$

und daraus die z-Transformierte der Übergangsfolge

$$H_w(z) = \frac{z}{z - 1}\,G_w(z) \quad . \tag{6.92}$$

Nach Rücktransformation sowie einigen Umformungen ergibt sich aus (6.92) mit (6.91) die Übergangsfolge

$$h_w(k) = 1^k - \rho^k \, \frac{\cos(k\vartheta - \psi)}{\cos\psi} \quad . \tag{6.93}$$

Die Gewichtsfolge erhält man durch inverse z-Transformation von (6.91) zu

$$g_w(k) = K_0 \, \rho^{k-1} \, \frac{\sin[(k-1)\vartheta + \eta]}{\sin\eta} \quad . \tag{6.94}$$

Den Nulldurchgängen von $g_w(k)$ lassen sich ganzzahlige k-Werte zuordnen, für die mit $0 \le \delta < 1$ ausgehend von (6.94) die Beziehung

$$[(k + \delta) - 1]\vartheta + \eta = \nu\pi \quad , \quad \nu = 0,1,2,\dots \tag{6.95}$$

erfüllt ist. Durch den ersten Nulldurchgang ($\nu = 1$) ist die **Überschwingzahl** k_m festgelegt, für die der maximale Wert der Übergangsfolge auftritt. Aus (6.95) folgt dafür

$$k_m = \frac{\pi - \eta}{\vartheta} + 1 - \delta \quad , \quad \textit{ganzzahlig} \quad , \quad 0 \le \delta < 1 \quad . \tag{6.96}$$

Mit (6.93) und (6.96) erhält man für die **Überschwingweite**

$$\begin{aligned}
\ddot{u} = h_w(k_m) - 1 &= -\rho^{k_m} \, \frac{\cos(k_m\vartheta - \psi)}{\cos\psi} \\[2mm]
&= \rho^{k_m} \, \frac{\cos[\vartheta(1 - \delta) - \eta - \psi]}{\cos\psi} \quad , \quad 0 \le \delta < 1 \quad .
\end{aligned} \tag{6.97}$$

Für $\nu > 1$ ergibt sich eine Abschätzungsmöglichkeit für die **Beruhigungszahl** k_ε, in deren Umgebung die Werte der Übergangsfolge letztmalig außerhalb eines Toleranzstreifens mit der Breite $\pm\varepsilon$ um den stationären Wert liegen:

$$|h_w(k_\varepsilon) - 1| = \rho^{k_\varepsilon} \, \frac{\cos[\vartheta(1 - \delta') - \eta - \psi]}{\cos\psi} \le \varepsilon \quad , \quad 0 \le \delta' < 1 \quad . \tag{6.98}$$

$G_0(z)$ in der Struktur nach (6.89) kann auf eine zeitdiskrete Ausgangsregelung in der Standardform gemäß Bild 6.9 mit einem P-Regler und einer Gesamtregelstrecke, bestehend aus DAU, I-T_1-Strecke und ADU, bezogen werden. Der Zusammenhang zwischen P-N-Bild, Kreisverstärkung K_0 und den Gütekennwerten $\ddot{u}, k_m$ und k_ε läßt sich einerseits für die Lösung von Analyseaufgaben und andererseits für die güteabhängige Festlegung von Wurzelorten oder Wurzelortsbereichen in der z-Ebene im Rahmen von Entwurfsaufgaben verwenden.

Für den Sonderfall $c = 0$ folgt aus (6.89)

$$G_0(z) = \frac{K_0 \, z}{(z - 1)(z - a)} \quad . \tag{6.99}$$

Der I-T_1-Charakter des offenen Kreises kann in diesem Falle aus einer zeitdiskreten Ausgangsregelung mit einem zeitdiskreten I-Regler gemäß

$$G_R(z) = \frac{K_0}{1 - a}\,\frac{z}{z - 1}$$

und einer Gesamtregelstrecke, bestehend aus DAU, P-T_1-Strecke und ADU, gemäß

$$G_S(z) = \frac{1 - a}{z - a}$$

entsprechend (6.74) im Beispiel 6.4 resultieren. Aus Bild 6.17 ist ersichtlich, daß mit der Nullstelle im Ursprung der z-Ebene $\eta = \vartheta$ gilt. Damit vereinfachen sich die Bestimmungsgleichungen für die Gütekennwerte (6.96), (6.97) und (6.98) wie folgt:

Überschwingzahl

$$k_m = \frac{\pi}{\vartheta} - \delta \quad , \quad ganzzahlig\ , \quad 0 \le \delta < 1 \quad ; \tag{6.100}$$

Überschwingweite

$$\ddot{u} = \rho^{k_m}\,\frac{\cos\,(\vartheta\,\delta\,+\,\psi)}{\cos\,\psi} \approx \rho^{k_m} \quad ; \tag{6.101}$$

Beruhigungszahl

$$\rho^{k_\varepsilon}\,\frac{\cos\,(\vartheta\,\delta' + \psi)}{\cos\,\psi} \approx \rho^{k_\varepsilon} \le \varepsilon \quad ;$$

$$k_\varepsilon \ge \frac{\ln\,\varepsilon}{\ln\,\rho} \quad , \quad ganzzahlig \quad . \tag{6.102}$$

BEISPIEL 6.6: *Abschätzung des dynamischen Verhaltens einer zeitdiskreten Ausgangsregelung mit* **I-Regler** *und einer Gesamtregelstrecke, bestehend aus DAU,* **P-T_1-Strecke** *und ADU*

Für den vorgegebenen Regelkreis gelten die Darlegungen im Abschn. 6.3.2.3 für den Sonderfall $c = 0$. Es genügen zur Bestimmung der Überschwingzahl, der Überschwingweite und der Beruhigungszahl die Bestimmungsgrößen ρ und ϑ für das konjugiert komplexe Polpaar auf der WOK nach Bild 6.17. So ergeben sich zum Beispiel für

$$\alpha \pm j\,\beta = \rho\,e^{\pm j\vartheta} = \frac{1}{2} \pm j\,\frac{1}{2} = \frac{1}{\sqrt{2}}\,e^{\pm j\frac{\pi}{4}}$$

die Gütekennwerte

$$k_m = \frac{\pi}{\vartheta} = 4 \qquad\qquad nach \quad (6.100) \ ,$$

$$\ddot{u} = \rho^{k_m} = 0{,}25 \qquad\qquad nach \quad (6.101) \ ,$$

$$k_\varepsilon \approx \frac{\ln \varepsilon}{\ln \rho} \approx 11 \ , \quad \varepsilon = 0{,}02, \quad nach \quad (6.102) \ .$$

Gütekennwerte für andere Polpositionen sind aus Tafel 6.2 ersichtlich.

Polposition in der z - Ebene	Gütekennwerte		
$\varrho\, e^{\pm j\vartheta}$	k_m	$\ddot{u}$	k_ε $(\varepsilon = 0{,}02)$
$\frac{1}{2}\, e^{\pm j \frac{\pi}{4}}$	4	0,06	5
$\frac{1}{2}\, e^{\pm j \frac{\pi}{2}}$	2	0,25	5
$\frac{1}{\sqrt{2}}\, e^{\pm j \frac{\pi}{2}}$	2	0,5	11
$0{,}8\, e^{\pm j \frac{\pi}{8}}$	8	0,17	17
$0{,}368\, e^{\pm j}$	3	0,05	4
$0{,}368\, e^{\pm j 1{,}73}$	2	0,14	4

vgl. Beispiel 6.5

Tafel 6.2: Gütekennwerte in Abhängigkeit von der Polposition im geschlossenen Kreis

6.3.2.4 Bewertung anhand des diskreten Frequenzganges des offenen Kreises

Wie bereits bei der Diskussion von Methoden zur Stabilitätsprüfung ausgeführt, schränkt die Periodizität des diskreten Frequenzganges $G(e^{j\omega T})$ seine ingenieurtechnische Nutzung für die Analyse und den Entwurf zeitdiskreter Regelungen erheblich ein. Um dennoch zum Beispiel Frequenzkennlinienmethoden einsetzen zu können, die sich bei der Analyse und dem Entwurf kontinuierlicher Ausgangsregelungen bewährt haben, muß die transzendente Beziehung $z = e^{pT}$ durch eine rationale Funktion einer anderen frequenzabhängigen Größe angenähert werden. Das kann in Anlehnung an die *Padé*-Approximation 1. Ordnung eines Totzeitterms durch die bilineare Transformation

$$z = e^{pT} = \frac{1 + \dfrac{T}{2}\,w}{1 - \dfrac{T}{2}\,w} \qquad\qquad (6.103)$$

bzw. durch

$$w = \frac{2}{T}\,\frac{e^{pT} - 1}{e^{pT} + 1} = \frac{2}{T}\,\frac{z - 1}{z + 1} \qquad\qquad (6.104)$$

erfolgen. Damit wird eine umkehrbare Abbildung der z-Ebene auf die w-Ebene ermöglicht, wobei das Innere des Einheitskreises der z-Ebene auf die linke w-Halbebene und das Äußere des Einheitskreises auf die rechte w-Halbebene abgebildet werden. Der Einheitskreis selbst wird auf die imaginäre Achse der w-Ebene abgebildet. Für $p = j\omega$ und $w = jv$ ergibt sicht aus (6.104) eine Beziehung zwischen der realen Kreisfrequenz ω und der transformierten Kreisfrequenz v in Form von

$$v = \frac{2}{T}\,\tan\omega\,\frac{T}{2} \quad . \qquad\qquad (6.105)$$

(6.105) sowie Bild 6.18 zeigen, daß $v \approx \omega$ für $\omega \ll 2/T$ bzw. $v \ll 2/T$ gilt. Der eingeschränkte Frequenzbereich $0 < \omega < \omega_T/2 = \pi/T$ wird auf den transformierten Frequenzbereich $0 < v < \infty$ ausgedehnt.

Für Analyse und Entwurf ist wesentlich, daß infolge der eingeführten w-Transformation der Frequenzgang $G(jv)$ eines zeitdiskreten Systems als rationale Funktion zur Verfügung steht.

Die Bewertung des dynamischen Verhaltens einer zeitdiskreten Ausgangsregelung kann nunmehr auf Basis von $G_0(jv)$ in Frequenzkennliniendarstellung erfolgen.
Dazu ist von

$$G_0(w) = G_0(z)\Big|_{z = (1 + \frac{T}{2}w)/(1 - \frac{T}{2}w)} \qquad\qquad (6.106)$$

auszugehen und zu beachten, daß durch die w-Transformation nur ein durch $\omega_T/2$ begrenzter ω-Bereich erfaßt wird und sich Nichtminimalphasensysteme ergeben, d.h. Amplituden- und Phasenfrequenzkennlinien zur Bewertung heranzuziehen sind.
Geht man vom zeitdiskreten Schwingungsgliedansatz aus, so kann auf Abschn. 6.3.2.3 Bezug genommen werden. Für den zugehörigen offenen Kreis gilt (6.89). Die Gütekennwerte nach (6.96), (6.97) und (6.98) stehen im unmittelbaren Zusammenhang mit K_0, c und a. Mit (6.103) erhält man aus (6.89)

$$G_0(w) = \frac{(1 + w\,T_v^*)\,(1 - w\,\frac{T}{2})}{w\,T_I^*\,(1 + w\,T_1^*)}$$

(6.107)

mit den transformierten Zeitkonstanten

$$T_I^* = \frac{T}{K_0}\,\frac{1 - a}{1 + c} \quad ; \quad T_1^* = \frac{T}{2}\,\frac{1 + a}{1 - a} \quad ; \quad T_v^* = \frac{T}{2}\,\frac{1 - c}{1 + c} \quad .$$

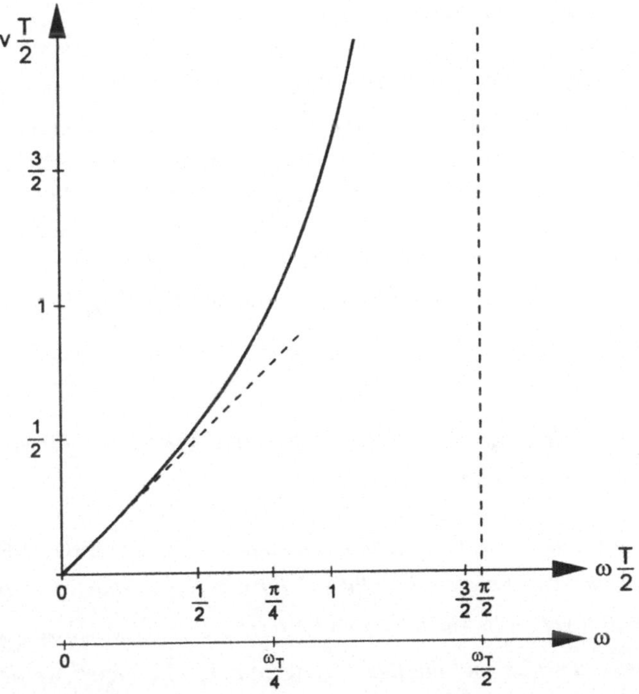

Bild 6.18: Zusammenhang zwischen realer und transformierter Kreisfrequenz

Damit ist auf Basis von (6.107) auch der Zusammenhang von Güteforderungen und zugeordneten Amplituden- und Phasenkennlinien gegeben. $G_0(jv)$ kann nunmehr als "Ziel-Frequenzgang" für den Entwurf einer zeitdiskreten Regelung festgelegt werden. Für den Sonderfall $c = 0$ vereinfacht sich (6.107) zu

$$G_0(w) = \frac{K_0\,(1 + w\,\frac{T}{2})\,(1 - w\,\frac{T}{2})}{w\,T\,(1 - a)\,(1 + w\,T_1^*)} \quad .$$

(6.108)

Zeitdiskrete Regelungen, die sich nicht durch den Schwingungsglied- bzw. I-T_1-Ansatz beschreiben lassen, können durch eine globalere Bewertung mittels Phasenrand entworfen werden. Der Phasenrand

$$\varphi_{Rv} = 180^0 + \varphi_0(v_S) \tag{6.109}$$

stellt wie bei der Frequenzkennliniendarstellung im ω-Bereich (Abschn. 4.6.3.3) ein Gütemaß in Form des Abstandes zur Stabilitätsgrenze bei $|G_0(jv_S)| = 1$ dar. Für $\varphi_{Rv} \approx 90^o$ ergeben sich so wie im kontinuierlichen Fall aperiodische Übergangsvorgänge und für $\varphi_{Rv} \approx 50^o...70^o$ solche mit bedämpftem Schwingungsverhalten.

Die Stabilitätsbetrachtung für den Sonderfall $c = 0$ zeigt, daß bei der Bewertung anhand von $G_0(w)$ wegen der Frequenzverzerrung und der Periodizität diskreter Frequenzgänge sorgfältig gearbeitet werden muß. In (6.108) heben sich die durch beide Nullstellen bedingten positiven und negativen Phasenverläufe auf, so daß sich eine maximale Phasennacheilung von 180° ergibt. Aus dieser Sicht müßte der geschlossene Kreis strukturstabil sein. Die Auswertung des zugehörigen WOK-Verlaufes in der z-Ebene zeigt jedoch, daß ein WOK-Ast zum negativ Unendlichen strebt, d.h. für $K_0 > K_{0krit}$ Eigenwerte außerhalb des Einheitskreises auftreten.

BEISPIEL 6.7:   *Bestimmung von $G_0(jv)$-Frequenzkennlinien für vorgegebene Gütewerte*

Für vorgegebene Gütekennwerte sind auf Grundlage von (6.108) diskrete Frequenzgänge $G_0(jv)$ und daraus "Ziel-Frequenzkennlinien" für den Reglerentwurf zu bestimmen. In einem ersten Fall sollen in Anlehnung an Beispiel 6.6 die Überschwingzahl $k_m = 4$, die Überschwingweite $\ddot{u} \approx 0,25$ und die Beruhigungszahl $k_e = 11$ erzielt werden. Aus (6.100), (6.101) und (6.102) folgt für die Polposition des geschlossenen Kreises in der z-Ebene $\alpha = \beta = 0,5$. Mit $r = \rho = 1/\sqrt{2} = \sqrt{a}$ nach Bild 6.17 erhält man $a = e^{-T/T_1} = 0,5$ bzw. $T/T_1 = 0,693$. Für die Kreisverstärkung ergibt sich nach (6.90) $K_0 = 0,5$. Durch diese Werte sowie $T = 1$ und $T_1^* = \dfrac{T}{2} \dfrac{1+a}{1-a} = 1,5$ ist nach (6.108) die diskrete Übertragungsfunktion

$$G_0(w) = \frac{(1 + 0,5\,w)\,(1 - 0,5\,w)}{w\,(1 + 1,5\,w)} \tag{6.110}$$

festgelegt. Aus (6.110) folgen die Amplituden- und Phasenkennlinien im Bild 6.19a.

Zum Vergleich soll in einem zweiten Fall die Frequnzkennlinie bestimmt werden, die für die zeitdiskrete Ausgangsregelung eine geringere Überschwingweite $ü \approx 0{,}06$ der Führungsübergangsfolge unter Beibehaltung von $k_m = 4$ gewährleistet. Wie aus Tafel 6.2 ersichtlich, ist die Polposition für den geschlossenen Kreis in der z-Ebene hierfür durch $\rho = 0{,}5$ und $\vartheta = 45°$, d.h. durch $\alpha = \beta = 0{,}35$ bestimmt. Daraus ergibt sich für den Pol des offenen Kreises $a = \rho^2 = 0{,}25$ bzw. $T/T_1 = 1{,}39$; ferner gilt $K_0 = 0{,}55$. Nach (6.108) erhält man mit $T = 1$ und $T_1^* = 0{,}833$

$$G_0(w) = \frac{(1 + 0{,}5\,w)\,(1 - 0{,}5\,w)}{1{,}36\,w\,(1 + 0{,}833\,w)} \quad . \tag{6.111}$$

Die zugehörigen Amplituden- und Phasenkennlinien sind im Bild 6.19b dargestellt.

Die Frequenzkennlinien im Bild 6.19 können für den Entwurf von Reglerfrequenzgängen $G_R(jv)$ bei bekannten Streckenfrequenzgängen $G_S(jv)$ genutzt werden (Abschn. 4.6.3). Der angestrebte Unterschied bezüglich der Überschwingweite kommt im Verlauf der Zielfrequenzgänge $G_0^*(jv)$ und insbesondere in den Phasenrändern φ_{Rv} nach (6.109) zum Ausdruck. Die Schnittfrequenz v_s und damit k_m bleiben etwa konstant.

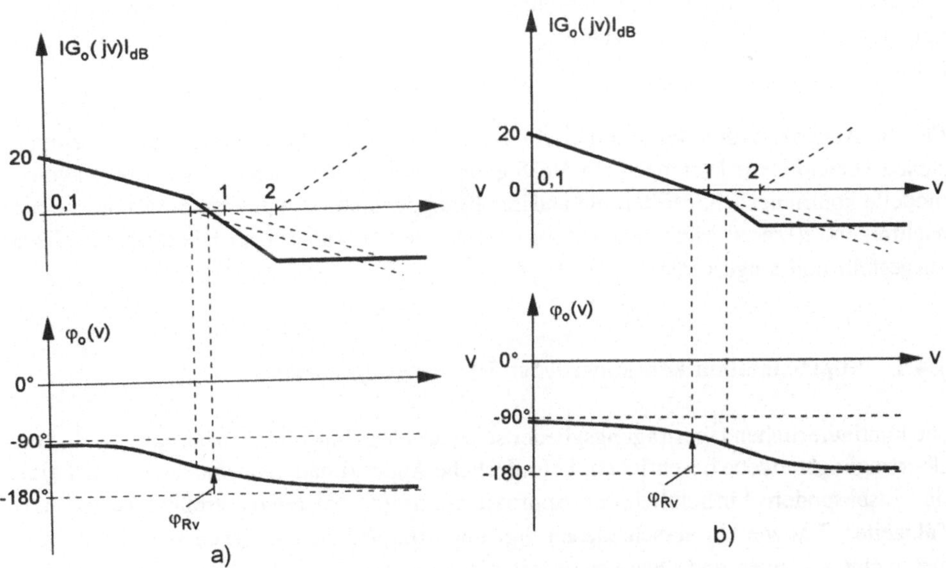

Bild 6.19: $G_0(jv)$ -*Frequenzkennlinien*

6.4   Quasikontinuierlicher Entwurf

Ausgehend von den generellen Ausführungen zur Stabilitätsanalyse (Abschn. 6.2) sowie zum Übertragungsverhalten zeitdiskreter Systeme (Abschn. 6.3) sollen nunmehr einige Varianten des Entwurfs zeitdiskreter Regelungen mit der Standardstruktur nach Bild 6.9 behandelt werden. Es wird vorausgesetzt, daß das Übertragungsmodell der kontinuierlichen Regelstrecke und damit auch der Gesamtstrecke mit DAU und ADU (Abschn.6.1.2) bekannt ist. Ferner seien die Anforderungen an das angestrebte Führungs- oder Störverhalten fixiert (Abschn. 6.3). Damit reduziert sich die Entwurfsaufgabe auf den Entwurf eines zeitdiskreten Regleralgorithmus nach (6.1) oder (6.2).

Vollzieht sich der gesamte Entwurfsvorgang ausschließlich auf Basis zeitdiskreter Übertragungsmodelle und einer daran orientierten Zielvorgabe, so handelt es sich um einen rein zeitdiskreten Entwurf. Lösungen dieser Art werden im Abschn. 6.5 vorgestellt.

Beim Entwurf der Struktur und der Parameter des Regleralgorithmus kann jedoch in vielen Fällen auch von Entwurfsergebnissen für kontinuierliche Regelungen ausgegangen werden. Der kontinuierliche Regleralgorithmus ist dann anschließend durch ein zeitdiskretes Übertragungsmodell zu approximieren. Eine entscheidende Voraussetzung für ein solches Vorgehen besteht darin, daß die Tastperiodendauer T klein im Vergleich zu den wesentlichen Zeitkonstanten der kontinuierlichen Regelstrecke ist. Den Reglerentwurf, der auf eine solche Weise vorgenommen wird, bezeichnet man als quasikontinuierlichen Entwurf.

Für die Approximation des kontinuierlichen durch einen zeitdiskreten Regleralgorithmus stehen verschiedene Methoden zur Verfügung. Da unter Umständen auch Übertragungsmodelle kontinuierlicher Filter und anderer Komponenten zu approximieren sind, werden nachfolgend generell Methoden zur Approximation kontinuierlicher Übertragungsglieder vorgestellt und eingeschätzt.

6.4.1   Approximation kontinuierlicher Übertragungsglieder

Die kontinuierlichen Übertragungsglieder seien durch stabile und realisierbare zeitdiskrete Übertragungsmodelle beschrieben. Erforderliche Approximationsmethoden unterscheiden sich insbesondere hinsichtlich der Approximationsgüte bei relativ großen Abtast- bzw. Taktzeiten T sowie bei verschiedenen Signalübertragungen. Es wirken sich ferner Parameterschwankungen und Quantisierungsfehler in differenzierter Weise auf das jeweilige Übertragungsverhalten aus.

Impulsinvarianz-Methode

Die Impulsantworten des kontinuierlichen Übertragungsgliedes und des zeitdiskreten Approximationsgliedes sollen identisch sein, d.h. nach Abschn. 3.1.3.3

$$g_k = g(t)\big|_{t=kT} \quad . \tag{6.112}$$

Im z-Bereich gilt näherungsweise $G(z) = \bar{G}(z)$ bzw. nach (6.28)

$$G(z) = \mathfrak{Z}\left\{G_H(p)\, G(p)\right\} \quad .$$

Unter quasikontinuierlichen Voraussetzungen wird bei dieser Methode gemäß (6.142) $G_H(p) = T$ angesetzt, so daß sich die Approximationsbeziehung

$$G(z) = T\mathfrak{Z}\{G(p)\} \tag{6.113}$$

ergibt.

Eigenschaften:

(+)   stabiles $G(p)$ ergibt stabiles $G(z)$,

(-)   Approximationsgüte verschlechtert sich erheblich mit zunehmender Tastperiodendauer T.

Sprunginvarianz-Methode

Die bezogenen Sprungantworten des kontinuierlichen Übertragungsgliedes und des zeitdiskreten Approximationsgliedes sollen identisch sein, d.h. nach Abschn. 3.1.4.2

$$h_k = h(t)\big|_{t=kT} \quad . \tag{6.114}$$

Durch z-Transformation von (6.114) ergibt sich

$$H(z) = \mathfrak{Z}\{H(p)\}$$

und daraus mit (3.94) bzw. (3.92)

$$\frac{z}{z-1}\, G(z) = \mathfrak{Z}\left\{\frac{G(p)}{p}\right\} \quad . \tag{6.115}$$

Aus (6.115) folgt

$$G(z) = (1 - z^{-1})\, \mathfrak{Z}\left\{\frac{G(p)}{p}\right\}$$

und mit (6.28)

$$G(z) = \mathfrak{Z}\left\{G_H(p)\, G(p)\right\} \quad . \tag{6.116}$$

Es ist ersichtlich, daß die Approximation mit Hilfe eines vorgeschalteten Haltegliedes erfolgt.

Eigenschaften:

(+)   stabiles $G(p)$ ergibt stabiles $G(z)$,

(+)   Approximationsgüte ist für einen relativ großen T-Bereich zufriedenstellend.

Rückwärtsdifferenz-Methode

Der Differentialquotient 1. Ordnung in der Beschreibung des kontinuierlichen Übertragungsgliedes wird durch den Differenzenquotienten 1. Ordnung (Rückwärtsdifferenz) angenähert. Im Bildbereich erfolgt ein Vergleich von $p\,Y(p)$ mit $\dfrac{1-z^{-1}}{T}\,Y(z)$, so daß die Approximationsbeziehung

$$G(z) = G(p)\Big|_{p=\frac{1-z^{-1}}{T}} \qquad\qquad (6.117)$$

gilt.

Eigenschaften:

(+)   stabiles $G(p)$ ergibt stabiles $G(z)$,

(o)   Approximationsgüte ist durchschnittlich,

(-)   erhebliche Verzerrung der transformierten Frequenz.

Vorwärtsdifferenz-Methode

Erfolgt die Approximation des Differentialquotienten 1. Ordnung durch den Differenzenquotienten 1. Ordnung unter Verwendung der Vorwärtsdifferenz, so ergibt sich bei verschwindenden Anfangsbedingungen aus dem Vergleich im Bildbereich, d.h. von $p\,Y(p)$ und $\dfrac{z-1}{T}\,Y(z)$, die Approximationsbeziehung

$$G(z) = G(p)\Big|_{p=\frac{z-1}{T}} \qquad . \qquad\qquad (6.118)$$

Für den Fall der kontinuierlichen Integration mit $G(p)=1/p$ erhält man den häufig verwendeten zeitdiskreten Integrationsalgorithmus nach der Rechteckregel.

Eigenschaften:

(+)   einfache Handhabung,

(-)   stabiles $G(p)$ ergibt nicht in jedem Fall stabiles $G(z)$, da für $Re\{p\}<0$ auf Grund der Variablentransformation $Re\{z\}<1$ gilt,

(-)   Approximationsgüte verschlechtert sich erheblich mit zunehmender Tastperiodendauer T.

Tustin-Methode

Die Methode basiert auf der bereits im Abschn. 6.3.2.4 eingeführten bilinearen Transformation (6.104). Mit

$$p = \frac{2}{T}\,\frac{z-1}{z+1} \qquad\qquad (6.119)$$

wird die umkehrbare Abbildung der imaginären Achse in der p-Ebene auf den Einheitskreis in der z-Ebene vorgenommen. Bei Anwendung der Approximationsbeziehung

$$G(z) = G(p)\big|_{p = \frac{2}{T}\frac{z-1}{z+1}} \tag{6.120}$$

auf $G(p) = 1/p$ erhält man den zeitdiskreten Integrationsalgorithmus nach der Trapez-regel.

Eigenschaften:

(+)   stabiles $G(p)$ ergibt stabiles $G(z)$,

(+)   einfache Handhabung,

(+)   Approximationsgüte ist auch bei relativ großen T-Werten noch zufriedenstellend,

(-)   erhebliche Verzerrung der transformierten Frequenz entsprechend (6.105).

Der Frequenzverzerrung durch die *Tustin*-Methode kann durch eine "Vorentzerrung" begegnet werden, indem die Knickfrequenzen des Amplitudenfrequenzganges vor der Transformation verschoben werden. So wird zum Beispiel anstelle von $\alpha = 1/T_1$ in einer

P-T_1-Übertragungsfunktion $\alpha' = \dfrac{2}{T}\tan\dfrac{\alpha T}{2}$ eingesetzt.

Methode der Pol-Nullstellen-Abbildung

Die Nullstellen und Pole von $G(p)$ werden getrennt in die z-Ebene übertragen. Endliche Pole und Nullstellen in der p-Ebene ergeben Pole und Nullstellen auf Basis von $z = e^{pT}$; eine Nullstelle im Unendlichen erscheint als Nullstelle $z_\nu = -1$. Das stationäre Verhalten des Approximationsgliedes wird mit einem proportionalen Übertragungsfaktor K an das des kontinuierlichen Übertragungsgliedes angepaßt.

Eigenschaften:

(+)   stabiles $G(p)$ ergibt stabiles $G(z)$,

(+)   einfache Handhabung,

(+)   Approximationsgüte ist auch bei relativ großen T-Werten noch zufriedenstellend.

BEISPIEL 6.8:   *Zeitdiskretes Approximationsmodell für ein kontinuierliches P-T_1-Glied*

Nach den im Abschn. 6.4.1 vorgestellten Methoden sollen für ein P-T_1-Glied mit der Übertragungsfunktion

$$G(p) = \frac{1}{1 + pT_1}$$

zeitdiskrete Approximationsmodelle angegeben werden. Dabei gilt generell $a = e^{-b}$ und $b = T/T_1$.

Impulsinvarianz-Methode

$$G(z) = \frac{b\,z}{z - a} \quad , \qquad\qquad G(1) = \frac{b}{1 - a} \quad ; \qquad (6.121)$$

Sprunginvarianz-Methode

$$G(z) = \frac{1 - a}{z - a} \quad , \qquad\qquad G(1) = 1 \quad ; \qquad (6.122)$$

Rückwärtsdifferenz-Methode

$$G(z) = \frac{b}{1 + b}\;\frac{z}{z - \dfrac{1}{1 + b}} \quad , \qquad\qquad G(1) = 1 \quad ; \qquad (6.123)$$

Vorwärtsdifferenz-Methode

$$G(z) = \frac{b}{z - (1 - b)} \; , \; \textit{instabil für } b > 2 \; , \quad G(1) = 1 \quad ; \qquad (6.124)$$

Tustin-Methode

$$G(z) = \frac{b}{2 + b}\;\frac{z + 1}{z - \dfrac{2 - b}{2 + b}} \quad , \qquad\qquad G(1) = 1 \quad ; \qquad (6.125)$$

Methode der Pol-Nullstellen-Abbildung

$$p_1 = -1/T_1 \qquad\qquad \rightarrow \qquad z_1 = a \quad ,$$

$$p_{vl} \rightarrow \infty \qquad\qquad\quad \rightarrow \qquad z_{vl} = -1 \quad ;$$

$$G(z) = \frac{K}{T_1}\,\frac{z + 1}{z - a} \quad , \qquad G(1) = \frac{K}{T_1}\,\frac{2}{1 - a} = 1 \quad ,$$

$$G(z) = \frac{1 - a}{2}\,\frac{z + 1}{z - a} \quad . \qquad\qquad\qquad\qquad\qquad (6.126)$$

Die diskreten Übertragungsfunktionen (6.121) bis (6.126) weisen bereits das unterschiedliche Übertragungsverhalten der einzelnen Approximationsmodelle aus. Einschätzungen der Approximationsgüte gestalten sich schwierig, weil sie sich nur auf das vorgegebene $P\text{-}T_1$-Glied und eine bestimmte Eingangsgröße beziehen können. Ein Vergleich von Übergangsfolgen für $b = T/T_1 = 0{,}1$ und $b = 0{,}5$ mit der kontinuierlichen Übergangsfunktion ergibt bei der Sprunginvarianz-Methode voraussetzungsgemäß ideale Übereinstimmung in den diskreten Zeitpunkten. Wie aus Bild 6.20 ersichtlich ist, erreicht man mit der Tustin-Methode sowie mit der Pol-Nullstellen-Abbildung auch für $b = 0{,}5$ noch relativ gute Annäherungen an die kontinuierliche Übergangsfunktion. Auch die Rückwärtsdifferenz-Methode führt zu akzeptablen Ergebnissen.

Eine ungünstigere Einschätzung ist dagegen im vorliegenden Beispiel für die Vorwärts-differenz-Methode zu treffen. Ähnliches gilt auch für die nicht im Bild 6.20 dargestellte Impulsinvarianz-Methode selbst dann, wenn mit einem statischen Übertragungsfaktor
$$\lim_{z \to 1} G(z) = 1 \quad \textit{realisiert wird.}$$

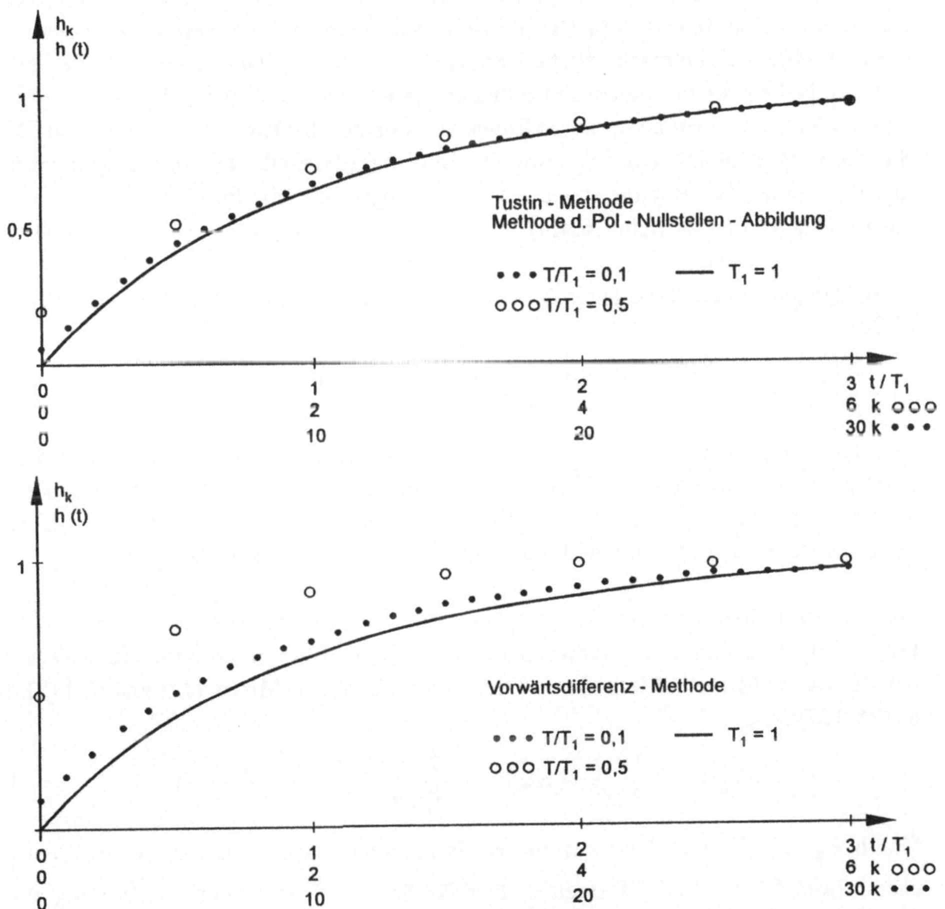

Bild 6.20: Approximation einer Übergangsfunktion durch Übergangsfolgen

6.4.2 Quasikontinuierliche PID-Regler

Quasikontinuierliche PID-Regler bzw. -Regleralgorithmen sind zeitdiskrete Approximationen der in kontinuierlichen Regelungen weit verbreiteten PID-Reglerübertragungs-
modelle (Abschn. 4.3.2). In Abhängigkeit davon, welche der im Abschn. 6.4.1 aufge-
zeigten Methoden für die näherungsweise Beschreibung einer Reglerübertragungsfunktion
$G_R(p)$ durch eine diskrete (quasikontinuierliche) Übertragungsfunktion $G_R(z)$ verwendet
wird, ergeben sich unterschiedliche Varianten des quasikontinuierlichen PID-Regleralgorithmus. Neben den bekannten Einstellparametern Reglerverstärkung K_R, Nachstellzeit T_n
und Vorhaltzeit T_v tritt als weiterer Entwurfsparameter die Tast- bzw. Taktperiode T auf.
Sie muß im Hinblick auf die jeweilige Regelungsdynamik, auf das zugrundegelegte
quasikontinuierliche Regime sowie auf anwendungstechnische Randbedingungen kritisch
ausgewählt werden (Abschn. 6.4.3).

Ausgegangen werden kann generell von der idealen PID-Reglerübertragungsfunktion nach
(4.28)

$$G_R(p) = K_R\left(1 + \frac{1}{pT_n} + pT_v\right) \quad . \tag{6.127}$$

Für den Integrationsterm und den Differentiationsterm sind Näherungen entsprechend
Abschn. 6.4.1 vorzunehmen. Nicht geeignet für den D-Term ist die Vorwärtsdifferenz-
Methode, da ebenso wie in (6.127) ein Nullstellenüberschuß in der diskreten Übertra-
gungsfunktion entsteht und somit der Regleralgorithmus nicht realisierbar ist.

Der einfachste und am weitesten verbreitete quasikontinuierliche PID-Regleralgorithmus
(Standardtyp) entsteht durch Anwendung der Vorwärtsdifferenz-Methode im I-Term und
der Rückwärtsdifferenz-Methode (1. Ordnung) im D-Term. Mit (6.117) und (6.118) folgt
aus (6.127)

$$G_R(z) = \frac{U(z)}{E(z)} = K_R\left(1 + \frac{T}{T_n}\frac{1}{z-1} + \frac{T_v}{T}\frac{z-1}{z}\right) \quad . \tag{6.128}$$

Durch K_R, T_n, T_v und T werden die Reglerparameter q_0, q_1 und q_2 in (6.2) entsprechend Tafel 6.3 (1. Zeile) festgelegt. Der Pol bei $z = 1$ repräsentiert das Integrations-
verhalten und ist wesentlich für die Erfüllung von Anforderungen an das stationäre
Verhalten der zeitdiskreten Ausgangsregelung (Abschn. 6.3.1).
Mit $E(z) = z/(z-1)$ folgt aus (6.128)

$$U(z) = K_R\frac{z}{z-1} + K_R\frac{T}{T_n}\frac{z}{(z-1)^2} + K_R\frac{T_v}{T} \quad . \tag{6.129}$$

Unter Verwendung von Korrespondenzen im Anhang A.3 erhält man aus (6.129) für die
Steuerwertefolge bzw. die Übergangsfolge des Reglers

$$u_k = K_R \, 1^k + K_R \, \frac{T}{T_n} \, k + K_R \, \frac{T_v}{T} \, \delta_0 \quad . \tag{6.130}$$

(6.130) sowie die dazugehörige Darstellung im Bild 6.21 verdeutlichen das typische quasikontinuierliche PID-Regler-Übergangsverhalten mit endlichem u_o-Wert.

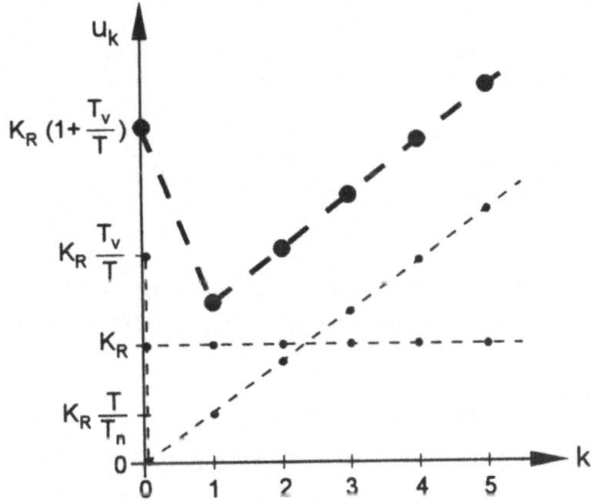

Bild 6.21:
Übergangsfolge eines quasikontinuierlichen PID-Reglers

Die Spezifik des quasikontinuierlichen PID-Reglers als zeitdiskretes Übertragungsglied ist auch aus dem diskreten Frequenzgang zu ersehen (Bild 6.22). Dieser ergibt sich aus (6.128) durch Einsetzen von $z = e^{j\omega T} = \cos \Omega + j \sin \Omega$ zu

$$\tag{6.131}$$

$$G_R(e^{j\omega T}) = K_R \left[1 - \frac{T}{2T_n} + \frac{T_v}{T} (1 - \cos \Omega) \right] + j \, K_R \left(\frac{T_v}{T} \sin \Omega - \frac{T}{2T_n} \, \frac{\sin \Omega}{1 - \cos \Omega} \right).$$

Für $\omega = \pi/T$ bzw. $\Omega = \pi$ folgt aus (6.131) der reelle Übertragungsfaktor $K_R(1 - \frac{T}{2T_n} + \frac{2T_v}{T})$

und für $\omega = 0$ bzw. $\Omega = 0$ der Realteil des diskreten Frequenzganges zu $K_R(1 - \frac{T}{2T_n})$. Ein

Vergleich mit dem Frequenzgang des idealen kontinuierlichen PID-Reglers zeigt, daß dessen P-Anteil nur für $T \to 0$ realisiert werden kann und außerdem beim Entwurf besonders die Abweichungen in der Vorhaltwirkung zu beachten sind.

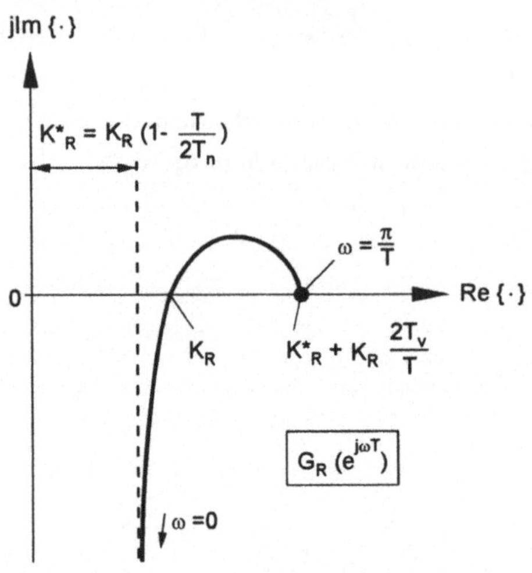

Bild 6.22:
Diskreter Frequenzgang eines quasikontinuierlichen PID-Reglers

In Tafel 6.3 sind außer für den Standardtyp die Reglerparameter q_j auch für andere Approximationsvarianten des idealen PID-Reglers nach (6.127) angegeben.

$G_R(p) = K_R(1+\frac{1}{pT_n} + pT_v)$		$G_R(z)= \dfrac{q_0 + q_1 z^{-1} + q_2 z^{-2} + q_3 z^{-3}}{1 - z^{-1}}$			
Approx.- Methoden für					
I - Term	D - Term	q_0	q_1	q_2	q_3
VDM	RDM 1	$K_R(1+ \frac{T_v}{T})$	$K_R(-1+\frac{T}{T_n} - \frac{2T_v}{T})$	$K_R \frac{T_v}{T}$	
RDM 1	RDM 1	$K_R(1+ \frac{T}{T_n} + \frac{T_v}{T})$	$K_R(-1- \frac{2T_v}{T})$	$K_R \frac{T_v}{T}$	
TM	RDM 1	$K_R(1+\frac{T}{2T_n} + \frac{T_v}{T})$	$K_R(-1+\frac{T}{2T_n} - \frac{2T_v}{T})$	$K_R \frac{T_v}{T}$	
TM	RDM 2	$K_R(1+\frac{T}{2T_n} + \frac{3T_v}{2T})$	$K_R(-1+\frac{T}{2T_n} - \frac{7T_v}{2T})$	$K_R \frac{5T_v}{2T}$	$-K_R \frac{T_v}{2T}$

Tafel 6.3:   Varianten quasikontinuierlicher PID-Reglerübertragungsfunktionen
TM - Tustin-Methode, VDM - Vorwärtsdifferenz-Methode,
RDM1 - Rückwärtsdifferenz-Methode (1. Ordnung),
RDM2 - Rückwärtsdifferenz-Methode (2. Ordnung) mit $p = (3 - 4z^{-1} + z^{-2})/2T$

Mit den Parametern q_j lassen sich leicht die Werte der jeweiligen Reglerübergangsfolge berechnen. Aus

$$U(z) = \frac{q_0 + q_1 \, z^{-1} + q_2 \, z^{-2} + q_3 \, z^{-3}}{(1 - z^{-1})^2} \qquad (6.132)$$

folgt nach Rücktransformation, z.B. mittels Polynomdivision,

$$u_0 = q_0$$

$$u_1 = 2 \, q_0 + q_1$$

$$u_2 = 3 \, q_0 + 2 \, q_1 + q_2$$

$$u_i = u_{i-1} + q_0 + q_1 + q_2 + q_3 \quad , \quad i \geq 3 \quad . \qquad (6.133)$$

BEISPIEL 6.9: *Quasikontinuierlicher PID-Regleralgorithmus auf Basis des kontinuierlichen PID-T_1-Reglers*

Aus den Betrachtungen zum diskreten Frequenzgang im Bild 6.22 folgt, daß mit dem quasikontinuierlichen Regler der P-Anteil des kontinuierlichen Reglers nur für $T \to 0$ erreicht werden kann. Sehr kleine T-Werte haben jedoch große Steuerwertamplituden zur Folge, wie aus $q_0 = u_0$ nach (6.133) für alle Reglervarianten in Tafel 6.3 zu ersehen ist. Eine Möglichkeit zur Abschwächung dieses Problems bietet ein Algorithmus, der sich bei der Approximation des realen kontinuierlichen PID-T_1-Reglers mit der Übertragungsfunktion

$$G_R(p) = K_R \, (1 + \frac{1}{pT_n} + \frac{pT_v}{1 + pT_1}) \qquad (6.134)$$

entsprechend (4.29) ergibt. Mit der Realisierungszeitkonstante T_1 wird ein weiterer Entwurfsparameter eingeführt. Bei Verwendung der Vorwärtsdifferenz-Methode zur Approximation des I-Terms und der Methode der Pol-Nullstellen-Abbildung für den D-Term erhält man mit $a = e^{-T/T_1}$

$$G_R(z) = K_R \, (1 + \frac{T}{T_n} \frac{1}{z - 1} + \frac{T_v}{T} \frac{z - 1}{z - a}) \qquad (6.135)$$

$$= K_R \, \frac{(1 + \dfrac{T_v}{T_1}) + (-1 - a + \dfrac{T}{T_n} - \dfrac{2T_v}{T_1}) \, z^{-1} + (a - a \dfrac{T}{T_n} + \dfrac{T_v}{T_1}) \, z^{-2}}{(1 - z^{-1}) \, (1 - a \, z^{-1})} \quad .$$

T_v ist nur noch mit T_1 verknüpft, damit hängt auch q_0 bzw. u_0 nach (6.133) nicht mehr von T ab. Andererseits ist beim Entwurf jetzt der zusätzliche Pol $z_2 = a$ zu berücksichtigen und somit eine Abstimmung zwischen T_1 und T erforderlich.

6.4.3 Entwurfsmethodik

Grundlage für den quasikontinuierlichen Reglerentwurf ist der kontinuierliche Reglerentwurf an einem kontinuierlichen Regelstreckenmodell, das neben den eigentlichen Streckeneigenschaften das Haltegliedverhalten berücksichtigt. Durch die sich anschließende Approximation mit einer der im Abschn. 6.4.1 vorgestellten Methoden wird ein zeitdiskretes Modell für den quasikontinuierlichen Regler bzw. ein entsprechendes Reihenkorrekturglied gewonnen. Dabei spielt die Wahl der Tastperiodendauer T eine bedeutende Rolle.

Im einzelnen sind somit die folgenden Teilaufgaben zu lösen:

Entwurf von $G_R(p)$ an einem modifizierten Regelstreckenmodell
Der $G_R(p)$-Entwurf erfolgt für kontinuierliche Ausgangsregelungen der Struktur nach Bild 6.23, d.h. an einer modifizierten Regelstrecke mit der Übertragungsfunktion

$$\tilde{G}_S(p) = \tilde{G}_H(p)\ G_S(p)\quad ,\tag{6.138}$$

wobei $G_S(p)$ die eigentliche Regelstrecke beschreibt und $\tilde{G}_H(p)$ ein Näherungsmodell für das Halteglied 0. Ordnung nach (6.10) darstellt. Für die näherungsweise Beschreibung sind unter quasikontinuierlichen Voraussetzungen zwei Varianten üblich.

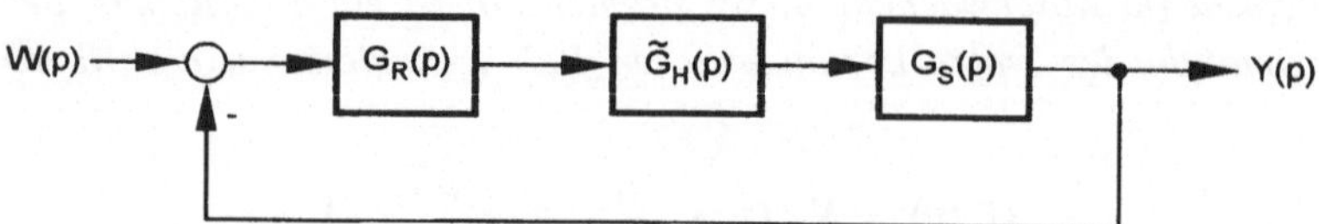

Bild 6.23: Wirkungsplan für quasikontinuierlichen Reglerentwurf

Variante 1:
Die Übertragungskette, bestehend aus Halteglied und kontinuierlicher Strecke, kann nach (6.18) und (6.21) durch

$$Y(p) = U^*(p)\ G_H(p)\ G_S(p)\tag{6.139}$$

beschrieben werden. In (6.139) gilt für die Übertragungsfunktion des Haltegliedes 0. Ordnung

$$G_H(p) = \frac{1 - e^{-pT}}{p} = T\, e^{-p\frac{T}{2}}\ \frac{\sin h\, p\, \dfrac{T}{2}}{p\dfrac{T}{2}}\tag{6.140}$$

und für die Laplace-Transformation der Impulsfolgefunktion $u^*(t)$

$$U^*(p) = \frac{1}{T} \sum_{\nu=-\infty}^{\infty} U(p - j\nu\omega_T) \quad .$$

(6.141)

Unter der Voraussetzung hoher Abtastfrequenzen und von Tiefpaßcharakter der Regelstrecke ergeben sich aus (6.140) und (6.141) die Näherungen

$$G_H(p) \approx T\, e^{-pT/2}$$

(6.142)

und

$$U^*(p) \approx \frac{1}{T}\, U(p) \quad .$$

(6.143)

Nach (6.138) und (6.139) ist $G_R(p)$ somit für die modifizierte Streckenübertragungsfunktion

$$\tilde{G}_S(p) = e^{-p\frac{T}{2}}\, G_S(p)$$

(6.144)

zu entwerfen.

Variante 2:
Für die Totzeitapproximation, die auch der Ableitung von (6.103) zugrunde liegt, ergibt sich bei kleinen T-Werten

$$e^{-pT} \approx \frac{1 - p\dfrac{T}{2}}{1 + p\dfrac{T}{2}} \quad .$$

(6.145)

$G_H(p)$ nach (6.140) kann mit (6.145) durch

$$G_H(p) \approx \frac{T}{1 + p\dfrac{T}{2}}$$

(6.146)

approximiert werden. Aus (6.139) folgt mit (6.143) und (6.146) für die modifizierte Streckenübertragungsfunktion nach (6.138) in der 2. Variante

$$\tilde{G}_S(p) = \frac{1}{1 + p\dfrac{T}{2}}\, G_S(p) \quad .$$

(6.147)

Auf Grundlage eines der beiden modifizierten Streckenmodelle kann nunmehr der Reglerentwurf nach einer im Abschn. 4.6 dargelegten Methode für ein vorgegebenes Führungsverhalten erfolgen.
Entsprechend Abschn. 4.7 ist im Falle des Störverhaltens vorzugehen.

Ermittlung von $G_R(z)$ aus $G_R(p)$
Der universellste Weg zur Gewinnung von $G_R(z)$ besteht in der Anwendung von Approximationsmethoden nach Abschn. 6.4.1.

Wird im Ergebnis des kontinuierlichen Reglerentwurfs durch Bestimmung von K_R , T_n und T_v jedoch direkt auf einen quasikontinuierlichen Regler orientiert, so können die bereits vorbereiteten Algorithmen im Abschn. 6.4.2. herangezogen werden. Für diesen Reglertyp existieren in der Fachliteratur über digitale Regelungen auch Einstellregeln, denen wie im kontinuierlichen Fall (Abschnitte 4.6.8 und 4.7.5) meist Verzögerungsstrecken höherer Ordnung zugrunde liegen, die mittels Verzugs- und Ausgleichszeiten beschrieben werden. Es ist zu beachten, daß solche Einstellregeln nicht immer auf den Regleralgorithmus nach (6.1) orientiert sind, so daß eine gewisse Vorsicht anzuraten ist.

Unabhängig vom Vorgehen bei der Ermittlung von $G_R(z)$ kommt der Wahl von T als Entwurfsschritt eine wesentliche Bedeutung zu.

Wahl der Abtast- bzw. Taktperiodendauer T
Die Festlegung der Abtastperiodendauer T bzw. der Abtastkreisfrequenz ω_T ist nicht nur wichtig für den quasikontinuierlichen Entwurf, sondern stellt eine generelle Problemstellung beim Entwurf zeitdiskreter Regelungen dar. Weil beim quasikontinuierlichen Entwurf besonders enge Grenzen für die T-Wahl bestehen, sollen einige Aspekte dieses Entwurfsschrittes an dieser Stelle dargelegt werden.

Bei der Wahl von T spielen zahlreiche, teilweise widersprüchliche system- und anwendungstechnische sowie ökonomische Gesichtspunkte eine Rolle. Eine möglichst große Tastperiode wünscht man sich im Interesse geringer rechentechnischer Belastungen in digitalen Informationsverarbeitungseinheiten, niedriger AD- und DA-Umsetzgeschwindigkeiten, kleiner Steuerwertamplituden und einer insgesamt kostengünstigen Meß- und Regelungstechnik. Dieser Tendenz stehen meist Güteforderungen an das Führungs- und Störverhalten entgegen.

Unter systemtechnischem Aspekt sollte folgendes beachtet werden:

- T_{max} bzw. $\omega_{T\,min}$ ist im allgemeinen durch Stabilitätsbetrachtungen festgelegt.

- Das Shannonsche Abtasttheorem bestimmt die Mindestabtastfrequenz, für die bei Abtastung eines bandbegrenzten Signals mit der Grenzfrequenz ω_{gr} kein Informationsverlust auftritt; es gilt $\omega_T \geq 2\omega_{gr}$. Obwohl in regelungstechnischen Systemen kaum bandbegrenzte Signale vorkommen, kann dieses Theorem zum Beispiel zur Groborientierung über den Frequenzbereich mit idealem Führungsverhalten dienen.

- Die Einhaltung von Gütevorgaben und von Glättungseigenschaften erfordert eine weitere Anhebung der Abtastkreisfrequenz ω_T. Vielfältige Richtwerte sind dazu in der Fachliteratur zu finden.

  Für quasikontinuierliche Regelungen kann eine Abschätzung dadurch erfolgen, daß man versucht, die durch das Halteglied verursachte Phasenrandabsenkung $|\Delta\varphi_R|$ in Grenzen zu halten. Nach (6.144) ergibt sich mit der Schnittfrequenz ω_s

$$|\Delta\varphi_R| = \frac{\omega_s T}{2} \qquad bzw. \qquad \omega_T = \frac{\pi\,\omega_s}{|\Delta\varphi_R|} \quad . \tag{6.148}$$

  Bei einem Schwingungsgliedansatz für das Führungsverhalten der kontinuierlichen Ausgangsregelung sei $D=0{,}7$, d.h. $\Delta h \approx 5\%$, angenommen. Als Phasenrandabsenkung mit der entsprechenden Δh-Erhöhung soll $|\Delta\varphi_R| = \pi/10$ akzeptiert werden. Mit diesen Vorgaben und (4.91) sowie (4.101) ergibt sich $\omega_T \approx 15\,\omega_{gr}$. Verallgemeinernd wird häufig $\omega_T \approx 10\,\omega_{gr}$ als Abtastkreisfrequenz empfohlen.

  Andere Vorschläge beziehen sich auf den angestrebten Führungsübergangsvorgang der kontinuierlichen Ausgangsregelung. Ist dieser aperiodisch mit einer dominierenden Zeitkonstante T_1, so soll $T \approx (0{,}25 - 0{,}5)\,T_1$ sein. Dieser Aussage entspricht etwa die Empfehlung $T \approx 0{,}1\,T_{95\%}$, wobei $T_{95}\%$ die Zeit des Übergangs von der Einwirkung des Führungssprunges bis zum Erreichen von 95 % des statischen Endwertes der Führungsübergangsfunktion ist. Wird der Übergangsvorgang durch ein dominierendes konjugiert komplexes Polpaar geprägt, so kann für $D \approx 0{,}7$ mit der Kennkreisfrequenz ω_0 die Tastperiodendauer $T \approx (0{,}5 - 1)/\omega_0$ oder $T \approx (0{,}125 - 0{,}25)\,T_e$ gewählt werden, wobei T_e die Periodendauer der gedämpften Schwingung von $h_w(t)$ ist.

  Bei Regelungen mit totzeitbehafteten Regelstrecken sollte T kleiner gewählt werden, um den steileren Phasenverlauf zu berücksichtigen bzw. eine genauere Erfassung der Totzeit zu gewährleisten.

- Spezifische Festlegungen können im Zusammenhang mit der Unterdrückung von Störungen in bestimmten Frequenzbereichen durch die Regelung erforderlich werden (Abschn. 4.7.3). Der diskrete Störfrequenzgang $G_z(e^{j\omega T})$ muß durch den Reglerentwurf so beeinflußt werden, daß das zu erwartende Hauptstörspektrum im Bereich der gegenkoppelnden Wirkung der Regelung liegt.

- Zusammenfassend ist festzustellen, das infolge der Vielfalt von Betrachtungsaspekten und Systemgegebenheiten angestrebt werden sollte, die Berechtigung einer T-Wahl durch Simulation abzusichern.

BEISPIEL 6.10: *Näherungsweiser quasikontinuierlicher Reglerentwurf mittels Frequenzkennlinien*

Entsprechend Beispiel 4.5 (Bild 4.23a) ist ein Regler zu entwerfen, der in einer Standard-Ausgangsregelung mit einer P-T_2-Strecke, beschrieben durch

$$G_S(j\omega) = \frac{10}{(1 + j\omega\,10)(1 + j\omega\,0{,}1)} \quad,$$

einen Positionsfehler e_B =0 gewährleistet und mit dem die Überschwingweite Δh = 20% (Einstellfaktor a = 1) nicht überschritten wird. Beide Forderungen werden in einer kontinuierlichen Ausgangsregelung durch einen PI-Regler erfüllt (Bild 6.24).

Für den quasikontinuierlichen Reglerentwurf kann bezugnehmend auf die durch Approximation des Haltgliedes modifizierte Streckenbeschreibung nach (6.147) anhand der im Bild 6.24 gestrichelt dargestellten Ergänzungen der Amplitudenkennlinie in Abhängigkeit von T festgestellt werden, ob das Entwurfsziel weiterhin erreicht wird oder ob eine Korrektur durch den Regler erforderlich ist.Für T = 0,02 wird der Dynamikbe-

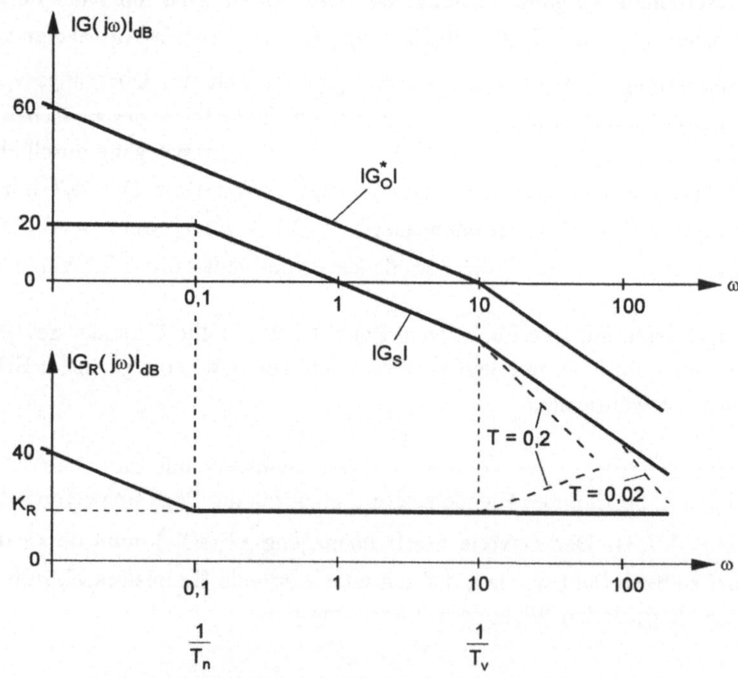

Bild 6.24: Frequenzkennlinien für quasikontinuierlichen Entwurf

reich um $\omega_S = 10$ kaum beeinflußt, so daß mit den K_R- und T_n-Werten des PI-Reglers ein quasikontinuierlicher Regler nach Tafel 6.3 bestimmt werden kann.

Für $T = 0{,}2$ läßt sich das gewünschte Übertragungsverhalten dann realisieren, wenn durch einen PID-Regler der zusätzliche "Halteglied-Pol" kompensiert wird. Mit K_R, T_n und T_v erhält man nach Tafel 6.3 den quasikontinuierlichen PID-Algorithmus.

6.5 Zeitdiskreter Entwurf

Wie bereits im Abschn. 6.4 ausgeführt, soll von einem zeitdiskreten Entwurf dann gesprochen werden, wenn dem Entwurfsvorgang ausschließlich zeitdiskrete Übertragungsmodelle zugrunde liegen. Für die Grundstruktur im Bild 6.9 sind es die diskreten Übertragungsfunktionen $G_R(z)$ für den Regler, $G_S(z)$ für die Gesamtstrecke und $G_{Sv}(z)$ für die Störstrecke. Wegen der Ähnlichkeit der Regelkreisstruktur und der Systembeschreibung können für den Entwurf Methoden verwendet werden, die sich im Falle der kontinuierlichen Ausgangsregelungen als leistungsfähig erwiesen haben. Für die Bewertung des stationären und dynamischen Verhaltens sind jeweils geeignete Vorschläge aus Abschn. 6.3 heranzuziehen.

6.5.1 Entwurf mittels Wurzelortsverfahren

Die Methodik des Entwurfs zeitdiskreter Ausgangsregelungen mittels Wurzelortsverfahren besteht wie im kontinuierlichen Fall entsprechend Abschn. 4.6.5 darin, ausgehend vom Pol-Nullstellen-Bild der Regelstreckenübertragungsfunktion durch Hinzufügen von Reglerpolen und -nullstellen den Verlauf der Wurzelortskurve (WOK) in der z-Ebene so zu gestalten, daß vorgegebene Wurzeln der charakteristischen Gleichung erreicht werden. Diesen Zielpositionen bzw. Zielgebieten entsprechen Gütwerte oder Gütebereiche des Übertragungsverhaltens. Für den Entwurf mittels Wurzelortsverfahren in der z-Ebene sind die in den Abschnitten 6.3.2.1 bis 6.3.2.3 vorgenommenen Bewertungen des Übertragungsverhaltens geeignet.

Da die Regelkreisstruktur mit der Standardstruktur für kontinuierliche Ausgangsregelungen übereinstimmt und die diskrete Übertragungsfunktion $G_0(z)$ des offenen Kreises den gleichen Aufbau wie (4.108) aufweist, gelten auch in der z-Ebene die Konstruktionsregeln für WOK nach Abschn. 4.6.5.2.

Kann von einer bestimmten Pol-Nullstellen-Konfiguration der Regelstrecke ausgehend durch Erhöhung der Kreisverstärkung, d.h. mit einem P-Regler nicht das gewünschte Güteziel erreicht werden, so kommen wie im Abschn. 4.6.5.4 zwei prinzipielle Entwurfsmethoden für zeitdiskrete Regler oder Reihen-Korrekturglieder in Betracht. Es können einerseits Nullstellen von $G_R(z)$ zur Kompensation von Streckenpolen eingesetzt werden, wenn diese nicht außerhalb des Einheitskreises in der z-Ebene liegen. Andererseits kann man mit zusätzlichen Nullstellen ohne Kompensationseffekt WOK verformen, so daß sich bestimmte Zielpositionen oder -gebiete erreichen lassen. Die Realisierbarkeit von $G_R(z)$ verlangt, daß die Anzahl der Pole mindestens so groß ist wie die der Nullstellen. Die Reglerpole dürfen nicht außerhalb des Einheitskreises oder in solchen Gebieten liegen, die für das Stellverhalten ungünstig sind (Abschn. 6.3.2.1).

Mit einem einfachen zeitdiskreten Regler, beschrieben durch

$$G_R(z) = K_R \; \frac{z - z_{v1}}{z - z_1} \tag{6.149}$$

können bereits typische Entwurfseffekte erzielt werden. Für eine Regelstrecke, bestehend aus DAU, I-T_1-Strecke und ADU, und einen P-Regler ergibt sich gemäß (6.88) und (6.89) die diskrete Übertragungsfunktion des offenen Kreises zu

$$G_0(z) = \frac{K_0 \; (z + c)}{(z - 1) \; (z - a)} \; . \tag{6.150}$$

Es gilt hierfür die WOK nach Bild 6.17.

Im Bild 6.25a ist die WOK für eine solche Konfiguration teilweise gestrichelt dargestellt. Man kann erkennen, daß mit einer durch den Regler vorgenommenen K_0-Änderung das markierte dominierende Polpaar, mit dem bestimmte gewünschte Güteeigenschaften verknüpft sind, nicht erreicht wird. Es ist eine "Links-Verschiebung" der WOK erforderlich. Diese kann, wie im Bild 6.25a gezeigt, durch Kompensation des Poles $z = a$ mit der Reglernullstelle $z = z_{v1}$ sowie eine linksseitige Plazierung des Reglerpols $z = z_1$ realisiert werden. Eine "Rechts-Verschiebung" des gestrichelt dargestellten WOK-Verlaufes könnte in ähnlicher Weise durch Kompensation und mit einem Pol $z_1 > z_{v1}$ erfolgen. Da in einem solchen Fall das dynamische Verhalten kritisch einzuschätzen ist, wird eine Einstellung nach Bild 6.25b interessant. Mit der Pol-Nullstellen-Anordnung des Reglers erreicht man eine Einschnürung der WOK und damit einen Stabilisierungseffekt. Der Übergangsvorgang verläuft allerdings relativ träge. Der kreisförmige WOK-Verlauf bleibt gegenüber dem schraffiert dargestellten Verlauf im Bild 6.25a nahezu unverändert.

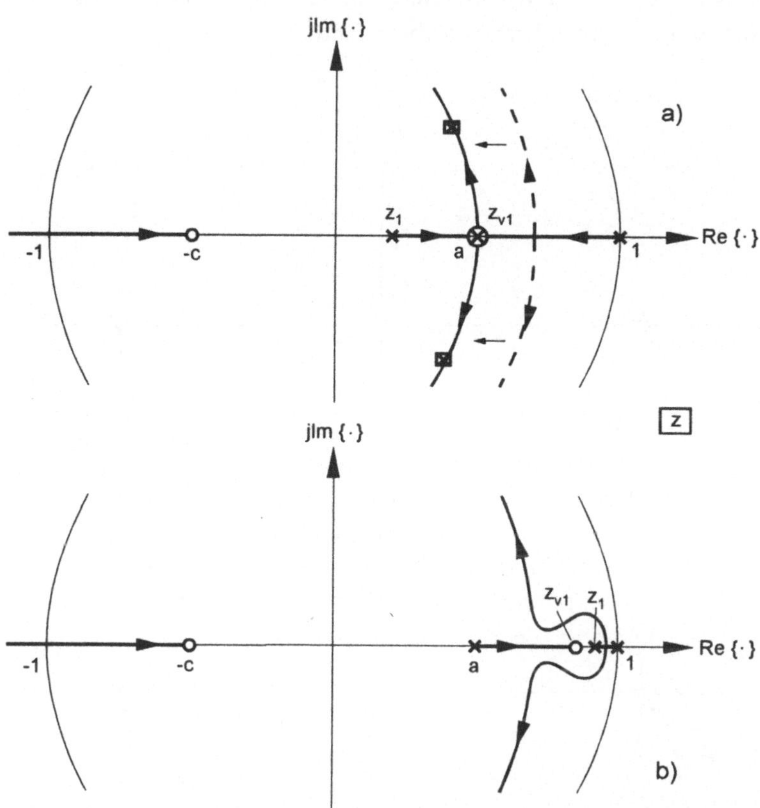

Bild 6.25: Beeinflussung von Wurzelortskurven durch zeitdiskrete Regler

Der Regler nach (6.149) soll nunmehr dazu dienen, eine I^2-Strecke zu stabilisieren und bestimmte Übertragungseigenschaften einzustellen. Für die diskrete Streckenübertragungsfunktion gilt nach (6.28)

$$G_S(z) = (1 - z^{-1})\, \mathfrak{Z} \left\{ \frac{K_S}{p^3} \right\} = \frac{K_S\, T^2}{2}\, \frac{z + 1}{(z - 1)^2} \; . \tag{6.151}$$

Aus (6.151) folgt mit einem P-Regler

$$G_0(z) = \frac{K_0\, (z + 1)}{(z - 1)^2} \; . \tag{6.152}$$

Die zugehörige WOK in Bild 6.26a bestätigt das strukturinstabile Verhalten einer solchen zeitdiskreten Ausgangsregelung. Die Darstellungen in den Bildern 6.26b und c zeigen, wie mit einer Reglernullstelle z_{v1} und Variation des Reglerpols unterschiedliches stabiles dynamisches Verhalten erzielt werden kann, da die Kompensation eines Streckenpols nicht zulässig ist. Infolge des näherungsweisen "Dipoleffektes" wird dominierend I-T_1-Verhalten des offenen Kreises herbeigeführt.

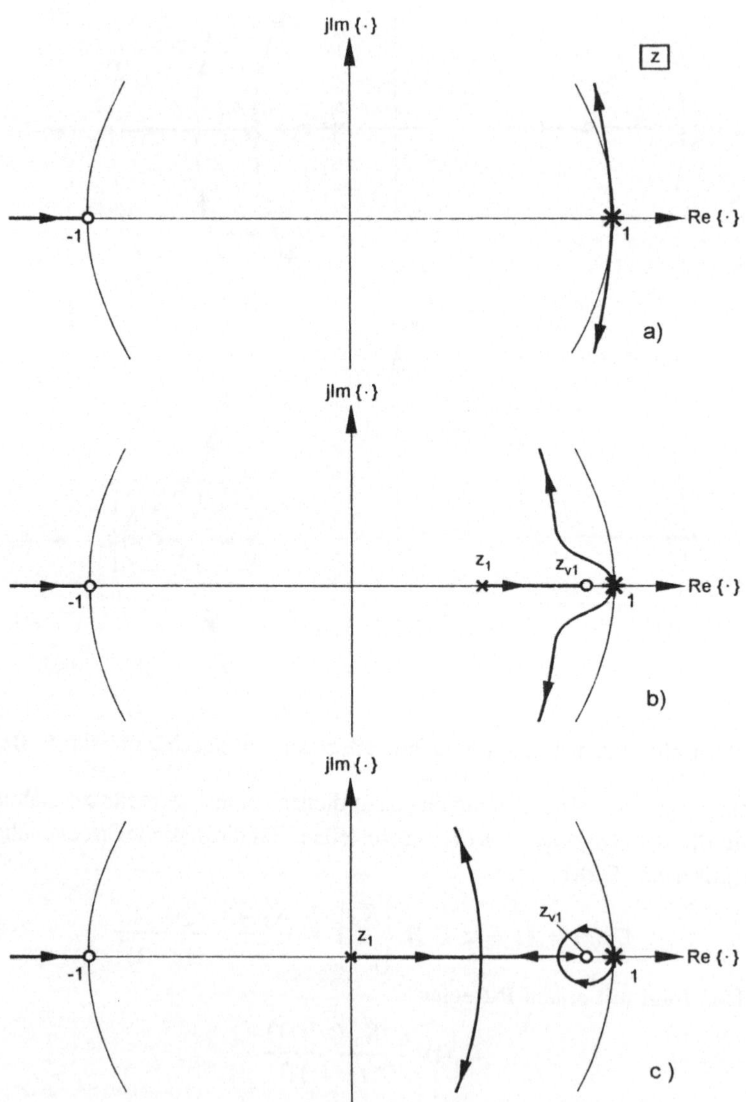

Bild 6.26: Stabilisierung einer I^2-Strecke durch zeitdiskrete Regler

Anhand der beiden Fallbeispiele können nur wenige Aspekte aus der Vielfalt von Entwurfsstrategien mittels Wurzelortsverfahren vorgestellt werden. Das Streckenmodell und die Güteforderungen bestimmen ganz wesentlich das jeweilige Vorgehen.

BEISPIEL 6.11: *Entwurf eines zeitdiskreten Reglers mittels Wurzelortsverfahren*

Eine zeitdiskrete Ausgangsregelung mit einem zeitdiskreten I-Regler und einer Regelstrecke, bestehend aus DAU, $P\text{-}T_1$-Glied und ADU, kann gemäß (6.99)
durch

$$G_0(z) = \frac{K_0\, z}{(z - 1)\, (z - a)} \tag{6.153}$$

beschrieben werden. Wie im Beispiel 6.7 ausgeführt, weist eine solche Regelung mit $a = 0{,}5$ bzw. $T/T_1 = 0{,}693$ und einer Kreisverstärkung $K_0 = 0{,}5$ eine Überschwingweite $\ddot{u} \approx 0{,}25$ auf. Die Wurzeln der charakteristischen Gleichung liegen auf der im Bild 6.27 gestrichelt dargestellten WOK bei $\alpha = \beta = 0{,}5$.
Es soll mittels Wurzelortsverfahren die erforderliche Reglererweiterung durch

$$G_R'(z) = K_R'\, \frac{z - z_{vl}}{z - z_1} \tag{6.154}$$

bestimmt werden, mit der unter Beibehaltung der Überschwingzahl k_m bzw. von ϑ nach Tafel 6.2 eine Verringerung der Überschwingweite auf $\ddot{u} \approx 0{,}06$ zu realisieren ist. Zu diesem Gütewert gehört gemäß Abschn. 6.3.2.3 und Beispiel 6.7 die Zielposition $\alpha = \beta = 0{,}35$. Naheliegend ist die Verfahrensweise nach Bild 6.25a, d.h. die Kompensation des Streckenpols $z = a$ durch z_{vl} und Einführen eines Reglerpols $z_1 = 0{,}25$. Bild 6.27 zeigt, daß damit die Zielvorgabe für $K_0^* = 0{,}55$ erreicht wird.

Anstelle der diskreten Reglerübertragungsfunktion

$$G_R(z) = \frac{K_0}{1 - a}\, \frac{z}{z-1}\quad , \tag{6.155}$$

die zusammen mit

$$G_S(z) = \frac{1 - a}{z - a} \tag{6.156}$$

(6.153) ergibt, ist nun

$$G_R^*(z) = G_R^{\prime}(z)\, G_R(z) = \frac{K_0^*}{1 - a}\, \frac{z\,(z - a)}{(z - 1)\,(z - z_1)}$$

$$= \frac{1{,}1\,z\,(z - 0{,}5)}{(z - 1)\,(z - 0{,}25)} \tag{6.157}$$

zu realisieren. Aus (6.156) und (6.157) folgt

$$G_0^*(z) = K_0^* \frac{z}{(z - 1)\,(z - z_1)} \tag{6.158}$$

in der Basisstruktur nach (6.153).

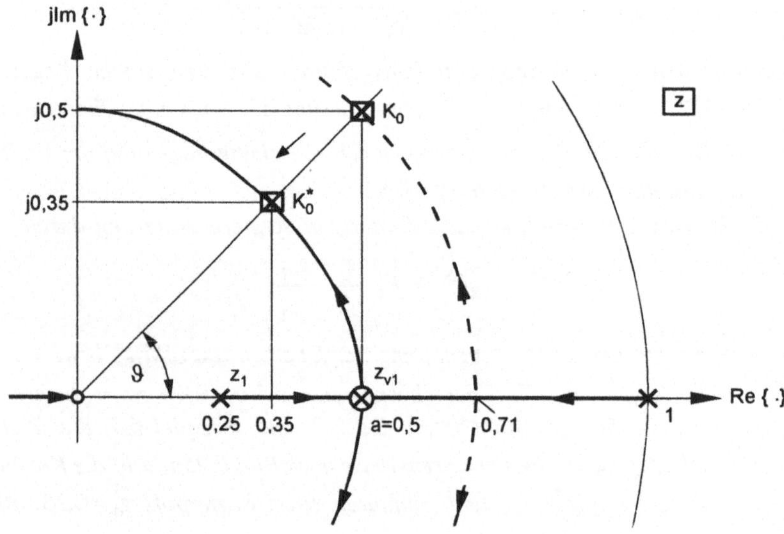

Bild 6.27: Reglerentwurf mittels Wurzelortsverfahren

6.5.2 Direkter analytischer Entwurf

Der direkte analytische Entwurf von zeitdiskreten Regleralgorithmen erfolgt nach der gleichen Methodik wie der von kontinuierlichen Reglern für vorgegebenes Führungsverhalten (Abschn. 4.6.6) oder Störverhalten (Abschn. 4.7.4).

Bezogen auf die Standardstruktur nach Bild 6.9 läßt sich die diskrete Reglerübertragungs-funktion entsprechend (4.125) für ein gewünschtes Führungsverhalten, beschrieben durch $G_w(z)$, und ein vorgegebenes Modell $G_S(z)$ der Gesamtstrecke nach

$$G_R(z) = \frac{1}{G_S(z)} \; \frac{G_w(z)}{1 - G_w(z)} \tag{6.159}$$

berechnen. Wie auch im kontinuierlichen Fall leiten sich aus den Stabilitäts- und Reali-sierbarkeitsforderungen die Entwurfsbedingungen für den Regleralgorithmus ab.

Werden für die diskreten Übertragungsfunktionen in (6.159) die Zähler- und Nenner-polynome eingeführt, d.h.

$$G_S(z) = \frac{Z_S(z)}{N_S(z)} \quad , \quad G_w(z) = \frac{Z_w(z)}{N_w(z)} \quad , \quad G_R(z) = \frac{Z_R(z)}{N_R(z)} \quad ,$$

so erhält man

$$\frac{Z_R(z)}{N_R(z)} = \frac{N_S(z)\, Z_w(z)}{Z_S(z)\, \left[N_w(z) - Z_w(z)\right]} \tag{6.160}$$

und daraus für die Realisierbarkeitsbedingung

$$Grad\; N_R(z) \;\geq\; Grad\; Z_R(z)$$

entsprechend (4.130) die Entwurfsbedingung

$$Grad\; N_w(z) - Grad\; Z_w(z) \;\geq\; Grad\; N_S(z) - Grad\; Z_S(z) \quad . \tag{6.161}$$

Bei zeitdiskreten Regelungen ist meist davon auszugehen, daß mit einem aktuellen e_k-Wert unmittelbar auf den aktuellen Steuerwert u_k Einfluß genommen werden kann, d.h. in (6.1) ist $q_0 \neq 0$ bzw. $Grad\; Z_R(z) = Grad\; N_R(z)$. In diesem Fall gilt in (6.161) die Gleichheitsbedingung, und das bedeutet, daß die Polüberschüsse in $G_w(z)$ und $G_S(z)$ gleich groß sind.

Durch ein stabiles und realisierbares $G_w(z)$ sollen bestimmte Güteforderungen erfüllt werden (Abschn. 6.3). Für die zugrunde gelegte Standardstruktur der zeitdiskreten Ausgangsregelung ist eine Beschränkung auf die Polvorgabe für $G_w(z)$ erforderlich. Zusätzliche Nullstellenvorgaben führen in der Regel zu erweiterten Regelkreisstrukturen und sollen hier nicht weiter behandelt werden. In $G_w(z)$ sind aber Nullstellen zu berück-sichtigen, welche verhindern, daß Pole von $G_R(z)$ wirksam werden, die außerhalb des Einheitskreises, auf ihm oder in seiner Nähe liegen und somit verdeckt instabiles bzw. stark oszillierendes Steuerverhalten bewirken. Solche Pole entstehen gemäß (6.160) durch entsprechend kritische Nullstellen von $G_S(z)$.

Mit Blick auf diese generellen Anmerkungen sollen nachfolgend zwei typische $G_w(z)$-Ansätze für zeitdiskrete Ausgangsregelungen eingeführt werden.

Schwingungsglied-Ansatz

Der Schwingungsglied-Ansatz hat sich beim kontinuierlichen Entwurf des Führungsverhaltens gut bewährt. Naheliegend ist daher die Approximation dieses Ansatzes mit Hilfe der Sprunginvarianz-Methode nach (6.116). Mit $G_w(p)$ nach (4.133) erhält man

$$G_w(z) = (1 - z^{-1}) \, \mathfrak{Z} \left\{ \frac{G_w(p)}{p} \right\}$$

mit einer Nullstelle und zwei Polen, deren Lage von D, ω_0 und T abhängt.

Ein vergleichbarer Zugang zum Schwingungsglied-Ansatz resultiert aus der im Abschn. 6.3.2.3 verwendeten Approximation des offenen I-T_1-Kreises mittels Sprunginvarianz-Methode. Mit

$$G_0(z) = \frac{K_0 \, (z + c)}{(z - 1) \, (z - a)}$$

gemäß (6.89) folgt dann für die diskrete Führungsübertragungsfunktion

$$G_w(z) = \frac{K_0 \, (z + c)}{z^2 - (1 + a - K_0) \, z + a + K_0 \, c} \; . \tag{6.162}$$

Zwischen c, a sowie K_0 und Gütewerten der Führungsübergangsfolge bestehen die im Abschn. 6.3.2.3 dargelegten Zusammenhänge.

$G_w(z)$ nach (6.162) mit dem Polüberschuß $r = 1$ kann für den Reglerentwurf an solchen Regelstrecken eingesetzt werden, deren diskrete Übertragungsfunktionen den gleichen Polüberschuß aufweisen und in denen keine Nullstellen auftreten, die mit Blick auf die Dynamik der Steuerwertefolgen durch $Z_w(z)$ aufgehoben werden sollten.

Der auf I-T_1Verhalten des offenen Kreises bezogene Ansatz nach (6.162) kann auch für kompliziertere Strukturen verwendet werden, wenn zum Beispiel durch Einführen einer Summenzeitkonstante die kontinuierliche Modellstruktur vereinfacht werden kann.

Deadbeat-Ansatz

Wird für $G_w(z)$ ein Deadbeat-(DB-) Ansatz gewählt, so ergibt sich beim direkten analytischen Entwurf der Algorithmus eines Reglers für endliche Einstellzeit, eines sogenannten ***Deadbeat-Reglers***. Regelungen mit DB-Führungsverhalten sind dadurch gekennzeichnet, daß Übergangsvorgänge, die durch deterministische Führungsgrößenänderungen verursacht werden, nach einer endlichen Anzahl von Abtastschritten beendet sind. Entsprechendes kann auch mit $G_v(z)$-DB-Ansätzen bei deterministischen Störungen erreicht werden.

DB-Führungsverhalten einer zeitdiskreten Ausgangsregelung liegt somit vor, wenn sich eine endliche Regelabweichungsfolge $[e_k]$ mit N Gliedern und damit ein endliches

Polynom $E(z) = \sum_{k=0}^{N-1} e_k\, z^{-k}$ erzielen läßt. Wie aus

$$E(z) = \left(1 - G_w(z)\right) W(z) \tag{6.163}$$

ersichtlich, muß dann auch $G_w(z)$ ein endliches Polynom in z^{-1} sein. Diese Eigenschaft besitzt der Grundansatz

$$G_w(z) = \frac{Z_w(z)}{z^{r+\rho}} \quad . \tag{6.164}$$

Der r-fache Pol im Ursprung der z-Ebene folgt aus dem Polüberschuß der Strecke und muß gemäß (6.161) für die Realisierbarkeit von $G_R(z)$ mindestens gewährleistet sein. Hinzu kommen ρ Pole in Abhängigkeit vom Grad des Zählerpolynoms $Z_w(z)$. Um die Schwingungen zwischen den Abtastzeitpunkten (intersample rippling) in Grenzen zu halten, muß $Z_w(z)$ mindestens die kritischen Nullstellen von $G_S(z)$ außerhalb des Einheitskreises oder in seiner Nähe enthalten. Um ein solches Schwingungsverhalten gänzlich auszuschließen und die diskrete Stellübertragungsfunktion

$$G_u(z) = \frac{1}{G_S(z)}\, G_W(z) = \frac{N_S(z)}{Z_S(z)}\, \frac{Z_w(z)}{z^{r+\rho}} \tag{6.165}$$

als endliches Polynom zu realisieren, ist $Z_w(z) = Z_S(z)$ zu fordern. Nun gilt mit
$\rho = Grad\ Z_S(z)$

$$r + \rho = Grad\ N_S(z) - Grad\ Z_S(z) + Grad\ Z_S(z) = n \quad .$$

Unter der Voraussetzung eines zeitdiskreten Sprungsignals als Führungsgröße ist somit für minimale endliche Einstellzeit gemäß (6.164)

$$G_w(z) = \frac{K_w\, Z_S(z)}{z^n} \tag{6.166}$$

anzusetzen. Für K_w folgt aus dem Endwertsatz der z-Transformation (Anhang A.2) mit

(6.163) und mit $W(z) = \dfrac{z}{z-1}$, d.h. aus

$$\lim_{k \to \infty} e_k = \lim_{z \to 1} (1 - z^{-1}) \left[1 - G_w(z)\right] W(z) = 0 \quad , \tag{6.167}$$

die Bedingung $G_w(1) = 1$ und somit nach (6.166) $K_w = 1/Z_S(1)$.

Die diskrete Übertragungsfunktion des DB-Reglers erhält man unter den genannten
Bedingungen mit (6.166) nach (6.159) zu

$$G_R(z) = \frac{N_S(z)}{z^n\, Z_S(1) - Z_S(z)} \; . \tag{6.168}$$

Wie bei allen Kompensationsreglern ist auch bei diesem speziellen Typ eine Kompensation instabiler Streckenpole unzulässig.

Für die diskrete Stellübertragungsfunktion folgt aus (6.165) nach Präzisierung mit (6.166)

$$G_u(z) = \frac{N_S(z)}{z^n\, Z_S(1)} \; . \tag{6.169}$$

Aus (6.166) ist ersichtlich, daß die für $w_k = 1^k$ entworfene DB-Regelung ausschließlich
durch das Streckenmodell festgelegt ist. Es bestehen keine Entwurfsfreiheiten, um z.B.
auf die Größe der Steuerwerte Einfluß zu nehmen. Eine solche Möglichkeit wird eröffnet,
wenn anstelle der Konstanten K_w ein endliches Entwurfspolynom $L(z)$ in (6.166) eingeführt wird. Der Grad des Nennerpolynoms $N_w(z)$ ist dann um den *Grad* $L(z) = s$ zu
erhöhen, damit die Entwurfsbedingung weiterhin erfüllt bleibt. Die endliche Einstellzeit
erhöht sich entsprechend auf $N = n + s$ Abtastschritte.

Es gilt nun anstelle von (6.166)

$$G_w(z) = \frac{L(z)\, Z_S(z)}{z^{n+s}} \tag{6.170}$$

und für den DB-Regleralgorithmus

$$G_R(z) = \frac{L(z)\, N_S(z)}{z^{n+s} - L(z)\, Z_S(z)} \; . \tag{6.171}$$

So wie K_w sind nun die Parameter von $L(z)$ aus der stationären Forderung (6.167) zu
bestimmen. Für $W(z) = \dfrac{z}{z-1}$ folgt aus $G_w(1) = 1$ mit (6.170)

$$L(1) = 1/Z_S(1) = K_w \; . \tag{6.172}$$

Gemäß (6.172) kann man den K_w-Wert auf mehrere Parameter von $L(z)$ verteilen und so
die Stellbelastung bei gleichzeitiger Verlängerung der endlichen Einstellzeit verringern.
Mit der diskreten Stellübertragungsfunktion

$$G_u(z) = \frac{L(z)\, N_S(z)}{z^{n+s}} \tag{6.173}$$

läßt sich der Einfluß des Entwurfspolynoms auf die Steuerwertefolge bestimmen.

Die bisherigen Darlegungen beziehen sich auf DB-Führungsverhalten bei sprungförmiger Führungsgrößenänderung. Soll DB-Verhalten für andere deterministische zeitdiskrete Führungssignale erreicht werden, so sind die Signalmodelle so in $G_w(z)$ bzw. $\left(1 - G_w(z)\right)$ zu berücksichtigen, daß $\lim\limits_{k\to\infty} e_k = 0$ entsprechend (6.167) erfüllt wird.

Ist der Reglerentwurf für DB-Störverhalten erforderlich, so muß mit einer vergleichbaren Methodik die diskrete Störübertragungsfunktion $G_v(z)$ als endliches Polynom so gewählt werden, daß Realisierbarkeits- und Entwurfsbedingungen eingehalten werden. Sollen sowohl Führungs- als auch Störübergangsvorgänge in endlicher Zeit beendet sein, so ist wie bei der kontinuierlichen Ausgangsregelung eine Erweiterung der Standardstruktur durch ein Vorfilter vorzunehmen (Abschn. 5.1).

Die besondere Spezifik endlicher Übergangsvorgänge sowie der sehr einfache und übersichtliche Entwurf haben wesentlich zur Verbreitung dieses Reglertyps beigetragen. Obwohl bereits geringe Abweichungen vom angenommene Regelstreckenmodell oder den vorausgesetzten Führungs bzw. Störsignalmodellen bewirken, daß die Regelung nicht mehr exaktes DB-Verhalten aufweist, kann der auf diese Weise gewonnene Regleralgorithmus häufig trotzdem als praktikable Lösung akzeptiert werden.

BEISPIEL 6.12:   *Entwurf eines Führungs-Deadbeat-Reglers*

In einer zeitdiskreten Ausgangsregelung mit der Standardstruktur nach Bild 6.9 soll die Regelgröße der sprungförmigen Führungsgröße nach endlicher Einstellzeit exakt folgen. Der kontinuierliche Streckenteil sei durch

$$G_S(p) = \frac{1}{pT_I\,(1 + pT_1)} \quad , \quad T_1 = 1 \;\; , \;\; T_I = 1 \quad ,$$

beschrieben. Als diskrete Streckenübertragungsfunktion erhält man nach (6.28) mit Hilfe der Korrespondenztafel im Anhang A.3 oder direkt nach (6.89) für $T = 1$

$$G_S(z) = \frac{0{,}10653\,(z + 0{,}84675)}{(z - 1)\,(z - 0{,}60653)} \quad . \tag{6.174}$$

Die minimale endliche Einstellzeit ist bei sprungförmiger Führungsgröße durch Grad $N_S(z) = n$ zu $N = 2$ festgelegt. Es gilt nach (6.166) und (6.167) mit (6.174) die diskrete Führungsübertragungsfunktion

$$G_w(z) = \frac{z + 0{,}84675}{1{,}84675\,z^2} \quad . \tag{6.175}$$

Aus (6.174) und (6.175) berechnet man den DB-Regler gemäß (6.168) zu

$$G_R = \frac{5{,}0831 \; (z - 0{,}6065)}{z + 0{,}4585} \; . \qquad (6.176)$$

Der Regelgrößenverlauf ergibt sich für $W(z) = z/(z-1)$ *mit (6.175) zu*

$$Y(z) = 0{,}5415 \; z^{-1} + z^{-2} + z^{-3} \; ... \; ,$$

er ist im Bild 6.28a dargestellt. Die zugehörige Steuerwertefolge kann unter Bezug auf (6.169) und (6.174) mit Hilfe der diskreten Stellübertragungsfunktion

$$G_u(z) = \frac{(z - 1) \; (z - 0{,}60653)}{0{,}19673 \; z^2} \qquad (6.177)$$

für $W(z) = z/(z-1)$ *zu*

$$U(z) = 5{,}0831 - 3{,}0831 \; z^{-1} + 0 \; z^{-2} + ...$$

berechnet werden. Aus der Darstellung der Steuerwertefolge im Bild 6.28a ist ersichtlich,

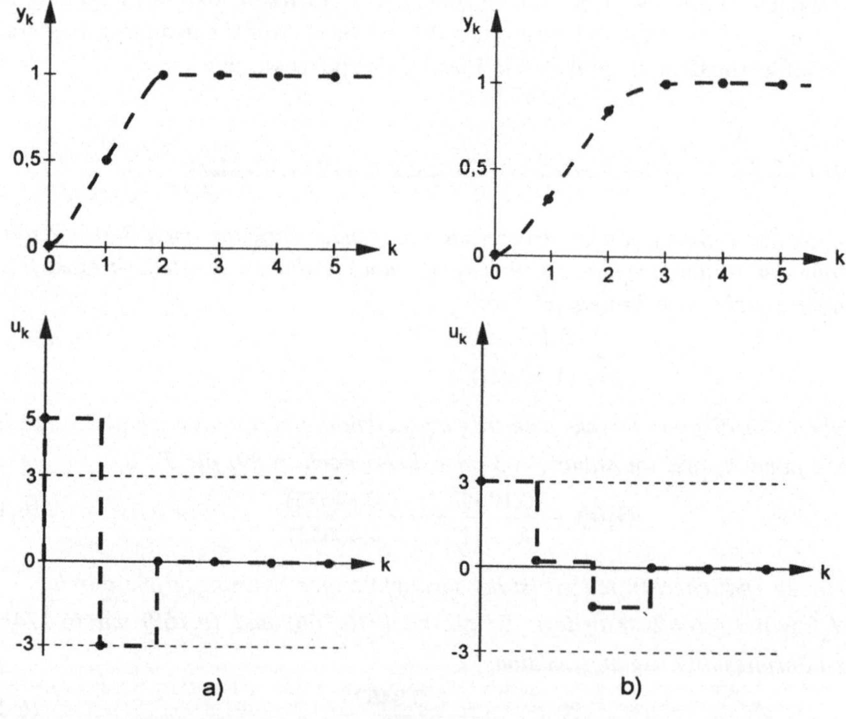

Bild 6.28: Regel- und Stellgrößenverläufe für Deadbeat-Regelung

daß das gewünschte DB-Verhalten nicht erzielt werden kann, wenn zum Beispiel eine Stellbegrenzung $|u_{max}| = 3$ *berücksichtigt werden muß. Anstelle von* $K_w = 1/Z_S(1)$ *ist in den* $G_w(z)$*-Ansatz nach (6.166) in solchen Fällen ein endliches Entwurfspolynom* $L(z)$ *mit* *Grad* $L(z) = s \geq 1$ *entsprechend (6.170) einzuführen.*

Es sei

$$L(z) = l_0 + l_1 z^{-1} = \frac{l_0 z + l_1}{z} \quad . \tag{6.178}$$

$K_w = 1/Z_S(1) = 5{,}083$ *ist bei einer sprungförmigen Eingangsgröße gemäß (6.172) auf die beiden Parameter* l_0 *und* l_1 *des Entwurfspolynoms so zu verteilen, daß* $|u_{max}| = 3$ *nicht überschritten wird. Mit* $l_0 = 3$ *und* $l_1 = 2{,}083$ *sowie (6.174) ergibt sich für den DB-Regleralgorithmus nach (6.171)*

$$G_R(z) = \frac{3 \, (z + 0{,}6943) \, (z - 0{,}6065)}{(z + 0{,}3402 + j \, 0{,}2686) \, (z + 0{,}3402 - j \, 0{,}2686)} \quad . \tag{6.179}$$

Für die diskrete Stellübertragungsfunktion nach (6.173) erhält man mit (6.174) und (6.178)

$$G_u(z) = \frac{3 \, (z + 0{,}6943) \, (z - 1) \, (z - 0{,}60653)}{z^3} \quad . \tag{6.180}$$

Aus (6.180) folgt für $W(z) = z/(z - 1)$

$$U(z) = 3 + 0{,}2634 \, z^{-1} - 1{,}2633 \, z^{-2} + 0 \, z^{-3} + \dots \quad ,$$

d.h. die Steuerwertefolge ist auf $N = n + s = 3$ *Glieder angewachsen, aber die vorgegebene Schranke wird nicht mehr überschritten (Bild 6.25b).*
Dem erweiterten Übergangsvorgang liegt die diskrete Führungsübertragungsfunktion

$$G_w(z) = \frac{0{,}3196 \, z^2 + 0{,}4925 \, z + 0{,}1879}{z^3} \tag{6.181}$$

nach (6.170) mit (6.174) und (6.178) zugrunde.
Für $W(z) = z/(z - 1)$ *ergibt sich aus (6.181)*

$$Y(z) = 0{,}3196 \, z^{-1} + 0{,}8121 \, z^{-2} + z^{-3} + \dots$$

und die grafische Darstellung der Führungsübergangsfolge im Bild 6.28b.

Die Sonderstellung der DB-Regelungen im Rahmen der zeitdiskreten Ausgangsregelungen ist für das vorliegende Beispiel anhand der Wurzelortskurven (WOK) im Bild 6.29 sehr anschaulich zu erkennen. Die WOK im Bild 6.29a auf Basis von $G_S(z)$ *nach (6.174) und* $G_R(z)$ *nach (6.176) weist im Ursprung der z-Ebene entsprechend* $G_w(z)$ *nach (6.175) einen*

Doppelpol für die DB-Einstellung mit minimaler endlicher Einstellzeit auf.

Mit dem Entwurfspolynom 1. Grades entsprechend (6.178) gilt $G_R(z)$ nach (6.179), was in der WOK im Bild 6.29b zum Ausdruck kommt. DB-Verhalten mit den Übergangsvorgängen nach Bild 6.28b läßt sich für die Kreisverstärkung erzielen, mit der ein dreifacher Pol entsprechend $G_w(z)$ nach (6.181) im Ursprung der z-Ebene eingestellt werden kann.

Aus Bild 6.29 ist ersichtlich, daß die Auswirkung von Abweichungen in den DB-Entwurfsvoraussetzungen mittels WOK anhand von Gütebetrachtungen nach den Abschnitten 6.3.2.1 bis 6.3.2.3 relativ übersichtlich abgeschätzt werden können.

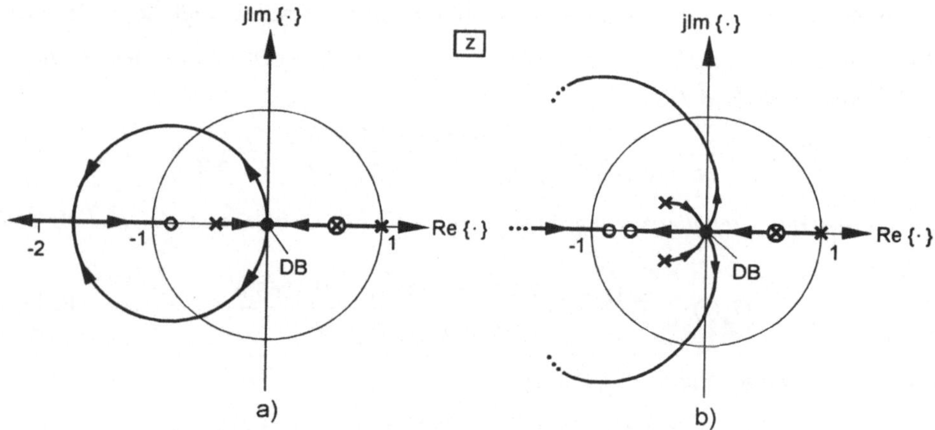

Bild 6.29: Wurzelortskurven für DB-Regelungen

6.5.3   Entwurf im *w*-Bereich

Die Überführung zeitdiskreter Übertragungsmodelle aus der z-Ebene in die w-Ebene mit Hilfe der Transformation nach (6.103) kann sowohl im Rahmen der Stabilitätsanalyse (Abschn. 6.2.3) als auch beim Entwurf zeitdiskreter Ausgangsregelungen von Vorteil sein. Mit der Abbildung des Inneren des Einheitskreises der z-Ebene auf die linke w-Halbebene wird die Voraussetzung für die Nutzung von Methoden geschaffen, die sich beim Entwurf kontinuierlicher Regelungen im Frequenzbereich bewährt haben. Dabei ist insbesondere die Darstellung von Frequenzgängen als Frequenzkennlinien mittels Geradenapproximation von Interesse. Die Amplituden- und Phasenkennlinien zeitdiskreter Frequenzgänge beziehen sich nunmehr auf die transformierte Frequenz v nach (6.105).

Durch die w-Transformation entstehen Nichtminimalphasen-Modelle, so daß im allgemeinen nicht auf die Phasenfrequenzkennlinie verzichtet werden kann.

Die Ausführungen im Abschn. 6.3.2.4 zeigen, daß ausgehend von Gütevorgaben im Zeitbereich "Ziel-Frequenzgänge" $G_0^*(jv)$ für zeitdiskrete Ausgangsregelungen zum Beispiel nach (6.107) oder (6.108) festgelegt werden können. Aus $G_0^*(jv)$ und einem bekannten Streckenmodell $G_S(jv)$, das man aus $G_S(z)$ durch w-Transformation mit (6.106) und $w = jv$ erhält, läßt sich $G_R(jv)$ gemäß

$$G_R(jv) = \frac{G_0^*(jv)}{G_S(jv)}$$

berechnen bzw. durch grafische Subtraktion der logarithmischen Frequenzkennlinien bestimmen. Mit der Transformationsbeziehung (6.104) kann aus $G_R(jv)$ ein realisierbarer Regleralgorithmus $G_R(z)$ gewonnen werden.

Mit dieser Entwurfsmethodik lassen sich so wie im kontinuierlichen Fall zeitdiskrete Ausgangsregelungen für spezielle Gütekennwerte oder auch für einen gewünschten Phasenrand entwerfen. Zu beachten sind entsprechend Abschn. 6.3.2.4 die Periodizität und die Nichtlinearität der Beziehung (6.105).

BEISPIEL 6.13: *Entwurf eines zeitdiskreten Reglers im w-Bereich*

Im Interesse der Vergleichbarkeit von Ergebnissen sei auf die Vorgaben in den Beispielen 6.7 und 6.11 zurückgegriffen. Im Beispiel 6.7 sind für zwei Einstellungen einer zeitdiskreten Ausgangsregelung mit $G_0(z)$ vom Typ (6.108) die Amplituden- und Phasenkennlinien im Bild 6.19 dargestellt. Die Einstellung nach Bild 6.19b entsprechend (6.111) für eine Überschwingweite $\ddot{u} \approx 0{,}06$ und die Überschwingzahl $k_m = 4$ möge der "Ziel-Frequenzgang" $G_0^*(jv)$ sein. Ausgangsbasis für den Entwurf sei die Einstellung nach (6.110) bzw. nach Bild 6.19a für $\ddot{u} \approx 0{,}25$ und $k_m = 4$. Damit liegt die gleiche Aufgabenstellung wie im Beispiel 6.11 vor, d.h. der ursprünglich angesetzte zeitdiskrete I-Regler ist durch $G_R'(z)$ nach (6.154) zu erweitern.

Obwohl mit den Angaben in den Beispielen 6.7 und 6.11 die Lösung leicht analytisch gefunden werden kann, soll hier der Entwurf mittels Frequenzkennlinien erfolgen. Auf die Phasenfrequenzkennlinie kann in diesem speziellen Fall verzichtet werden.

Im Bild 6.30 ist $|G_0^*(jv)|$ als "Zielkennlinie" dargestellt. Die ursprüngliche Einstellung sei durch $|G_0(jv)|$ beschrieben und beinhalte einen zeitdiskreten I-Regler. Dessen Erweiterung folgt aus der schraffierten Differenz beider Amplitudenkennlinien in Form von

$$|G_R'(jv)|_{dB} = |G_0^*(jv)|_{dB} - |G_0(jv)|_{dB} \quad .$$

Die erforderliche Phasenrandvergrößerung ergibt sich durch die Dominanz der Nullstelle in der zugehörigen w-Übertragungsfunktion $G_R'(w)$. Aus Bild 6.30 kann

$$G_R'(w) = \frac{1}{1{,}36} \frac{1 + 1{,}5\,w}{1 + 0{,}83\,w}$$

abgelesen werden. Mit (6.104) folgt für $T = 1$ daraus

$$G_R'(z) = 1{,}1 \frac{z - 0{,}5}{z - 0{,}25} \quad ,$$

was natürlich dem Ergebnis (6.157) im Beispiel 6.11 entspricht.

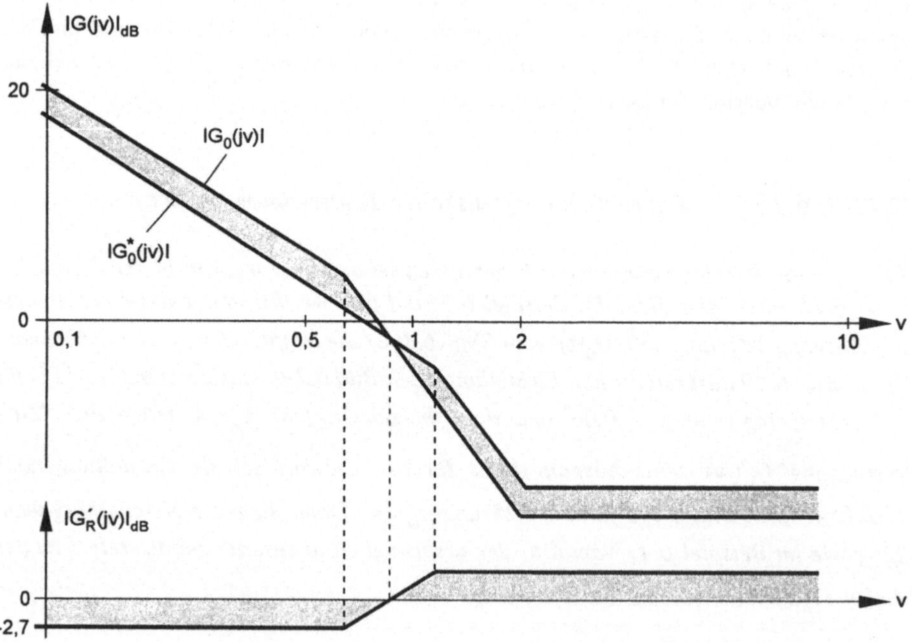

Bild 6.30: Reglerentwurf mittels Frequenzkennlinien im w-Bereich

7 Erweiterte zeitdiskrete Ausgangsregelungen

Im Abschn. 5 sind Regelungsaufgaben benannt, die mit kontinuierlichen Ausgangsregelungen in der Standardstruktur nach Bild 4.2 nicht zufriedenstellend gelöst werden können. Ein Ausweg besteht in der Erweiterung mit Strukturvarianten entsprechend den Abschnitten 5.1 bis 5.6.

In vergleichbarer Weise können zeitdiskrete Ausgangsregelungen (Abschn. 6) in der Standardstruktur nach Bild 6.9 erweitert werden, um höherwertige system- und anwendungstechnische Anforderungen zu erfüllen. Man unterscheidet auch hier zwei Gruppen von Erweiterungsstrukturen:

- Erweiterungen durch zusätzliche Steuerungen oder Regelungen außerhalb der Standardstruktur in Form von zeitdiskreten Vorsteuerungen oder Vorregelungen

- Erweiterungen durch zusätzliche Regelschleifen innerhalb der Standardstruktur in Form von zeitdiskreten vermaschten bzw. mehrschleifigen Regelungen.

Zur ersten Gruppe gehören zeitdiskrete Ausgangsregelungen mit Vorfilter, mit Führungsgrößenaufschaltung, mit Störgrößenaufschaltung und mit Störgrößenvorregelung. Der zweiten Gruppe sind zeitdiskrete Ausgangsregelungen mit Hilfsregelgrößen, insbesondere zeitdiskrete Kaskadenregelungen, und solche mit Hilfsstellgrößen zuzuordnen.

Erweiterte zeitdiskrete Ausgangsregelungen haben auf Grund der Aufgabenstellungen und ihrer Struktur viele Gemeinsamkeiten mit entsprechenden kontinuierlichen Ausgangsregelungen (Abschn. 5). Es soll daher für die beiden benannten Gruppen lediglich je ein Vertreter näher vorgestellt werden, um insbesondere die zeitdiskrete Beschreibungsbasis zu verdeutlichen. Wegen des zeitdiskreten Reglermodells und des kontinuierlichen Verhaltens der Strecke muß beim Aus- und Einkoppeln von Signalen, wie Hilfsregelgrößen oder Hilfsstell- und Aufschaltgrößen, auf den Typ des Signalmodells und die Lage der Verzweigungs- oder Mischstellen besonders geachtet werden.

Auf das zeitdiskrete Übertragungsmodell einer erweiterten Ausgangsregelung können Methoden des zeitdiskreten Entwurfs (Abschn. 6.5) angewendet werden. Häufig sind aber auch die Voraussetzungen für den quasikontinuierlichen Entwurf gegeben, so daß der einfache Weg über das kontinuierliche Modell und die Approximation von Steuer-, Regel- oder Aufschaltgliedern nach Abschn. 6.4.1 gewählt werden kann.

7.1   Zeitdiskrete Regelungen mit Störgrößenaufschaltung

Wie im Abschn. 5.3 dargestellt, soll mit einer zusätzlichen Störgrößenaufschaltung die Wirkung einer Hauptstörgröße auf die Regelgröße ausgeschaltet oder wenigstens erheblich vermindert werden. Besonders wirksam ist eine solche Aufschaltung dann, wenn sie sich auf Störgrößen bezieht, die relativ nahe am Streckeneingang angreifen und in der Grundstruktur nur relativ langsam ausgeregelt würden. Der Störort muß bekannt und die Störgröße meßbar bzw. durch einen Störgrößenbeobachter bestimmbar sein.

Selbst wenn eine exakte Kompensation des Störeinflusses durch die äußere Steuerung möglich wäre, so könnte doch nicht auf die eigentliche Regelung verzichtet werden, da im allgemeinen weitere Störungen vorliegen und auch hinsichtlich des Führungsverhaltens Güteforderungen zu erfüllen sind.

Unter Bezug auf die Bezeichnungen in der Standardstruktur nach Bild 6.9 kann der Wirkungsplan einer Ausgangsregelung mit Störgrößenaufschaltung auf das Stellglied im Bild 5.3 problemlos für das entsprechende zeitdiskrete Übertragungsmodell übernommen werden (Bild 7.1).

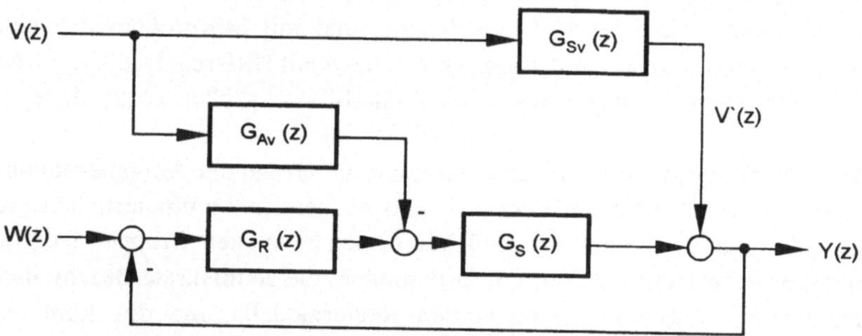

Bild 7.1: Wirkungsplan einer zeitdiskreten Ausgangsregelung mit Störgrößenaufschaltung

Dabei wird allerdings vorausgesetzt, daß die Störgröße als meßbare Störwertefolge vorliegt und in einem Aufschaltglied mit der diskreten Übertragungsfunktion $G_{Av}(z)$ verarbeitet werden kann. Für eine kontinuierliche Regelstrecke mit $G_{Av}(z)$ gilt nach (6.28)

$$G_S(z) = (1 - z^{-1})\, \mathfrak{Z}\left\{\frac{G_S(p)}{p}\right\} \tag{7.1}$$

und für die Störstrecke mit $G_{S_v}(p)$

$$G_{S_v}(z) = (1 - z^{-1}) \, \mathfrak{Z} \left\{ \frac{G_{S_v}(p)}{p} \right\} \; . \tag{7.2}$$

Entsprechend (5.6) erhält man für die Struktur nach Bild 7.1 mit (7.1), (7.2), (6.55) und (6.56)

$$Y(z) = \frac{G_0(z)}{1 + G_0(z)} \, W(z) + \frac{G_{S_v}(z) - G_{A_v}(z) \, G_S(z)}{1 + G_0(z)} \, V(z) \; . \tag{7.3}$$

Wie aus (7.3) zu ersehen ist, lassen sich im Unterschied zur Standardstruktur das Führungs- und das Störverhalten getrennt einstellen. Die diskrete Störübertragungsfunktion lautet

$$\bar{G}_v(z) = \frac{G_{S_v}(z) - G_{A_v}(z) \, G_S(z)}{1 + G_0(z)} \; . \tag{7.4}$$

Die exakte Invarianz der Ausgangswertefolge bezüglich der Störwertefolge liegt vor, wenn

$$G_{A_v}(z) = \frac{G_{S_v}(z)}{G_S(z)} \tag{7.5}$$

ist. Für das Aufschaltglied bzw. den entsprechenden Algorithmus müssen Stabilität und Realisierbarkeit gefordert werden. Damit sind Nullstellen von $G_S(z)$ und Pole von $G_{S_v}(z)$ außerhalb des Einheitskreises in der z-Ebene nicht zulässig. Der Grad des Nennerpolynoms von $G_{A_v}(z)$ muß mindestens so groß wie der Grad des Zählerpolynoms sein.

Für den Fall einer Ausgangsstörung, d.h. für $G_{S_v}(z) = 1$, und einer kontinuierlichen P-T_1-Strecke mit

$$G_S(z) = \frac{1 - a}{z - a} \quad , \quad a = e^{-T/T_1} \quad ,$$

wäre ebenso wie auch im kontinuierlichen Fall der Algorithmus für das Aufschaltglied nicht realisierbar. Es müßte mindestens eine Nullstelle in das Streckenmodell eingeführt werden, was jedoch eine Abweichung von der exakten Invarianz bedeutet (siehe auch Abschn. 5.3).

7.2 Zeitdiskrete Kaskadenregelungen

Kaskadenregelungen sind die am weitesten verbreiteten mehrschleifigen Regelungen. Mit einer Hilfsregelgröße und einem Hilfsregler kann ein zusätzlicher untergeordneter Hilfsregelkreis realisiert werden. Wie im Abschn. 5.5.1 beschrieben, läßt sich damit das Störverhalten des Gesamtsystems deutlich verbessern, wenn der Störort vor dem Abgriff der Hilfsregelgröße liegt. Außerdem bedingt der unterlagerte Folgeregelkreis ein insgesamt günstigeres Führungsverhalten.

Im Unterschied zum Wirkungsplan einer kontinuierlichen Kaskadenregelung nach Bild 5.7 sind Regler und Hilfsregler nunmehr zeitdiskrete Übertragungsglieder. Neben der Ankopplung des Hilfsreglers an die Regelstrecke über einen Digital-Analog-Umsetzer (DAU) ist die Analog-Digital-Umsetzung (ADU) bzw. Abtastung sowohl der Regelgröße als auch der Hilfsregelgröße erforderlich. Um ein geschlossenes zeitdiskretes Führungs- und Störmodell für die zeitdiskrete Kaskadenregelung aufstellen zu können, muß die Hauptstörung als zeitdiskretes Störsignal am Eingang der Regelstrecke interpretierbar sein. Damit kann der Abgriff der Hilfsregelgröße zwischen den beiden kontinuierlichen Streckenteilen, beschrieben durch $G_{S1}(p)$ und $G_{S2}(p)$ so verschoben werden, wie es im Bild 7.2 dargestellt ist. Für den Hilfsregelkreis läßt sich jetzt ein zeitdiskretes Übertragungsmodell angeben. Der Haltevorgang ist auf Grund der Verschiebung sowohl im Hilfsregelkreis bei $G_{S1}(p)$ als auch im Hauptregelkreis bei $G_S(p) = G_{S1}(p)\,G_{S2}(p)$ zu berücksichtigen. Es gilt nach (6.28):

$$G_{S1}(z) = (1 - z^{-1})\,\mathfrak{Z}\left\{\frac{G_{S1}(p)}{p}\right\}\,, \tag{7.6}$$

$$G_S(z) = (1 - z^{-1})\,\mathfrak{Z}\left\{\frac{G_{S1}(p)\,G_{S2}(p)}{p}\right\}\,. \tag{7.7}$$

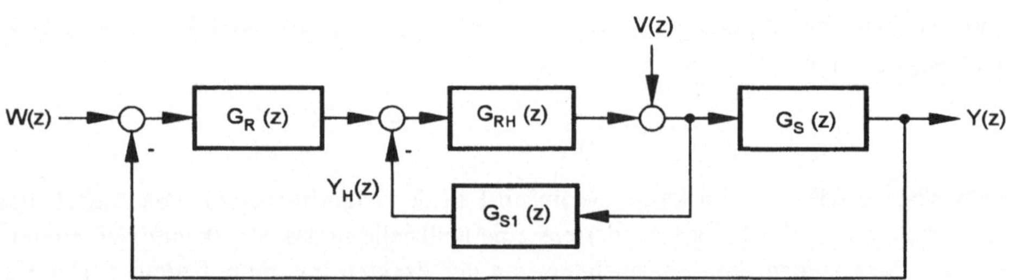

Bild 7.2: Wirkungsplan einer zeitdiskreten Kaskadenregelung

Der Wirkungsplan im Bild 7.2 läßt sich durch eine Verschiebung des Störeingriffs entsprechend Bild 5.8 modifizieren. Mit der diskreten Übertragungsfunktion des offenen Hilfsregelkreises

$$G_{OH}(z) = G_{RH}(z)\,G_{S1}(z) \tag{7.8}$$

kann die Störbeeinflussung durch

$$G_{vH}(z) = \frac{1}{1 + G_{OH}(z)} \tag{7.9}$$

und das Führungsverhalten des Hilfsregelkreises durch

$$G_{wH}(z) = \frac{G_{RH}(z)}{1 + G_{OH}(z)} \tag{7.10}$$

beschrieben werden. Insgesamt ergibt sich für die zeitdiskrete Kaskadenregelung nach Bild 7.3 mit (7.6) bis (7.10) die Übertragungsbeziehung

$$Y(z) = \frac{G_R(z)\,G_{wH}(z)\,G_S(z)}{1 + G_R(z)\,G_{wH}(z)\,G_S(z)}\,W(z) + \frac{G_{vH}(z)\,G_S(z)}{1 + G_R(z)\,G_{wH}(z)\,G_S(z)}\,V(z) \quad . \tag{7.11}$$

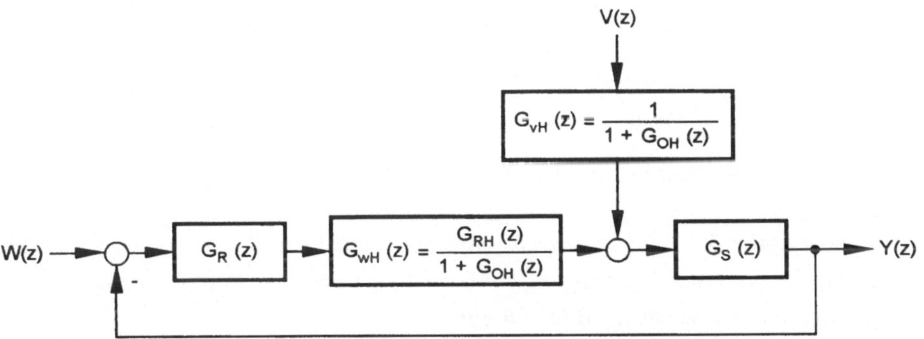

Bild 7.3: Modifizierter Wirkungsplan einer zeitdiskreten Kaskadenregelung

Der zeitdiskrete Entwurf beginnt wie der kontinuierliche oder quasikontinuierliche Entwurf mit der inneren Schleife. $G_{RH}(z)$ ist so festzulegen, daß eine schnelle Ausregelung der Störung ermöglicht wird. Dabei sind die Ausführungen in den Abschnitten 6.3 und 6.5 zu beachten. Der zeitdiskrete Hauptregler wird anschließend für die Kettenstruktur aus $G_{wH}(z)$ und $G_S(z)$ so entworfen, daß gewünschte Führungseigenschaften, zum Beispiel Deadbeat-Verhalten entsprechend Abschn. 6.5.2, erzielt wird.

BEISPIEL 7.1: *Zeitdiskrete Regelung mit Smith-Prädiktor*

Wie im Beispiel 5.3 für den kontinuierlichen Fall kann auch bei einer zeitdiskreten Regelung mit einer totzeitbehafteten Regelstrecke die stabilitätsverbessernde Wirkung einer Hilfsregelgrößenaufschaltung gezeigt werden.

Entsprechend Bild 5.11 soll auf den Hilfsregler der Kaskadenregelung verzichtet werden und die Aufschaltung der Hilfsregelgröße über ein Aufschaltglied auf den Regler erfolgen. Es wird angenommen, daß der y_H-Abgriff zwischen dem totzeitfreien ersten Streckenteil und dem zweiten Totzeit-Streckenteil möglich ist. Nach Verschiebung der Verzweigungsstelle zum Eingang der Gesamtstrecke erhält man den Wirkungsplan im Bild 7.4 mit den diskreten Übertragungsmodellen $G_R(z)$ für den Regler, $G_{yH}(z)$ für das Aufschaltglied, $G_S(z)$ für den totzeitfreien Streckenteil unter Berücksichtigung des Haltegliedes und z^{-d} mit $d = T_t/T$ (ganzzahlig) für den Totzeitterm.

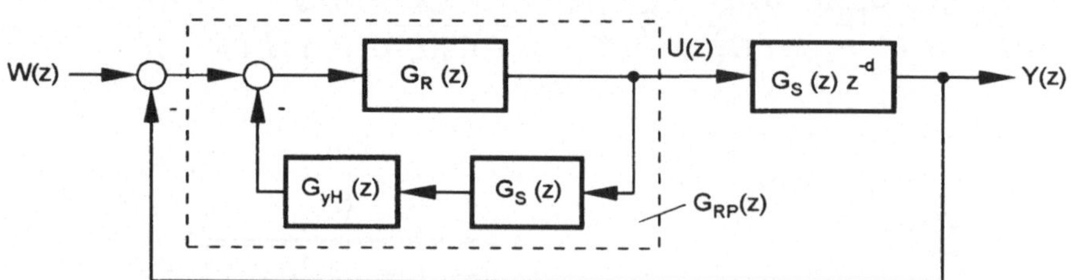

Bild 7.4: Zeitdiskrete Regelung mit Hilfsregelgrößenaufschaltung

So wie im Beispiel 5.3 wird angestrebt, daß der zeitdiskrete Regler an der totzeitfreien Strecke mit der diskreten Übertragungsfunktion $G_S(p)$ arbeitet. Eine solche resultierende Strecke liegt vor, wenn gemäß Bild 7.4 gilt:

$$G_S(z)\ z^{-d} + G_S(z)\ G_{yH}(z) = G_S(z)\quad. \tag{7.12}$$

Aus (7.12) folgt der realisierbare Aufschaltalgorithmus

$$G_{yH}(z) = 1 - z^{-d}\quad. \tag{7.13}$$

Der gestrichelt markierte Smith-Prädiktorregler weist somit die diskrete Übertragungsfunktion

$$G_{RP}(z) = \frac{G_R(z)}{1 + (1 - z^{-d})\ G_R(z)\ G_S(z)} \tag{7.14}$$

auf. Der charakteristischen Gleichung

$$1 + G_R(z)\ G_S(z)\ z^{-d} = 0$$

für die einschleifige Standardstruktur steht nunmehr die charakteristische Gleichung

$$1 + G_{RP}(z)\ G_S(z)\ z^{-d} = 1 + G_R(z)\ G_S(z) = 0$$

mit deutlicher Stabilitätsverbesserung gegenüber.

BEISPIEL 7.2: *Zeitdiskrete Regelung mit Hilfsstellgröße*

In der Ausgangsregelung mit Hilfsstellgröße nach Bild 5.13 im Abschn. 5.6 sollen Regler und Hilfsregler digital realisiert werden. Es wird die zeitdiskrete Beschreibung dieser Struktur benötigt, wenn die Voraussetzungen für eine quasikontinuierliche Behandlung nicht gegeben sind. In Anlehnung an die Ausführungen zur zeitdiskreten Kaskadenregelung (Abschn. 7.2) muß sowohl im Haupt- als auch im Hilfszweig die Kopplung der Stellgröße u_k an die Gesamtstrecke bzw. der Hilfsstellgröße u_{Hk} an den zweiten Streckenteil mit Digital-Analog-Umsetzern, d.h. über Haltevorgänge 0. Ordnung erfolgen. Damit wird die durchgängige Beschreibung mit diskreten Übertragungsfunktionen entsprechend dem Wirkungsplan im Bild 7.5 möglich.

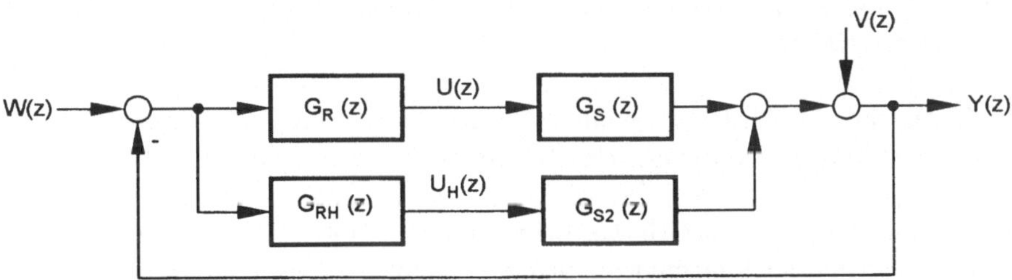

Bild 7.5: Zeitdiskrete Regelung mit Hilfsstellgröße

Es gelten die Transformationsbeziehungen (7.7) und

$$G_{S2}(z) = (1 - z^{-1}) \, \mathfrak{Z} \left\{ \frac{G_{S2}(p)}{p} \right\} \quad .$$

Das Regelkreisverhalten wird jetzt nicht mehr wie in der Grundstruktur durch
$G_0(z) = G_R(z)\, G_S(z)$, *sondern infolge der Parallelstruktur im Bild 7.5 durch*

$$G_0^{\prime}(z) = G_R(z)\, G_S(z) + G_{RH}(z)\, G_{S2}(z)$$

beschrieben. Damit ist zwar auch wie im kontinuierlichen Fall (Abschn. 5.6) keine getrennte Einstellung des Führungs- und des Störverhaltens möglich, aber es kann eine generelle Verbesserung des dynamischen und gegebenenfalls auch des stationären Verhaltens erzielt werden. Die Realisierbarkeit des Hilfsregleralgorithmus muß dabei gewährleistet sein. Aus anwendungstechnischen Gründen wird so wie auch in der kontinuierlichen Regelung mit Hilfsstellgröße im allgemeinen anzustreben sein, daß über den Hilfszweig eine nachgebende Aufschaltung erfolgt.

8   Zustandsregelungen

Als Zustandsregelungen bezeichnet man Regelungen mit Zustandsrückführung. Im Unterschied zu den in den Abschnitten 4 bis 7 behandelten Ausgangsregelungen mit Rückführungen von Ausgangsgrößen werden bei Zustandsregelungen Informationen über den inneren Zustand der Regelstrecken, charakterisiert durch Zustandsgrößen (Abschn. 3.2.1), für die Erfüllung von Regelungsaufgaben genutzt. Grundlage für die Analyse und den Entwurf dieser Regelungen sind Zustandsmodelle, die für die Klasse der linearen zeitinvarianten kontinuierlichen und zeitdiskreten Ein- und Mehrgrößenübertragungsglieder im Abschn. 3.2.2 eingeführt wurden. Die Zustandsbeschreibung ermöglicht in universeller und effektiver Weise die durchgängige Behandlung im Zeitbereich. Auf den Umweg über die vom Systemtyp und von der Aufgabenstellung abhängigen Transformationen der Funktionentheorie, wie die Fourier-, Laplace- oder z-Transformation, kann dabei verzichtet werden.

Unter Bezug auf die Zustandsregelungen bestehen die Vorteile der Zustandsmethodik gegenüber der klassischen Frequenzbereichsmethodik generell in folgendem:

- Die Zustandsmethodik ist nicht auf lineare zeitinvariante (LZI-) Systeme beschränkt, sondern gestattet, auch nichtlineare und zeitvariante Aufgaben zu lösen.

- Sie ermöglicht die Behandlung komplizierter und komplexer Mehrgrößensysteme, aber auch die von Eingrößensystemen.

- Durch die erweiterte Informationseinbindung in das Regelungskonzept können wesentlich anspruchsvollere Lösungen als mit konventionellen Ausgangsregelungen gefunden werden. Ihre technische Umsetzung bereitet mit den Mitteln der digitalen Informationsverarbeitung keine unüberwindbaren Schwierigkeiten.

- Mit der Zustandsmethodik lassen sich neue Erkenntnisse über das Systemverhalten gewinnen. In diesem Zusammenhang sind u.a. solche Systemeigenschaften wie die Steuerbarkeit und die Beobachtbarkeit zu analysieren.

- Die durchgängige Lösung regelungstechnischer Aufgabenstellungen im Zeitbereich kommt einer rationellen rechentechnischen Behandlung entgegen.

Die Zustandsmethodik hat seit den 60er Jahren die Regelungstheorie revolutioniert und der Realisierung anspruchsvoller Regelungskonzepte wesentliche Impulse verliehen bzw. überhaupt erst ermöglicht. Der Mehraufwand für die zusätzliche Informationserfassung, die kompliziertere Informationsverarbeitung sowie den Entwurfsvorgang ist in solchen

Fällen im allgemeinen zu rechtfertigen. Andererseits sind insbesondere für regelungstechnische Aufgabenstellungen im LZI-Eingrößenfall die gut eingeführten Ausgangsregelungen auf Basis der Frequenzbereichsmethodik völlig ausreichend und besitzen eine hohe Nutzerakzeptanz. So werden neben den unterschiedlichsten Varianten der Zustandsregelung zum Beispiel die relativ robusten PID-Regelungskonzepte und ihre Beurteilung durch globale Gütekennwerte, wie Überschwingweite, Überschwingzeit oder Phasenrand, weiterhin für den Regelungstechniker von Bedeutung sein.

Im folgenden sollen einige grundsätzliche Betrachtungen zur Beschreibung, zur Analyse und zum Entwurf von Zustandsregelungen in der Grundstruktur sowie mit einigen Erweiterungen erfolgen. Wie auch bei den Ausgangsregelungen bleiben die Ausführungen auf LZI-Strecken beschränkt. Im Abschn. 8.1 wird für kontinuierliche Zustandsregelungen auf die MIMO-C- und SISO-C-Zustandsmodelle von Regelstrecken nach Abschn. 3.2.2 Bezug genommen. Für die zeitdiskreten Zustandsregelungen im Abschn. 8.2 muß bei der Systembeschreibung die Einkopplung zeitdiskreter Signale in die kontinuierliche Regelstrecke sowie die Auskopplung solcher Signale berücksichtigt werden.

8.1 Kontinuierliche Zustandsregelungen

8.1.1 Zustandsmodell und Eigenschaften der Regelstrecke

Für die Beschreibung von Regelstrecken in kontinuierlichen linearen zeitinvarianten Zustandsregelungen können unverändert die MIMO-C- und SISO-C-Modelle aus Abschn. 3.2.2 übernommen werden. Im Einklang mit den Systemgleichungen (3.182) und (3.183) sowie (3.199) und (3.200) gelten für Ein- und Mehrgrößenstrecken die Blockdarstellungen in den Bildern 3.31 und 3.33 sowie die Wirkungspläne in den Bildern 3.32 und 3.34 Auf der Grundlage dieser Zustandsmodelle können die Systemeigenschaften Steuerbarkeit und Beobachtbarkeit als Voraussetzungen für den Entwurf von Zustandsregelungen beurteilt werden.

8.1.1.1 Steuerbarkeit

Die Steuerbarkeit ist eine wesentliche Voraussetzung für die gezielte Beeinflussung eines dynamischen Systems. Sie charakterisiert den Zusammenhang zwischen den Steuer-/Stellgrößen am Eingang der Regelstrecke und den Zustandsgrößen.

Ein LZI-System ist *vollständig steuerbar*, wenn es mit einem Steuervektor $u(t)$ bei MIMO-Systemen bzw. mit einer Steuergröße $u(t)$ bei SISO-Systemen in einem endlichen Zeitintervall $[t_0, t_1]$ von jedem Anfangszustand $x_0 = x(t_0)$ in einen Endzustand $x_1 = x(t_1)$ überführt werden kann.

Für den Endzustand kann ohne Einschränkung der Allgemeingültigkeit mit einer Koordinatenverschiebung $x_1 = 0$ angenommen werden.

Die von *Kalman* (1960) angegebene *Steuerbarkeitsbedingung* für LZI-Systeme lautet wie folgt:

Ein LZI-MIMO-System, das durch die Zustandsgleichung

$$\dot{x}(t) = A\,x(t) + B\,u(t) \tag{8.1}$$

beschrieben wird, ist dann und nur dann vollständig steuerbar, wenn die $(n,\ nm)$-*Steuerbarkeitsmatrix*

$$Q_S = \left[B,\ A\,B, ..., A^{n-1}B\right] \tag{8.2}$$

den Rang n aufweist, d.h. n Spaltenvektoren linear unabhängig sind.

In entsprechender Weise gilt für die vollständige Steuerbarkeit von Systemen mit einem Eingangssignal $u(t)$ die folgende Steuerbarkeitsbedingung:

Ein LZI-SISO-System, das durch die Zustandsgleichung

$$\dot{x}(t) = A\,x(t) + b\,u(t) \tag{8.3}$$

beschrieben wird, ist dann und nur dann vollständig steuerbar, wenn die $(n,\ n)$-*Steuerbarkeitsmatrix*

$$Q_S = \left[b,\ A\,b, ..., A^{n-1}b\right] \tag{8.4}$$

den Rang n aufweist, d.h. die n Spaltenvektoren $A^i b$, $i = 0, 1, ..., n-1$, linear unabhängig sind.

Q_S ist dann regulär und $\det Q_S \neq 0$.

8.1.1.2 Beobachtbarkeit

Aus den Bewegungsgleichungen (3.184) und (3.201) ist ersichtlich, daß man für die Ermittlung des Zustandsvektors in einem bestimmten Zeitpunkt $t > t_0$ außer dem Steuervektor auch den Anfangszustand x_0 benötigt. Häufig läßt sich diese Voraussetzung aber nicht erfüllen, so daß x_0 mit $u(t)$ bzw. $u(t)$ aus den am Ausgang der Regelstrecke gemesenen $y(t)$ bzw. $y(t)$ bestimmt werden muß. Das gelingt nur, wenn die Beobachtbarkeit der Regelstrecke gewährleistet ist.

Ein LZI-System ist *vollständig beobachtbar*, wenn man bei bekanntem Steuervektor $u(t)$ und dem in einem endlichen Zeitintervall $[t_0, t_1]$ gemessenen Ausgangsvektor $y(t)$ im Falle von MIMO-Systemen bzw. aus den entsprechenden skalaren Größen für SISO-Systeme den Anfangszustand $x_0(t_0)$ bestimmen kann.

Die von *Kalman* (1960) angegebene *Beobachtbarkeitsbedingung* für LZI-Systeme lautet wie folgt:

Ein LZI-MIMO-System, das durch (8.1) sowie die Ausgangsgleichung

$$y(t) = C\,x(t) + D\,u(t) \tag{8.5}$$

beschrieben wird, ist dann und nur dann vollständig beobachtbar, wenn die *(n r, n)-Beobachtbarkeitsmatrix*

$$Q_B = \begin{bmatrix} C \\ C\,A \\ \vdots \\ C\,A^{n-1} \end{bmatrix} \tag{8.6}$$

den Rang n aufweist, d.h. n Zeilenvektoren linear unabhängig sind.

Für Eingrößensysteme gilt entsprechend die Beobachtbarkeitsbedingung:

Ein LZI-SISO-System, das durch (8.3) sowie die Ausgangsgleichung

$$y(t) = c^T\,x(t) + d\,u(t) \tag{8.7}$$

beschrieben wird, ist dann und nur dann vollständig beobachtbar, wenn die *(n, n)-Beobachtbarkeitsmatrix*

$$Q_B = \begin{bmatrix} c^T \\ c^T A \\ \vdots \\ c^T A^{n-1} \end{bmatrix} \tag{8.6}$$

den Rang n aufweist, d.h. die n Zeilenvektoren $c^T A^i$, $i = 0,1,\dots,n-1$, linear unabhängig sind.

Q_B ist dann regulär und $\det Q_B \neq 0$.

BEISPIEL 8.1: *Prüfung der Steuer- und Beobachtbarkeit eines $P\text{-}T_2$-Systems*

Für das im Wirkungsplan nach Bild 8.1 dargestellte LZI-SISO-System soll überprüft werden, unter welchen Bedingungen vollständige Steuer- und Beobachtbarkeit gegeben ist.

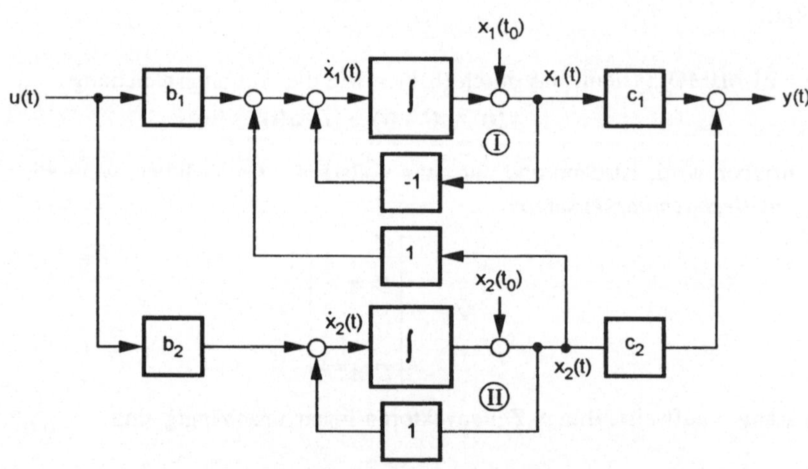

Bild 8.1: Wirkungsplan für ein $P\text{-}T_2$-System

Aus Bild 8.1 folgt für die Systemmatrix sowie den Steuer- und den Ausgangsvektor

$$A = \begin{bmatrix} -1 & 1 \\ 0 & 1 \end{bmatrix}, \quad b = \begin{bmatrix} b_1 \\ b_2 \end{bmatrix}, \quad c^T = [c_1, c_2].$$

Der Überprüfung hinsichtlich Steuerbarkeit liegt die Steuerbarkeitsmatrix nach (8.4)

$$Q_S = [b, \; A \; b] = \begin{bmatrix} b_1 & -b_1 + b_2 \\ b_2 & b_2 \end{bmatrix}$$

zugrunde. Vollständige Steuerbarkeit liegt dann nicht vor, wenn gilt

$$\det Q_S = b_2 \, (2 \, b_1 - b_2) = 0 \; .$$

Im Fall S1, d.h. für $b_2 = 0$, $b_1 \neq 0$, wird der instabile Systemteil II nicht angesteuert.

Im Fall S2, d.h. für $b_2 = 2 \, b_1$ wird der Eigenvorgang e^{-t} nicht erregt, da sich im Systemteil I teilweise die Wirkungen von $u(t)$ über die beiden Parallelzweige kompensieren. Dieser Effekt wird auch durch eine Pol-Nullstellen-Kürzung in der Übertragungsfunktion des Gesamtsystems für $x_0 = 0$ und $c_1 = 1$, $c_2 = 0$ deutlich, denn es folgt aus Bild 8.1

$$G(p) = \left(b_1 + \frac{2b_1}{p-1} \right) \frac{1}{p+1} = \frac{b_1}{p-1} \; .$$

Die Überprüfung der Beobachtbarkeit erfolgt nach (8.8) mit

$$Q_B = \begin{bmatrix} c^T \\ c^T A \end{bmatrix} = \begin{bmatrix} c_1 & c_2 \\ -c_1 & c_1 + c_2 \end{bmatrix} \; .$$

Das System ist genau dann nicht vollständig beobachtbar, wenn gilt

$$\det Q_B = c_1 \, (c_1 + 2c_2) = 0 \; .$$

Im Fall B1, d.h. für $c_1 = 0$, ist die Beobachtbarkeit wegen der fehlenden Verbindung zum Ausgang nicht gewährleistet.

Im Fall B2, d.h. für $c_1 = -2c_2$, ist der instabile Vorgang e^t von $x_2(t)$ infolge von Kompensationseffekten nicht enthalten, was auch in der Ausgangsgleichung

$$y(t) = c_2 \, e^{-t} \left[x_2(t_0) - 2 \, x_1(t_0) \right]$$

zum Ausdruck kommt. Die Anfangszustände sind nicht in getrennter Form zugängig.

Für $x_0 = 0$ und $b_1 = 0$, $b_2 = 1$ erhält man die Übertragungsfunktion des Gesamtsystems zu

$$G(p) = \frac{b_2}{p-1} \left[c_2 + \frac{c_1}{p+1} \right] = \frac{b_2 \, c_2}{p+1} \; ,$$

d.h. von außen wird nur der stabile Eigenvorgang erkannt und beschrieben.

8.1.2   Grundstruktur von kontinuierlichen Zustandsregelungen

8.1.2.1   Zielstellung der Zustandsregelung

Die Grundstruktur der Zustandsregelung wird durch den Wirkungsplan im Bild 8.2 charakterisiert. Darin ist die MIMO-C-Regelstrecke gemäß Bild 3.32 mit $D = 0$ vom Zustandsregler, beschrieben durch die konstante Reglermatrix R, abgegrenzt. Das negative Vorzeichen bei R soll lediglich die methodische Übereinstimmung mit der Phasendrehung in Ausgangsregelungen herbeiführen.

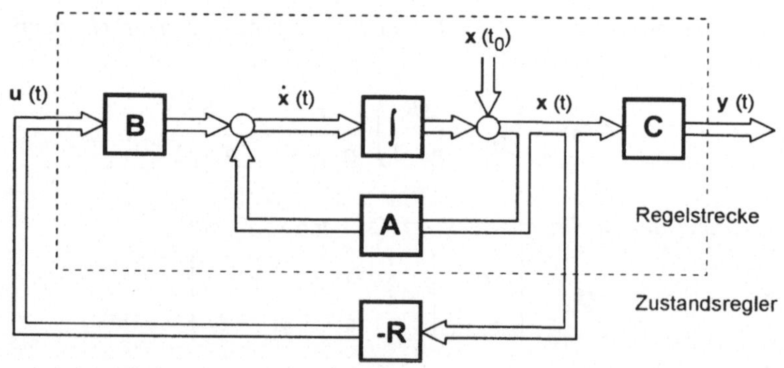

Bild 8.2: Wirkungsplan der Grundstruktur einer kontinuierlichen Zustandsregelung

Die Regelstrecke befindet sich zum Zeitpunkt t_0, bedingt durch eine beliebige Vorgeschichte im Anfangszustand $x_0 \neq 0$ und soll in einen Betriebszustand $x_1 = 0$ überführt werden. Der Verlauf der Zustandstrajektorie (Abschn. 3.2.1) bzw. des Übergangsvorganges wird durch einen Steuervektor $u(t)$ geprägt, der in Abhängigkeit von Güteforderungen aus dem mit proportionalen Elementen der Zustandsreglermatrix R bewerteten Zustandsvektor $x(t)$ gebildet wird. Für die Grundstruktur wird vorausgesetzt, daß ein vollständiger Zustandsvektor zur Verfügung steht und keine Führungs- und Störsignale für $t > 0$ vorliegen. Mit der Zustandsgleichung (8.1) für die Regelstrecke und der Reglergleichung

$$u(t) = -R\,x(t) \qquad\qquad (8.9)$$

erhält man für die geschlossene Grundstruktur

$$\dot{x}(t) = (A - B\,R)\,x(t) \qquad . \qquad\qquad (8.10)$$

Im Eingrößenfall gilt entsprechend

$$\dot{x}(t) = (A - b\, r^T)\, x(t) \quad . \tag{8.11}$$

Aus (8.10) und (8.11) ist ersichtlich, daß mit R bzw. r^T die Eigendynamik der Zustandsregelung beeinflußt werden kann. Die Zustandsregler sind so zu entwerfen, daß die Regelung stabil arbeitet und vorgegebenen Dynamikforderungen gerecht wird. Durch die Art der Gütevorgabe unterscheiden sich die beiden bedeutenden Entwurfsmethoden mit Eigenwertvorgabe und mit quadratischem Gütekriterium.

8.1.2.2 Reglerentwurf mit Eigenwertvorgabe

Das dynamische Verhalten der Regelung mit Zustandsrückführung nach Bild 8.2 wird entscheidend durch das charakteristische Polynom bzw. durch die Pole p_i oder die Eigenwerte λ_i des geschlossenen Kreises bestimmt. Aus (8.10) folgt

$$\det\left[p\, I - (A - B\, R)\right] = \prod_{i=1}^{n} (p - p_i) \quad . \tag{8.12}$$

Bei Vorgabe gewünschter λ_i^* oder p_i^* für eine angestrebte Dynamik erhält man durch Koeffizientenvergleich auf Basis von (8.12) ein System von n Gleichungen für $(m \times n)$ Elemente von R, die sogenannte Synthesegleichung. Neben den Begriffen Eigenwert- oder Polvorgabe sind in diesem Zusammenhang auch die Beziehungen Polverschiebung oder Polfestlegung üblich.

- **SISO-System** $(m = 1)$

Für Eingrößensysteme ergibt die Synthesegleichung eine eindeutige Lösung. Mit der Zustandsrückführung über r^T kann jeder beliebige Eigenwert (komplexe Eigenwerte sind dabei konjugiert komplexe Eigenwerte) des geschlossenen Systems eingestellt werden, wenn die SISO-Regelstrecke nach (8.3) vollständig steuerbar ist.

Die Methode der Eigenwertvorgabe kann am übersichtlichsten auf Grundlage der Systembeschreibung in Regelungsnormalform, d.h. mit

$$\dot{x}_R(t) = A_R\, x_R(t) + b_R\, u(t) \tag{8.13}$$

erfolgen. In diesem Fall gilt:

$$A_R = \begin{bmatrix} 0 & 1 & 0 & \ldots & 0 \\ 0 & 0 & 1 & \ldots & 0 \\ \vdots & \vdots & \vdots & & \vdots \\ 0 & 0 & 0 & \ldots & 1 \\ -a_0 & -a_1 & -a_2 & \ldots & -a_{n-1} \end{bmatrix} \,, \quad b_R = \begin{bmatrix} 0 \\ 0 \\ \vdots \\ 0 \\ 1 \end{bmatrix} \quad . \tag{8.14}$$

Die Elemente a_i stimmen überein mit den Koeffizienten des Nennerpolynoms der Übertragungsfunktion

$$G(p) = \frac{B(p)}{p^n + a_{n-1}\, p^{n-1} + \ldots + a_1\, p + a_0} \ . \tag{8.15}$$

Mit der Zustandsrückführung

$$r_R^T = \left[r_{R1}, \ r_{R2}, \ \ldots, r_{Rn} \right] \tag{8.16}$$

und (8.14) ergibt sich entsprechend (8.11)

$$A_R - b_R\, r_R^T = \begin{bmatrix} 0 & 1 & \ldots & 0 \\ \vdots & \vdots & & \vdots \\ 0 & 0 & \ldots & 1 \\ (-a_0 - r_{R1}) & (-a_1 - r_{R2}) & \ldots & (-a_{n-1} - r_{Rn}) \end{bmatrix} \ . \tag{8.17}$$

Die Koeffizienten der letzten Zeile in (8.17) sind identisch mit den Koeffizienten $-a_i^*$ des charakteristischen Polynoms $N^*(p)$ des geschlossenen Systems für vorgegebene Pole p_i^* gemäß

$$N^*(p) = \prod_{i=1}^{n} (p - p_i^*) = p^n + a_{n-1}^*\, p^{n-1} + \ldots + a_1^*\, p + a_0^* \ . \tag{8.18}$$

Der Koeffizientenvergleich führt zu n Gleichungen, aus denen die n Reglerparameter

$$r_{Ri} = a_{i-1}^* - a_{i-1}, \quad i=1,2,\ldots,n \quad , \tag{8.19}$$

eindeutig bestimmt werden können.

Im allgemeinen wird das Zustandsmodell der Regelstrecke nicht in Regelungsnormalform vorliegen, so daß eine Transformation in diese Normalform erforderlich wird. Das kann geschehen, wenn die Strecke nach (8.3) vollständig steuerbar ist. Auf einer solchen allgemeinen Sicht basiert eine Bestimmungsgleichung für Polvorgaberegler in Eingrößensystemen nach *Ackermann*.

Aus (8.18) ist ersichtlich, daß sich Polveränderungen auf alle a_i^* und damit auch auf die r_{Ri} verkoppelt auswirken.

• *MIMO-System* ($m > 1$)

Bei MIMO-Systemen stehen für die ($m \times n$) zu bestimmenden Reglerelemente nur n Eigenwert- bzw. Polvorgaben zur Verfügung. So können bei einem System mit der Regelstrecke nach (8.1) und einer Zustandsrückführung über R beliebige Eigenwerte (komplexe Eigenwerte treten als konjugiert komplexe Eigenwerte auf) erreicht werden, wenn die Strecke vollständig steuerbar ist. Für $m > 1$ kann man infolge der Überbestimmung des Synthesegleichungssystems auf einige Freiheitsgrade verzichten oder neben den Polvorgaben noch Vorgaben aus anwendungstechnischer Sicht berücksichtigen.

Ein bekanntes Verfahren zum Reglerentwurf mittels Polverschiebung bei MIMO-Systemen ist die *modale Regelung*. Sie besitzt gegenüber der bei Eingrößensystemen behandelten Vorgehensweise den Vorteil, daß eine entkoppelte Polverschiebung realisiert werden kann. Dazu transformiert man die Zustandsgleichung der Regelstrecke in die Jordansche Normalform oder Modalform und erzeugt entkoppelte Zustandsgrößen. Mit m dieser Zustandsgrößen kann über die Reglermatrix auf m modale Steuergrößen eingewirkt werden. Durch Rücktransformation gewinnt man anschließend wieder den zur Beeinflussung der Regelstrecke erforderlichen Steuervektor. Die Reglermatrix ist diagonalförmig, wenn die Eigenwerte der Regelstrecke einfach sind. Liegen mehrfache Eigenwerte vor, kann im allgemeinen die vollständige Entkopplung nicht erreicht werden.

Während bei Eingrößensystemen die Nullstellen in der Übertragungsfunktion der Regelstrecke durch die Polverschiebung nicht beeinflußt werden, ergeben sich bei MIMO-Systemen nicht beabsichtigte Nullstellenverschiebungen, was den Entwurf solcher Systeme erheblich erschwert.

8.1.2.3 Reglerentwurf mit quadratischem Gütekriterium

Der im Abschn. 8.1.2.2 vorgestellte Entwurf mit Eigenwertvorgabe für das geschlossene System weist insbesondere bei Mehrgrößensystemen auf Grund der unkontrollierten Nullstellenlage Unsicherheiten auf. Ein Ausweg aus dieser Problematik besteht darin, in globalerer Weise den Verlauf der Zustandstrajektorie beim Übergang vom Anfangszustand x_0 nach $x_1 = 0$ durch ein Gütekriterium zu bewerten und darauf aufbauend den Zustandsregler zu bemessen. Der Übergangsvorgang sollte schnell sowie nicht zu stark oszillierend verlaufen und der erforderliche Steuerungsaufwand möglichst gering sein. Bei Ausgangsregelungen wurde mit einer solchen Zielstellung die verallgemeinerte quadratische Regelfläche nach (4.87) für den Reglerentwurf eingeführt. Entsprechend kann der Entwurf eines optimalen Zustandsreglers zum Beispiel für Mehrgrößensysteme auf der Basis des Gütefunktionals

$$I = \int\limits_0^\infty \left[x^T(t)\; Q\; x(t)\; +\; u^T(t)\; S\; u(t) \right] dt \tag{8.20}$$

erfolgen. Dabei wird der Zustandsvektor durch die konstante, symmetrische und positiv semidefinite Matrix Q und die Steuertrajektorie durch die konstante, symmetrische und positiv definite Matrix S gewichtet. Durch die Wahl von $t_1 = \infty$ erhält man eine konstante Reglermatrix R, für endliche Werte von t_1 würde sich auch bei LZI-Systemen eine zeitvariante Reglermatrix $R(t)$ ergeben.

Durch Minimieren von (8.20) gelangt man über die Lösung der algebraischen Matrix-Riccati-Gleichung zum optimalen Reglergesetz. Für diese Lösung genügt es, wenn die Regelstrecke stabilisierbar ist, d.h. daß wenigstens die Eigenwerte mit nichtnegativem Realteil beliebig in die linke p-Halbebene überführt werden können.

Das Gebiet der optimalen Zustandsregelung ist in vielfältiger Weise entwickelt worden. Für eingehendere Betrachtungen muß auf die einschlägige Fachliteratur verwiesen werden.

BEISPIEL 8.2:   *Reglerentwurf für eine Zustandsregelung mit P-T$_2$-Strecke*

Das dynamische Verhalten einer P-T$_2$-Regelstrecke soll mittels Zustandsregelung auf Basis von Eigenwertvorgaben in gewünschter Weise beeinflußt werden. Es wird von der Schwingungsglied-Beschreibung

$$G_S(p) = \frac{K_S\, \omega_0^2}{p^2 + 2\, D\, \omega_0 p + \omega_0^2} \tag{8.21}$$

entsprechend (3.150) ausgegangen. Die Regelungsnormalform für diese SISO-Strecke läßt sich aus (8.21) unmittelbar ablesen; sie lautet:

$$\begin{bmatrix} \dot{x}_{R1}(t) \\ \dot{x}_{R2}(t) \end{bmatrix} = \begin{bmatrix} 0 & 1 \\ -\omega_0^2 & -2\,D\,\omega_0 \end{bmatrix} \begin{bmatrix} x_{R1}(t) \\ x_{R2}(t) \end{bmatrix} + \begin{bmatrix} 0 \\ 1 \end{bmatrix} u(t) \quad, \tag{8.22}$$

$$y(t) = \begin{bmatrix} K_S\, \omega_0^2 & 0 \end{bmatrix} \begin{bmatrix} x_{R1}(t) \\ x_{R2}(t) \end{bmatrix} . \tag{8.23}$$

Die Regelstrecke nach (8.22) bildet zusammen mit dem Zustandsregler

$$r_R^T = \left[r_{R1},\, r_{R2} \right] \tag{8.24}$$

die spezifische Grundstruktur der Zustandsregelung im Bild 8.3.

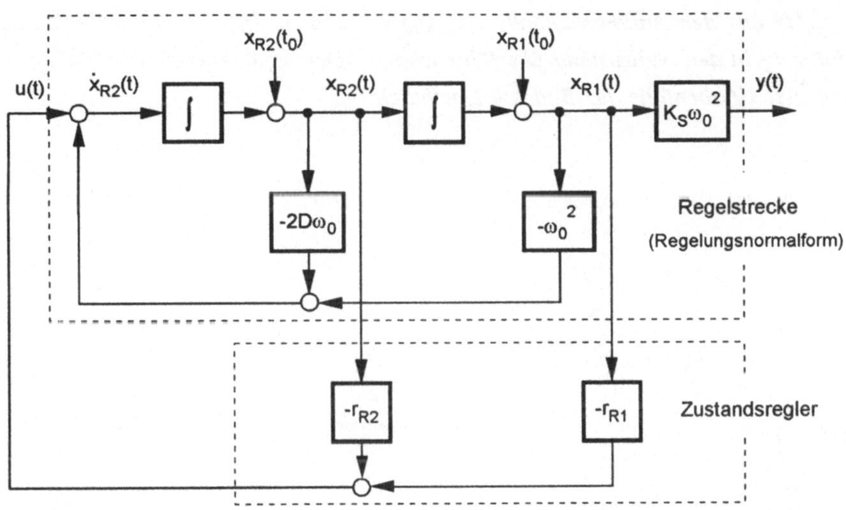

Bild 8.3: *Wirkungsplan einer Zustandsregelung mit P-T$_2$-Regelstrecke*

Der Regler ist so zu bemessen, daß das geschlossene System ebenfalls P-T$_2$-Verhalten aufweist, wobei jedoch die Parameter ω_0^* und D^* durch Güteforderungen vorgegeben sein sollen. Das Nennerpolynom der Zielübertragungsfunktion $G^*(p)$ ist dann identisch mit dem charakteristischen Polynom

$$N^*(p) = p^n + 2D^*\omega_0^* p + \omega_0^{*2} \tag{8.25}$$

entsprechend (8.18). Für die Elemente des Zustandsreglers folgt aus (8.21) und (8.25) mit (8.19)

$$r_{R1} = \omega_0^{*2} - \omega_0^2 \qquad , \tag{8.26}$$

$$r_{R2} = 2(D^*\omega_0^* - D\omega_0) \qquad . \tag{8.27}$$

Für eine spezielle Betrachtung sei ein ungedämpftes Schwingungsglied mit ω_0 *und* $D = 0$ *als Strecke angenommen. Durch die Zustandsrückführung soll* $P\text{-}T_2$*-Verhalten im aperiodischen Grenzfall* $(D^* = 1)$ *mit einer Kennkreisfrequenz* $\omega_0^* = 2\,\omega_0$ *eingestellt werden. Aus (8.26) und (8.27) lassen sich unmittelbar die Reglerkennwerte* $r_{R1} = 3\,\omega_0^2$ *und* $r_{R2} = 4\,\omega_0$ *bestimmen. Im Bild 8.4 ist für* $\omega_0 = 1$ *dargestellt, wie die beiden Zustandsgrößen* $x_{R1}(t)$ *und* $x_{R2}(t)$ *aus den Anfangszuständen* $x_{R1}(t_0) = 1$ *und* $x_{R2}(t_0) = 0$ *durch die Zustandsrückführung in den Nullzustand überführt werden. Der dafür erforderliche Stellgrößenverlauf* $u(t)$ *ist ebenfalls aus Bild 8.4 ersichtlich.*

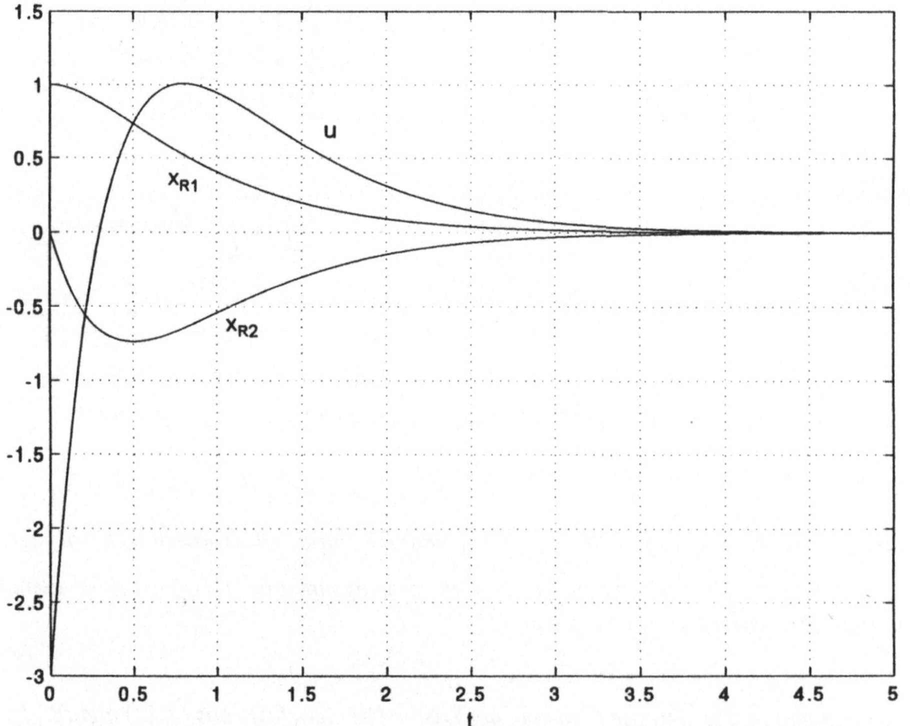

Bild 8.4: *Zustandsgrößen- und Stellgrößenverläufe für eine Zustandsregelung mit* $P\text{-}T_2$*-Regelstrecke*

8.1.3 Erweiterte kontinuierliche Zustandsregelungen

Die Grundstruktur der Zustandsregelung nach Bild 8.2 muß im allgemeinen unter verschiedenen system- und anwendungstechnischen Aspekten erweitert werden. Einige dieser Erweiterungsstrukturen seien nachfolgend dargestellt.

8.1.3.1 Zustandsregelungen mit Vorfilter

Ein Vorfilter ist ebenso wie bei den erweiterten Ausgangsregelungen (Abschn. 5.1) dann einzuführen, wenn ein bereits eingestelltes Regelkreisverhalten durch die zusätzliche Erfüllung von Forderungen an das Führungsverhalten nicht beeinträchtigt werden soll. In solchen Fällen muß außerhalb des geschlossenen Kreises eine Beeinflussung erfolgen.

Im Falle einer Mehrgrößen-Zustandsregelung ist die Struktur nach Bild 8.2 um eine Vorfiltermatrix K_{VF} zu ergänzen und die Ausgangsbeschreibung einzubeziehen.

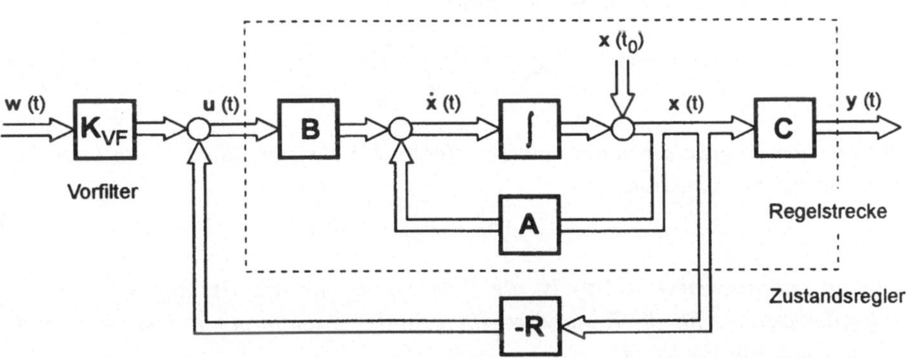

Bild 8.5: Wirkungsplan einer Zustandsregelung mit Vorfilter

Für die erweiterte Struktur nach Bild 8.5 gilt im Unterschied zu (8.10) jetzt

$$\dot{x}(t) = (A - B\,R)\,x(t) + B\,K_{VF}\,w(t) \quad . \tag{8.28}$$

Bei einem konstanten Führungsgrößenvektor w stellt sich nach Abklingen der Einschwingvorgänge mit der durch R festgelegten Dynamik der stationäre Zustandsvektor x_∞ für $\dot{x}(t) = 0$ ein. Damit folgt aus (8.28)

$$x_\infty = (B\,R - A)^{-1}\,B\,K_{VF}\,w \quad . \tag{8.29}$$

Die stationäre Forderung

$$y_\infty = C\, x_\infty = w \tag{8.30}$$

ist erfüllt, wenn die konstante Vorfiltermatrix

$$K_{VF} = \left(C\,(B\,R - A)^{-1}\,B\right)^{-1} \tag{8.31}$$

realisiert werden kann.

BEISPIEL 8.3:   *Vorfilterentwurf für eine Zustandsregelung mit P-T$_2$-Strecke*

Dem Entwurf des Vorfilters für eine Zustandsregelung sei das Beispiel 8.2 zugrunde gelegt. Die fehlerfreie stationäre Übertragung der endlichen Führungsgröße auf den Ausgang der Zustandsregelung ist für den vorliegenden Eingrößenfall durch eine Vorfilterkonstante (Vorverstärkung) zu realisieren, die man entsprechend (8.31) nach

$$K_{VF} = \left(c_R^T\,(b_R\,r_R^T - A_R)^{-1}\,b_R\right)^{-1} \tag{8.32}$$

berechnet. Mit (8.22) bis (8.24) folgt aus (8.32)

$$K_{VF} = \frac{\omega_0^2 + r_{R1}}{K_S\,\omega_0^2} \;. \tag{8.33}$$

Zum gleichen Ergebnis gelangt man bei diesem SISO-System auch, wenn man die Führungsübertragungsfunktion

$$G_w(p) = K_{VF}\,G^*(p) \tag{8.34}$$

bestimmt und auswertet. $G^*(p)$ ist die Übertragungsfunktion des angestrebten Schwingungsgliedansatzes für die Zustandsregelung in der Grundform mit dem Nennerpolynom (8.25). Somit gilt für (8.34)

$$G_w(p) = \frac{K_{VF}\,K_S\,\omega_0^2}{p^2 + 2\,D^*\,\omega_0^*\,p + \omega_0^{*2}} \;. \tag{8.35}$$

Mit (8.26) und (8.33) ist die Forderung $G_w(0) = 1$ erfüllt.

Für den Spezialfall im Beispiel 8.2 müßte wegen $r_{R1} = 3\,\omega_0^2$ nach (8.33) eine Vorverstärkung $K_{VF} = 4/K_S$ eingestellt werden.

8.1.3.2 Kombination von Zustands- und Ausgangsregelungen

Durch die Zustandsregelung mit Vorfilter (Abschn. 8.1.3.1) werden weder externe Störungen noch Dynamikänderungen in der Regelstrecke, d.h. interne Störungen, ausgeregelt. Es liegt daher nahe, die Grundstruktur der Zustandsregelung nach Bild 8.2 in die klassische Struktur der Ausgangsregelung (Abschn. 4) einzubeziehen. Durch die Ausgangsrückführung kann nunmehr Störungen, beschrieben durch einen Störvektor $z(t)$, sowie Auswirkungen von Parameterschwankungen der Regelstrecke auf den Regelvektor (Ausgangsvektor) $y(t)$ mittels zusätzlichem Regler, zum Beispiel vom PI-Typ, entgegengewirkt werden. Das Vorfilter zur Gewährleistung von stationären Führungseigenschaften (Abschn. 8.1.3.1) ist damit nicht mehr erforderlich.

Für die Kombination von Zustands- und Ausgangsregelung gelten gemäß Wirkungsplan im Bild 8.6 ohne äußere Einwirkungen, d.h. für $w = 0$ und $z = 0$, die folgenden Beziehungen:

$$\dot{x}(t) = A\,x(t) + B\,u(t) \quad , \tag{8.36}$$

$$\dot{q}(t) = -y(t) = -C\,x(t) \quad , \tag{8.37}$$

$$u(t) = -R\,x(t) - K_P\,C\,x(t) + K_I\,q(t) \quad . \tag{8.38}$$

Aus (8.36) und (8.37) folgt die erweiterte Zustandsgleichung der Regelstrecke

$$\begin{bmatrix} \dot{x}(t) \\ \dot{q}(t) \end{bmatrix} = \begin{bmatrix} A & 0 \\ -C & 0 \end{bmatrix} \begin{bmatrix} x(t) \\ q(t) \end{bmatrix} + \begin{bmatrix} B \\ 0 \end{bmatrix} u(t) \tag{8.39}$$

und aus (8.38) die erweiterte Zustandsreglergleichung

$$u(t) = - \begin{bmatrix} R + K_P\,C\,, & K_I \end{bmatrix} \begin{bmatrix} x(t) \\ q(t) \end{bmatrix} \quad . \tag{8.40}$$

Die erweiterte $(m,\ n+r)$-Reglermatrix nach (8.40) kann mit den Methoden in den Abschnitten 8.1.2.2 und 8.1.2.3 für die durch eine $[(n+r),\ (n+r)]$-Matrix nach (8.39) beschriebene erweiterte Regelstrecke entworfen werden, wenn deren Steuerbarkeit gegeben ist. Dies ist der Fall, wenn die Regelstrecke nach (8.1) vollständig steuerbar ist

und außerdem Rang $\begin{bmatrix} A & B \\ -C & 0 \end{bmatrix} = n+r$ ist.

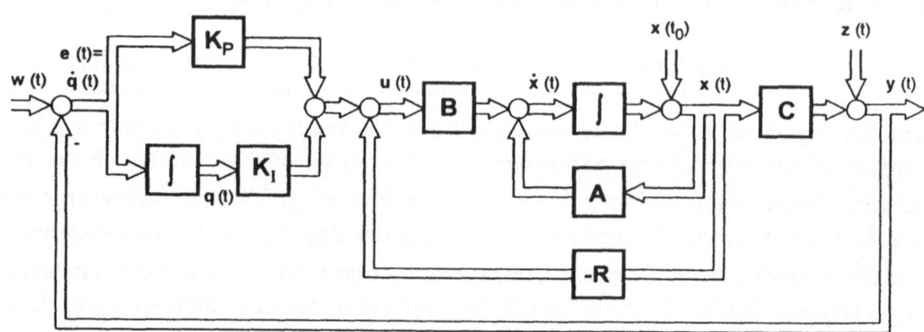

Bild 8.6: Wirkungsplan einer kombinierten Zustands- und Ausgangsregelung

Unter diesen Bedingungen kann das Gesamtsystem asymptotisch stabil eingestellt werden,

so daß für den erweiterten Zustandsvektor $\begin{bmatrix} \dot{x}(t) \\ \dot{q}(t) \end{bmatrix} = 0$ gilt. Im stationären Fall verschwin-

det also der Vektor der Regelabweichung, d.h. es ist $e_\infty = \dot{q} = 0$. Das bedeutet, daß y_∞ identisch mit einem konstanten Führungsgrößenvektor w ist und deshalb in dieser Struktur das Vorfilter entfallen kann.

Aus dieser Betrachtung folgt auch, daß im stationären Zustand die Einwirkung eines konstanten Störgrößenvektors z beseitigt wird. Dazu muß keine Messung der Störgrößen erfolgen.

Von Nachteil ist bei der im Bild 8.6 dargestellten Struktur, daß die Ordnung der Regelstrecke um die Anzahl der I-Glieder des Reglers erhöht wird. Der dadurch entstehende mehrfache Eigenwert Null muß nach links verschoben werden.

BEISPIEL 8.4:   *Entwurf einer Regelung mit I-Regler und zustandsgeregelter SISO-Strecke*

Für die im Bild 8.7 dargestellte Kombination von Zustands- und Ausgangsregelung sollen der Zustands- und der I-Regler entworfen werden. Der Wirkungsplan ergibt sich für den Eingrößenfall und $K_P = 0$ aus Bild 8.6.

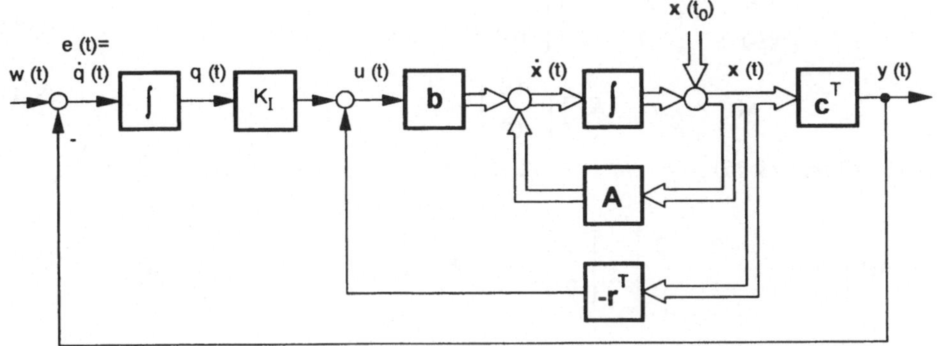

Bild 8.7. Wirkungsplan einer kombinierten SISO-Zustands- und Ausgangsregelung

Entsprechend (8.39) und (8.40) gilt

$$\begin{bmatrix} \dot{x}(t) \\ \dot{q}(t) \end{bmatrix} = \begin{bmatrix} A & 0 \\ -c^T & 0 \end{bmatrix} \begin{bmatrix} x(t) \\ q(t) \end{bmatrix} + \begin{bmatrix} b \\ 0 \end{bmatrix} u(t) + \begin{bmatrix} 0 \\ 1 \end{bmatrix} w(t) \tag{8.41}$$

mit

$$u(t) = \begin{bmatrix} -r^T & K_I \end{bmatrix} \begin{bmatrix} x(t) \\ q(t) \end{bmatrix} \tag{8.42}$$

und

$$\dot{q}(t) = e(t) = w(t) - y(t) = w(t) - c^T x(t) \quad . \tag{8.43}$$

Die Vorzüge einer solchen Struktur gegenüber einer Ausgangsregelung in der Standard-struktur nach Bild 4.2 seien an einem einfachen Beispiel gezeigt.
Mit einem I-Regler und einer P-T₁-Strecke mit

$$G_S(p) = \frac{1}{p + 2}$$

soll ein Doppelpol $p_{1,2} = -4$ des geschlossenen Kreises eingestellt werden. In der klassi-schen Struktur ist nur $p_{1,2} = -1$ zu erzielen. Durch Zustandsrückführung an der Strecke, d.h. im P-T₁-Fall durch Gegenkopplung des Streckenausgangs auf den Eingang, wird die Dynamik der Regelstrecke so verändert, daß die Entwurfszielstellung erreicht werden kann. Bei formalem Vorgehen gilt gemäß (8.41) bis (8.43)

$$\begin{bmatrix} \dot{x}(t) \\ e(t) \end{bmatrix} = \begin{bmatrix} a & 0 \\ -1 & 0 \end{bmatrix} \begin{bmatrix} x(t) \\ e(t) \end{bmatrix} + \begin{bmatrix} 1 \\ 0 \end{bmatrix} u(t) + \begin{bmatrix} 0 \\ 1 \end{bmatrix} w(t) \quad , \tag{8.44}$$

$$u(t) = \begin{bmatrix} -r & K_I \end{bmatrix} \begin{bmatrix} x(t) \\ e(t) \end{bmatrix} \quad . \tag{8.45}$$

Aus (8.44) und (8.45) folgt mit a = -2 das charakteristische Polynom

$$\det \left[p\,I - \begin{bmatrix} -2 & 0 \\ -1 & 0 \end{bmatrix} + \begin{bmatrix} 1 \\ 0 \end{bmatrix} \begin{bmatrix} -r & K_I \end{bmatrix} \right] = p^2 + (2 + r)p + K_I \quad . \tag{8.46}$$

Die Eigenwertvorgabe bedingt nach (8.18)

$$N^*(p) = (p + 4)^2 = p^2 + 8\,p + 16 \quad . \tag{8.47}$$

Durch Koeffizientenvergleich mit (8.46) und (8.47) erhält man r = 6 und K_I = 16. Der Wirkungsplan im Bild 8.8 verdeutlicht bei verschwindenden Anfangsbedingungen im p-Bereich das Ergebnis, das in diesem Fall mit der Zielübertragungsfunktion

$$G_w(p) = \frac{16}{p^2 + 8p + 16} \quad , \qquad G_w(0) = 1 \quad ,$$

einfacher gefunden werden kann.

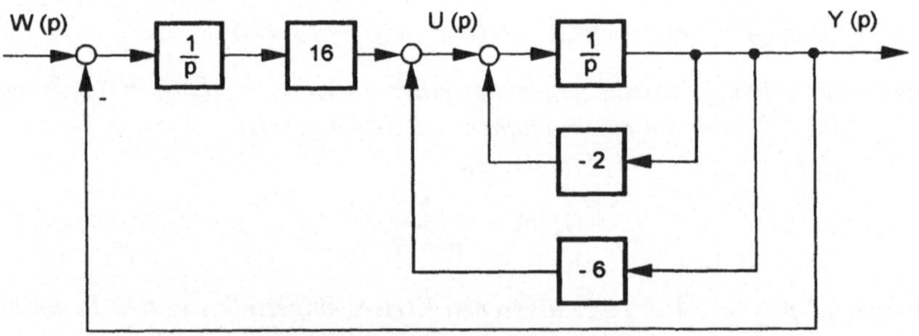

Bild 8.8: *Wirkungsplan für eine Regelung mit I-Regler und zustandsgeregelter SISO-Strecke*

8.1.3.3 Zustandsregelungen mit Störgrößenaufschaltung

Regelungsstrukturen mit Störgrößenaufschaltung setzen voraus, daß die Hauptstörgrößen meßbar sind. Bei den in dieser Hinsicht erweiterten Ausgangsregelungen im Abschn. 5.3 konnten zumindest näherungsweise die Auswirkungen von Störgrößen auf die Regelgröße unterdrückt werden. Mit der gleichen Zielstellung wird die Störgrößenaufschaltung auch bei Zustandsregelungen durchgeführt. Im Bild 8.9 ist eine solche Struktur dargestellt.

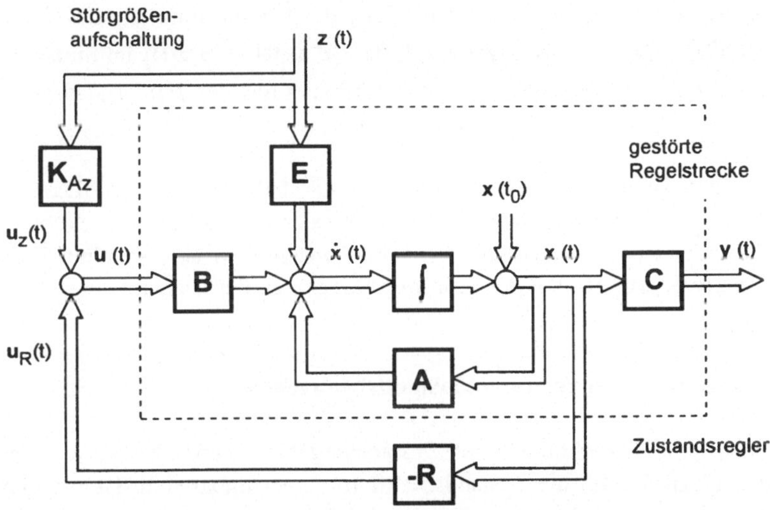

Bild 8.9: Wirkungsplan einer Zustandsregelung mit Störgrößenaufschaltung

Der Störvektor wirkt über eine konstante (n,m)-Matrix E auf eine MIMO-Regelstrecke ein. Seine Aufschaltung erfolgt mittels Aufschaltmatrix K_{AZ}. Die Zustandsgleichung für die Regelstrecke (8.1) wird damit erweitert zu

$$\dot{x}(t) = A\,x(t) + B\,u_R(t) + B\,u_z(t) + E\,z(t) \quad . \tag{8.48}$$

An der Beschreibung und dem Entwurf der Zustandsregelung nach Abschn. 8.1.2 ändert sich dann nichts, wenn der Einfluß von $z(t)$ kompensiert wird, d.h.

$$B\,u_z(t) + E\,z(t) = 0 \tag{8.49}$$

gilt. Mit

$$u_z(t) = K_{Az}\,z(t)$$

folgt aus (8.49)

$$B \, K_{Az} = -E \quad . \tag{8.50}$$

Das Gleichungssystem (8.50) hat dann eine eindeutige Lösung, wenn die (n,m)-Matrix B den Rang m besitzt. Dazu ist (8.50) von links mit B^T zu multiplizieren. Aus

$$B^T \, B \, K_{Az} = -B^T \, E$$

ergibt sich

$$K_{Az} = -(B^T \, B)^{-1} \, B^T \, E \quad . \tag{8.51}$$

Diese Lösung erhält man auch, wenn im Falle der Überbestimmung des Gleichungssystems (8.49) dafür Sorge getragen wird, daß $\left(B \, u_z(t) + E \, z(t)\right)$ im Sinne einer unvollständigen Störgrößenkompensation durch Minimierung des Fehlerquadrates möglichst klein wird.

Im allgemeinen ist der Störvektor nicht oder nur teilweise meßbar. Dann besteht die Möglichkeit, die Störgrößen durch einen Störgrößenbeobachter zu rekonstruieren. Zu diesem Zweck ist in der im Abschn. 8.1.3.4 behandelten Grundform eines Zustandsbeobachters das erweiterte Modell der gestörten Strecke zu berücksichtigen.

8.1.3.4 Zustandsregelungen mit Zustandsbeobachter

In den bisherigen Betrachtungen zur Zustandsregelung wurde davon ausgegangen, daß alle n Zustandsgrößen für die Zustandsrückführung verfügbar sind. Ist das nicht der Fall, stellt sich die Frage, ob der Zustandsvektor nicht aus dem Ausgangsvektor über

$$y(t) = C \, x(t) \tag{8.52}$$

gewonnen werden kann. Die Bestimmung von $x(t)$ aus der Ausgangsgleichung (8.52) ist aber nur eindeutig möglich, wenn die Anzahl der Ausgangsgrößen r gleich der Anzahl der Zustandsgrößen ist und ferner Rang $C = n$ gilt. Für SISO-Systeme mit $r = 1$, und in der Regel auch für MIMO-Systeme, kann dieser Weg im allgemeinen nicht gewählt werden. Daher rekonstruiert man bei Ein- und Mehrgrößen-Zustandsregelungen häufig den erforderlichen Zustandsvektor mit Hilfe eines Zustandsbeobachters.

Zustandsbeobachter

Das Grundprinzip des Zustandsbeobachters besteht darin, daß ein Modell der bekannten Regelstrecke mit den gleichen Eingangssignalen ausgesteuert wird, wie die reale Strecke. Da der Anfangszustand im realen System nicht bekannt ist, kann selbst das exakte Modell die tatsächliche Situation nicht richtig widerspiegeln. Es entsteht ein Fehlersignal zwischen beiden Ausgängen, das durch eine Beobachterregelung beseitigt werden muß. Ist dies erfolgt, kann der im Beobachter rekonstruierte Zustandsvektor stellvertretend für den nicht meßbaren der realen Regelstrecke weiter verwendet werden. Geschieht das für sämtliche n Zustandsgrößen, dann wird von einem *vollständigen Zustandsbeobachter* gesprochen.

Für einen MIMO-Zustandsbeobachter dieses Typs sollen nachfolgend die wesentlichsten Beschreibungs- und Entwurfsgrundlagen angegeben werden. Außerhalb der Betrachtungen bleibt der *reduzierte Zustandsbeobachter*, bei dem davon ausgegangen wird, daß nur einige Zustandsgrößen zu rekonstruieren sind, da der andere Teil nicht benötigt wird bzw. direkt gemessen werden kann.

Die umrissene generelle Zielstellung einer Zustandsbeobachtung schlägt sich im Wirkungsplan nach Bild 8.10 nieder. Für die reale Strecke und ihr Modell werden die gleichen Matrizen A, B und C entsprechend (8.1) und (8.5) vorausgesetzt. Vereinfachend gelte $D = 0$. Der Zustandsvektor $x(t)$ unterscheidet sich vom Beobachterzustand $\hat{x}(t)$ hier nur durch unterschiedliche Anfangszustände x_0 und $\hat{x}_0$. Die Abweichung kann nur über den Ausgangsfehler $\tilde{y}(t)$ ermittelt werden. Mittels einer Beobachterrückführung K muß $x(t)$ an $\hat{x}(t)$ angeglichen werden, so daß der Zustandsfehler verschwindet.

Aus Bild 8.10 lassen sich folgende Grundbeziehungen ablesen:
  Zustandsgleichungen für Strecke und Beobachter:

$$\dot{x}(t) = A\,x(t) + B\,u(t) \quad , \tag{8.53}$$

$$\dot{\hat{x}}(t) = A\,\hat{x}(t) + B\,u(t) + K\,\tilde{y}(t) \tag{8.54}$$

Ausgangsgleichungen

$$y(t) = C\,x(t) \quad , \tag{8.55}$$

$$\hat{y}(t) = C\,\hat{x}(t) \tag{8.56}$$

Ausgangsfehler mit (8.55) und (8.56)

$$\tilde{y}(t) = y(t) - \hat{y}(t) = C\left[\,x(t) - \hat{x}(t)\,\right] \tag{8.57}$$

Zustandsfehler (Schätzfehler)

$$\tilde{x}(t) = x(t) - \hat{x}(t) \tag{8.58}$$

Zustandsfehlergleichung mit (8.53) bis (8.58)

$$\dot{\tilde{x}}(t) = \dot{x}(t) - \dot{\hat{x}}(t) = (A - K\,C)\,\tilde{x}(t) \quad . \tag{8.59}$$

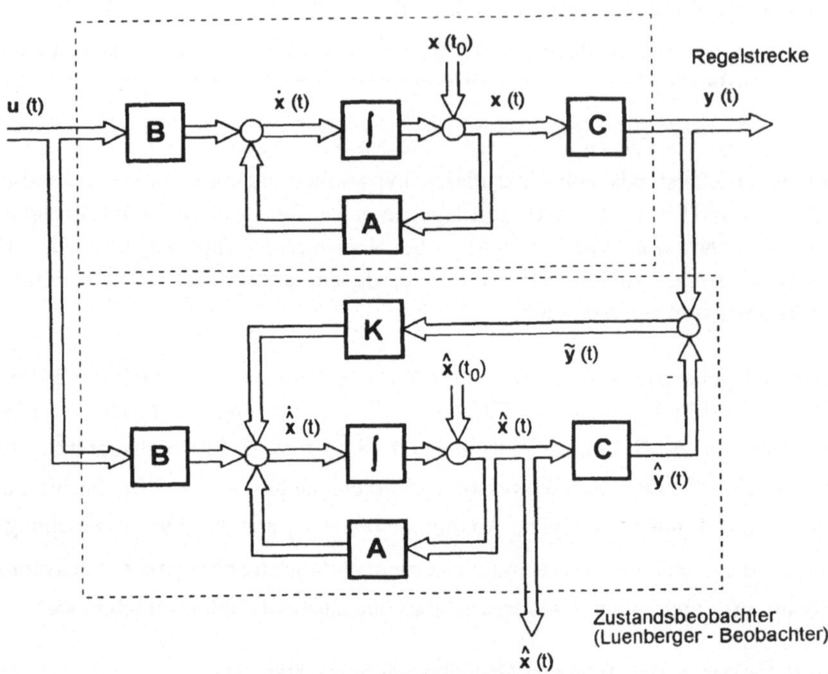

Bild 8.10: Wirkungsplan eines Zustandsbeobachters (Luenberger-Beobachter)
            an einer MIMO-C-Regelstrecke

K ist so zu wählen, daß die Eigenwerte der Dynamikmatrix $(A - K\,C)$ negative Realteile aufweisen, damit $\tilde{x}(t)$ asymptotisch verschwindet. Um die Methoden des Zustandsregler-Entwurfs anwenden zu können, muß die Beobachterregelung der Grundstruktur in Bild 8.2 und (8.59) der Beschreibung nach (8.10) angeglichen werden. Dies geschieht durch Transponieren von $(A - K\,C)$, wodurch die Eigenwerte nicht verändert werden. Aus

$$(A - K\,C)^T = A^T - C^T\,K^T$$

geht im Vergleich mit (8.10) hervor, daß die fiktive Zustandsregelung im Beobachterkreis durch die Streckenmatrizen A^T und C^T sowie durch die Reglermatrix K^T beschrieben wird und entsprechend zu entwerfen ist. Für den Reglerentwurf muß die vollständige Steuerbarkeit dieser Strecke gewährleistet sein, d.h. die Steuerbarkeitsmatrix nach (8.2) lautet jetzt

$$\bar{Q}_S = [\,C^T,\ A^T\,C^T,\ \dots\ ,\ (A^T)^{n-1}\,C^T\,]$$

und stimmt mit der Beobachtbarkeitsmatrix Q_B nach (8.6) überein. Daraus folgt, daß der Beobachterentwurf mittels Eigenwertvorgabe dann und nur dann durchführbar ist, wenn die Regelstrecke vollständig beobachtbar ist.

Zustandsbeobachter in Zustandsregelung

Prinzipiell kann der Zustandsbeobachter in allen Typen von Zustandsregelungen eingesetzt werden. Es ist dann erforderlich, sein Zusammenwirken mit den übrigen Bestandteilen einer Zustandsregelungsstruktur zu untersuchen. Am Beispiel einer MIMO-Zustandsregelung mit vollständigem Zustandsbeobachter sollen wesentliche Beschreibungsgrundlagen vorgestellt werden.

Die Regelstrecke sei durch (8.1) und (8.5) beschrieben. Da der vollständige Zustandsvektor rekonstruiert wird, gilt für die Reglergleichung

$$u(t) = -R\,\hat{x}(t) \qquad . \tag{8.60}$$

Aus (8.1) folgt mit (8.58) und (8.60)

$$\dot{x}(t) = (A - B\,R)\,x(t) + B\,R\,\tilde{x}(t) \qquad . \tag{8.61}$$

(8.61) kann man mit (8.59) in der Zustandsgleichung $2n$. Ordnung für das Gesamtsystem

$$\begin{bmatrix} \dot{x}(t) \\ \dot{\tilde{x}}(t) \end{bmatrix} = \begin{bmatrix} A - B\,R & B\,R \\ 0 & A - K\,C \end{bmatrix} \begin{bmatrix} x(t) \\ \tilde{x}(t) \end{bmatrix} \tag{8.62}$$

zusammenfassen. Die charakteristische Gleichung des Gesamtsystems lautet somit

$$N_G(p) = \det \begin{bmatrix} p\,I - (A - B\,R) & -B\,R \\ 0 & p\,I - (A - K\,C) \end{bmatrix} = 0 \qquad . \tag{8.63}$$

$N_G(p)$ kann auch als Produkt der charakteristischen Polynome von Zustandsregelung $N_{ZR}(p)$ und Beobachter $N_B(p)$

$$\tag{8.64}$$

$$N_G(p) = N_{ZR}(p)\,N_B(p) = \det\,[\,p\,I - A + B\,R\,] \cdot \det\,[\,p\,I - A + K\,C\,] = 0$$

geschrieben werden. Aus (8.64) ist ersichtlich, daß die Eigenwerte des Beobachters keine Verschiebung der Eigenwerte der Zustandsregelung bewirken. Die Eigenwertvorgabe kann in beiden Komponenten unabhängig voneinander erfolgen, wenn die Strecke vollständig steuerbar und beobachtbar ist. Man bezeichnet diesen Aspekt als *Separationsprinzip*. Aus (8.64) ist auch zu erkennen, daß das Gesamtsystem stabil ist, wenn die

Zustandsregelung und der Zustandsbeobachter als selbständige Komponenten stabil eingestellt sind.

Eigenwertvorgabe für Zustandsbeobachter

Wird der Zustandsbeobachter ausschließlich im Rahmen einer Prozeßanalyse eingesetzt, um nicht meßbare Zustandsgrößen zu rekonstruieren, müssen seine Eigenwerte links von den Eigenwerten der Strecke liegen, damit die Dynamik des Beobachters schneller als die der Strecke ist. Werden die Eigenwerte zu weit nach links verlagert, treten in den zwar kurzen Übergangsvorgängen jedoch große Abweichungen vom Endzustand auf. Der Beobachter wirkt näherungsweise wie ein differenzierendes System.

Wird der Zustandsbeobachter, wie in diesem Abschnitt gezeigt, zusammen mit einer Zustandsregelung eingesetzt, so muß die Beobachterdynamik schneller sein als die der ohne Beobachter entworfenen Zustandsregelung. Dann ist gewährleistet, daß die rekonstruierten Zustandsgrößen weitgehend fehlerfrei für die eigentliche Regelung bereitgestellt werden.

BEISPIEL 8.5:   *Beobachterentwurf für SISO-System*

Für den Zustandsregler-Entwurf erweist es sich als zweckmäßig, von der Regelungsnormalform des Zustandsmodells der SISO-Regelstrecke auszugehen und den übersichtlichen Zusammenhang mit der Übertragungsfunktion zu nutzen (Beispiel 8.2). Entsprechend günstig ist es, beim Entwurf von Zustandsbeobachtern die Beobachtungsnormalform des Zustandsmodells der Strecke zugrunde zu legen bzw. die Übertragungsfunktion in diese Normalform zu überführen.

Eine Regelstrecke mit der Übertragungsfunktion

$$G_S(p) = \frac{b_0 + b_1\, p + \dots + b_{n-1}\, p^{n-1}}{a_0 + a_1\, p + \dots + a_{n-1}\, p^{n-1} + p^n} \tag{8.65}$$

kann durch Systemgleichungen in Beobachtungsnormalform mit

$$A_B = \begin{bmatrix} 0 & & \dots & -a_0 \\ 1 & 0 & \dots & -a_1 \\ 0 & 1 & 0 & \dots & -a_2 \\ \vdots & \vdots & \vdots & & \vdots \\ 0 \dots & & 1 & -a_{n-1} \end{bmatrix} , \quad b_B = \begin{bmatrix} b_0 \\ b_1 \\ \vdots \\ b_{n-1} \end{bmatrix} , \quad c_B^T = [\, 0, \dots, 0, 1 \,]$$

beschrieben werden. Für die Dynamikmatrix des Beobachters ergibt sich damit entsprechend (8.59)

$$A_B - k_B \, c_B^T = \begin{bmatrix} 0 & & & \cdots & -a_0 - k_{B1} \\ 1 & 0 & & \cdots & -a_0 - k_{B2} \\ 0 & 1 & 0 & \cdots & -a_2 - k_{B3} \\ \vdots & & & & \vdots \\ 0 \cdots & & & 1 & -a_{n-1} - k_{Bn} \end{bmatrix} \quad . \tag{8.66}$$

(8.66) weist ebenfalls Beobachtungsnormalform auf, so daß der Zusammenhang zum charakteristischen Polynom des geschlossenen Beobachterkreises einfach hergestellt werden kann. Durch Eigenwertvorgabe für diesen Kreis läßt sich vergleichbar mit dem Entwurf von Zustandsreglern mittels Koeffizientenvergleich k_B ermitteln.

Für die im Beispiel 8.2 angenommene P-T_2-Strecke mit der Übertragungsfunktion (8.21) gilt

$$A_B = \begin{bmatrix} 0 & -\omega_0^2 \\ 1 & -2\,D\,\omega_0 \end{bmatrix} \quad , \quad b_B = \begin{bmatrix} K_S\,\omega_0 \\ 0 \end{bmatrix} \quad , \quad c_B^T = \begin{bmatrix} 0 & 1 \end{bmatrix} \quad .$$

Unter Bezug auf (8.66) ergibt sich für das charakteristische Polynom

$$\det\left[p\,I - \left(A_B - k_B\,c_B^T\right) \right] = p^2 + p\,(2\,D\,\omega_0 + k_{B2}) + \omega_0^2 + k_{B1} \quad . \tag{8.67}$$

Durch zwei Eigenwerte, die links von den Eigenwerten der Zustandsregelung liegen, wird ein charakteristisches Polynom festgelegt, mit dem sich nach Koeffizientenvergleich k_{B1} und k_{B2} ergeben.

Nunmehr steht der rekonstruierte Zustandsvektor der Beobachtungsnormalform $\hat{x}_B(t)$ zur Verfügung. Da die Zustandsregelung im Beispiel 8.2 auf Grundlage der Regelungsnormalform entworfen wurde, ist bei Verwendung des Beobachterzustandes eine Umrechnung mit der Transformationsgleichung

$$\hat{x}_R(t) = \frac{1}{K_S\,\omega_0^2} \begin{bmatrix} 0 & 1 \\ 1 & -2\,D\,\omega_0 \end{bmatrix} \hat{x}_B(t) \tag{8.68}$$

erforderlich. Der Wirkungsplan für die Zustandsregelung der P-T_2-Strecke unter Verwendung eines vollständigen Zustandsbeobachters ist im Bild 8.11 darstellt.

Für den Spezialfall einer Regelstrecke mit ungedämpftem Schwingungsverhalten, d.h. mit dem Dämpfungsgrad $D = 0$, wurde im Beispiel 8.2 eine Zustandsregelung mit P-T_2-Verhalten ($D^* = 1$, $\omega_0^* = 2\,\omega_0$) entworfen. Es sei nun angenommen, daß die beiden

Zustandsgrößen $x_{R1}(t)$ *und* $x_{R2}(t)$ *rekonstruiert werden müssen. Die Eigenwerte des dafür erforderlichen Zustandsbeobachters sollen beide durch* $\omega_{0B}^{*} = 10\,\omega_0$ *bestimmt sein.*

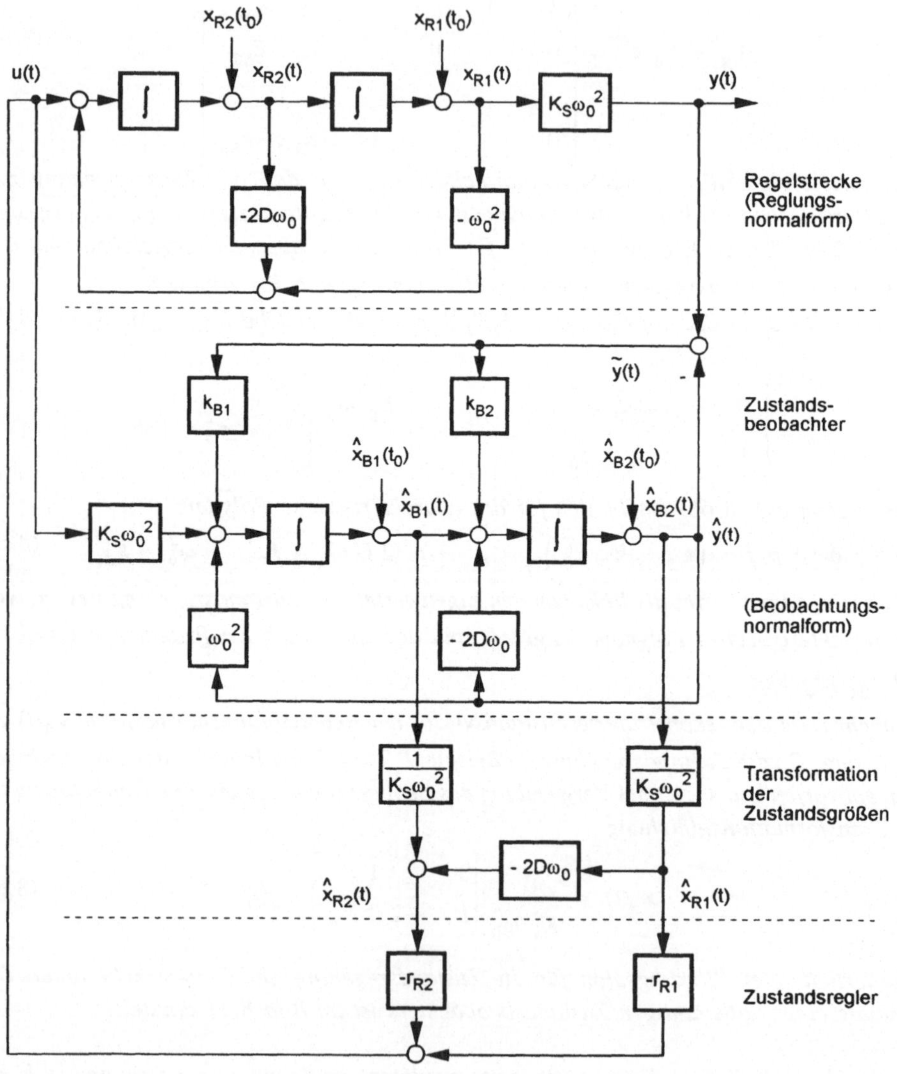

Bild 8.11: Wirkungsplan einer Zustandsregelung mit Zustandsbeobachter

Der Koeffizientenvergleich zwischen dem damit festgelegten Vorgabepolynom und dem charakteristischen Polynom (8.67) für D = 0 ergibt gemäß

$$p^2 + p\, k_{B2} + \omega_0^2 + k_{B1} = (p + 10\,\omega_0)^2 = p^2 + p\, 20\,\omega_0 + 100\,\omega_0^2$$

für die Beobachterrückführung $k_{B1} = 99\,\omega_0^2$ und $k_{B2} = 20\,\omega_0$.

Unter Bezug auf Bild 8.11 sind für $\omega_0 = 1$ und $K_S = 1$ im Bild 8.12 die Verläufe der beobachteten Zustandsgrößen $\hat{x}_{R1}(t)$ und $\hat{x}_{R2}(t)$ dargestellt. Nach einer kurzen Beobachtungsdauer ergeben sich im Rahmen der im Beispiel 8.2 entworfenen Zustandsregelung Übergangsvorgänge, die mit denen im Bild 8.4 vergleichbar sind. Die Abweichungen werden durch die Eigenwertvorgabe für den Zustandsbeobachter gering gehalten. Der Stellaufwand erhöht sich gegenüber der Zustandsregelung ohne Beobachter allerdings erheblich.

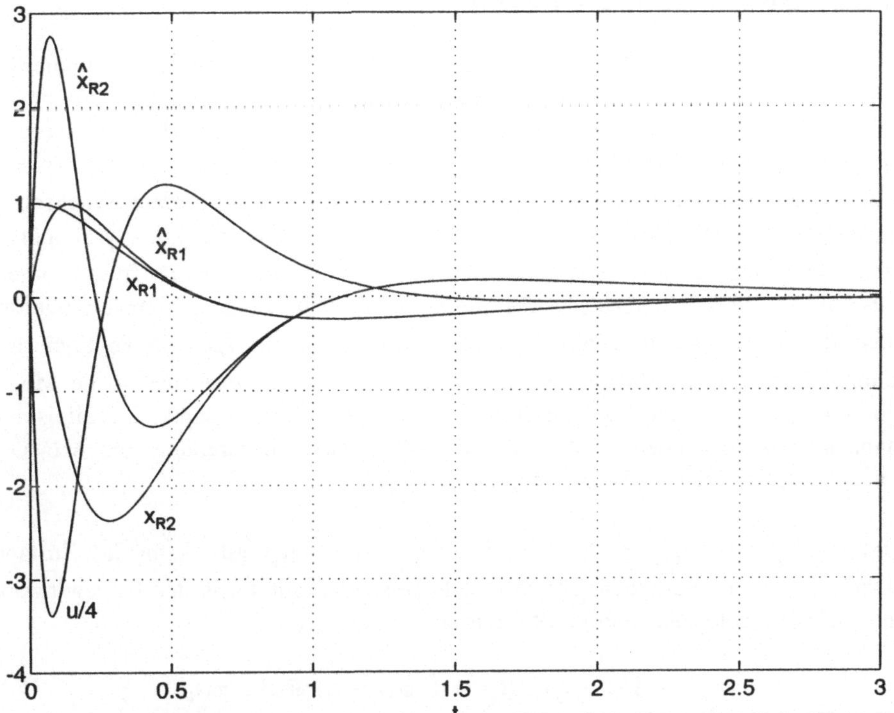

Bild 8.12: Zustandsgrößen- und Stellgrößen-Verläufe für eine Zustandsregelung mit P-T₂-Regelstrecke und Zustandsbeobachter

8.2 Zeitdiskrete Zustandsregelungen

8.2.1 Zustandsmodell und Eigenschaften der Regelstrecke

Zeitdiskrete Zustandsregelungen unterscheiden sich von den im Abschn. 8.1 behandelten kontinuierlichen Zustandsregelungen durch die zeitdiskrete Verarbeitung der Zustands- und Ausgangssignale kontinuierlicher Regelstrecken sowie die steuernde Beeinflussung dieses Streckentyps mit zeitdiskreten Stell- bzw. Steuersignalen. Wie bei zeitdiskreten Ausgangsregelungen (Abschn. 6) wird die Analog-Digital-Umsetzung der kontinuierlichen Zustands- und Ausgangssignale durch ideale Abtastvorgänge und die Digital-Analog-Umsetzung der Stell-/Steuersignale durch Haltevorgänge 0. Ordnung charakterisiert.

8.2.1.1 Zustandsmodell der Regelstrecke

Grundlage für die Beschreibung des Regelstreckenverhaltens bildet das kontinuierliche LZI-MIMO-Zustandsmodell im Abschn. 3.2.2 mit der zugehörigen Blockdarstellung nach Bild 3.31. Wie Bild 8.13 ausweist, werden die r kontinuierlichen Regel- bzw. Ausgangsgrößen und die n kontinuierlichen Zustandsgrößen - zusammengefaßt in den Vektoren $y(t)$ und $x(t)$ - im Zusammenhang mit der Analog-Digital-Umsetzung ideal, synchron und äquidistant mit der Tastperiodendauer T abgetastet, so daß die Vektoren $y(k)$ und $x(k)$ entstehen. Eingangsseitig bewirkt der Speichereffekt im Digital-Analog-Umsetzvorgang, daß m zeitdiskrete Steuersignale in gestufte kontinuierliche Eingangssignale umgeformt werden, d.h. daß aus dem zeitdiskreten Steuervektor $u(k)$ der spezielle kontinuierliche Eingangsvektor $\bar{u}(t)$ gebildet wird. Bezieht man die Umsetzvorgänge in die Modellbeschreibung ein, so kann wie im Bild 8.13 dargestellt, insgesamt ein zeitdiskretes Zustandsmodell angegeben werden, das der allgemeinen Darstellung von MIMO-D-Übertragungsgliedern nach Bild 3.35 entspricht.

Im Interval $t_k \leq t < t_{k+1}$, $k = 0, 1, 2, \ldots$, in dem $\bar{u}(t) = u(t_k)$ gilt, kann das Zustandsverhalten der kontinuierlichen LZI-MIMO-Regelstrecke auf Basis der Bewegungsgleichung (3.184) mit (3.185) und (3.190) durch

$$x(t) = \phi(t - t_k)\, x(t_k) + \int\limits_{t_k}^{t} \phi(t - \tau)\, B\, d\tau\, u(t_k) \tag{8.69}$$

beschrieben werden. Bei zeitlicher Diskretisierung mit $t = t_{k+1}$ sowie unter Annahme äquidistanter Abtastung mit der Periodendauer T, d.h. für $t_{k+1} - t_k = T$, $k = 0, 1, 2, \ldots$, ergibt sich aus (8.69)

$$x(t_{k+1}) = \phi(t_{k+1} - t_k)\, x(t_k) + \int_{t_k}^{t_{k+1}} \phi(t_{k+1}-\tau)B\, d\tau\, u(t_k)$$

$$= \phi(T)\quad x(t_k) + \quad H(T)\quad u(t_k) \quad . \tag{8.70}$$

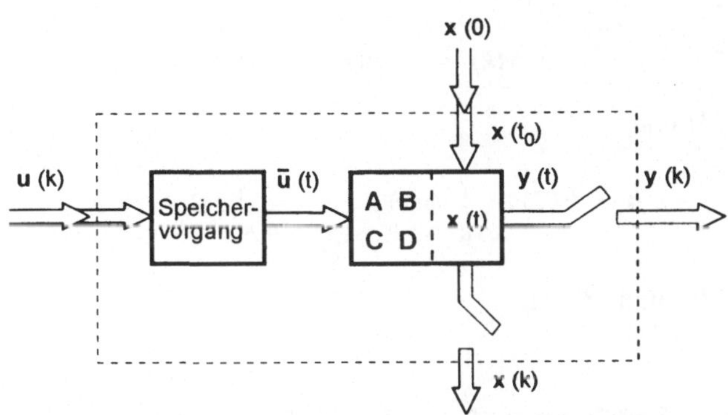

Bild 8.13: Zeitdiskrete LZI-MIMO-Regelstrecke (Blockbild)

Die Vektordifferenzengleichung (8.70) für die Beschreibung des Zustandsverhaltens der Gesamtregelstrecke nach Bild 8.13 ist vergleichbar mit (3.207), so daß in entsprechender Schreibweise nachfolgend

$$x(k+1) = G\, x(k) + H\, u(k) \tag{8.71}$$

verwendet werden kann. Die zeitdiskrete Ausgangsgleichung erhält man durch zeitliche Diskretisierung von (3.183) übereinstimmend mit (3.208) zu

$$y(k) = C\, x(k) + D\, u(k) \quad . \tag{8.72}$$

Für die zeitdiskrete MIMO-Gesamtregelstrecke ergeben sich aus dem kontinuierlichen Basismodell die Systemmatrix zu

$$G = \phi(T) = e^{AT} \tag{8.73}$$

und die Eingangs-(Steuer-)Matrix mit $v = t_{k+1} - \tau$ zu

$$H = H(T) = \int_0^T \phi(v)dv\, B \quad . \tag{8.74}$$

Aus (3.189) folgt für reguläre A

$$\phi(v) = A^{-1}\, \dot{\phi}(v) \quad . \tag{8.75}$$

Mit (8.73), (8.75) sowie (3.188) kann (8.74) auch in der Form

$$H = H(T) = A^{-1} (G - I) B \tag{8.76}$$

geschrieben werden.

Im Falle einer LZI-SISO-Regelstrecke lauten die Systemgleichungen

$$x(k+1) = G \, x(k) + h \, u(k) \quad , \tag{8.77}$$

$$y(k) = c^T \, x(k) + d \, u(k) \tag{8.78}$$

mit G nach (8.73) und

$$h = h(T) = \int_0^T \phi(v) \, dv \, b = A^{-1} (G - I) \, b \tag{8.79}$$

entsprechend (8.74) und (8.76).

BEISPIEL 8.6:   *Zeitdiskretes Zustandsmodell einer Regelstrecke, bestehend aus DAU, I^2-Strecke und ADU*

Entfallen im Feder-Masse-Dämpfer-System nach Beispiel 3.13 Feder und Dämpfer, so liegt ein kontinuierliches I^2-System vor. Dessen Systemgleichungen werden für die Masse $m = 1$ nach (3.228) bis (3.231) durch

$$A = \begin{bmatrix} 0 & 1 \\ 0 & 0 \end{bmatrix} \, , \; b = \begin{bmatrix} 0 \\ 1 \end{bmatrix} \, , \; c^T = [\, 1 \quad 0 \,] \, , \; d = 0$$

bestimmt. Darauf aufbauend sind für das zeitdiskrete Zustandsmodell G und h zu ermitteln.

Wegen $A^k = 0$ für $k \geq 2$ ergibt sich G nach (8.73) in einfacher Weise durch Reihenentwicklung gemäß (3.187) zu

$$G = \phi(T) = e^{AT} = I + AT = \begin{bmatrix} 1 & T \\ 0 & 1 \end{bmatrix} . \tag{8.80}$$

Nach (8.79) erhält man den Eingangsvektor zu

$$h(T) = \int_0^T \phi(v) \, dv \, b = \int_0^T \begin{bmatrix} \sigma(v) & v \\ 0 & \sigma(v) \end{bmatrix} \begin{bmatrix} 0 \\ 1 \end{bmatrix} dv$$

$$= \int_o^T \begin{bmatrix} v \\ \sigma(v) \end{bmatrix} dv = \begin{bmatrix} T^2/2 \\ T \end{bmatrix} . \tag{8.81}$$

Zur Kontrolle soll die zugehörige diskrete Übertragungsfunktion nach (3.224) berechnet werden.
Es gilt:

$$G(z) = c^T (z I - G)^{-1} h$$

$$= [\, 1 \quad 0 \,] \begin{bmatrix} z-1 & -T \\ 0 & z-1 \end{bmatrix}^{-1} \begin{bmatrix} T^2/2 \\ T \end{bmatrix}$$

$$= \frac{T^2}{2} \frac{z+1}{(z-1)^2} \quad . \tag{8.82}$$

(8.82) stimmt überein mit dem Ergebnis der Berechnung nach (6.28):

$$G(z) = \mathfrak{Z} \{G_H(p)\ G(p)\} = (1 - z^{-1})\ \mathfrak{Z} \left\{\frac{1}{p^3}\right\} \quad .$$

8.2.1.2 Steuerbarkeit und Beobachtbarkeit

Wie bereits im Abschn. 8.1.1 dargestellt, sind die Steuerbarkeit und die Beobachtbarkeit generelle Systemeigenschaften. Damit gelten die in den Abschnitten 8.1.1.1 und 8.1.1.2 eingeführten Steuerbarkeits- und Beobachtbarkeitsbedingungen prinzipiell auch für zeitdiskrete MIMO-Systeme nach (3.207) und (3.208) bzw. für zeitdiskrete SISO-Systeme nach (3.217) und (3.218).

Für den im Abschn. 8.2.1.1 behandelten Fall, wonach dem zeitdiskreten Zustandsmodell eine Regelstrecke, bestehend aus DAU, kontinuierlicher Strecke und ADU zugrunde liegt, sind anstelle von A und B bzw. b die T-abhängigen Matrizen G und H bzw. h nach (8.73), (8.74) und (8.79) zur Beurteilung von Steuerbarkeit und Beobachtbarkeit einzuführen.

Steuerbarkeit

Vergleichbar mit den Ausführungen im Abschn. 8.1.1.1 gilt:

Ein LZI-MIMO-System, das durch die Zustandsgleichung

$$x\,(k + 1) = G\ x(k) + H\ u(k)$$

beschrieben wird, ist dann und nur dann vollständig steuerbar, wenn es in einer endlichen Anzahl von N Abtastschritten aus jedem Anfangszustand $x(0)$ in den Endzustand $x(N)$ überführt werden kann. Dazu muß die $(n,\ n\ m)$-Steuerbarkeitsmatrix

$$\bar{Q}_S = [\ H,\ G\ H,\ \dots\ ,\ G^{n-1}\ H\ ] \tag{8.83}$$

den Rang n aufweisen, d.h. n Spaltenvektoren müssen linear unabhängig sein.

Im Eingrößenfall ist in (8.83) H durch h gemäß (8.77) zu ersetzen. Aus der Bewegungsgleichung (3.219) folgt, daß die erforderliche Mindestschrittzahl $N = n$ ist, vorausgesetzt, daß $u(k)$ und damit $\bar{u}(t)$ unbeschränkt wirken können. Sind Stellbeschränkungen zu berücksichigen, muß $N > n$ sein.
Bei Mehrgrößensystemen mit m zeitdiskreten Steuersignalen verringert sich die Mindestschrittzahl, da mehr Einflußmöglichkeiten zur Realisierung der Steuerungsaufgabe zur Verfügung stehen.

Beobachtbarkeit

Entsprechend Abschn. 8.1.1.2 gilt:

Ein LZI-MIMO-System, das durch die Zustandsgleichung (8.71) und
$$y(k) = C\ x(k)$$
beschrieben wird, ist dann und nur dann vollständig beobachtbar, wenn bei bekanntem zeitdiskreten Steuervektor $u(k)$ aus der Messung des zeitdiskreten Ausgangsvektors $y(k)$ über eine endliche Anzahl von Abtastschritten der Anfangszustand $x(0)$ bestimmt werden kann.
Dazu muß die $(n\ r,\ n)$-Beobachtbarkeitsmatrix

$$\bar{Q}_B = \begin{bmatrix} C \\ C\ G \\ \vdots \\ C\ G^{n-1} \end{bmatrix} \tag{8.84}$$

den Rang n aufweisen, d.h. n Zeilenvektoren müssen linear unabhängig sein.

Für Eingrößensysteme gilt (8.84) entsprechend, wenn anstelle von C der Ausgangsvektor c^T eingesetzt wird. Die erforderliche Mindestanzahl von Gliedern der Ausgangswertefolge ergibt sich aus der Ordnung der kontinuierlichen Strecke zu $N = n$.

Wie auch im kontinuierlichen Fall ist die vollständige Steuerbarkeit eine wesentliche Voraussetzung für den Entwurf und die Realisierung zeitdiskreter Zustandsregelungen. Gleiches gilt auch für die vollständige Beobachtbarkeit im Zusammenhang mit der Rekonstruktionsaufgabe bei zeitdiskreten Zustandsbeobachtern. Vollständige Steuer- und Beobachtbarkeit muß zudem vorliegen, wenn zeitdiskrete Übertragungsmodelle in der z-Ebene in Form von diskreten Übertragungsfunktionen das Systemverhalten ohne verdeckte Pol-Nullstellen-Kürzungen beschreiben sollen.

Die vollständige Steuerbarkeit und Beobachtbarkeit kontinuierlicher Regelstrecken bietet infolge der T-Abhängigkeit der System- und Eingangsmatrizen nicht unbedingt die Gewähr dafür, daß diese Eigenschaften auch in den entsprechenden zeitdiskreten Modellen erhalten bleiben. Zusätzlich ist noch zu fordern, daß verschiedene Eigenwerte λ_i und λ_j der Systemmatrix A auch verschiedene Eigenwerte $e^{\lambda_i T}$ und $e^{\lambda_j T}$ des zeitdiskreten Systems zur Folge haben, d.h. daß bei $\lambda_i \neq \lambda_j$ und $Re\,\lambda_i = Re\,\lambda_j$ für die Imaginärteile

$$Im\,(\lambda_i - \lambda_j) \neq \frac{2v\pi}{T}\,, \quad v = \pm 1,\ \pm 2,\ ...,\ \text{gelten muß.}$$

BEISPIEL 8.7:   *Abhängigkeit der Steuer- und Beobachtbarkeit von der Abtastperiodendauer T*

Wie in den Beispielen 8.2 und 8.5 sei ein ungedämpftes Schwingungsglied als kontinuierlicher Systemteil angenommen. Somit gilt für $\omega_0 = 1$ und $K_S = 1$

$$A = \begin{bmatrix} 0 & 1 \\ -1 & 0 \end{bmatrix}\,, \quad b = \begin{bmatrix} 0 \\ 1 \end{bmatrix}\,, \quad c^T = [\,1 \quad 0\,]\,.$$

Nach (8.4) erhält man

$$Q_S = [\,b \quad A\,b\,] = \begin{bmatrix} 0 & 1 \\ 1 & 0 \end{bmatrix}$$

mit Rang $Q_S = 2$ bzw. det $Q_S \neq 0$ und nach (8.8)

$$Q_B = \begin{bmatrix} c^T \\ c^T A \end{bmatrix} = \begin{bmatrix} 1 & 0 \\ 0 & 1 \end{bmatrix}$$

mit Rang $Q_B = 2$ *bzw.* $\det Q_B \neq 0$. *Das vorgegebene kontinuierliche System 2. Ordnung ist somit vollständig steuer- und beobachtbar. Es soll nunmehr gemäß Abschn. 8.2.1.1 in ein zeitdiskretes Zustandsmodell eingebunden werden, das durch die Systemgleichungen (8.71) und (8.72) beschrieben wird. Dafür sind* G *und* h *nach (8.73) bzw. (8.79) zu bestimmen.*

Mit (3.194) erhält man für die Übergangsmatrix des Systems mit den beiden Eigenwerten $\lambda_1 = j$ *und* $\lambda_2 = -j$

$$\phi(t) = \mathscr{L}^{-1}\left\{\begin{bmatrix} p & -1 \\ 1 & p \end{bmatrix}^{-1}\right\} = \mathscr{L}^{-1}\left\{\frac{1}{p^2+1}\begin{bmatrix} p & 1 \\ -1 & p \end{bmatrix}\right\}$$

$$= \begin{bmatrix} \cos t & \sin t \\ -\sin t & \cos t \end{bmatrix}. \tag{8.85}$$

Nach (8.73) lautet somit die Systemmatrix

$$G = \begin{bmatrix} \cos T & \sin T \\ -\sin T & \cos T \end{bmatrix}. \tag{8.86}$$

Aus (8.79) folgt mit (8.85) für den Eingangsvektor

$$h = \int_0^T \begin{bmatrix} \cos v & \sin v \\ -\sin v & \cos v \end{bmatrix} dv \begin{bmatrix} 0 \\ 1 \end{bmatrix}$$

$$= \begin{bmatrix} 1-\cos T \\ \sin T \end{bmatrix}. \tag{8.87}$$

Die Überprüfung der Steuerbarkeit dieses zeitdiskreten Systems erfolgt nun gemäß (8.83) mit (8.86) und (8.87) durch

$$\bar{Q}_S = [\, h, \quad G\,h\,] = \begin{bmatrix} 1-\cos T & \cos T - \cos 2T \\ \sin T & -\sin T + \sin 2T \end{bmatrix}. \tag{8.88}$$

Es ist Rang $\bar{Q}_S = 2$ *für* $T \neq \nu\pi$, $\nu = \pm1, \pm2, \ldots$, *d.h. das System ist vollständig steuerbar. Das gilt zum Beispiel nicht für* $T = \pi$, *da sich in diesem Fall mit (8.88) die Steuerbarkeitsmatrix* $\bar{Q}_S = \begin{bmatrix} 2 & -2 \\ 0 & 0 \end{bmatrix}$ *ergibt und somit* $\det \bar{Q}_S = 0$ *ist.*

Die vollständige Beobachtbarkeit ist gesichert, wenn $\bar{Q}_B$ *nach (8.84) mit (8.86) und* c^T *den Rang n aufweist.*

Aus

$$\bar{Q}_B = \begin{bmatrix} c^T \\ c^T G \end{bmatrix} = \begin{bmatrix} 1 & 0 \\ \cos T & \sin T \end{bmatrix}$$

folgt Rang $\bar{Q}_B = 2$ *für* $T \neq \nu \pi$, $\nu = \pm 1, \pm 2, \dots$ *Das System ist zum Beispiel nicht*

beobachtbar für $T = \pi$, *da sich dann mit* $\bar{Q}_B = \begin{bmatrix} 1 & 0 \\ -1 & 0 \end{bmatrix}$ *für die Determinante*

$\det \bar{Q}_B = 0$ *ergibt.*

8.2.2 Grundstruktur von zeitdiskreten Zustandsregelungen

Die Integration der kontinuierlichen Regelstrecke in eine zeitdiskrete Zustandsregelung geschieht auf Grundlage des zeitdiskreten Zustandsmodells, das im Abschn. 8.2.1.1 eingeführt wurde. Auf diese Weise ergibt sich eine Grundstruktur der zeitdiskreten Zustandsregelung nach Bild 8.14, die mit der für die kontinuierliche Zustandsregelung im Bild 8.2 prinzipiell übereinstimmt. Unter Bezug auf den Wirkungsplan im Bild 3.37 und das Blockbild nach Bild 8.13 muß neben der zeitdiskreten Signalbeschreibung und der Verschiebeoperation, gekennzeichnet durch T, die Systemmatrix G und die Eingangs-matrix H zur Charakterisierung der Regelstrecke genutzt werden. Die konstante Zu-standsreglermatrix sei zur Unterscheidung von der kontinuierlichen Zustandsregelung mit $\bar{R}$ bezeichnet.

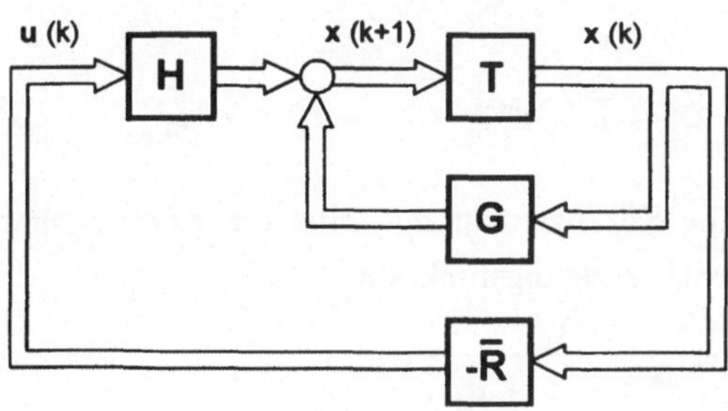

Bild 8.14:
Wirkungsplan einer zeitdiskreten
Zustandsregelung

Für die geschlossene Grundstruktur gilt im Mehrgrößenfall nach Bild 8.14 mit der Zustandsgleichung (8.71) und der Reglergleichung

$$u(k) = -\bar{R}\,x(k) \tag{8.89}$$

$$x(k + 1) = (G - H\,\bar{R})\,x(k) \quad . \tag{8.90}$$

Im Eingrößenfall lautet die Dynamikgleichung

$$x(k + 1) = (G - h\,\bar{r}^T)\,x(k) \quad . \tag{8.91}$$

Für den Zustandsreglerentwurf auf Basis von (8.90) oder (8.91) gelten die gleichen Grundaussagen wie im Abschn. 8.1.2. Ausgehend von beliebigen Anfangszuständen sind stabile, nicht zu stark oszillierende sowie hinreichend schnelle Übergangsvorgänge anzustreben. Eine wesentliche Methode ist der Reglerentwurf mit Eigenwert- bzw. Polvorgabe entsprechend Abschn. 8.1.2.2. Anstelle von (8.12) gilt hier für das charakteristische Polynom

$$\det\left[\, z\,I - (G - H\,\bar{R}\,)\,\right] = \prod_{i=1}^{n}\,(z - z_i) \quad . \tag{8.92}$$

Durch Vorgabe gewünschter Eigenwerte bzw. Pole z_i^* können über einen Koeffizientenvergleich die Reglerparameter bestimmt werden. Die Lage der Pole z_i^* im Inneren des Einheitskreises muß mit Blick auf die Gütebewertungen im Abschn. 6.3 erfolgen.

Im Eingrößenfall können bei einer vollständig steuerbaren Regelstrecke n. Ordnung in Regelungsnormalform durch Koeffizientenvergleich entsprechend (8.19) die n Reglerparameter

$$\bar{r}_{Ri} = \bar{a}_{i-1}^* - a_{i-1} \quad , \quad i = 1, 2, \dots, n \quad , \tag{8.93}$$

gefunden werden, mit denen sich jeder beliebige Eigenwert einstellen läßt. Mit den gewünschten z_i^* ergeben sich aus

$$N^*(z) = \prod_{i=1}^{n}\,(z - z_i^*) = z^n + \bar{a}_{n-1}^*\,z^{n-1} + \dots + \bar{a}_1^*\,z + \bar{a}_0^* \tag{8.94}$$

die in (8.93) benötigten $\bar{a}^*$-Werte. Die Koeffizienten a_{i-1} sind die Koeffizienten des Nennerpolynoms der diskreten Streckenübertragungsfunktion

$$G(z) = \frac{B(z)}{z^n + a_{n-1}\,z^{n-1} + \dots + a_1\,z + a_0} \quad . \tag{8.95}$$

Eine spezifische Eigenwert- bzw. Pollage ist erforderlich, wenn - wie bei der zeitdiskreten Ausgangsregelung nach Abschn. 6.5.2 - Deadbeat-Verhalten für den Übergangsvorgang verlangt wird. In diesem Falle müssen sämtliche Pole des geschlossenen Systems im Ursprung der z-Ebene liegen, d.h. für (8.94) ergibt sich $N^*(z) = z^n$ und nach (8.93) für die Reglerparameter

$$\bar{r}_{Ri} = -a_{i-1} \quad , \quad i = 1, 2, \dots, n \quad . \tag{8.96}$$

Bild 8.15 verdeutlicht den Wirkungsablauf in einer solchen Deadbeat-Zustandsregelung. Für die Streckendarstellung in Regelungsnormalform genügen in der Grundform der Zustandsregelung die Zustandsrückkopplungen über die Koeffizienten der homogenen Differenzengleichung. Da nach (8.96) die Zustandsgrößen durch den Zustandsregler mit gleicher Bewertung und umgekehrten Vorzeichen rückgeführt werden, wird am Eingang der Regelstrecke ein Nullzustand erzeugt, der in $N = n$ Schritten im Sinne eines "Schieberegisters" bis zum Streckenausgang geschoben wird. Auf diese Weise entsteht dann insgesamt $x(N) = 0$.

Natürlich ist auch die Deadbeat-Zustandsregelung parameterempfindlich; ebenso muß man bei minimaler Schrittzahl mit einem erheblichen Stellaufwand rechnen. Es ist daher unter Umständen vorteilhaft, nicht alle Pole in den Ursprung der z-Ebene zu legen.

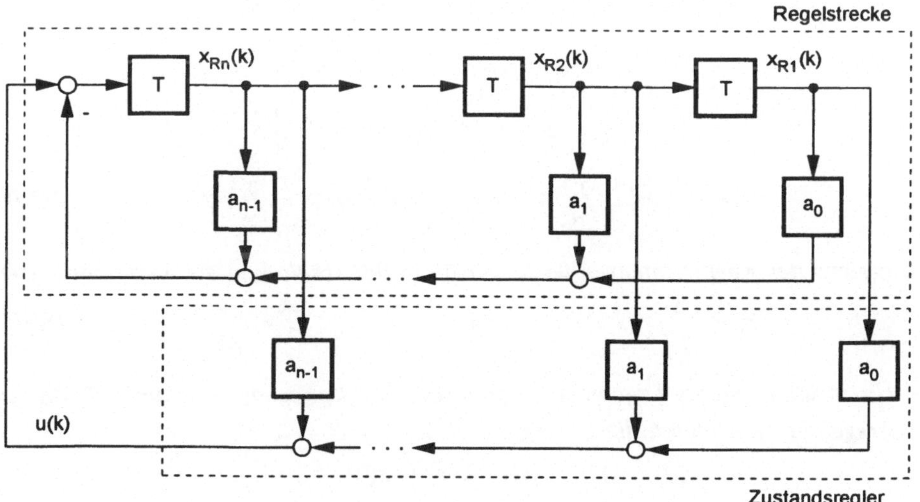

Bild 8.15: Wirkungsplan einer Deadbeat-Zustandsregelung

Liegt für die Regelstrecke eine andere Form der Zustandsbeschreibung vor, so kann auch im zeitdiskreten Fall der Reglerentwurf nach *Ackermann* vorgenommen werden.

BEISPIEL 8.8:   *Deadbeat-Zustandsregelung mit einer I^2-Strecke*

Gemäß Beispiel 8.6 gilt für die Gesamtregelstrecke

$$G = \begin{bmatrix} 1 & T \\ 0 & 1 \end{bmatrix} \quad \text{nach (8.80) und}$$

$$h = \begin{bmatrix} T^2/2 \\ T \end{bmatrix} \quad \text{nach (8.81).}$$

Durch einen Deadbeat-Zustandsregler

$$\bar{r}^T = \begin{bmatrix} \bar{r}_1, \bar{r}_2 \end{bmatrix} \tag{8.97}$$

ist in der Minimalanzahl von $N = n = 2$ Abtastschritten ausgehend vom Anfangszustand

$$x(0) = \begin{bmatrix} 1 \\ 1 \end{bmatrix} \text{ der Endzustand } x(N) = 0 \text{ zu erreichen. Entsprechend (8.92) gilt für das}$$

charakteristische Polynom

$$\det \begin{bmatrix} z\,I - (G - h\,\bar{r})^T \end{bmatrix} = z^2 \tag{8.98}$$

Mit (8.80), (8.81) und (8.97) folgt aus (8.98)

$$\det \begin{bmatrix} z - 1 + \dfrac{T^2}{2\bar{r}_1} & -T + \dfrac{T^2}{2}\,\bar{r}_2 \\[2ex] T\bar{r}_1 & z - 1 + T\bar{r}_2 \end{bmatrix}$$

$$= z^2 - z\left(2 - \frac{T^2}{2}\,\bar{r}_1 - T\bar{r}_2\right) + 1 - T\,\bar{r}_2 + \frac{T^2}{2}\,\bar{r}_1 \tag{8.99}$$

Im Ergebnis des Koeffizientenvergleichs gemäß (8.98) erhält man die Reglerparameter

$$\bar{r}_1 = \frac{1}{T^2} \qquad \text{und} \qquad \bar{r}_2 = \frac{3}{2T} \tag{8.100}$$

Die Überprüfung dieses Ergebnisses erfolgt mit der Bewegungsgleichung für die Zustandsregelung, d.h. durch die Lösung von (8.92) für $N = 2$:

$$x(2) = (G - h\,\bar{r}^T)^2\,x(0)$$

Für beliebige $x(0)$ ist $x(k) = 0$, $k \geq 2$, da mit (8.80), (8.81) und (8.100)

$$(G - h\,\bar{r}^T)^2 = \begin{bmatrix} 1/2 & T/4 \\ -1/T & -1/2 \end{bmatrix}^2 = 0$$

gilt. Die erforderliche Steuerwertefolge ergibt sich gemäß (8.89) mit (8.97) und (8.100) zu

$$u(k) = -\bar{r}^T x(k) = - \left[\frac{1}{T^2} \quad \frac{3}{2\,T} \right] x(k) \quad .$$

Für den ersten Steuerwert erhält man mit

$$x(0) = \begin{bmatrix} 1 \\ 1 \end{bmatrix}$$

$$u(0) = - \frac{1}{T^2} - \frac{3}{2\,T} \quad .$$

Es ist ersichtlich, daß für kleine T-Werte, d.h. hohe Abtastfrequenzen, Steuerwerte erheblicher Größe auftreten, die gegebenenfalls technisch nicht umgesetzt werden können. Abstriche vom idealen Deadbeat-Verhalten bzw. die Verlängerung des Übergangsvorganges sind dann nicht zu vermeiden.

8.2.3 Erweiterte zeitdiskrete Zustandsregelungen

So wie auch im Abschn. 8.1.3 ausgeführt, werden in der Grundstruktur der Zustandsregelung das Führungsverhalten sowie das Verhalten bei äußeren Störungen nicht berücksichtigt. Auch wird davon ausgegangen, daß für die Zustandsregelung ein vollständiger Zustandsvektor zur Verfügung steht. Den genannten Einschränkungen ist durch Erweiterungen der Grundstruktur zu begegnen. Für erweiterte zeitdiskrete Zustandsregelungen gelten in dieser Hinsicht die gleichen Zielstellungen und Strukturvarianten wie für erweiterte kontinuierliche Zustandsregelungen (Abschn. 8.1.3). Lediglich durch den Signaltyp bedingt und unter Bezug auf das Regelstreckenmodell nach Abschn. 8.2.1.1 ergeben sich einige Modifikationen, die nachfolgend vorgestellt werden.

Zustandsregelung mit Vorfilter

Zur Erfüllung der stationären Anforderung an das Führungsverhalten wird entsprechend Abschn. 8.1.3.1 und dem Wirkungsplan im Bild 8.5 eine Vorfiltermatrix $\bar{K}_{VF}$ vorgesehen. Damit erweitert sich die Beschreibung nach (8.90) mit dem Führungsvektor $w(k)$ und dem Ausgangsvektor $y(k)$ entsprechend (8.28) auf

$$x(k+1) = \left(G - H\,\bar{R} \right) x(k) + H\,\bar{K}_{VF}\,w(k) \bigr) \quad , \tag{8.101}$$

$$y(k) = C \quad x(k) \tag{8.102}$$

Für das stationäre Verhalten gilt bei konstantem w für den Zustand $x(k+1) = x(k) = x_\infty$
und mit (8.101)

$$(I - G + H \bar{R}) \, x_\infty = H \, \bar{K}_{VF} \, w \tag{8.103}$$

und für den Ausgangsvektor nach (8.102)

$$y_\infty = C \, x_\infty \quad . \tag{8.104}$$

Aus (8.103) und (8.104) folgt, daß die stationäre Forderung $y_\infty = w$ erfüllt ist, wenn
die konstante Vorfiltermatrix nach

$$\bar{K}_{VF} = \left(C \, (I - G + H\bar{R})^{-1} \, H \right)^{-1} \tag{8.105}$$

berechnet wird.

Zustandsregelung mit PI-Ausgangsregelung

Mit der Kombination zeitdiskreter Zustands- und Ausgangsregelungen werden Zielstellungen verfolgt, die prinzipiell denen in Abschn. 8.1.3.2 entsprechen. Die im
Bild 8.16 dargestellte Struktur mit zeitdiskretem PI-Regler tritt häufig bei der Realisierung von Servosystemen auf.

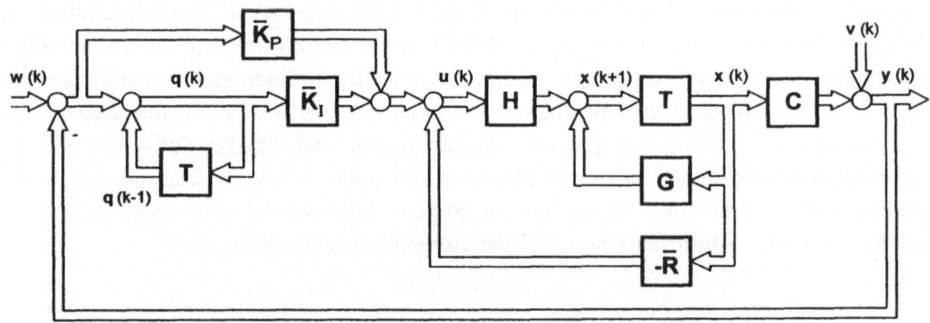

Bild 8.16: Wirkungsplan einer zeitdiskreten Zustandsregelung mit
PI-Ausgangsregelung

Den Ausgangsvektor des Integrators berechnet man gemäß Bild 8.16 wie folgt:

$$q(k) = q(k-1) + w(k) - y(k) \quad ,$$

$$q(k+1) = q(k) + w(k+1) - y(k+1) \quad . \tag{8.106}$$

Für $w(k) = 0$ und $v(k) = 0$ ergibt sich mit (8.71) und (8.72) aus (8.106)

$$q(k + 1) = - C\,G\,x(k) + q(k) - C\,H\,u(k) \tag{8.107}$$

sowie für das erweiterte Streckenmodell entsprechend (8.39)

$$\begin{bmatrix} x(k+1) \\ q(k+1) \end{bmatrix} = \begin{bmatrix} G & 0 \\ -C\,G & I \end{bmatrix} \begin{bmatrix} x(k) \\ q(k) \end{bmatrix} + \begin{bmatrix} H \\ -C\,H \end{bmatrix} u(k) \quad . \tag{8.108}$$

Für den Steuervektor erhält man nach Bild 8.16 mit $w(k) = 0$ entsprechend (8.40)

$$u(k) = \begin{bmatrix} -\,(\bar{R} + \bar{K}_P\,C), & \bar{K}_I \end{bmatrix} \begin{bmatrix} x(k) \\ q(k) \end{bmatrix} \quad . \tag{8.109}$$

Die aus (8.108) und (8.109) resultierende Systemmatrix der Gesamtstruktur bietet den Zugang zur Untersuchung der Einflüsse von $\bar{R}$, $\bar{K}_P$ und $\bar{K}_I$ auf die Eigendynamik und die Basis für den Entwurf des Führungs- und Störverhaltens dieser kombinierten Regelung.

Zustandsregelung mit Störgrößenaufschaltung

Entsprechend den Ausführungen im Abschn. 8.1.3.3 und dem Wirkungsplan im Bild 8.9 kann im Falle der zeitdiskreten MIMO-Zustandsregelung mit einem meßbaren Störvektor $v(k)$ für $w(k) = 0$ das Systemverhalten durch

$$x(k+1) = G\,x(k) + H\,u(k) + E\,v(k) \quad ,$$

$$y(k) = C\,x(k)$$

beschrieben werden. Der Einfluß von $v(k)$ auf $x(k+1)$ wird ausgeschaltet bzw. minimiert, wenn ein Aufschaltvektor

$$u_v(k) = K_{Av}\,v(k)$$

mit

$$K_{Av} = -\,(H^T\,H)^{-1}\,H^T\,E$$

realisiert werden kann.

Zustandsregelung mit Zustandsbeobachter

Bei den bisher behandelten Formen der zeitdiskreten Zustandsregelung wurde davon ausgegangen, daß der zeitdiskrete Zustandsvektor im vollen Umfang zur Verfügung steht. So wie im Abschn. 8.1.3.4 dargelegt, müssen jedoch häufig einige oder alle Zustands-

größen durch Beobachtung rekonstruiert werden. Im letzteren Fall ist in die Regelungs-
struktur ein vollständiger Zustandsbeobachter zu integrieren.

Vergleichbar mit dem Wirkungsplan eines kontinuierlichen Zustandsbeobachters an einer
MIMO-C-Regelstrecke im Bild 8.10 gilt im zeitdiskreten Fall der Wirkungsplan
nach Bild 8.17.

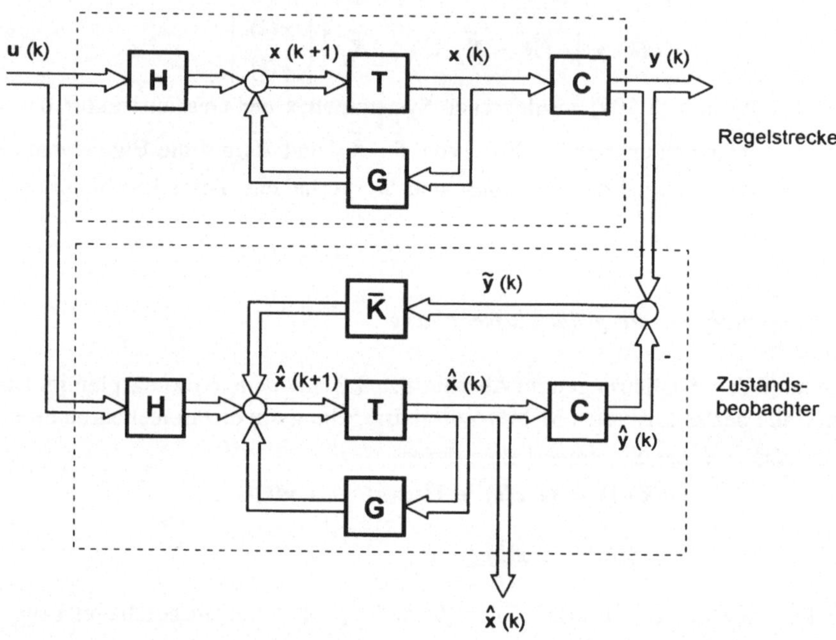

Bild 8.17: Wirkungsplan eines zeitdiskreten Zustandsbeobachters an einer
           MIMO-D-Regelstrecke

Aus ihm folgt die Zustandsgleichung des Beobachters

$$\hat{x}(k+1) = G\,\hat{x}(k) + H\,u(k) + \bar{K}\,(y(k) - \hat{y}(k)) \quad . \tag{8.110}$$

Mit

$$\hat{y}(k) = C\,\hat{x}(k) \tag{8.111}$$

erhält man aus (8.110)

$$\hat{x}(k+1) = \left(G - \bar{K}\,C\right)\hat{x}(k) + H\,u(k) + \bar{K}\,y(k) \quad . \tag{8.112}$$

Subtrahiert man (8.112) von der Zustandsgleichung (8.71) der Regelstrecke, so ergibt sich entsprechend (8.59) die Zustandsfehlergleichung

$$\tilde{x}(k+1) = x(k+1) - \hat{x}(k+1) = (G - \bar{K}\,C)\,\tilde{x}(k) \quad . \tag{8.113}$$

Die Lösung dieser homogenen Vektordifferenzengleichung strebt für beliebige Anfangszustände gegen Null, wenn die Eigenwerte der Dynamikmatrix $(G - \bar{K}C)$ innerhalb des Einheitskreises liegen. Das dafür erforderliche $\bar{K}$ kann entsprechend dem kontinuierlichen Zustandsreglerentwurf durch Eigenwertvorgabe bestimmt werden, wenn R durch $\bar{K}^{T}$, G durch G^{T} und H durch C^{T} ersetzt werden. Die Steuerbarkeitsmatrix des transformierten Streckenmodells ergibt sich wiederum wie im Abschn. 8.1.3.4 als Beobachtbarkeitsmatrix $\bar{Q}_{B}$. Damit gilt auch hier, daß der Beobachterentwurf mittels Eigenwertvorgabe dann und nur dann durchführbar ist, wenn die zeitdiskrete Regelstrecke vollständig beobachtbar ist.

Wird der rekonstruierte Zustandsvektor $\hat{x}(k)$ abweichend von (8.110) bereits durch aktuelle Meßwerte bestimmt, so gilt anstelle von (8.113) die Zustandsfehlergleichung

$$\tilde{x}(k+1) = \left(G - \bar{K}\,C\,G\right)\tilde{x}(k) \quad . \tag{8.114}$$

Auch im zeitdiskreten Fall gilt das Separationsprinzip, d.h. daß Zustandsregler und Zustandsbeobachter unabhängig voneinander entworfen werden können. Die Eigenwerte des Beobachterkreises sind so festzulegen, daß die Beobachtungsvorgänge schneller ablaufen als die Regelungsvorgänge. Im allgemeinen wird man sie näher zum Ursprung des Einheitskreises legen. Im Eingrößenfall ergibt sich dann ein Deadbeat-Beobachter, wenn alle Eigenwerte den Wert Null aufweisen.

ANHANG

A.1 Grundregeln der Laplace-Transformation

Die Grundregeln gelten unter Bezug auf die Beschreibungen und Vereinbarungen im Abschn. 2.4.1. Für die Funktionen im Originalbereich wird $f(t) = 0$ für $t < 0^-$ vorausgesetzt.

Linearitätssatz

$$\mathcal{L}\left\{c_1\, f_1(t) + c_2\, f_2(t)\right\} = c_1\, F_1(p) + c_2\, F_2(p) \quad ;$$

$$c_1,\, c_2 \quad \text{beliebige Konstanten}$$

Verschiebungssätze
- *"Rechts"-Verschiebung*

$$\mathcal{L}\left\{f(t - t_0)\right\} = e^{-p t_0}\, F(p) \quad , \qquad t_0 > 0$$

- *"Links"-Verschiebung*

$$\mathcal{L}\left\{f(t + t_0)\right\} = e^{p t_0}\left[F(p) - \int\limits_{0^-}^{t_0^-} f(t)\, e^{-p t}\, dt\right] \quad ; \quad t_0 > 0$$

Differentiationssatz

$$\mathcal{L}\left\{\dot{f}(t)\right\} = p\, F(p) \quad - f(0^-) \quad ,$$

$$\mathcal{L}\left\{f^{(n)}(t)\right\} = p^n\, F(p) - p^{n-1} f(0^-) - p^{n-2}\dot{f}(0^-) - \dots - p\, f^{(n-2)}(0^-) - f^{(n-1)}(0^-)$$

Integrationssatz

$$\mathcal{L}\left\{\int\limits_{0^-}^{t} f(\tau)\, d\tau\right\} = \frac{1}{p}\, F(p)$$

Dämpfungssatz

$$\mathcal{L}\left\{e^{\alpha t} f(t)\right\} = F(p - \alpha) \quad ;$$

$$\alpha \quad \text{beliebige Konstante}$$

Ähnlichkeitssatz

$$\mathcal{L}\{f(at)\} = \frac{1}{a} F(\frac{p}{a}) \quad ; \quad a > 0$$

Faltungssatz

$$\mathcal{L}\left\{\int_{0^-}^{t^+} f_1(t-\tau)\, f_2(\tau)\, d\tau\right\} = \mathcal{L}\left\{\int_{0^-}^{t^+} f_1(\tau)\, f_2(t-\tau)\, d\tau\right\} =$$

$$\mathcal{L}\{f_1(t) \; * \; f_2(t)\} \qquad = \; F_1(p)\, F_2(p)$$

Anmerkung: Vereinfachend wird im Text meist als obere Integrationsgrenze t anstelle von t^+ verwendet.

Grenzwertsätze

- **Anfangswertsatz**

$$\lim_{t \to +0} f(t) = \lim_{p \to \infty} p\, F(p)$$

- **Endwertsatz**

$$\lim_{t \to \infty} f(t) = \lim_{p \to 0} p\, F(p) \quad ,$$

wenn für $t \to \infty$ ein endlicher Grenzwert von $f(t)$ existiert.

A.2 Grundregeln der z-Transformation

Die Grundregeln gelten unter Bezug auf die Beschreibungen und Vereinbarungen im Abschn. 2.4.2. Es werden kausale Originalfolgen vorausgesetzt, d.h.
es gilt $f_k = 0$ für $k < 0$.

Linearitätssatz

$$Z\{c_1\, f_{1k} + c_2\, f_{2k}\} = c_1\, F_1(z) + c_2\, F_2(z) \quad ;$$

$$c_1,\ c_2 \quad \text{beliebige Konstanten}$$

Verschiebungssätze
- *"Rechts"-Verschiebung (1. Verschiebungssatz)*

$$Z\{f_{k-\nu}\} = z^{-\nu}\, F(z) \quad , \qquad \nu = 1, 2, \ldots$$

- *"Links"-Verschiebung (2. Verschiebungssatz)*

$$Z\{f_{k+\nu}\} = z^{\nu} \left[F(z) - \sum_{k=0}^{\nu-1} f_k\, z^{-k} \right] \quad ; \quad \nu = 1, 2, \ldots$$

Differenzbildungssätze
- *Rückwärtsdifferenz*

$$Z\{f_k - f_{k-1}\} = (1 - z^{-1})\, F(z)$$

- *Vorwärtsdifferenz*

$$Z\{f_{k+1} - f_k\} = (z - 1)\, F(z) - f_0\, z$$

Summationssatz

$$Z\left\{ \sum_{i=0}^{k} f_i \right\} = \frac{z}{z-1}\, F(z)$$

Dämpfungssatz

$$Z\{e^{\alpha Tk}\, f_k\} = F(z\, e^{-\alpha T}) \quad ;$$

$$\alpha \quad \text{beliebige Konstante}$$

Ähnlichkeitssatz

$$Z\{f_{\nu k}\} = F_\nu(z^\nu) \quad ; \quad \nu = 2, 3, \dots$$

Faltungssatz

$$Z\left\{\sum_{i=0}^{k} f_{1(k-i)}\, f_{2i}\right\} = Z\left\{\sum_{i=0}^{k} f_{1i}\, f_{2(k-i)}\right\} = F_1(z)\, F_2(z)$$

Grenzwertsätze

- **Anfangswertsatz**

$$f_0 = \lim_{z \to \infty} F(z)$$

- **Endwertsatz**

$$\lim_{k \to \infty} f_k = \lim_{z \to 1} (z - 1)\, F(z) \quad ,$$

wenn für $k \to \infty$ ein endlicher Grenzwert der Folge existiert.

A.3 Korrespondenzen der Laplace-Transformation und der z-Transformation

Zur Vereinfachung der Beschreibung ist festgelegt:

$$a = a_1 = e^{-T/T_1} \; ; \quad a_2 = e^{-T/T_2} \; ; \quad b = T/T_1 \; ; \quad c = T_1/(T_1 - T_2) \; ; \quad \Omega = \omega T \; ;$$

$$a_D = e^{-D\omega_0 T} \quad ; \quad \Omega_D = \omega_0 T\sqrt{1 - D^2} \quad (D < 1) \quad .$$

	$f(t) \; ; \quad t \geq 0$	$f_k \; ; \quad k \geq 0$
	$F(p)$	$F(z)$
1	$1 \qquad\qquad (\sigma(t))$	$1 \qquad\qquad (1^k)$
	$\dfrac{1}{p}$	$M_0 = \dfrac{z}{z-1}$
2	$\dfrac{t}{T_1}$	$b\,k$
	$\dfrac{1}{p^2\,T_1}$	$M_1 = \dfrac{bz}{(z-1)^2}$
3	$\left(\dfrac{t}{T_1}\right)^2$	$b^2 k^2$
	$\dfrac{2}{p^3\,T_1^2}$	$M_2 = \dfrac{b^2 z(z+1)}{(z-1)^3}$
4	$\left(\dfrac{t}{T_1}\right)^n$	$b^n k^n$
	$\dfrac{n!}{p^{n+1}\,T_1^n}$	$M_n = \dfrac{n!}{z-1} \displaystyle\sum_{i=0}^{n-1} M_i \dfrac{b^{n-i}}{(n-i)!}$
5	$e^{-\frac{t}{T_1}}$	a^k
	$\dfrac{1}{p + \frac{1}{T_1}}$	$N_0 = \dfrac{z}{z-a}$
6	$\dfrac{t}{T_1}\, e^{-\frac{t}{T_1}}$	$b\,k\,a^k$
	$\dfrac{1}{T_1}\;\dfrac{1}{(p+\frac{1}{T_1})^2}$	$N_1 = \dfrac{a\,b\,z}{(z-a)^2}$

	$f(t);\quad t \geq 0$	$f_k;\quad k \geq 0$
	$F(p)$	$F(z)$
7	$\left(\dfrac{t}{T_1}\right)^2 e^{-\frac{t}{T_1}}$	$b^2 k^2 a^k$
	$\dfrac{2}{T_1^{\,2}}\;\dfrac{1}{\left(p+\frac{1}{T_1}\right)^3}$	$N_2 = \dfrac{a\,b^2\,z\,(z+a)}{(z-a)^3}$
8	$\left(\dfrac{t}{T_1}\right)^n e^{-\frac{t}{T_1}}$	$b^n k^n a^k$
	$\dfrac{n!}{T_1^{\,n}}\;\dfrac{1}{\left(p+\frac{1}{T_1}\right)^{n+1}}$	$N_n = \dfrac{a\,n!}{z-a}\displaystyle\sum_{i=0}^{n-1} N_i\,\dfrac{b^{n-i}}{(n-i)!}$
9	$1 - e^{-\frac{t}{T_1}}$	$1 - a^k$
	$\dfrac{1}{p\,(1+pT_1)}$	$\dfrac{z}{z-1} - \dfrac{z}{z-a}$
10	$1 - e^{-\frac{t}{T_1}}\displaystyle\sum_{i=0}^{n-1}\dfrac{\left(\frac{t}{T_1}\right)^i}{i!}$	$1 - a^k\displaystyle\sum_{i=0}^{n-1}\dfrac{(bk)^i}{i!}$
	$\dfrac{1}{p\,(1+pT_1)^n}$	$\dfrac{z}{z-1} - \displaystyle\sum_{i=0}^{n-1}\dfrac{N_i}{i!}$
11	$\left(1 - e^{-\frac{t}{T_1}}\right)^n$	$(1-a^k)^n$
	$\dfrac{1}{p\displaystyle\prod_{i=1}^{n}\left(1+p\,\frac{T_1}{i}\right)}$	$\dfrac{z}{z-1} + \displaystyle\sum_{i=0}^{n}(-1)^n\binom{n}{i}\dfrac{z}{z-a^i}$
12	$\dfrac{t}{T_1} - 1 + e^{-\frac{t}{T_1}}$	$bk - 1 + a^k$
	$\dfrac{1}{p^2 T_1\,(1+pT_1)}$	$\dfrac{bz}{(z-1)^2} - \dfrac{z}{z-1} + \dfrac{z}{z-a}$
13	$e^{-\frac{t}{T_1}} - e^{-\frac{t}{T_2}}\quad;\ T_1 \neq T_2$	$a_1^{\,k} - a_2^{\,k}$
	$\dfrac{T_1 - T_2}{(1+pT_1)(1+pT_2)}$	$\dfrac{z}{z-a_1} - \dfrac{z}{z-a_2}$

	$f(t)\,;\quad t \geq 0$	$f_k\,;\quad k \geq 0$
	$F(p)$	$F(z)$
14	$1 - c\,e^{-\frac{t}{T_1}} + (c-1)e^{-\frac{t}{T_2}}\quad ; T_1 \neq T_2$	$1 - c\,a_1^{\,k} + (c-1)\,a_2^{\,k}$
	$\dfrac{1}{p(1+pT_1)(1+pT_2)}$	$\dfrac{z}{z-1} - \dfrac{cz}{z-a_1} + \dfrac{(c-1)z}{z-a_2}$
15	$\sin \omega t$	$\sin k\Omega$
	$\dfrac{\omega}{p^2 + \omega^2}$	$\dfrac{z \sin\Omega}{z^2 - 2z\cos\Omega + 1}$
16	$\cos \omega t$	$\cos k\Omega$
	$\dfrac{p}{p^2 + \omega^2}$	$\dfrac{z^2 - z\cos\Omega}{z^2 - 2z\cos\Omega + 1}$
17	$e^{-\frac{t}{T_1}} \sin(\omega t + \varphi)$	$a^k \sin(k\Omega + \varphi)$
	$\dfrac{\omega\cos\varphi + \left(p+\frac{1}{T_1}\right)\sin\varphi}{\left(p+\frac{1}{T_1}\right)^2 + \omega^2}$	$\dfrac{z^2 \sin\varphi + z\,a\,\sin(\Omega - \varphi)}{z^2 - 2a\,z\cos\Omega + a^2}$
18	$e^{-\frac{t}{T_1}} \cos(\omega t + \varphi)$	$a^k \cos(k\Omega + \varphi)$
	$\dfrac{\left(p+\frac{1}{T_1}\right)\cos\varphi - \omega\sin\varphi}{\left(p+\frac{1}{T_1}\right)^2 + \omega^2}$	$\dfrac{z^2 \cos\varphi - z\,a\,\cos(\Omega - \varphi)}{z^2 - 2a z\cos\Omega + a^2}$
19	$e^{-D\omega_0 t} \sin\left(\omega_0 t\sqrt{1-D^2}\right) ; D<1$	$a_D^{\,k} \sin k\Omega_D$
	$\omega_0\sqrt{1-D^2}\;\dfrac{1}{p^2 + 2D\omega_0 p + \omega_0^2}$	$\dfrac{z\,a_D \sin\Omega_D}{z^2 - 2a_D z\cos\Omega_D + a_D^2}$
20	$e^{-D\omega_0 t} \cos\left(\omega_0 t\sqrt{1-D^2}\right) ; D<1$	$a_D^{\,k} \cos k\Omega_D$
	$\dfrac{p + D\omega_0}{p^2 + 2D\omega_0 p + \omega_0^2}$	$\dfrac{z^2 - z\,a_D \cos\Omega_D}{z^2 - 2a_D z\cos\Omega_D + a_D^2}$

A.4 Korrespondenzen der erweiterten z-Transformation

Zur Vereinfachung der Beschreibung ist festgelegt:

$$a = e^{-T/T_1} \; ; \quad \Omega = \omega T$$

	$f_{k+\varepsilon}$ $k = 0,1,2, \dots ; 0 \leq \varepsilon < 1$	$F(z, \varepsilon)$
1	$k + \varepsilon$	$\dfrac{z\,[\,\varepsilon z + (1 - \varepsilon)\,]}{(z - 1)^2}$
2	$(k + \varepsilon)^2$	$\dfrac{z\,[\,\varepsilon^2 z^2 + (1 + 2\varepsilon - 2\varepsilon^2)\,z + (1 - \varepsilon)^2\,]}{(z - 1)^2}$
3	$a^{(k + \varepsilon)}$	$\dfrac{za^{\varepsilon}}{(z - a)}$
4	$(k + \varepsilon)\,a^{(k + \varepsilon)}$	$\dfrac{za^{\varepsilon}\,[\,\varepsilon z + (1 - \varepsilon)\,a\,]}{(z - a)^2}$
5	$(k + \varepsilon)^2\,a^{(k + \varepsilon)}$	$\dfrac{za^{\varepsilon}\,[\,\varepsilon^2 z^2 + (1 + 2\varepsilon - 2\varepsilon^2)\,\varepsilon z + (1 - \varepsilon)^2\,a^2\,]}{(z - a)^3}$
6	$\sin(k + \varepsilon)\,\Omega$	$\dfrac{z[\,z \sin \varepsilon\Omega + \sin(1 - \varepsilon)\,\Omega\,]}{z^2 - 2z \cos \Omega + 1}$
7	$\cos(k + \varepsilon)\,\Omega$	$\dfrac{z[\,z \cos \varepsilon\Omega - \cos(1 - \varepsilon)\,\Omega\,]}{z^2 - 2z \cos \Omega + 1}$
8	$a^{(k + \varepsilon)} \sin(k + \varepsilon)\,\Omega$	$\dfrac{za^{\varepsilon}\,[\,z \sin \varepsilon\Omega + a \sin(1 - \varepsilon)\,\Omega\,]}{z^2 - 2a z \cos \Omega + a^2}$
9	$a^{(k + \varepsilon)} \cos(k + \varepsilon)\,\Omega$	$\dfrac{za^{\varepsilon}\,[\,z \cos \varepsilon\Omega - a \cos(1 - \varepsilon)\,\Omega\,]}{z^2 - 2a z \cos \Omega + a^2}$

LITERATUR
ZUM TEILKOMPLEX "KONTINUIERLICHE REGELUNGEN"

Böttiger, A.:
> *Regelungstechnik* (2. Aufl.).
> München, Wien: Oldenbourg Verlag 1992.

Carvalho, J.L.M.:
> *Dynamical Systems and Automatic Control.*
> New York: Prentice Hall 1993.

Chen, Ch.-T.:
> *Analog and Digital Control System Design.*
> Fort Worth, Ph.: Saunders College Publ. 1993.

Cremer, M.:
> *Regelungstechnik (2. Aufl.).*
> Berlin, Heidelberg: Springer Verlag 1995.

Dickmanns, E.D.:
> *Systemanalyse und Regelkreissynthese.*
> Stuttgart: Teubner Verlag 1985.

Dorf, R.C.; Bishop, R.H.:
> *Modern Control Systems* (seventh edition).
> Reading, MA: Addison-Wesley Publishing Company 1995.

Dörrscheidt, F.; Latzel, W.:
> *Grundlagen der Regelungstechnik* (2. Aufl.).
> Stuttgart: Teubner Verlag 1992.

Ebel, T.:
> *Regelungstechnik* (6. Aufl.).
> Stuttgart, Leipzig: Teubner Verlag 1991.

Föllinger, O.:
> *Regelungstechnik* (8. Aufl.).
> Heidelberg: Hüthig Buch Verlag 1994.

Föllinger, O.:
> *Laplace- und Fourier-Transformation* (5. Aufl.).
> Heidelberg, Berlin: Hüthig Verlag 1990.

Franklin, G.F.; Powell, J.D.; Emami-Naeini, A.:
> *Feedback Control of Dynamic Systems* (third edition).
> Reading, MA: Addison-Wesley Publishing Company 1994.

Geering, H.P.:
> *Regelungstechnik* (4. Aufl.).
> Berlin, Heidelberg: Springer Verlag 1996.

Jörgl, H.P.:
  Repetitorium Regelungstechnik 1/2.
  Wien, München: Oldenbourg Verlag 1993/1994.
Korn, U.; Wilfert, H.-H.:
  Mehrgrößenregelungen.
  Berlin: Verlag Technik 1982.
Kuo, B.C.:
  Automatic Control Systems (sixth edition).
  Englewood Cliffs, N.J.: Prentice Hall 1991.
Leonhard, W.:
  Einführung in die Regelungstechnik. (12. Aufl.).
  München, Wien: Oldenbourg Verlag 1991.
Ludyk, G.:
  Theoretische Regelungstechnik 1/2.
  Berlin, Heidelberg: Springer Verlag 1995.
Lunze, J.:
  Regelungstechnik 1/2.
  Berlin, Heidelberg: Springer Verlag 1996/1997.
Lutz, H.; Wendt, W.:
  Taschenbuch der Regelungstechnik.
  Thun, Frankfurt/M.: Verlag Harri Deutsch 1995.
Mann, H.; Schiffelgen, H.:
  Einführung in die Regelungstechnik (6. Aufl.).
  München, Wien: Carl Hanser Verlag 1989.
Merz, L.; Jaschek, H.:
  Grundkurs der Regelungstechnik (13. Aufl.).
  München, Wien: Oldenbourg Verlag 1996.
Ogata, K.:
  Modern Control Engineering (third edition).
  Englewood Cliffs, N.J.: Prentice Hall 1996.
Oppelt, W.:
  Kleines Handbuch technischer Regelvorgänge (5. Aufl.).
  Weinheim: Verlag Chemie 1972.
Oppenheim, A.V.; Willsky, A.S.:
  Signale und Systeme.
  Weinheim: VCH-Verlagsgesellschaft 1989.
Phillips, Ch.L.; Harbor, R.D.:
  Feedback Control Systems (third edition).
  Englewood Cliffs, N.J.: Prentice Hall 1996.
Reinisch, K.:
  Kybernetische Grundlagen und Beschreibung kontinuierlicher Systeme.
  Berlin: Verlag Technik 1974.

Reinisch, K.:
> *Analyse und Synthese kontinuierlicher Regelungs- und Steuerungssysteme.*
> (3. Aufl.). Verlag Technik Berlin 1996.

Reinhardt, H.:
> *Automatisierungstechnik.*
> Berlin, Heidelberg: Springer Verlag 1996.

Reuter, M.:
> *Regelungstechnik für Ingenieure* (9. Aufl.).
> Braunschweig, Wiesbaden: Vieweg Verlag 1994.

Samal, E.:
> *Grundriß der praktischen Regelungstechnik.* (17. Aufl.).
> München, Wien: Oldenbourg Verlag 1991.

Schlitt, H.:
> *Regelungstechnik* (2. Aufl.).
> Würzburg: Vogel Buchverlag 1993.

Schmidt, G.:
> *Grundlagen der Regelungstechnik* (2. Aufl.).
> Wien, New York: Springer Verlag 1991.

Schneider, W.:
> *Regelungstechnik für Maschinenbauer* (2. Aufl.).
> Braunschweig, Wiesbaden: Vieweg Verlag 1994.

Schönfeld, R.:
> *Regelungen und Steuerungen in der Elektrotechnik.*
> Berlin, München: Verlag Technik 1993.

Sponer, J.:
> *Kontinuierliche Steuerungen - Arbeitsbuch.*
> Berlin: Verlag Technik 1981.

Töpfer, H., Besch, P.:
> *Grundlagen der Automatisierungstechnik* (2. Aufl.).
> München, Wien: Carl Hanser Verlag 1990.

Unbehauen, H.:
> *Regelungstechnik 1/2* (8./6. Aufl.).
> Braunschweig, Wiesbaden: Vieweg Verlag 1994/1993.

Unbehauen, R.:
> *Systemtheorie* (6. Aufl.).
> München, Wien: Oldenbourg-Verlag 1993.

Unger, J.:
> *Einführung in die Regelungstechnik* (2. Aufl.).
> Stuttgart: Teubner Verlag 1992.

Weinmann, A.:
Regelungen - Analyse und technischer Entwurf 1/2 (3. Aufl.).
Wien, New York: Springer Verlag 1994/1995.

Wiener, N.:
Cybernetics or control and communication in the animal and the machine.
New York: Wiley Verlag 1948.

Wernstedt, J.:
Experimentelle Prozeßanalyse.
Berlin: Verlag Technik 1989.

LITERATUR
ZUM TEILKOMPLEX "ZEITDISKRETE REGELUNGEN"

Ackermann, J.:
Abtastregelung (3 Aufl.).
Berlin, Heidelberg: Springer Verlag 1988.

Büttner, W.:
Digitale Regelungssysteme.
Braunschweig: Vieweg Verlag 1990.

Carvalho, J.L.M.:
Dynamical Systems and Automatic Control.
New York: Prentice Hall 1993.

Chen, Ch.-T.:
Analog and Digital Control System Design.
Fort Worth, Ph.: Saunders College Publ. 1993.

Dorf, R.C.; Bishop, R.H.:
Modern Control Systems (seventh edition).
Reading, MA: Addison-Wesley Publishing Company 1995.

Dörrscheidt, F.; Latzel, W.:
Grundlagen der Regelungstechnik (2. Aufl.).
Stuttgart: Teubner Verlag 1992.

Feindt, E.-G.:
Regeln mit dem Rechner (2. Aufl.).
München, Wien: Oldenbourg Verlag 1994.

Föllinger, O.:
Lineare Abtastsysteme (5. Aufl.).
München, Wien: Oldenbourg Verlag 1993.

Franklin, G.F.; Powell, J.D.; Emami-Naeini, A.:
Feedback Control of Dynamic Systems (third edition).
Reading, MA: Addison-Wesley Publishing Company 1994.

Gausch, R.; Hofer, A.; Schlacher, K.:
> *Digitale Regelkreise* (2. Aufl.).
> München, Wien: Oldenbourg Verlag 1993.

Günther, M.:
> *Zeitdiskrete Steuerungssysteme* (2. Aufl.).
> Berlin: Verlag Technik 1988.

Houpis, C.H.; Lamont, G.B.:
> *Digital Control Systems* (second edition).
> New York: McGraw-Hill 1992.

Isermann, R.:
> *Digitale Regelsysteme 1/2* (2. Aufl.).
> Berlin, Heidelberg: Springer Verlag 1991.

Jörgl, H.P.:
> *Repetitorium Regelungstechnik 2.*
> Wien, München: Oldenbourg Verlag 1994.

Kuo, B.C.:
> *Digital Control Systems.*
> New York: Holt, Rinehart and Winston 1980.

Kuo, B.C.:
> *Automatic Control Systems* (sixth edition).
> Englewood Cliffs, N.J.: Prentice Hall 1981.

Ludyk, G.:
> *Theoretische Regelungstechnik 1/2.*
> Berlin, Heidelberg: Springer Verlag 1995.

Lunze, J.:
> *Regelungstechnik 2.*
> Berlin, Heidelberg: Springer Verlag 1997.

Lutz, H.; Wendt, W.:
> *Taschenbuch der Regelungstechnik.*
> Thun, Frankfurt/M.: Verlag Harri Deutsch 1995.

Ogata, K.:
> *Discrete-Time Control Systems* (second edition).
> Englewood Cliffs, N.J.: Prentice Hall 1995.

Ogata, K.:
> *Modern Control Engineering* (third edition).
> Englewood Cliffs, N.J.: Prentice Hall 1996.

Oppenheim, A.V.; Schafer, R.W.:
> *Zeitdiskrete Signalverarbeitung* (2. Aufl.).
> München: Oldenbourg Verlag 1995.

Oppenheim, A.V.; Willsky, A.S.:
   Signale und Systeme.
   Weinheim: VCH Verlagsgesellschaft 1989.
Paraskevopoulos, P.N.:
   Digital Control Systems.
   Englewood Cliffs, N.J.: Prentice Hall 1996.
Perdikaris, G.A.:
   Computer Controlled Systems.
   Dordbrecht: Kluwer Academic Publ. 1991.
Phillips, Ch., L.; Harbor, R.D.:
   Feedback Control Systems (third edition).
   Englewood Cliffs,N.J.: Prentice Hall 1996.
Reuter, M.:
   Regelungstechnik für Ingenieure (9. Aufl.).
   Braunschweig, Wiesbaden: Vieweg Verlag 1994.
Schönfeld, R.:
   Regelungen und Steuerungen in der Elektrotechnik.
   Berlin, München: Verlag Technik 1993.
Schüßler, H.W.:
   Digitale Signalverarbeitung 1 (2. Aufl.).
   Berlin, Heidelberg: Springer Verlag 1988.
Schwarz, H.:
   Zeitdiskrete Regelungssysteme.
   Braunschweig: Vieweg Verlag 1979.
Strejc, V.:
   State Space Theory of Discrete Linear Control.
   Prag: Academia 1981.
Unbehauen, H.:
   Regelungstechnik 2 (6. Aufl.).
   Braunschweig, Wiesbaden: Vieweg Verlag 1993.
Unbehauen, R.:
   Systemtheorie (6. Aufl.).
   München, Wien: Oldenbourg-Verlag 1993.
Vaccaro, R.J.:
   Digital Control.
   New York: McGraw-Hill, Inc. 1995.
Weinmann, A.:
   Regelungen - Analyse und technischer Entwurf 2 (3. Aufl.).
   Wien, New York: Springer Verlag 1995.

SACHWORTVERZEICHNIS